"十四五"职业教育国家规划教材

U0683839

Office
Software Case Tutorial

办公软件
案例教程

Office 2016 | 微课版

赖利君 ◉ 主编

人民邮电出版社
北京

图书在版编目（CIP）数据

办公软件案例教程 : Office 2016 : 微课版 / 赖利君主编. -- 北京 : 人民邮电出版社, 2025. --（名校名师精品系列教材）. -- ISBN 978-7-115-66928-5

Ⅰ. TP317.1

中国国家版本馆 CIP 数据核字第 2025WR5169 号

内 容 提 要

本书以 Microsoft Office 2016 为平台，通过项目的形式，对 Microsoft Office 2016 中 Word、Excel、PowerPoint 软件的使用进行详细的讲解。本书以能力培养为目标，本着"实践与应用相结合""课内与课外相结合""学生与企业、社会相结合"的原则，按工作部门分篇，引入实际操作项目。每个项目采用"项目背景"→"项目实施"→"项目拓展"→"项目训练"→"项目小结"的结构编写，思路清晰、实用性强。

本书可作为职业院校学生学习 Office 办公软件的教材，也可供其他需要使用 Office 办公软件的人员阅读和参考。

- ◆ 主　　编　赖利君
　　责任编辑　马小霞
　　责任印制　王　郁　焦志炜
- ◆ 人民邮电出版社出版发行　　　北京市丰台区成寿寺路 11 号
　　邮编　100164　电子邮件　315@ptpress.com.cn
　　网址　https://www.ptpress.com.cn
　　天津千鹤文化传播有限公司印刷
- ◆ 开本：787×1092　1/16
　　印张：17　　　　　　　　　　2025 年 7 月第 1 版
　　字数：435 千字　　　　　　　2025 年 8 月天津第 2 次印刷

定价：59.80 元

读者服务热线：(010)81055256　印装质量热线：(010)81055316
反盗版热线：(010)81055315

前　　言

Microsoft Office（简称 Office）是目前主流的办公软件，因功能强大、操作简便以及安全稳定等特点，已成为人们日常工作和学习中不可或缺的好帮手。熟练地使用 Office 办公软件已经成为大多数行业的工作人员必备的计算机基本技能。

本书是"十四五"职业教育国家规划教材《Office 2016 办公软件案例教程（微课版）》的修订版。本书通过项目的形式，对 Office 2016 办公软件中的 Word、Excel、PowerPoint 软件的使用进行详细的讲解。希望读者通过学习本书内容，能够提高对 Office 办公软件的应用能力。

1．本书内容

本书共 5 篇，从大多数公司中具有代表性的工作部门的实际出发，根据各部门的实际工作内容，介绍日常实用的商务办公文档的制作方法。

第 1 篇为行政篇，讲解如何制作公司公益活动策划方案、公司会议记录表、公司简报、办公用品管理表、客户回访函等与公司行政部工作相关的典型工作文档。

第 2 篇为人力资源篇，讲解如何制作公司员工聘用管理文件、员工基本信息表、新员工培训讲义、员工人事档案表等与公司人力资源部工作相关的典型工作文档。

第 3 篇为市场篇，讲解如何制作市场部工作手册、产品销售数据分析模型、商品促销管理文件、销售统计分析表等与公司销售部工作相关的典型工作文档。

第 4 篇为物流篇，讲解如何制作商品采购管理表、公司库存管理表、商品进销存管理表、物流成本核算表等与公司物流部工作相关的典型工作文档。

第 5 篇为财务篇，讲解如何制作员工工资管理表、投资决策分析表、往来账务管理表等与公司财务部工作相关的典型工作文档。

2．本书结构

本书每个项目采用"项目背景"→"项目实施"→"项目拓展"→"项目训练"→"项目小结"的结构编写。

（1）项目背景：简明扼要地分析项目的背景和要做的工作。

（2）项目实施：给出完成项目的详尽操作步骤，同时设置活力小贴士来帮助读者理解操作步骤。

（3）项目拓展：让读者举一反三，自行完成项目，增强对知识和技能的掌握程度。

（4）项目训练：补充或强化项目中的知识和技能，读者可以选择性地进行练习。

（5）项目小结：对项目涉及的所有知识和技能进行归纳和总结。

3．本书特色

（1）立德树人，提升素养

本书全面贯彻党的二十大精神，以社会主义核心价值观为引领，以"价值塑造、能力培养和知识传授"为课程建设目标，通过对工作岗位职责和工作内容的设计运用，将社会主义核心价值观、社会责任和职业素养等元素以润物细无声的方式有效地传递给读者。同时本书传承中华优秀传统文化，帮助读者坚定文化自信，树立热爱劳动、热爱工作、热爱岗位、吃苦耐劳、团结协作的职业精神，培养修业、敬业、乐业、精业的工匠精神。本书内容具有体现时代性、把握规律性、富于创造性等特点，为建设社会主义文化强国添砖加瓦。根据具体的案例任务，在课堂教学中，教师可结合下表对学生进行引导。

序号	案例类别	素养要点
1	行政篇	树立文化自信，传承中华优秀传统文化，弘扬公益精神；树立服务意识，倡导高效、协作的工作作风；培养规范、严谨的工作态度和责任心；养成勤俭节约、杜绝浪费的习惯
2	人力资源篇	树立"四个尊重"和信息保密意识；具有自主学习和终身学习的意识；培养不断学习和适应发展的能力；培养团队精神和职业规范
3	市场篇	了解行业、产业发展需求，把握时代精神，建立可持续发展理念；树立强烈的市场意识、科技助农乡村振兴意识；培养诚信经营的品质和创新创业精神
4	物流篇	具有一定的管理能力；熟悉相关工作规程；培养严、慎、细、实的职业素养和工匠精神
5	财务篇	树立风控意识，加强成本管理理念；培养诚信、守法、细致的品质，具备实事求是的科学精神；树立财务安全意识和大局意识

（2）校企合作，双元开发

本书由校企合作开发。编写团队成员多为双师型教师，具有企业或行业工作经历，且具有国家职业技能鉴定考评员资格，能将企业和行业的工作需求、规范等融入教学实践之中。本书案例均由编者和长期从事企业和行业一线工作的人员精选、设计而成。本书内容以实际工作案例和任务引领教学，以"实践与应用相结合""课内与课外相结合""学生与企业、社会相结合"为原则，让读者在完成任务的过程中学习相关知识，培养相关技能，提升自身的综合职业素质和能力，真正实现"做中学、学中做"。

（3）产教融合、课证融通

本书内容对接职业标准和岗位需求，以企业真实案例为素材进行设计，将教学内容与资格认证相融合，实现课证融通。

（4）创新形式，配备微课

本书为新形态立体化教材，编者针对重点、难点内容录制了微课视频，读者可以利用计算机和移动终端学习，实现线上线下混合式教学。

（5）配套齐全，资源完整

本书提供丰富的教辅资源，包括 PPT 课件、电子教案、教学大纲、教学案例、拓展案例、拓展训练、案例素材等，并能做到实时更新。读者登录人邮教育社区（www.ryjiaoyu.com）即可下载相关资源。

本书案例中使用的数据均为虚拟数据，如有雷同，纯属巧合。

本书由赖利君任主编，由马可淳、冯梅、赵守利、刘虹嘉任副主编。在微课视频的制作和案例整理过程中，编者得到了赵亦悦的大力支持和帮助，在此深表谢意！

由于编者水平有限，书中难免有疏漏之处，望广大读者提出宝贵意见。

编者

2025 年 1 月

目　　录

第1篇
行政篇

01

行政部是企业的"中枢神经系统"，行政管理是企业综合性最强的一项管理。这就要求行政管理人员具有严谨的工作态度和较强的责任心，树立服务意识，积极主动、高效地工作。

本篇从企业行政部的角度出发，选择具有代表性的商务办公文档，以项目的形式对 Word 2016 中文档的新建、保存和编辑，页面设置、格式化，图形和图片的处理，图文排版，表格的创建、编辑和美化，邮件合并等进行讲解。此外，本篇还介绍使用 Excel 2016 的"数据透视表"功能实现数据快速汇总分析，从而提高读者对 Office 办公软件的应用能力，以提高工作效率。

学习目标

📖 知识点	📖 技能点	📖 素养点
• 新建、保存和编辑文档	• 熟悉 Word 文档的新建、保存和编辑操作	• 树立文化自信，传承中华优秀传统文化，弘扬公益精神
• 页面、字体、段落格式设置	• 熟练对 Word 文档进行页面设置和格式化	
• 表格的插入、编辑和美化	• 熟练对 Word 文档中的图形对象进行处理	• 树立服务意识，倡导高效、协作的工作作风
• 在线文档处理	• 熟练进行 Word 表格的新建、编辑和美化	
• 图形、图片处理，图文排版	• 能创建、使用在线文档协同工作	• 培养规范、严谨的工作态度和责任心
• 工作表基本操作	• 能使用 Word 邮件合并功能进行文档的处理	
• 数据计算、数据透视表	• 能在 Excel 中使用数据透视表实现汇总分析	• 养成勤俭节约、杜绝浪费的习惯
• 邮件合并		

项目1　制作公司公益活动策划方案

示例文件	原始文件：示例文件\素材\行政篇\项目 1\公司公益活动策划方案.docx
	效果文件：示例文件\效果\行政篇\项目 1\公司公益活动策划方案.docx

【项目背景】

乡村振兴是国家战略，也是社会共同关注的焦点。作为一家有社会责任感的企业，科源有限公司（虚拟名称，后文简称公司）计划开展一次乡村振兴公益活动，以实际行动助力乡村发展，并通过开展乡村振兴公益活动，培养和激发公司员工的社会责任感和员工凝聚力，引导他们成为新时代的奋斗者。为保证此次活动的有效进行，公司需要制作一份活动策划方案，效果如图 1.1 所示。

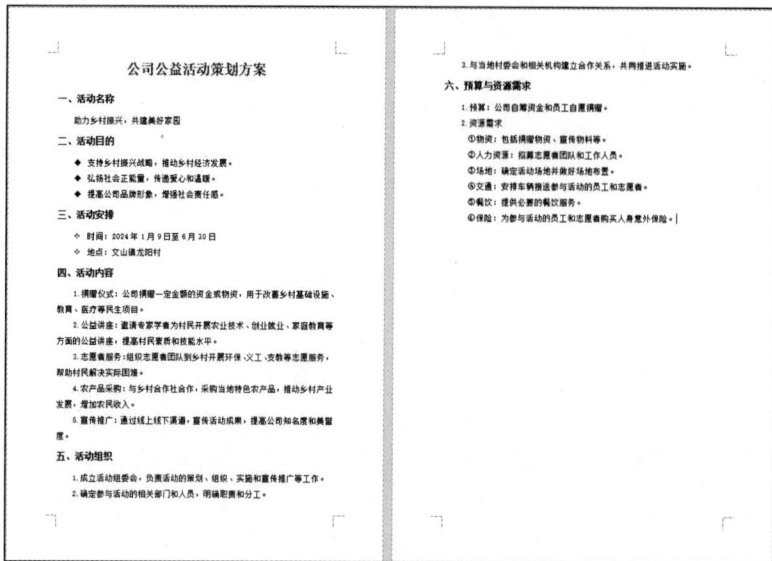

图 1.1 　"公司公益活动策划方案"效果

【项目实施】

任务 1-1 　新建并保存文档

（1）新建文档。

① 单击"开始"按钮，从打开的"开始"菜单中选择"Word 2016"命令，启动 Word 2016。

② 启动 Word 2016 后，在"开始"界面的"新建"栏中单击"空白文档"，创建一个空白文档"文档 1"。

> **活力小贴士** 可以把经常用到的程序或文档的快捷方式放置到桌面上，以便随时取用（打开）。很多应用程序在安装完成时会自动创建桌面快捷方式。双击桌面的快捷方式是常用的打开应用程序的方法。

（2）保存文档。

在 Word 2016 中进行文档编辑时，一定要注意保存文档。因为文档编辑等操作是在计算机内存工作区进行的，如果不进行保存操作，遇到突然停电或直接关闭电源都会造成文档丢失。因此，及时将文档保存到磁盘上是非常重要的。

> **活力小贴士** 保存文档时，一定要注意文档的"三要素"——文档的位置、名称和类型，以免之后找不到文档。

① 单击"文件"选项卡，在打开的界面中选择"保存"命令，系统将显示图 1.2 所示的"另存为"选项列表。

② 单击"浏览"选项，打开"另存为"对话框。

③ 在"另存为"对话框中，将文档重命名为"公司公益活动策划方案"，选择保存类型为"Word
文档"，设置文档保存路径为"D:\公司文档\行政部"。设置完成后的"另存为"对话框如图 1.3 所示。

图 1.2 "另存为"选项列表

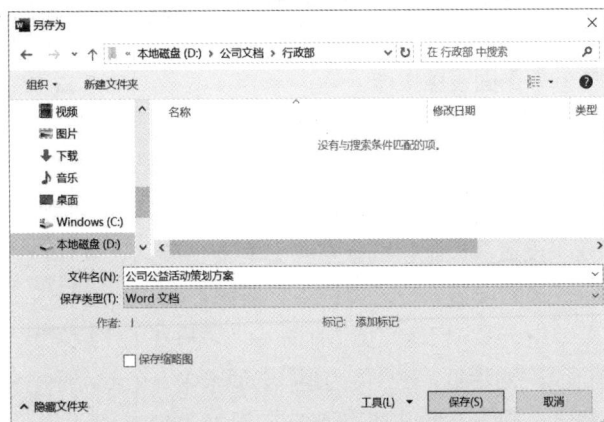

图 1.3 "另存为"对话框

④ 单击"保存"按钮。

**活力
小贴士**

① 快速保存文档。

a. 保存文档时，单击快速访问工具栏上的"保存"按钮会使保存文档的操作更加快捷，
如图 1.4 所示。

b. 为了避免输入的文本丢失，保存操作可
以在文档编辑过程中随时进行，其快捷操作
为按【Ctrl】+【S】组合键。

② 自动保存文档。

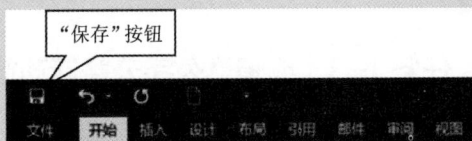

图 1.4 快速访问工具栏上的"保存"按钮

为了避免操作过程中由于停电或操作不当导致文本丢失，可以使用 Word 2016 的自动保存功
能。单击"文件"→"选项"命令，打开"Word 选项"对话框，选择左侧的"保存"选项。
在右侧的"保存文档"栏中，勾选"保存自动恢复信息时间间隔"复选框，然后在其右侧设
置合理的自动保存时间间隔，如图 1.5 所示。

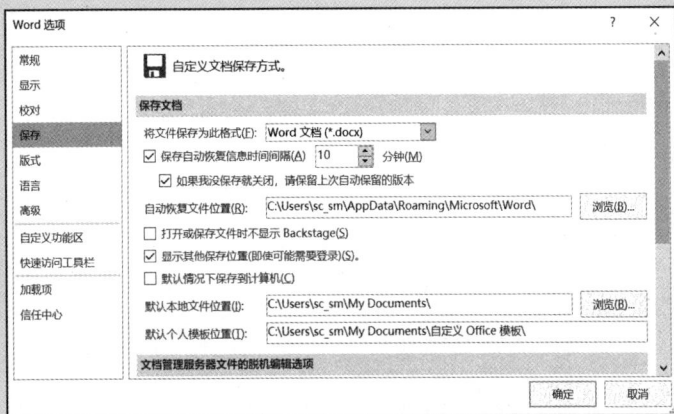

图 1.5 设置文档自动保存时间间隔

任务 1-2　设置页面

与用笔在纸上写字一样，使用 Word 进行文档编辑时，要先进行纸张大小、页边距、纸张方向等页面设置操作。

（1）设置纸张大小。单击"布局"→"页面设置"→"纸张大小"按钮，在下拉菜单中选择"A4"，如图 1.6 所示。

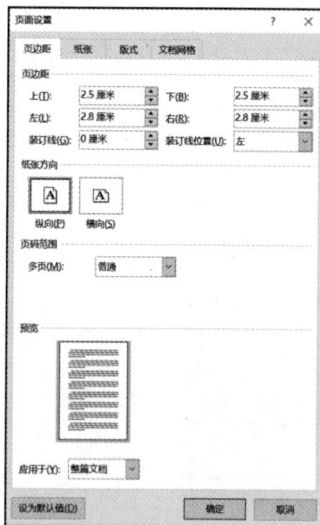

（2）设置页边距和纸张方向。单击"布局"→"页面设置"→"页边距"按钮，在下拉菜单中选择"自定义页边距命令"，打开"页面设置"对话框，在"页边距"选项卡中，根据需要设置页边距，并将纸张方向设为"纵向"，如图 1.7 所示，单击"确定"按钮。

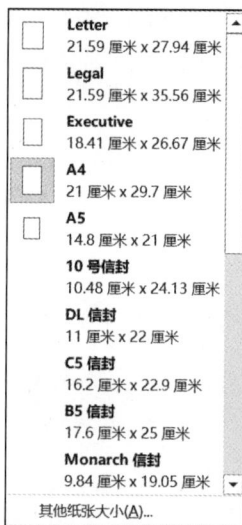

图 1.6　设置纸张大小　　图 1.7　设置页边距和纸张方向

活力小贴士　设置页边距时，既可以在"页边距"选项卡中单击相应的微调按钮来调整页边距的值，也可以在设置页边距的文本框中直接输入所需页边距的值。

任务 1-3　编辑"公司公益活动策划方案"

（1）根据需要和习惯选择不同的输入法。

（2）如图 1.8 所示，输入"公司公益活动策划方案"的内容。

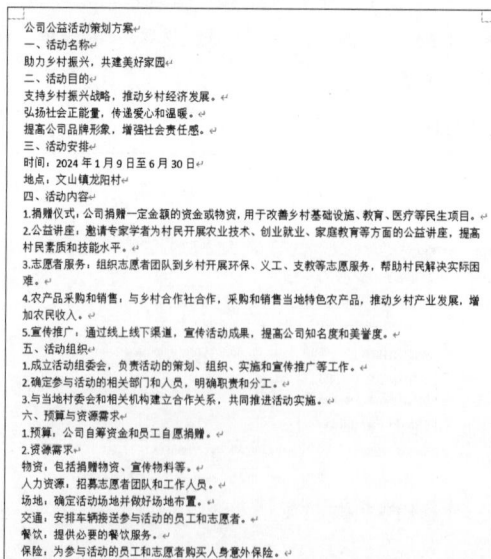

图 1.8　输入"公司公益活动策划方案"文档内容

活力小贴士 新建 Word 文档后，Word 文档默认呈现的是页面视图，如图 1.9 所示。这种视图是与打印时使用的纸张一致的视图，在其上进行编辑都是"所见即所得"的。

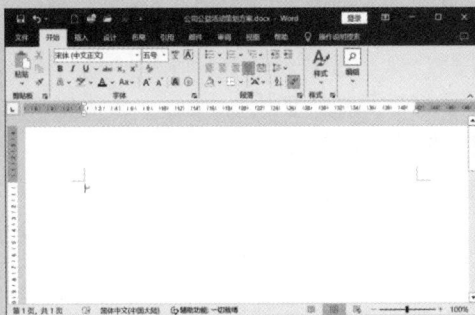

图 1.9　文档的页面视图

如果需要的不是页面视图，可通过单击"视图"→"视图"→"页面视图"按钮进行调整。

在 Word 中输入文本时，用户可以连续不断地输入，当文本被输入至页面的最右端时，光标会自动移到下一行的行首位置，这就是 Word 的"自动换行"功能。

一篇长文档常常由多个段落组成，增加新的段落可以通过按【Enter】键来实现。段落标记是 Word 中的一种非打印字符，它能够在文档中显示，但不会被打印出来。

（3）插入带圈的数字序号。

在编辑文档时，有的符号使用键盘不方便输入时，可以使用 Word 提供的插入符号功能来实现，如带圈的数字序号"①""②"等。

① 将光标定位在倒数第 6 行，即文档正文第 23 段文字"物资"之前。

② 单击"插入"→"符号"→"符号"右侧的下拉按钮，在下拉菜单中选择"其他符号"命令，打开"符号"窗口。

③ 在"符号"选项卡的"字体"下拉列表中选择"（普通文本）"，在"子集"下拉列表中选择"带括号的字母数字"，如图 1.10 所示。

④ 在符号列表框中选择要插入的符号，如"①"，单击"插入"按钮，完成序号的插入。

⑤ 使用相同的方法，分别在第 24、第 25、第 26、第 27、第 28 段文字之前插入图 1.11 所示的带圈的数字序号。

微课 1-1　插入带圈的数字序号

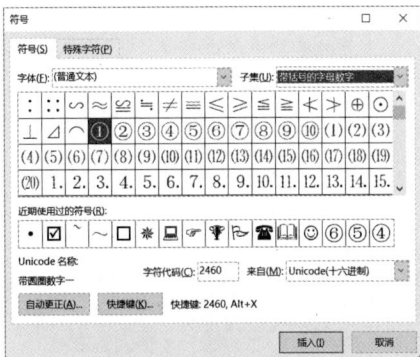

图 1.10　"符号"窗口

图 1.11　在文档中插入带圈的数字序号

六、预算与资源需求
1.预算：公司自筹资金和员工自愿捐赠。
2.资源需求
①物资：包括捐赠物资、宣传物料等。
②人力资源：招募志愿者团队和工作人员。
③场地：确定活动场地并做好场地布置。
④交通：安排车辆接送参与活动的员工和志愿者。
⑤餐饮：提供必要的餐饮服务。
⑥保险：为参与活动的员工和志愿者购买人身意外保险。

任务1-4 设置"公司公益活动策划方案"的格式

文档编辑完成后，通过对字体、段落、项目符号和编号、对齐等进行设置，可对文档进行美化和修饰。

（1）设置标题格式。

设置标题的字体格式为"宋体、二号、加粗、深蓝"，段落格式为"居中"、段前间距为"0.5行"、段后间距为"1行"，格式化效果如图1.12所示。

① 选中标题文字"公司公益活动策划方案"。

② 单击"开始"选项卡，分别在"字体"和"段落"组中单击相应的字体和对齐设置按钮，如图1.13所示。

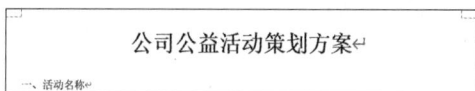

图1.12 标题的格式化效果

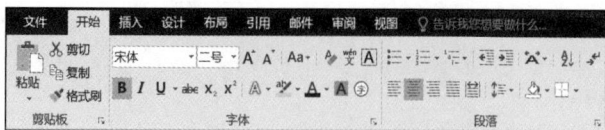

图1.13 "字体"和"段落"组

> **活力小贴士** 还可以采用以下操作设置字体格式。
> ① 单击"开始"→"字体"对话框启动器按钮，打开图1.14所示的"字体"对话框，进行设置。
> ② 选中要设置的文本，Word将自动弹出浮动的快捷字体工具栏，在快捷字体工具栏中单击相应的按钮即可进行设置。
> ③ 选中要设置的文本，单击鼠标右键，从快捷菜单中选择"字体"命令，再在"字体"对话框中进行设置。

③ 设置标题段落的间距。单击"开始"→"段落"对话框启动器按钮，打开"段落"对话框，设置段前间距为"0.5行"，段后间距为"1行"，如图1.15所示。

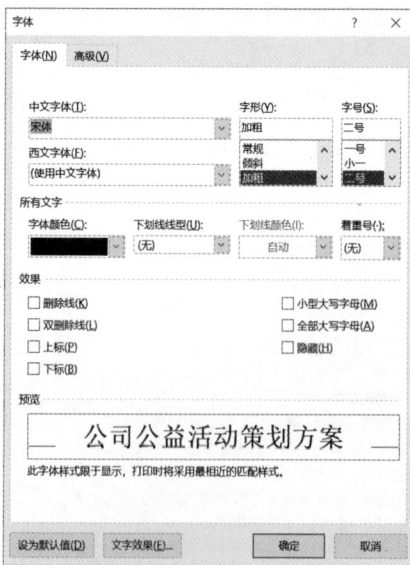

图1.14 "字体"对话框

图1.15 "段落"对话框

（2）设置正文格式。

① 设置正文字体格式。设置正文所有字符格式为"宋体、小四"，字符间距为"加宽"，磅值为"0.5 磅"。

a. 选中正文所有字符。

b. 单击"开始"→"字体"对话框启动器按钮，打开"字体"对话框，在"字体"选项卡中设置中文字体为"宋体"，字号为"小四"，其余不变。

c. 切换到"高级"选项卡，设置间距为"加宽"，磅值为"0.5 磅"，如图 1.16 所示。

② 设置正文段落格式。设置正文所有段落的行距为"固定值"，设置值为"24 磅"。

a. 选中正文所有段落。

b. 单击"开始"→"段落"对话框启动器按钮，打开"段落"对话框，在"缩进和间距"选项卡中设置行距为"固定值"，设置值为"24 磅"，如图 1.17 所示。

图 1.16　设置字符间距　　　　　　　　图 1.17　设置段落行距

③ 正文中除编号"一""二""三""四""五""六"所在标题段落外，设置其他段落首行缩进 2 个字符。

a. 按住【Ctrl】键，分别选中正文中除编号"一""二""三""四""五""六"所在的标题段落外的其他段落。

b. 单击"开始"→"段落"对话框启动器按钮，打开"段落"对话框，设置特殊（格式）为"首行"（即首行缩进），缩进值为"2 字符"，如图 1.18 所示。

④ 设置正文标题段落格式。设置标题段落文本"一、活动名称"的格式为"宋体、四号、加粗"，段前、段后间距各为"0.5 行"。采用格式刷复制格式到编号"二""三""四""五""六"所在的标题段落。

a. 选中标题段落文本"一、活动名称"。

b. 将其格式设置为"宋体、四号、加粗"，段前、段后间距各为"0.5 行"。

c. 保持选中文本状态，在"开始"→"剪贴板"组中双击"格式刷"按钮 格式刷，使其呈选中状态，移动鼠标指针，此时鼠标指针变成刷子形状，按住鼠标左键，刷过"二、活动目的"，这样"二、活动目的"的段落就拥有了与"一、活动名称"一样的文本格式。

　　d．用同样的方法，继续设置编号"三""四""五""六"所在的标题段落的格式。

　　e．单击"格式刷"按钮取消格式刷功能，鼠标指针变回正常形状。

设置后的标题段落格式效果如图 1.19 所示。

图 1.18　设置首行缩进

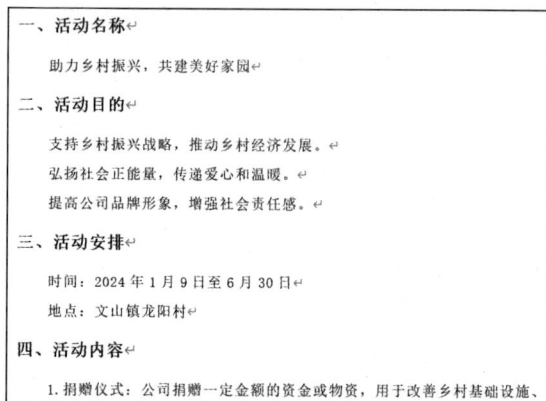

图 1.19　设置后的标题段落格式效果

　　⑤ 设置"二、活动目的"的具体内容的格式。为"二、活动目的"的具体内容添加项目符号，添加后的效果如图 1.20 所示。

　　a．选中这部分的 3 个段落。

　　b．单击"开始"→"段落"→"项目符号"下拉按钮，打开"项目符号"下拉菜单，在"项目符号库"栏中为选中的文本选择需要添加的项目符号，如图 1.21 所示。

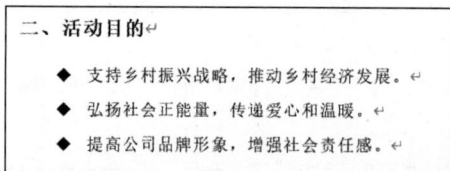

图 1.20　为"二、活动目的"的具体内容添加项目符号

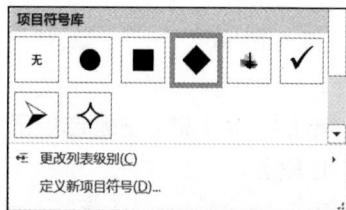

图 1.21　"项目符号"下拉菜单

　　⑥ 设置"三、活动安排"的具体内容的格式。参照"二、活动目的"的具体内容的格式设置方法，为"三、活动安排"的具体内容添加项目符号，效果如图 1.22 所示。

　　⑦ 为"六、预算与资源需求"下面含有带圈数字序号的段落增加缩进量。

　　a．分别选中含有带圈数字序号的各个段落。

　　b．单击"开始"→"段落"→"增加缩进量"按钮，为添加了数字序号的段落增加缩进量，效果如图 1.23 所示。

⑧ 保存文档。

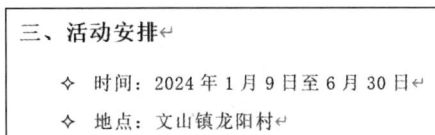

图 1.22 为"三、活动安排"的具体内容添加项目符号

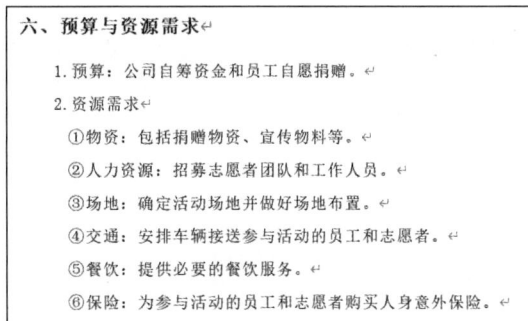

图 1.23 增加段落缩进量

任务 1-5 打印文档

文档编排完成后就可以准备打印了。打印前，一般先使用打印预览功能查看文档的整体效果，满意后再打印。

（1）单击"文件"→"打印"命令，将显示图 1.24 所示的打印界面，在界面的右侧可预览文档打印出来的效果。

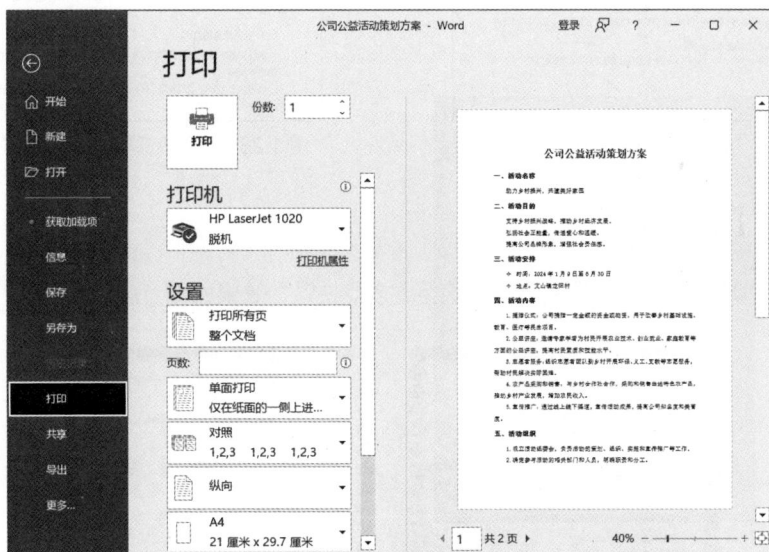

图 1.24 文档的打印界面

（2）预览完毕，如果对文档效果满意，可在中间的窗格中设置打印份数、打印机、打印范围等参数，然后单击"打印"按钮，对文档进行打印。

活力小贴士 在打印预览界面中，如果对文档效果不满意，可单击界面左侧的返回按钮，回到文档的编辑状态，进行修改。

（3）关闭文档。完成后，单击“文件”→“保存”命令，或按【Ctrl】+【S】组合键，再次确认保存文档，然后关闭文档。

【项目拓展】

（1）制作“公司内涵建设工作计划”，效果如图 1.25 所示。
（2）制作“行政部年度工作要点”，效果如图 1.26 所示。

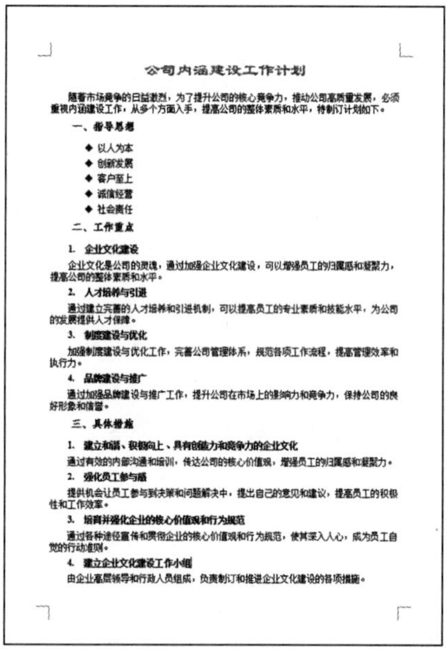

公司内涵建设工作计划

随着市场竞争的日益激烈，为了提升公司的核心竞争力，推动公司高质量发展，必须重视内涵建设工作，从多个方面入手，提高公司的整体素质和水平，特制订计划如下。

一、指导思想

- 以人为本
- 创新发展
- 客户至上
- 诚信经营
- 社会责任

二、工作重点

1. 企业文化建设

企业文化是公司的灵魂，通过加强企业文化建设，可以增强员工的归属感和凝聚力，提高公司的整体素质和水平。

2. 人才培养与引进

通过建立完善的人才培养和引进机制，可以提高员工的专业素质和技能水平，为公司的发展提供人才保障。

3. 制度建设与优化

加强制度建设与优化工作，完善公司管理体系，规范各项工作流程，提高管理效率和执行力。

4. 品牌建设与推广

通过加强品牌建设与推广工作，提升公司在市场上的影响力和竞争力，保持公司的良好形象和信誉。

三、具体措施

1. 建立和谐、积极向上、具有创造力和竞争力的企业文化

通过有效的内部沟通和培训，传达公司的核心价值观，增强员工的归属感和凝聚力。

2. 强化员工参与感

提供机会让员工参与到决策和问题解决中，提出自己的意见和建议，提高员工的积极性和工作效率。

3. 培育并强化企业的核心价值观和行为规范

通过各种途径宣传和贯彻企业的核心价值观和行为规范，使其深入人心，成为员工自觉的行动准则。

4. 建立企业文化建设工作小组

由企业高层领导和行政人员组成，负责制订和推进企业文化建设的各项措施。

图 1.25 “公司内涵建设工作计划”效果

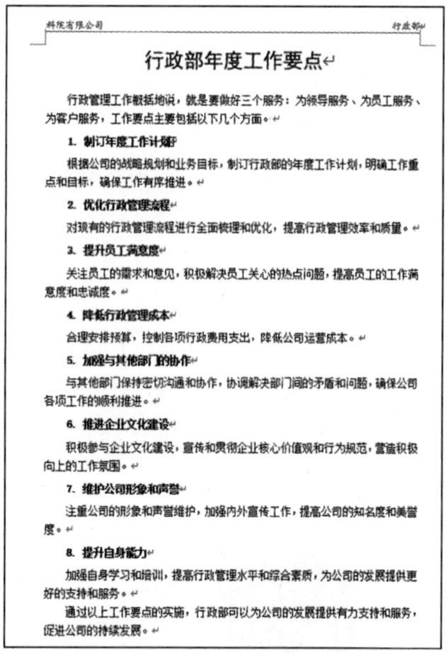

科院有限公司　　行政部

行政部年度工作要点

行政管理工作概括地说，就是要做好三个服务：为领导服务、为员工服务、为客户服务，工作要点主要包括以下几个方面。

1. 制订年度工作计划

根据公司的战略规划和业务目标，制订行政部的年度工作计划，明确工作重点和目标，确保工作有序推进。

2. 优化行政管理流程

对现有的行政管理流程进行全面梳理和优化，提高行政管理效率和质量。

3. 提升员工满意度

关注员工的需求和意见，积极解决员工关心的热点问题，提高员工的工作满意度和忠诚度。

4. 降低行政管理成本

合理安排预算，控制各项行政费用支出，降低公司运营成本。

5. 加强与其他部门的协作

与其他部门保持密切沟通和协作，协调解决部门间的矛盾和问题，确保公司各项工作的顺利推进。

6. 推进企业文化建设

积极参与企业文化建设，宣传和贯彻企业核心价值观和行为规范，营造积极向上的工作氛围。

7. 维护公司形象和声誉

注重公司的形象和声誉维护，加强内外宣传工作，提高公司的知名度和美誉度。

8. 提升自身能力

加强自身学习和培训，提高行政管理水平和综合素质，为公司的发展提供更好的支持和服务。

通过以上工作要点的实施，行政部可以为公司的发展提供有力支持和服务，促进公司的持续发展。

图 1.26 “行政部年度工作要点”效果

【项目训练】

利用 Word 2016 制作“公司新春游园会活动策划书”，效果如图 1.27 所示。

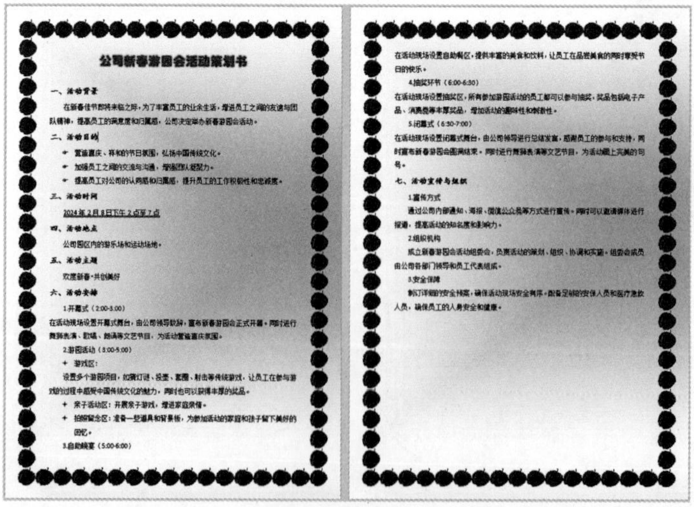

公司新春游园会活动策划书

一、活动背景

在新春佳节即将来临之际，为了丰富员工的业余生活，增进员工之间的友谊与团队精神，提高员工的满意度和归属感，公司决定举办新春游园会活动。

二、活动目的

- 营造喜庆、祥和的节日氛围，弘扬中国传统文化。
- 加强员工之间的交流与沟通，增强团队凝聚力。
- 提高员工对公司的认同感和归属感，提升员工的工作积极性和忠诚度。

三、活动时间

2024 年 2 月 8 日下午 2 点至 7 点

四、活动地点

公司园区内的游乐场和运动场地。

五、活动主题

欢度新春·共创美好

六、活动安排

1.开幕式（2:00-3:00）

在活动现场设置开幕式舞台，由公司领导致辞，宣布新春游园会正式开幕。同时进行舞狮表演、歌唱、朗诵等文艺节目，为活动营造喜庆氛围。

2.游园活动（3:00-5:00）

- 游戏区：

设置多个游园项目，如猜灯谜、投壶、套圈、射击等传统游戏，让员工在参与游戏的过程中感受中国传统文化的魅力，同时也可以获得丰厚的奖品。

- 亲子活动区：开展亲子游戏，增进家庭亲情。
- 拍照留念区：准备一些道具和背景板，为参加活动的家庭和孩子留下美好的回忆。

3.自助晚宴（5:00-6:00）

在活动现场设置自助餐区，提供丰富的美食和饮料，让员工在品尝美食的同时享受节日的快乐。

4.抽奖环节（6:00-6:30）

在活动现场设置抽奖区，所有参加游园活动的员工都可以参与抽奖，奖品包括电子产品、消费券等丰厚奖品，增加活动的趣味性和刺激性。

5.闭幕式（6:30-7:00）

在活动现场设置闭幕式舞台，由公司领导进行总结发言，感谢员工的参与和支持，同时宣布新春游园会圆满结束。同时进行舞狮表演等文艺节目，为活动画上完美的句号。

七、活动宣传与组织

1.宣传方式

通过公司内部通知、海报、微信公众号等方式进行宣传。同时可以邀请媒体进行报道，提高活动的知名度和影响力。

2.组织机构

成立新春游园会活动组委会，负责活动的策划、组织、协调和实施。组委会成员由公司各部门领导和员工代表组成。

3.安全保障

制订详细的安全预案，确保活动现场安全有序。配备足够的安保人员和医疗急救人员，确保员工的人身安全和健康。

图 1.27 “公司新春游园会活动策划书”效果

操作步骤如下。

（1）打开"素材"文件夹中的"新春游园"文档，将文档重命名为"公司新春游园会活动策划书"，并将其保存在"D:\公司文档\行政部"文件夹中。

（2）页面设置。

① 设置页面大小和页边距。打开文档，单击"布局"→"页面设置"对话框启动器按钮，打开"页面设置"对话框，在对话框的"纸张"选项卡中，将纸张大小设置为"A4"，在"页边距"选项卡中，在"页边距"栏下分别设置上"2.5 厘米"、下"2.5 厘米"、左"2.8 厘米"、右"2.8 厘米"。

② 设置页面颜色。

a. 单击"设计"→"页面背景"→"页面颜色"按钮，打开图 1.28 所示的"页面颜色"列表。

b. 单击"填充效果"选项，打开"填充效果"对话框，在"渐变"选项卡中，选中"双色"单选按钮，设置"颜色 1"为"白色，背景 1"，"颜色 2"为标准色"橙色"，选择"底纹样式"为"中心辐射"，在"变形"栏中选择右侧选项，如图 1.29 所示，单击"确定"按钮。

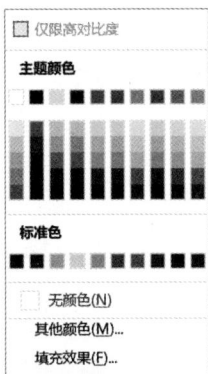

图 1.28　"页面颜色"列表

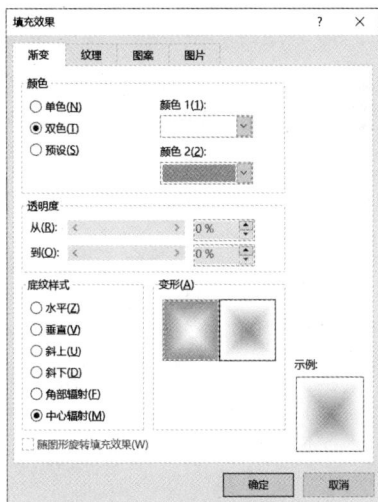

图 1.29　"填充效果"对话框

③ 设置页面边框。

a. 单击"设计"→"页面背景"→"页面边框"按钮，打开图 1.30 所示的"边框和底纹"对话框。

b. 在"页面边框"选项卡中，单击"艺术型"右侧的下拉按钮，在"艺术型"下拉列表中选择"红樱桃"样式，如图 1.31 所示，单击"确定"按钮。

（3）设置文章标题格式。

① 选中标题"公司新春游园会活动策划书"。

② 设置标题字体格式。

a. 单击"开始"→"字体"组中的相应按钮，将标题字体格式设置为"华文琥珀、二号"。

b. 单击"开始"→"字体"→"文本效果和版式"按钮，打开"文本效果和版式"列表，选择"填充:紫色，主题色 4；软棱台"样式，如图 1.32 所示。

c. 在"文本效果和版式"列表中选择"发光"选项，在"发光变体"栏中选择"发光:5 磅；橙色，主题 6"样式，如图 1.33 所示。

微课 1-2　设置页面颜色和页面边框

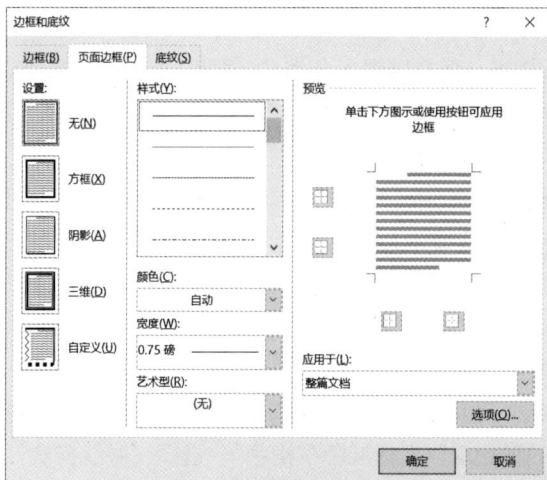

图 1.30　"边框和底纹"对话框

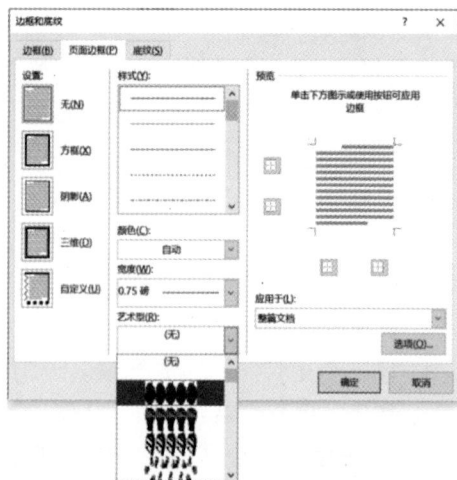

图 1.31　设置"艺术型"边框样式

③ 设置标题段落格式。将标题"公司新春游园会活动策划书"设置为"居中对齐"，段后间距为 12 磅。

（4）将正文所有内容的字体格式设置为"宋体、小四"，行距设置为"1.5 倍行距"，除编号"一""二""三""四""五""六""七"所在的标题段落外的其他段落设置为首行缩进 2 字符。

（5）设置正文标题段落的格式。同时选中正文中编号"一""二""三""四""五""六""七"所在的标题段落，将字体格式设置为"楷体、四号、加粗"。

（6）为"活动时间"添加双下划线。

① 选中活动时间"2024 年 2 月 8 日下午 2 点至 7 点"。

② 单击"开始"→"字体"→"下划线"下拉按钮，从"下划线"列表中选择"双下划线"，如图 1.34 所示。

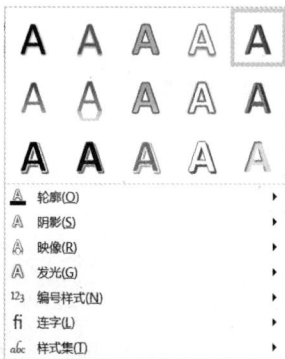

图 1.32　"文本效果和版式"列表

图 1.33　"文本效果和版式"的"发光"选项

图 1.34　"下划线"列表

（7）设置项目符号。

① 选中标题"二、活动目的"下方的 3 段文字，单击"开始"→"段落"→"项目符号"下拉按钮，打开"项目符号库"列表，选择"定义新项目符号"命令，打开图 1.35 所示的"定义新项目符号"对话框，单击"符号"按钮，打开"符号"窗口，单击"字体"右侧的下拉按钮，选择类别"Wingdings"，再在列出的符号中选择需要的符号，如图 1.36 所示，单击"确定"按钮返回"定义新项目符号"

微课 1-3　设置
项目符号

对话框，再单击"确定"按钮，将选定的项目符号应用于所选段落。

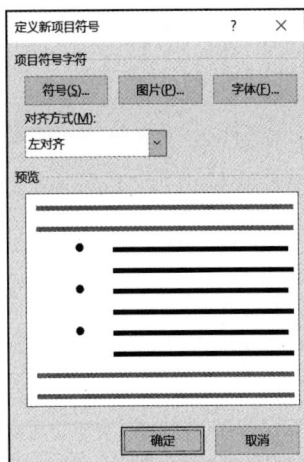

图 1.35　"定义新项目符号"对话框

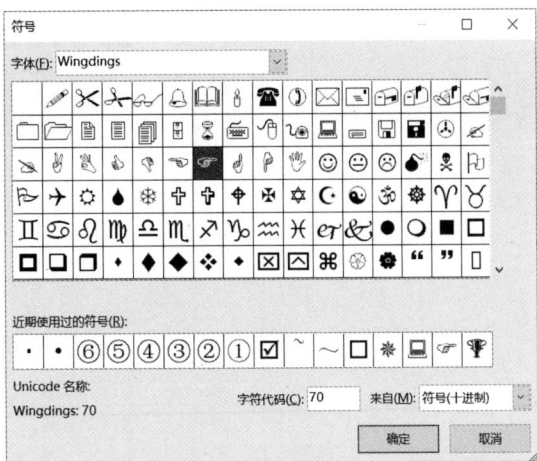

图 1.36　选择符号

② 按照上述相同方法，在"游园活动"下方的"游戏区""亲子活动区""拍照留念区"所在段落前添加图 1.37 所示的实心四角星项目符号。

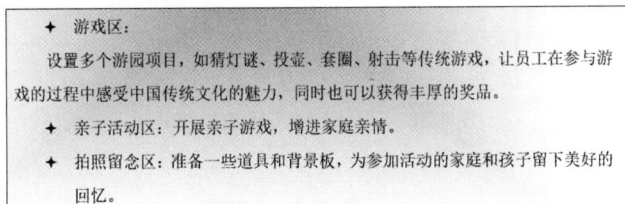

图 1.37　添加项目符号

【项目小结】

通过本项目的学习，读者能够学会 Word 文档的新建和保存、页面设置、文档内容的输入和编辑，学会对文档中字符的字体、颜色、大小、字形、文本效果等进行设置，学会对段落的缩进、间距和行距进行设置，学会利用项目符号和编号对段落进行相关的美化和修饰，以及学会对页面颜色、页面边框等进行设计，并学会预览和打印文档等行政工作中的常用操作。

项目2　制作公司会议记录表

示例文件	原始文件：示例文件\素材\行政篇\项目 2\公司会议记录表.docx
	效果文件：示例文件\效果\行政篇\项目 2\公司会议记录表.docx

【项目背景】

公司的行政部经常会召开大大小小的会议，通过召开会议来进行某项工作的分配、某个文件精神的传达或某个议题的讨论等。这就需要行政人员制作会议记录表来记录会议的主题、时间、主要内容、做出的决定等。本项目利用 Word 2016 为公司制作一份会议记录表，主要涉及的知识点是表格的创建，表格内容的编辑，表格格式的设置等。制作好的公司会议记录表如图 1.38 所示。

图 1.38 "公司会议记录表"效果

【项目实施】

任务 2-1 新建并保存文档

（1）启动 Word 2016，新建空白文档"文档 1"。

（2）将新建的文档重命名为"公司会议记录表"，并将其保存在"D:\公司文档\行政部\"文件夹中。

任务 2-2 输入表格标题

（1）在文档开始位置输入表格标题"公司会议记录表"。

（2）按【Enter】键换行。

任务 2-3 插入表格

（1）单击"插入"→"表格"→"表格"按钮，打开图 1.39 所示的"表格"下拉菜单，选择"插入表格"命令，打开图 1.40 所示的"插入表格"对话框。

（2）通过观察图 1.38 可知，需要插入一个 10 行 6 列的表格，所以在"插入表格"对话框中分别输入要插入表格的列数为"6"，行数为"10"。

（3）单击"确定"按钮，出现图 1.41 所示表格。

微课 1-4 插入表格

图 1.39　"表格"下拉菜单　　　　　图 1.40　"插入表格"对话框

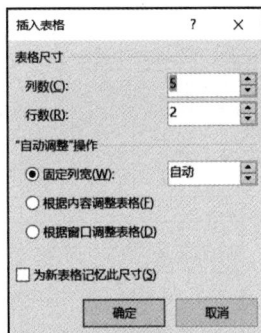

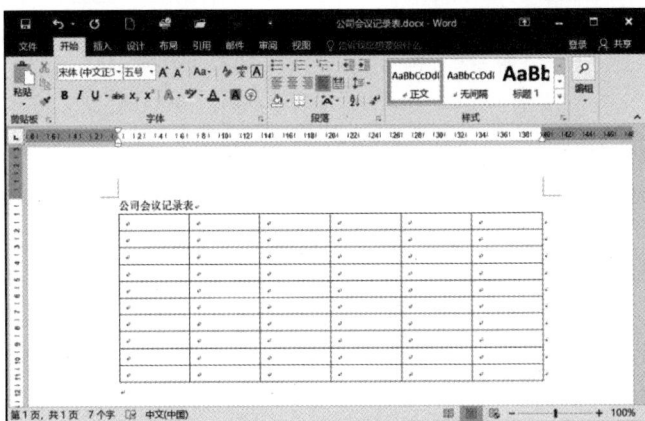

图 1.41　插入一个 10 行 6 列的表格

活力小贴士　自动插入的表格会以纸张的正文部分左右边距之间的宽度均分作为列宽，以当前 1 行文字的高度作为行高。

插入表格的常用方法如下。

① 使用"插入表格"对话框插入表格。单击"插入"→"表格"→"表格"按钮，打开"表格"下拉菜单，选择"插入表格"命令，打开"插入表格"对话框，在其中输入表格的列数和行数。

② 快速插入表格。单击"插入"→"表格"→"表格"按钮，打开"表格"下拉菜单，在"插入表格"栏中拖曳选取合适数量的列数和行数，单击鼠标后即可在指定的位置插入表格。选中的单元格将以橙色显示，并在名称区域中显示"列数×行数"的表格信息。

③ 使用内置样式插入表格。单击"插入"→"表格"→"表格"按钮，打开"表格"下拉菜单，选择"快速表格"命令，打开子菜单，从中选择一种内置样式的表格。

④ 绘制表格。单击"插入"→"表格"→"表格"按钮，打开"表格"下拉菜单，选择"绘制表格"命令，此时鼠标指针变成铅笔形状，按住鼠标左键不放，在 Word 文档中绘制表格边框，然后在适当的位置绘制行和列。绘制完毕，按【Esc】键，或者单击"表格工具"→"设计"→"边框"→"边框"→"绘制表格"，结束表格绘制。

对于初学者而言，推荐使用前两种方法。

任务 2-4　编辑表格

（1）编辑表格内容。按图 1.42 所示输入表格的内容，每输完一个单元格中的内容，可按【Tab】键切换至下一单元格继续输入。

会议主题			会议地点		
会议时间		主持人		记录人	
参会人员					
会议内容					
反映的问题		解决方案		执行部门	执行时间
备注					

图 1.42　输入"公司会议记录表"的内容

（2）合并单元格。

① 选中表格第 1 行从左向右数第 2 个和第 3 个单元格。

② 单击"表格工具"→"布局"→"合并"→"合并单元格"按钮，将选定的单元格合并为一个单元格。

③ 参照图 1.43 所示格式合并其他需要合并的单元格。

会议主题		会议地点	
会议时间	主持人		记录人	
参会人员			
会议内容			
反映的问题	解决方案	执行部门	执行时间
备注			

图 1.43　编辑后的"公司会议记录表"

（3）保存文档。

活力小贴士　合并单元格的操作也可以是：选中要合并的单元格，单击鼠标右键，从快捷菜单中选择"合并单元格"命令。

任务 2-5　美化表格

（1）设置表格标题格式。将表格标题文字的格式设置为"黑体、二号、居中"，段后间距为"1行"。

① 选中标题文字"公司会议记录表"。

② 单击"开始"→"字体"组中的按钮，将字体设置为"黑体"，字号设置为"二号"。

③ 单击"开始"→"段落"组中的按钮，将段落的对齐方式设置为"居中"。

④ 打开"段落"对话框，在"缩进和间距"选项卡中，将其段后间距设置为"1行"。

（2）设置表格内文本的格式。

① 选中整张表格。将鼠标指针移到表格上时，当表格左上角出现"⊞"图标时，单击该图标，可选中整张表格。

② 单击"开始"→"字体"组中的按钮，将字体设置为"宋体"，字号设置为"小四"。

③ 将表格中已输入内容的单元格的对齐方式设置为"水平居中"（空白单元格除外）。

> **活力小贴士** "段落"组中的段落对齐按钮只用于设置文字在水平方向上的左、中或右对齐，而在表格中，既要考虑文字水平方向的对齐，又要考虑文字垂直方向的对齐，所以这里使用了单元格对齐方式中的"水平居中"，使单元格中的内容处于单元格的正中间。

（3）设置表格行高。

① 打开"表格属性"对话框，调整行高。

将表格第1、第2、第5行的高度设置为"0.8厘米"，第3、第6、第7、第8、第9、第10行的高度设置为"2厘米"。

a. 选中表格第1、第2、第5行。

b. 单击"表格工具"→"布局"→"表"→"属性"按钮，打开"表格属性"对话框。

c. 切换到"行"选项卡，勾选"指定高度"复选框，设置高度为"0.8厘米"，如图1.44所示，单击"确定"按钮。

d. 按照相同方法，选中表格第3、第6、第7、第8、第9、第10行，将行高设置为"2厘米"。

② 使用鼠标调整第4行的高度。

将鼠标指针指向"会议内容"一行的下框线，当鼠标指针变为"╪"形状时，按住鼠标左键向下拖动，增加"会议内容"一行的高度。

设置表格行高后的效果如图1.45所示。

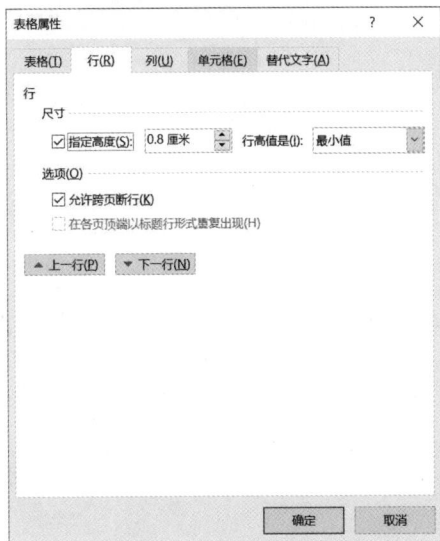

微课1-5 设置表格行高

图 1.44 设置表格行高

图 1.45 设置表格行高后的效果

> **活力小贴士** 调整表格列宽的方法与调整表格行高的类似，可使用"表格属性"对话框的"列"选项卡来调整选定列的宽度，也可使用鼠标调整选定列的宽度。在调整的过程中，若不想影响其他列宽度的变化，可在拖曳时按住【Shift】键；若想实现微调，可在拖曳时按住【Alt】键。

（4）设置表格的边框样式。

将表格内框线设置为"0.75磅"，外框线设置为"1.5磅"的黑色实线。

① 选中整张表格。

② 单击"表格工具"→"设计"→"边框"对话框启动器按钮，打开"边框和底纹"对话框。

微课 1-6 设置表格边框样式

③ 在"边框"选项卡中，设置为"全部"框线，样式为"实线"，颜色为"黑色，文字1"，宽度为"0.75磅"，可以在右侧的"预览"框中看到效果，如图1.46所示。

④ 单击右侧的"预览"框中的外框线，取消表格外框线，如图1.47所示。

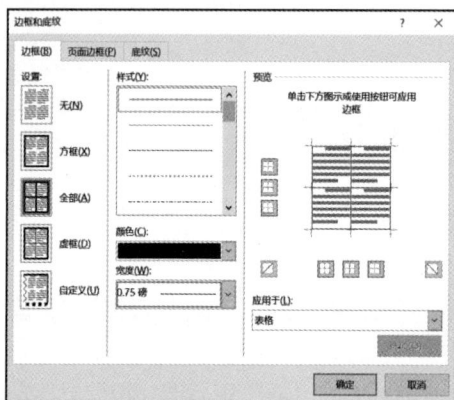

图 1.46 设置全部框线为宽度为 0.75 磅的黑色实线

图 1.47 取消表格外框线

> **活力小贴士** 取消表格中某单元格的线条，也可以通过单击"预览"框中表格效果围边的各个框线按钮来实现，如单击▤、▥、▦和▧按钮等。某线条在表格中显现，该框线按钮是凹陷的；若不显现线条，则该框线按钮是凸起的。

⑤ 选择宽度为"1.5磅"的黑色实线，再单击表格的外框线处或外框线对应的▤、▥、▦、▧按钮，使外框线应用宽度为"1.5磅"的黑色实线，如图1.48所示，单击"确定"按钮，完成设置。

（5）保存文档。

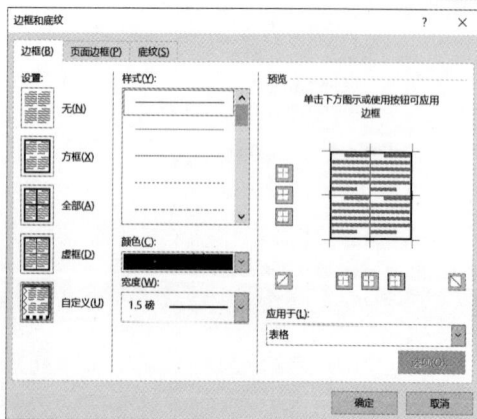

图 1.48 设置外框线为宽度为 1.5 磅的黑色实线

【项目拓展】

（1）制作文件传阅单，效果如图 1.49 所示。

来文单位		收文时间		文号		份数	
文件标题							
传阅时间	领导姓名	阅退时间		领导阅文批示			
备注							

图 1.49 "文件传阅单"效果

（2）制作公司发文单，效果如图 1.50 所示。

科源有限公司发文单

密级：

签发人：	规范审核	核稿人：	
	经济审核	核稿人：	
	法律审核	核稿人：	
主办单位：	拟 稿 人		
	审 稿 人		
会签：	共打印　份，其中文　份，附件　份		
	缓　急：		
标题：			
发文　字［　］第　号　年　月　日			
附件：			
主送：			
抄报：			
抄送：			
抄发：			
打字：　　校对：　　　监印：			
主题词：			

图 1.50 "科源有限公司发文单"效果

【项目训练】

随着互联网技术的发展，在线办公也成为日常工作的一部分。腾讯文档是一款在线协作编辑工具，可用于多人实时编辑文档、表格和幻灯片等。使用腾讯文档，用户可以在计算机端（腾讯文档网页版）、移动端（腾讯文档 App、腾讯文档微信/QQ 小程序）、iPad（腾讯文档 App）等多类型设备上随时随地查看和修改文档，云端实时保存。下面以计算机端为例，使用腾讯文档工具制作公司收文登记表，方便工作人员收文后实时进行登记。"收文登记表"效果如图 1.51所示。

收文登记表

收文日期	来文单位	来文原号	密级	件数	文件标题或事由	编号	处理情况	归档号	收文人员	备注

图 1.51　"收文登记表"效果

操作步骤如下。

（1）打开浏览器，直接在网页中搜索"腾讯文档"，按【Enter】键可进入官网，如图 1.52 所示。

图 1.52　"腾讯文档"页面

（2）单击页面中的"立即使用"按钮，显示图 1.53 所示的登录界面，使用微信和 QQ 就能直接登录腾讯文档。

（3）新建文档。

① 单击左上角的"新建"按钮，打开图 1.54 所示的"新建"菜单。

图 1.53　"腾讯文档"登录界面

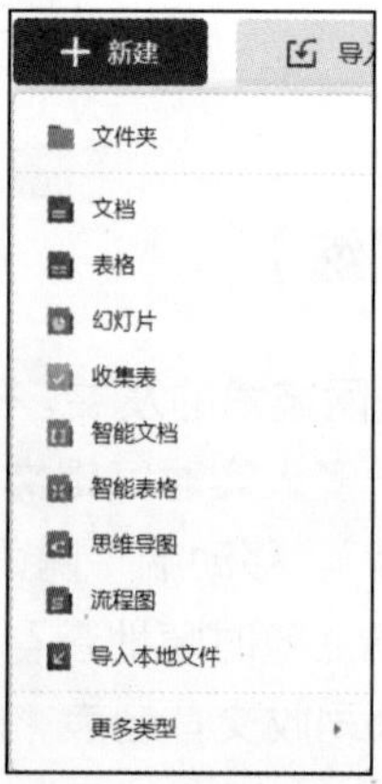

图 1.54　"新建"菜单

② 选择新建的文档类型为"文档"，打开图 1.55 所示的文档编辑页面。

图 1.55　文档编辑页面

（4）设置页面。

① 单击"页面设置"按钮，选择"页面设置"命令，打开"页面设置"对话框。

② 按图 1.56 所示设置页面方向、页面大小和页边距等。

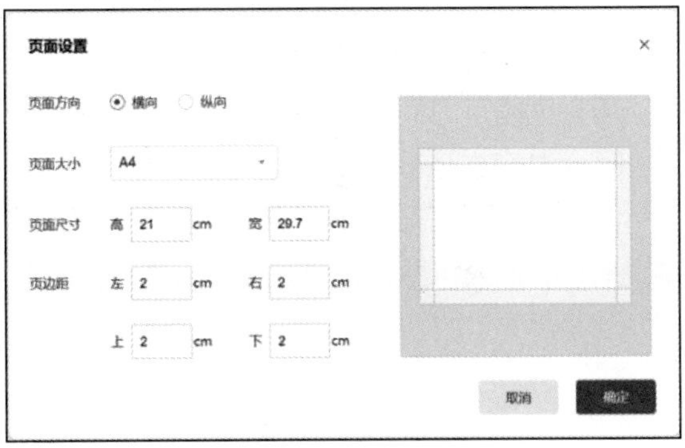

（5）编辑文档。

① 输入表格标题"收文登记表"。

② 按【Enter】键换行。

③ 创建表格。

a. 单击"插入"→"表格"→"表格"按钮，打开"表格"下拉菜单，选择"自定义行列数"命令，打开"自定义行列数"对话框。

b. 在对话框中设置需要的行数和列数，如图 1.57 所示，单击"确定"按钮，创建一个表格，如图 1.58 所示。

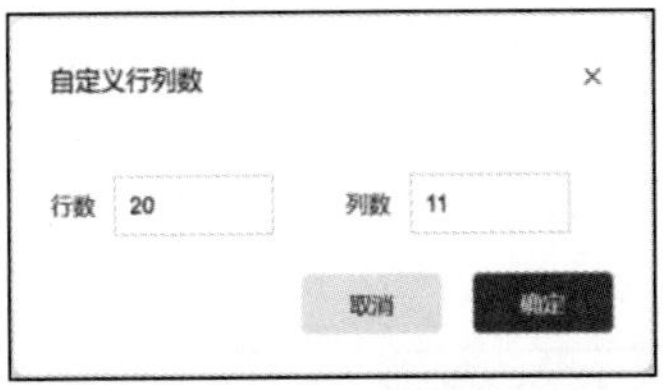

图 1.56　页面设置

图 1.57　"自定义行列数"对话框

图 1.58　创建的表格

活力
小贴士　创建表格时，如果所需的表格行列数不多，可以在图 1.59 所示的"插入表格"区域中，拖曳鼠标选取要插入表格的列数和行数，在指定的位置插入表格。

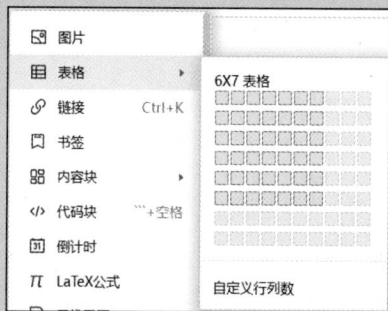

图 1.59　拖曳插入表格

④ 输入表格文字。在表格中输入图 1.51 所示的表格中的文字内容。

⑤ 设置表格格式。

a. 选中表格标题"收文登记表"，将其格式设置为"默认字体、小二、居中"。

b. 选中整个表格，将表格内的文字格式设置为"仿宋、五号"。

c. 设置列标题格式为"加粗、居中对齐"。

d. 参照图 1.51，适当调整各列的宽度。

e. 设置表格边框。选中整张表格，单击"边框"按钮，打开图 1.60 所示的边框样式列表，选择"所有框线"边框样式。再单击"边框颜色"选项，设置边框颜色为黑色。

（6）共享文档。

① 单击页面右上角的"分享"按钮，可以将文档链接发送给其他人共享和协作，也可以设置权限，指定其他人可查看、编辑或评论文档，如图 1.61 所示。

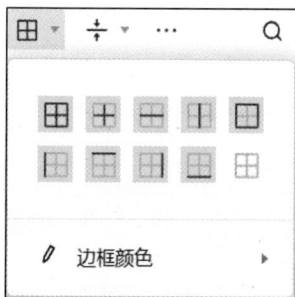

图 1.60　边框样式列表

图 1.61　分享文档

② 单击"分享至"栏中的分享方式选项，可实现文档的分享。

> **活力小贴士** 完成在线文档编辑后，单击右上角的"文档操作"按钮 ≡，可以将文档导出为 Word、PDF、图片、HTML 等格式，直接下载到本地计算机。

【项目小结】

在本项目中，通过制作"公司会议记录表""文件传阅单""公司发文单"，读者能够学会插入表格，合并、拆分表格中的单元格，对表格中的内容进行对齐设置，并对表格和表格中的内容进行其他设置等操作；同时通过使用腾讯文档工具制作"收文登记表"，读者能够学会在线文档的编辑和制作。

项目 3　制作公司简报

示例文件	原始文件：示例文件\素材\行政篇\项目 3\公司简报-189 期（原文）.docx、乡村振兴捐赠仪式.docx
	效果文件：示例文件\效果\行政篇\项目 3\公司简报-189 期.docx

【项目背景】

简报是指由组织（企业）内部编发的用来反映情况、沟通信息、交流经验、促进了解的书面报道。简报有一定的发送范围，起着"报告"的作用。简报应包括如下内容：报头（简报名称、期数、编写单位、日期）、正文（标题、前言、主要内容、结尾）、报尾（报送和抄送单位、印数），以及简报后附有的附件等。

本项目中简报的主要内容为公司近期的乡村振兴公益活动情况总结，简报效果如图 1.62 所示。

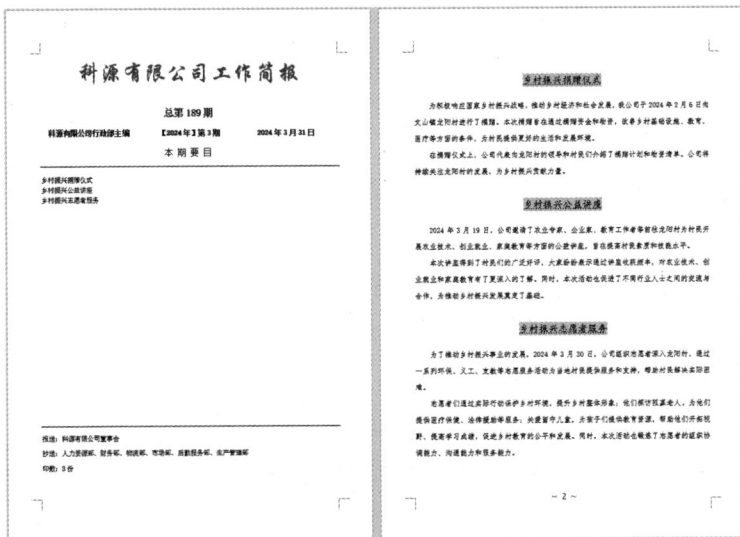

图 1.62　简报效果

【项目实施】

任务 3-1　新建并保存文档

（1）启动 Word 2016，新建一个空白文档。

（2）将文档重命名为"公司简报-189 期"，并将其保存在"D:\公司文档\行政部"文件夹中。

任务 3-2　设置简报页面

（1）设置页面大小和方向。将页面纸张大小设置为"A4"，纸张方向设置为"纵向"。

（2）设置页边距，分别为上"2.5 厘米"、下"2.3 厘米"、左"2 厘米"、右"2 厘米"。

任务 3-3　编辑简报内容

（1）输入图 1.63 所示的文字内容。

（2）分页。

简报的封面和正文分别位于第 1 页和后续页中，这里需要手动进行分页。

① 将光标定位于封面文字的末尾，即"印数：8 份"之后。

② 单击"布局"→"页面设置"→"分隔符"按钮，打开图 1.64 所示的"分隔符"下拉菜单。选择"分节符"中的"下一页"命令，"印数：8 份"之后的文字将被移动到下一个页面中。

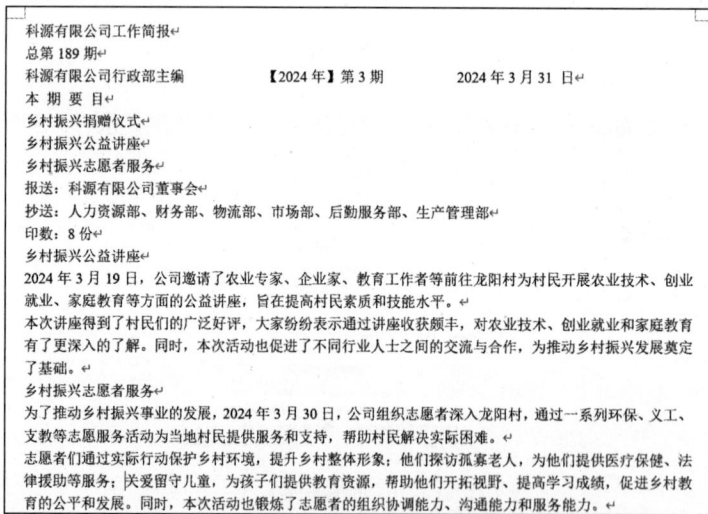

图 1.63　简报文字内容

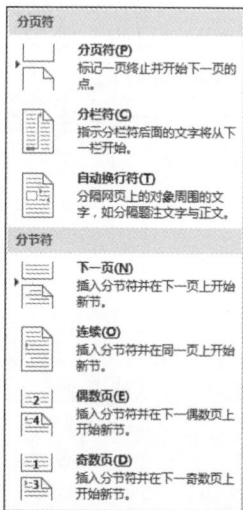

图 1.64　"分隔符"下拉菜单

（3）插入"乡村振兴捐赠仪式"中的文字内容。

这里，由于公司员工已做好一份"乡村振兴捐赠仪式"文档，现在只需将其文字内容插入当前文档中。

① 将光标置于需要添加文字内容的插入点（第 2 页的首行位置）。

② 单击"插入"→"文本"→"对象"→"文件中的文字"选项，如图 1.65 所示。打开"插入文件"对话框，在其中选择"乡村振兴捐赠仪式"文档，如图 1.66 所示，双击该文档或选中该文档后单击对话框中的"插入"按钮，插入该文档中的文字内容。

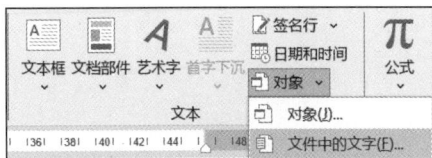

图 1.65　插入"对象"列表

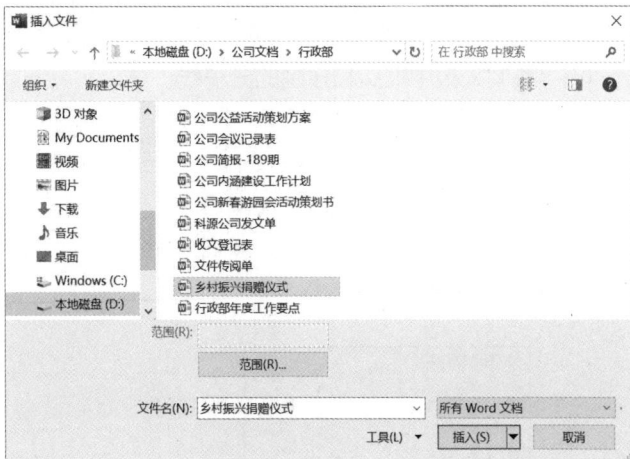

图 1.66　"插入文件"对话框

③ 插入内容后的"公司简报-189 期"文档正文如图 1.67 所示。

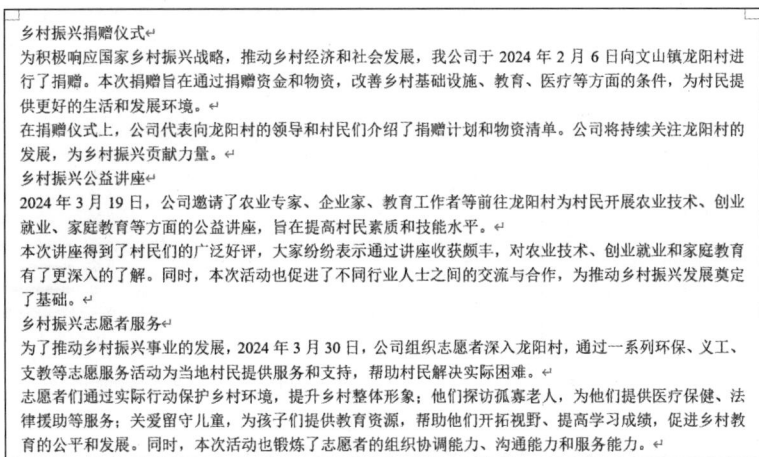

图 1.67　插入内容后的效果

任务 3-4　制作简报封面

（1）设置简报标题的格式。将简报标题格式设为"华文行楷、小初、红色、居中"，段后间距设为"1 行"。

（2）设置简报总期数的格式。将简报总期数"总第 189 期"格式设为"宋体、三号、加粗、居中"。

（3）设置编写单位、期数和编写日期的格式。将编写单位、期数和编写日期的格式设为"宋体、小四、加粗、居中"，段前、段后间距均为"0.5 行"。

（4）设置"本期要目"的格式为"宋体、四号、居中"，段后间距为"20 磅"。

（5）设置报尾格式。

① 在报尾文字前插入适当的换行符，使报尾靠近页面底端。

② 将报尾的 3 行文字设为"宋体、五号"，行距为"1.5 倍行距"。

（6）绘制简报中报头和报尾的分隔线。

① 单击"插入"→"插图"→"形状"按钮，打开图 1.68 所示的"形状"下拉菜单，从"线条"栏中选择"直线"，在"本期要目"一行的下方绘制一条水平直线。

② 选中绘制的直线，单击"绘图工具"→"格式"→"形状样式"→"形状轮廓"下拉按钮，打开图 1.69 所示的下拉菜单，在"粗细"命令的子菜单中选择"1.5 磅"，将直线的粗细设置为"1.5 磅"，再将直线的颜色设置为标准色"红色"。

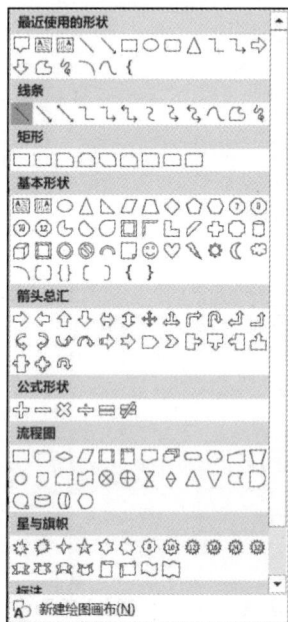

图 1.68 "形状"下拉菜单

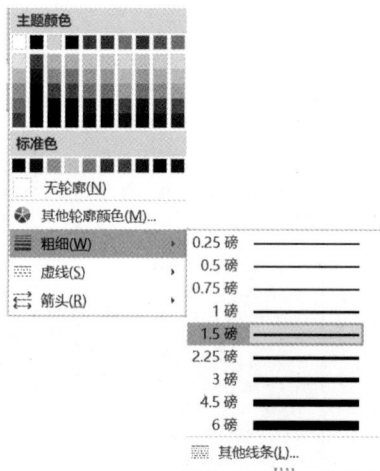

图 1.69 设置直线的粗细为"1.5 磅"

③ 选中并复制、粘贴该直线，将复制的直线移动至报尾的上方，如图 1.70 所示。

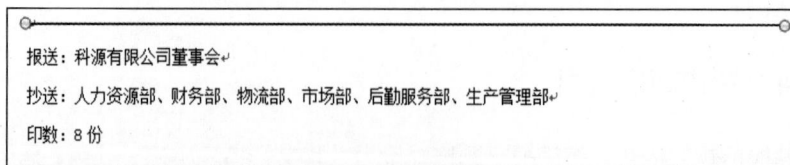

报送：科源有限公司董事会

抄送：人力资源部、财务部、物流部、市场部、后勤服务部、生产管理部

印数：8 份

图 1.70 复制并移动直线至报尾的上方

④ 预览封面的效果，如图 1.71 所示，如果认为存在不合理的地方，可做一些调整，使最终的封面更美观。调整完成后，单击"文件"菜单中的返回按钮，返回到页面视图。

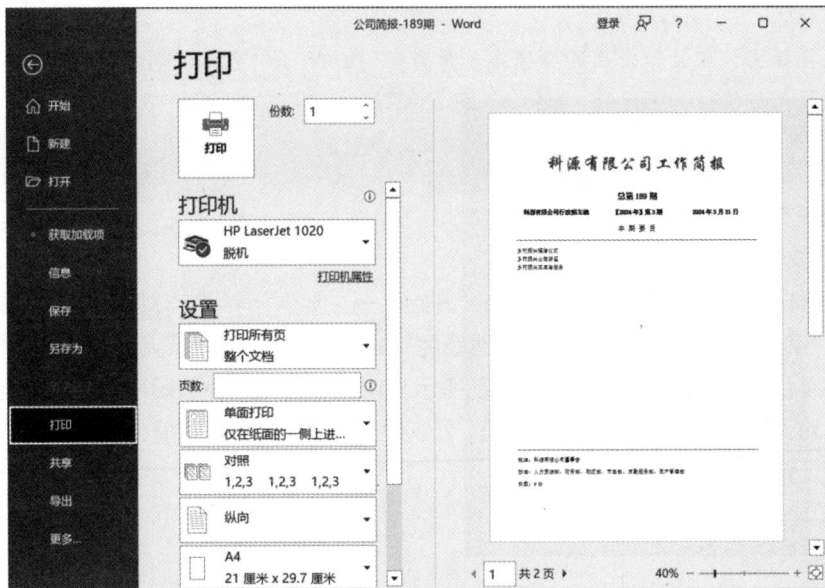

图 1.71　预览封面的效果

任务 3-5　美化简报正文

（1）设置正文标题的格式。

① 按住【Ctrl】键，选中正文标题文字"乡村振兴捐赠仪式""乡村振兴公益讲座""乡村振兴志愿者服务"，设置格式为"楷体、三号"，然后单击"开始"→"字体"→"下划线"下拉按钮，在下拉菜单中选择"点式下划线"，为文字添加下划线；单击"字符底纹"按钮，为文字添加字符底纹。

② 单击"开始"→"段落"对话框启动器按钮，打开"段落"对话框，在"缩进和间距"选项卡中，设置段前间距为"1.8 行"，段后间距为"0.5 行"，行距为"1.5 倍行距"；对齐方式设置为"居中"。设置完成后，可看到"字体"和"段落"组中的相应按钮为凹陷状态，如图 1.72 所示。

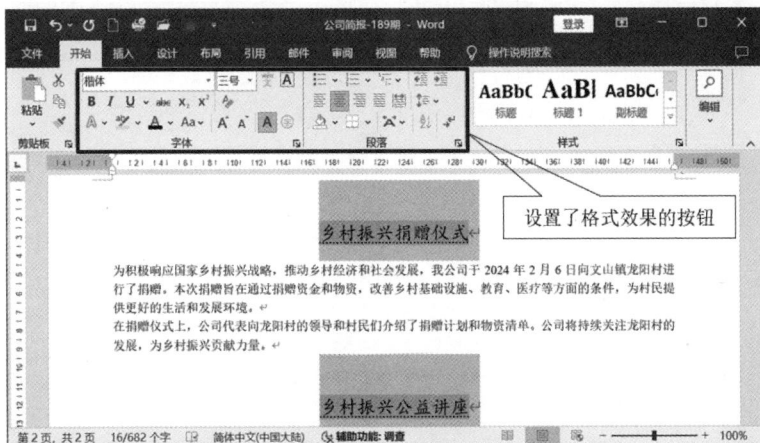

图 1.72　设置正文标题格式后的效果

活力小贴士 在设置距离、粗细等使用的磅值或具体数值时，既可以通过微调按钮进行调整，也可以自行输入数值，如上述的"1.8 行"段前间距，如图 1.73 所示。

（2）设置正文其他文字的格式。

① 选中正文其他文字。

② 设置字体格式为"仿宋、12"；单击"开始"→"字体"→"字体颜色"下拉按钮，打开图 1.74 所示的"字体颜色"面板，选择"其他颜色"命令，打开"颜色"窗口，单击"自定义"选项卡，设置字体颜色的 RGB 值，如图 1.75 所示；单击"开始"→"段落"对话框启动器按钮，打开"段落"对话框，设置首行缩进 2 字符，行距为"固定值"，设置值为"26 磅"，设置好的效果如图 1.76 所示。

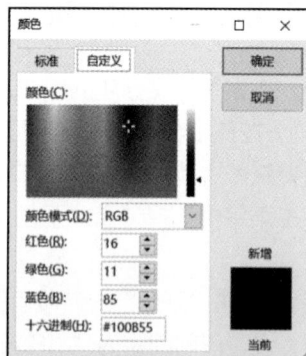

图 1.73　输入或使用微调按钮设置间距　　图 1.74　"字体颜色"面板　　图 1.75　自定义字体颜色

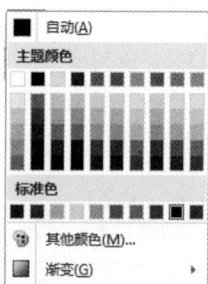

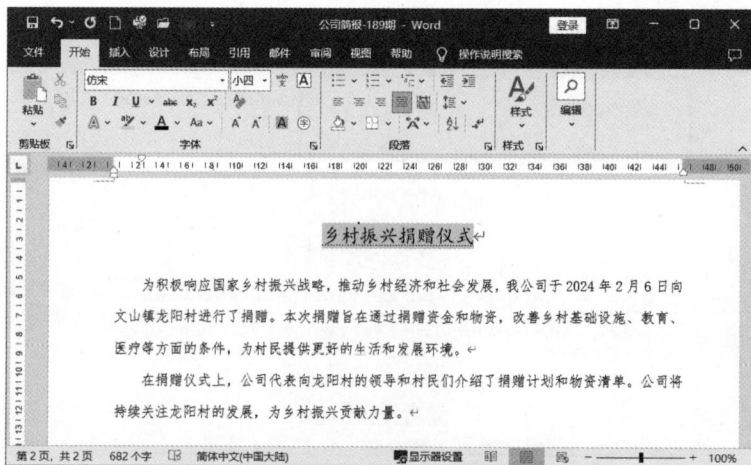

图 1.76　设置正文其他文字格式后的效果

任务 3-6　添加页码

（1）单击"布局"→"页面设置"对话框启动器按钮，打开"页面设置"对话框，选择"版式"选项卡，在"页眉和页脚"栏中勾选"首页不同"复选框，如图 1.77 所示。

微课 1-7　添加页码

（2）将光标置于正文文字（即非首页）任意处，单击"插入"→"页眉和页脚"→"页码"按钮，打开"页码"下拉菜单，如图 1.78 所示，选择页码位置为"页面底端"，再从子菜单中选择页码样式为"颚化符"。

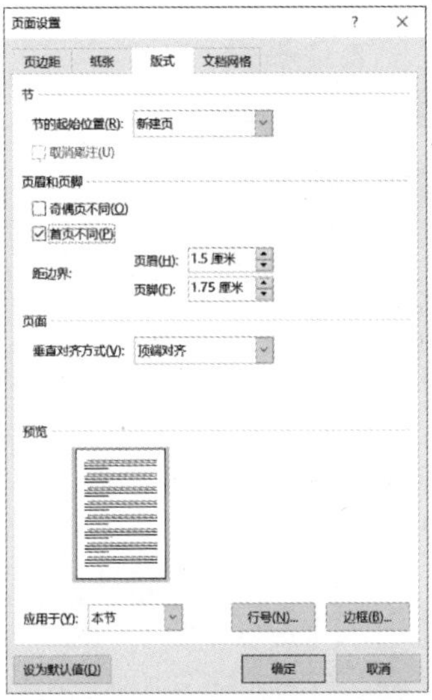

图 1.77　"页面设置"对话框

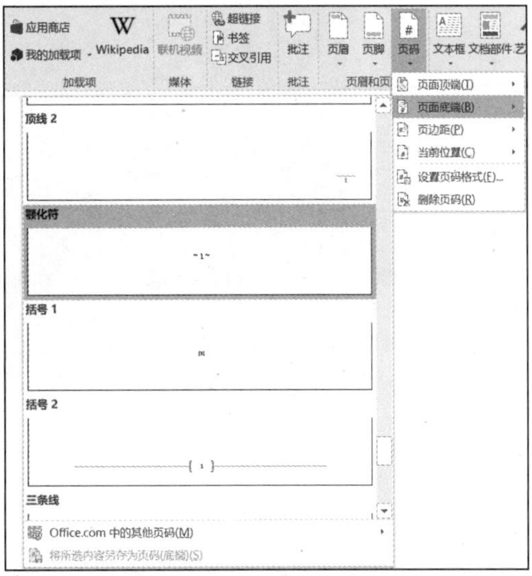

图 1.78　"页码"下拉菜单

任务 3-7　预览整体效果

（1）完成所有美化修饰后，单击"文件"→"打印"命令，可以预览文档的打印效果，并通过调整打印效果显示页右下角的显示比例进行双页预览，如图 1.79 所示。

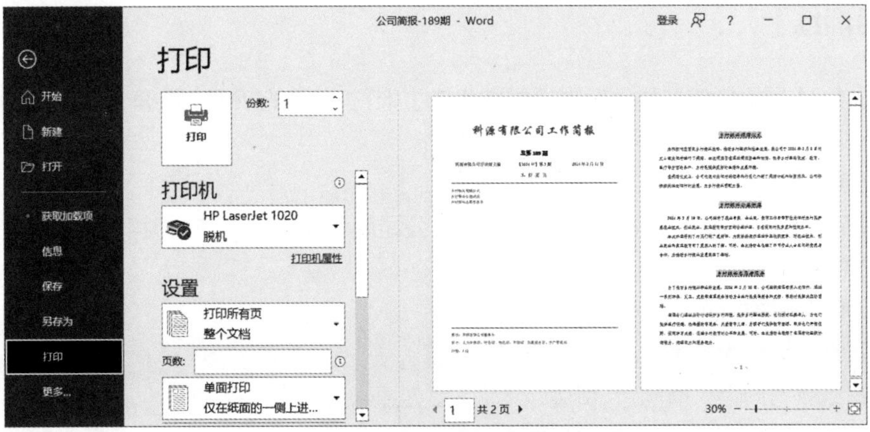

图 1.79　双页预览的效果

（2）所有工作完成后，保存文档并关闭窗口。

【项目拓展】

制作图 1.80 所示的"公司新春贺卡"。

图 1.80　"公司新春贺卡"效果

活力小贴士　贺卡制作可采用图片、文本框和艺术字相结合的方法，操作步骤如下。

① 设置页面纸张大小为双面明信片、纸张方向为横向。

② 插入素材图片"新春"，设置图片大小与纸张大小相同，环绕方式为"衬于文字下方"。

③ 插入文本框，输入祝福语"感谢您一路同行，共创辉煌。2024 年，让我们继续携手前行，迎接更美好的未来！"，设置字体格式，将文本框设置为"无填充""无轮廓"。

④ 插入艺术字"龙年吉祥　阖家幸福"。

【项目训练】

根据图 1.81 所示制作"科源有限公司周年庆小报"，涉及的知识主要有艺术字的设置、段落的分栏设置、文本框的操作、图片的设置等。

操作步骤如下。

（1）新建文档，将文档重命名为"科源有限公司周年庆小报"，并将其保存在"D:\公司文档\行政部"文件夹中。

（2）根据小报需要的版面大小设置页面。

① 设置纸张大小为"A4"。

② 设置纸张方向为"横向"，页边距均为"2.2 厘米"。

（3）按图 1.82 所示输入相应的文字。

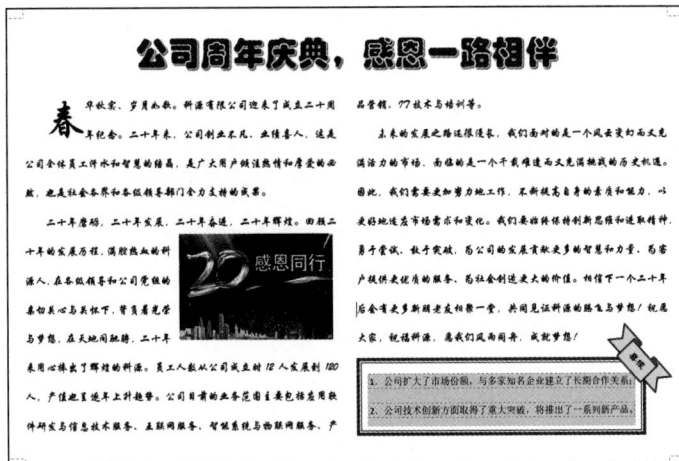

图1.81 "科源有限公司周年庆小报"效果

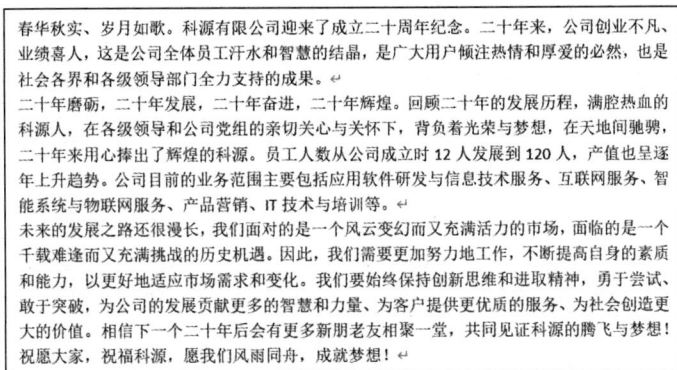

春华秋实、岁月如歌。科源有限公司迎来了成立二十周年纪念。二十年来，公司创业不凡、业绩喜人，这是公司全体员工汗水和智慧的结晶，是广大用户倾注热情和厚爱的必然，也是社会各界和各级领导部门全力支持的成果。

二十年磨砺，二十年发展，二十年奋进，二十年辉煌。回顾二十年的发展历程，满腔热血的科源人，在各级领导和公司党组的亲切关心与关怀下，背负着光荣与梦想，在天地间驰骋，二十年来用心捧出了辉煌的科源。员工人数从公司成立时12人发展到120人，产值也呈逐年上升趋势。公司目前的业务范围主要包括应用软件研发与信息技术服务、互联网服务、智能系统与物联网服务、产品营销、IT技术与培训等。

未来的发展之路还很漫长，我们面对的是一个风云变幻而又充满活力的市场，面临的是一个千载难逢而又充满挑战的历史机遇。因此，我们需要更加努力地工作，不断提高自身的素质和能力，以更好地适应市场需求和变化。我们要始终保持创新思维和进取精神，勇于尝试、敢于突破，为公司的发展贡献更多的智慧和力量，为客户提供更优质的服务、为社会创造更大的价值。相信下一个二十年后会有更多新朋老友相聚一堂，共同见证科源的腾飞与梦想！祝愿大家，祝福科源，愿我们风雨同舟，成就梦想！

图1.82 输入文字

（4）制作小报标题。

① 在正文前为标题留出一行空行，并将光标置于空行处。

② 单击"插入"→"文本"→"艺术字"按钮，打开图1.83所示的"艺术字库"列表。

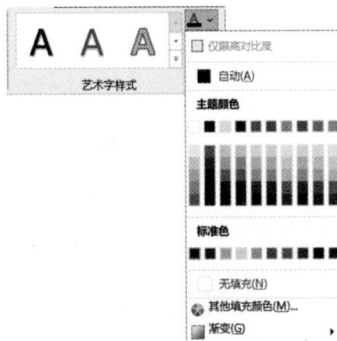

③ 单击"艺术字库"列表中的艺术字样式"填充：黑色，文本1；轮廓：背景1；清晰阴影：背景1"后，输入标题文字"公司周年庆典，感恩一路相伴"。

④ 选中添加的艺术字，单击"绘图工具"→"格式"→"艺术字样式"→"文本填充"下拉按钮，将艺术字填充为标准色"深红"，如图1.84所示。

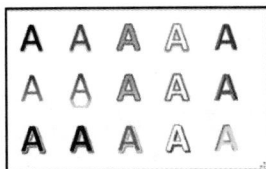

图1.83 "艺术字库"列表

图1.84 为艺术字填充颜色

31

⑤ 选中添加的艺术字，单击"绘图工具"→"格式"→"排列"→"环绕文字"按钮，打开图 1.85 所示的"环绕文字"下拉菜单，选择"嵌入型"命令，将添加的艺术字的环绕方式设置为"嵌入型"。

⑥ 将艺术字格式设置为"华文琥珀、水平居中"。

（5）对正文进行分栏设置。

先在正文最后按【Enter】键增加一个段落，选中除该段外的所有正文文字，单击"布局"→"页面设置"→"分栏"按钮，打开图 1.86 所示的"分栏"下拉菜单，选择"两栏"，设置分栏后的正文文字效果如图 1.87 所示。

微课 1-8　分栏设置

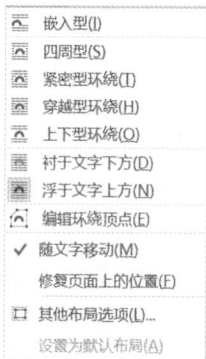

图 1.85　"环绕文字"下拉菜单

图 1.86　"分栏"下拉菜单

图 1.87　分两栏的正文文字效果

活力小贴士

① 分栏时，除了选择下拉菜单中列出的"一栏""两栏""三栏""偏左""偏右"的预设效果之外，还可选择"更多分栏"，打开图 1.88 所示的"分栏"对话框。

在"栏数"文本框中输入需要分栏的栏数，可以将文字分成更多栏。默认情况下，分栏会设置为"栏宽相等"，若需要不同的栏宽，可取消勾选"栏宽相等"复选框，"宽度"和"间距"便可自行设置。

② 分栏时，每栏之间还可以添加一条分隔线，只需勾选"分栏"对话框中的"分隔线"复选框即可。

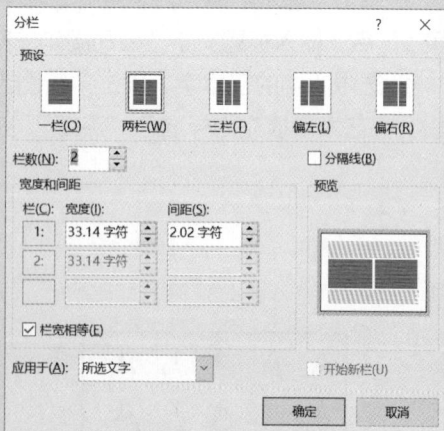

图 1.88　"分栏"对话框

（6）设置正文文字及段落的格式。

① 选中所有正文文字。

② 设置正文文字的格式为"华文行楷、小四"，段落首行缩进 2 字符。

活力小贴士 为文档进行整体美化修饰，可调整窗口右下角的"显示比例"，设置比较小的显示比例，以便查看整体效果，这里设置的比例为 80%，效果如图 1.89 所示。

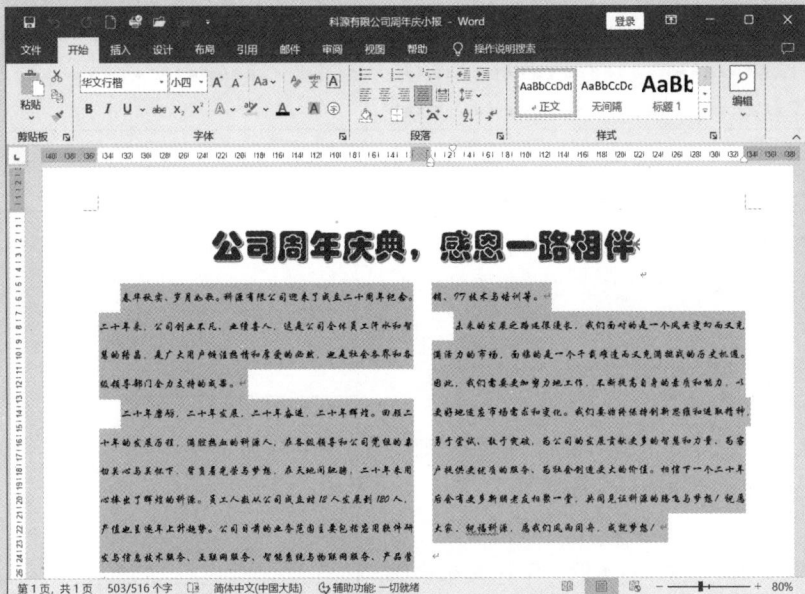

图 1.89　调整显示比例为 80% 的效果

（7）设置正文第 1 段"首字下沉"。

① 选中需要设置首字下沉的段落或将光标置于需要设置首字下沉的段落中。

② 单击"插入"→"文本"→"首字下沉"按钮，打开图 1.90 所示的"首字下沉"下拉菜单，单击"首字下沉选项"命令，打开"首字下沉"对话框，将位置设为"下沉"，字体设为"华文行楷"，下沉行数设为"2"，如图 1.91 所示。单击"确定"按钮，得到图 1.92 所示的首字下沉效果。

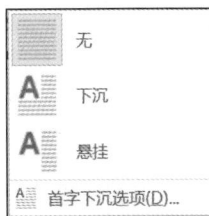

微课 1-9　首字下沉

图 1.90　"首字下沉"下拉菜单

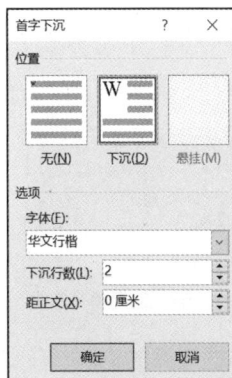

图 1.91　"首字下沉"对话框

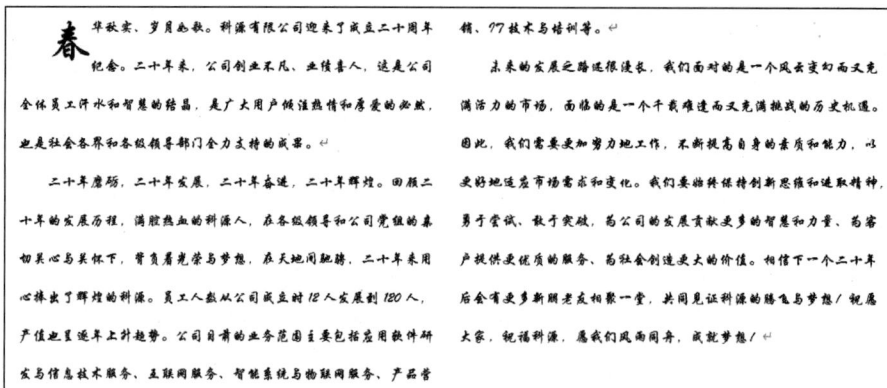

图 1.92　首字下沉效果

活力小贴士　设置首字下沉时，如果直接选择"首字下沉"下拉菜单中的"下沉"命令，则会显示 Word 2016 的默认下沉效果，如需进一步设置，应选择"首字下沉选项"命令。

（8）制作文本框。

① 将光标置于正文的末尾（即"成就梦想！"之后），按【Enter】键添加一个段落。

② 单击"插入"→"文本"→"文本框"按钮，打开图 1.93 所示的"文本框"下拉菜单。单击"内置"栏中的"简单文本框"选项，文档中会出现图 1.94 所示的简单文本框。

③ 在文本框中输入文字，并适当加宽文本框，如图 1.95 所示。

④ 选中文本框中的文本，单击"开始"→"段落"→"边框"下拉按钮，在下拉菜单中选择"边框和底纹"命令，打开"边框和底纹"对话框，设

图 1.93　"文本框"下拉菜单

置边框为"方框"，并应用于"文字"，样式为"虚线"，颜色为标准色"绿色"，宽度为"1.0 磅"，如图 1.96 所示。设置底纹为"白色，背景 1，深色 15%"，并应用于"段落"，如图 1.97 所示。

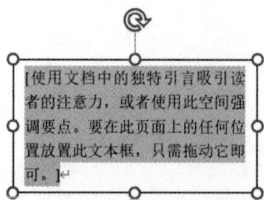

图 1.94　插入的简单文本框

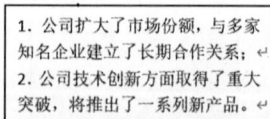

图 1.95　在文本框中输入文字

⑤ 设置文本框边框的格式。在文本框边框上单击鼠标右键，从弹出的快捷菜单中选择"设置形状格式"命令，打开"设置形状格式"窗格，在"形状选项"中选择"线条"选项，单击"复合类

型"按钮，从列表中选择"由粗到细"线型，线条宽度为"6 磅"，如图 1.98 所示。单击"颜色"
按钮，将线条颜色设置为标准色"蓝色"，如图 1.99 所示。

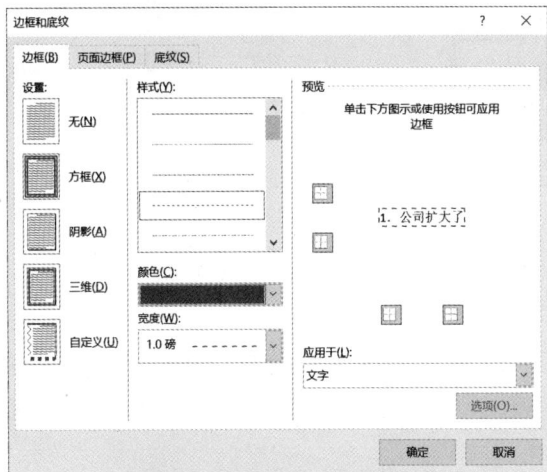

图 1.96　设置应用于文字的边框效果

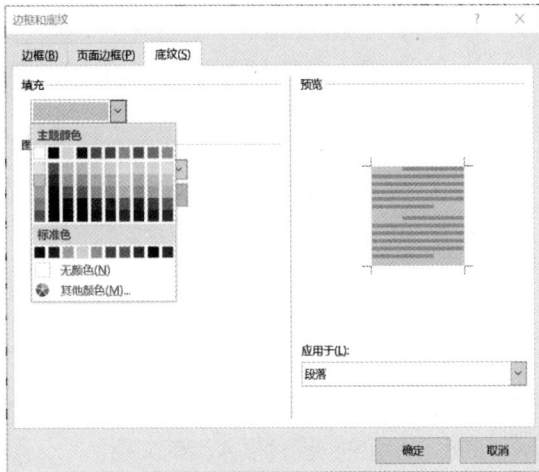

图 1.97　设置应用于段落的底纹效果

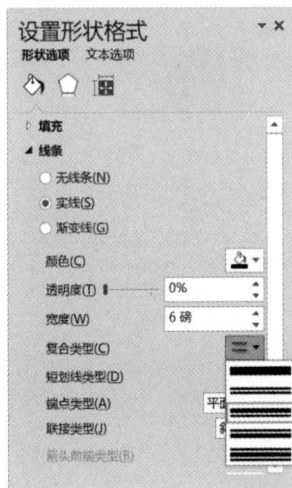

图 1.98　设置文本框边框的线型

图 1.99　设置文本框边框的颜色

⑥ 根据文字内容调整文本框的大小，效果如图 1.100 所示。

活力小贴士

① 若要调整文本框这样的图形对象的大小，可以先按住【Alt】键再拖动文本框边框进行微调。

② 若要调整文本框的位置，则可选中文本框边框，使用鼠标或按【Ctrl】+【↑】、【Ctrl】+【↓】、【Ctrl】+【←】、【Ctrl】+【→】组合键进行微调。

③ 若要对文本框边框进行设置，可先选中文本框，然后单击"绘图工具"→"格式"→"形状样式"→"形状轮廓"下拉按钮，打开图 1.101 所示的"形状轮廓"下拉菜单，通过"粗细""虚线"等命令进行相关设置。

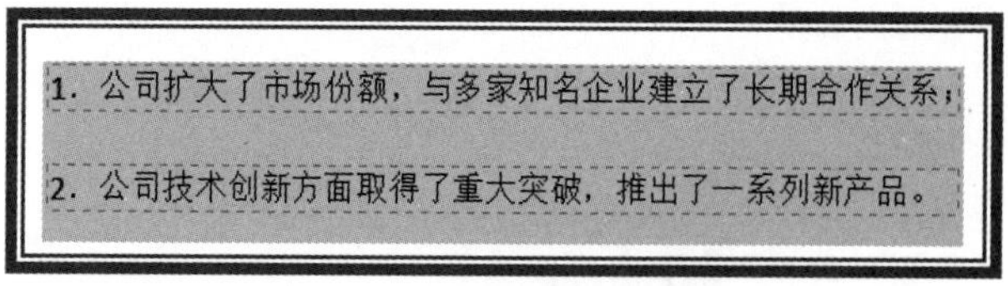

图 1.100　设置好的文本框效果

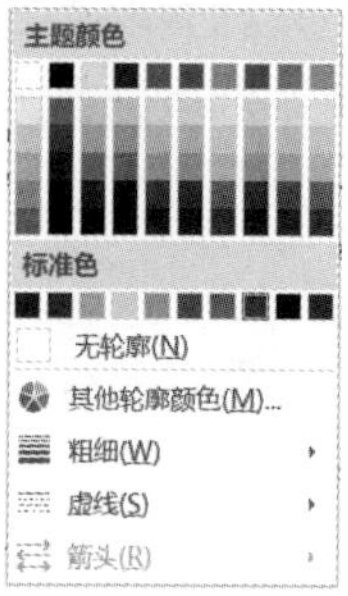

图 1.101　"形状轮廓"下拉菜单

⑦ 单击"绘图工具"→"格式"→"排列"→"环绕文字"按钮，从下拉列表中选择"嵌入型"。

（9）插入图片并设置图片格式。

① 将光标置于正文第 2 段中，单击"插入"→"插图"→"图片"按钮，弹出图 1.102 所示的"插入图片"对话框，选择"D:\公司文档\行政部\素材"文件夹中的"周年庆典"图片，单击"插入"按钮，将所需的图片插入当前文档。

② 选中图片，单击"图片工具"→"格式"→"大小"对话框启动器按钮，打开"布局"对话框，在"大小"选项卡中，取消勾选"锁定纵横比"复选框，设置高度的绝对值为"4 厘米"，宽度的绝对值为"6 厘米"，如图 1.103 所示。单击"确定"按钮。

③ 单击"图片工具"→"格式"→"排列"→"环绕文字"按钮，打开"环绕文字"下拉菜单，选择"紧密型环绕"，如图 1.104 所示。

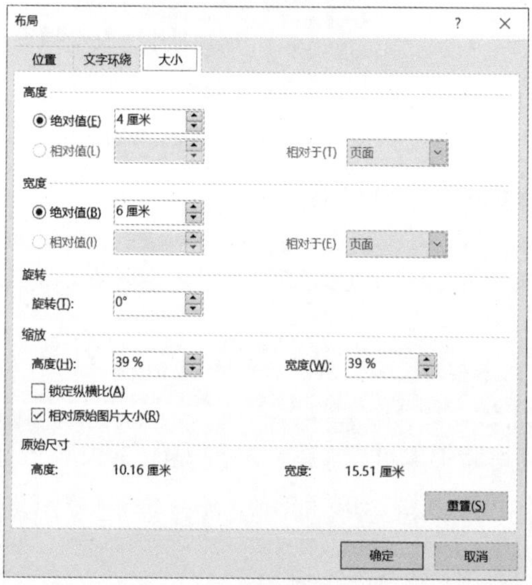

图 1.102　"插入图片"对话框

图 1.103　设置图片大小

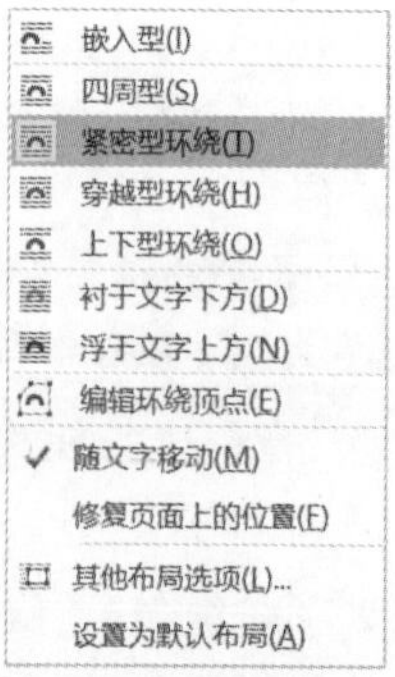

图 1.104　设置图片的环绕方式

④ 调整图片到合适的位置，如图 1.105 所示。

（10）插入形状。

① 单击"插入"→"插图"→"形状"按钮，打开"形状"下拉菜单。单击"星与旗帜"栏中的"前凸带形"，如图 1.106 所示，拖曳鼠标，将形状插入文档中的合适位置，如图 1.107 所示。

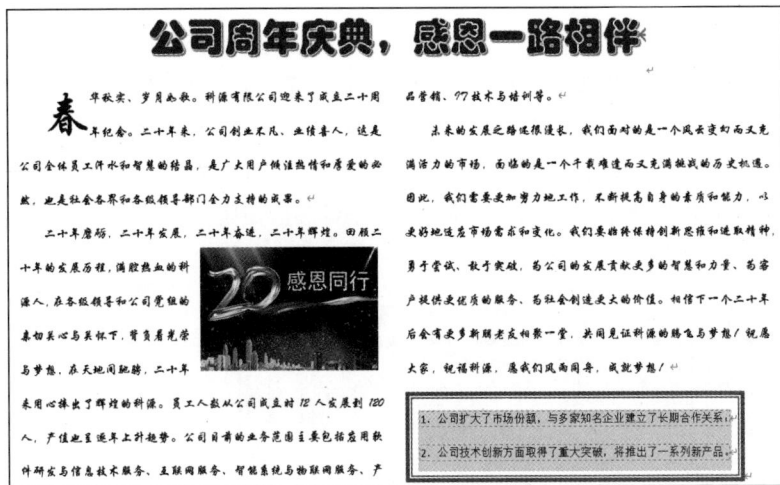

图 1.105　插入图片后的效果

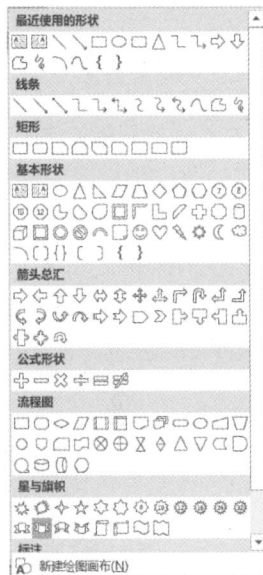

图 1.106　插入"前凸带形"形状

② 在插入的形状上单击鼠标右键，从弹出的快捷菜单中选择"添加文字"命令，在形状上添加文字"喜报"。

③ 将"前凸带形"形状填充为标准色"黄色"，将添加的文字"喜报"的格式设置为"华文隶书、五号、深蓝"。

④ 利用形状的旋转柄 ，将形状旋转至合适的角度，效果如图 1.108 所示。

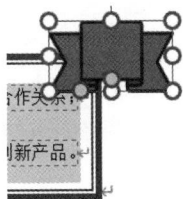

图 1.107　绘制的"前凸带形"形状

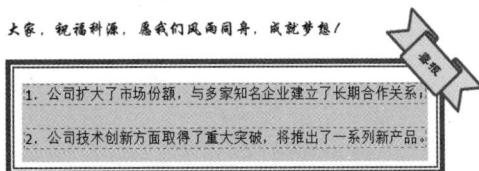

图 1.108　旋转形状至合适的角度

【项目小结】

本项目通过运用 Word 2016 制作公司简报、公司新春贺卡及公司周年庆小报，介绍了使用 Word 2016 进行图文混排的操作方法，包括艺术字、文本框、图片、形状等的添加、编辑和美化等的操作方法。本项目还介绍了文档的分栏、图片与文字的环绕设置等的操作方法。

项目 4　制作办公用品管理表

示例文件	原始文件：示例文件\素材\行政篇\项目 4\办公用品管理表.xlsx
	效果文件：示例文件\效果\行政篇\项目 4\办公用品管理表.xlsx

【项目背景】

在企业的日常工作中，管理办公用品是行政部的一项常规性工作。加强办公用品管理，规范办公用品的发放和领用，提高办公用品的利用率等，不仅可以控制办公消耗成本，还可以让员工养成勤俭节约、杜绝浪费的习惯。本项目将制作一个办公用品管理表，用于记录办公用品的领用明细及实现办公用品的汇总统计，使行政人员可以有效地进行办公用品的管理。图 1.109 所示为办公用品"领用明细"表效果，图 1.110 所示为"各部门办公用品领用数量统计表"效果，图 1.111 所示为"办公用品月度统计表"效果。

图 1.109　办公用品"领用明细"表效果

图 1.110　"各部门办公用品领用数量统计表"效果

图 1.111　"办公用品月度统计表"效果

【项目实施】

任务 4-1　新建并保存工作簿

（1）启动 Excel 2016，新建一个空白工作簿。

（2）将新建的工作簿以"办公用品管理表"为名保存在"D:\公司文档\行政部"文件夹中。

任务 4-2　创建办公用品"领用明细"表

（1）重命名工作表。双击"Sheet1"工作表标签，进入标签重命名状态，输入"领用明细"并按【Enter】键，将"Sheet1"工作表重命名为"领用明细"。

> **活力小贴士**　重命名工作表，还有如下的操作方法。
>
> ① 选择需要重命名的工作表，单击"开始"→"单元格"→"格式"按钮，在下拉菜单中选择"重命名工作表"命令，输入新的工作表名称，并按【Enter】键。
>
> ② 用鼠标右键单击要重命名的工作表标签，从弹出的快捷菜单中选择"重命名"命令，输入新的工作表名称，并按【Enter】键。

（2）创建图 1.112 所示的办公用品"领用明细"表。

任务 4-3　计算办公用品"金额"

（1）在 I1 单元格中输入标题"金额"。

（2）计算"金额"列的数据（金额=数量×单价）。

① 选中 I2 单元格。

② 输入计算公式"=G2*H2"，并按【Enter】键。

③ 选中 I2 单元格，拖曳填充柄，将公式复制到 I3:I26 单元格区域，计算出所有金额，如图 1.113 所示。

领用日期	领用部门	物品名称	类别	型号规格	单位	数量	单价
2024-1-6	行政部	复印纸	办公纸品	A4普通纸	包	3	14.8
2024-1-15	人力资源部	纸文件夹	文件管理	A4纵向	个	25	15.5
2024-1-18	财务部	复印纸	办公纸品	A3	包	1	20
2024-1-21	物流部	笔记本	办公纸品	B5	本	5	4.3
2024-1-25	行政部	签字笔	书写	0.5mm	支	10	2
2024-1-29	财务部	透明文件夹	文件管理	A4	个	18	1.1
2024-2-3	行政部	资料册	文件管理	A4/40页	个	10	10
2024-2-9	人力资源部	订书钉	桌面文具	12#	盒	2	1.4
2024-2-12	人力资源部	拉链袋	文件管理	A4	个	50	0.5
2024-2-15	市场部	笔记本	办公纸品	B5	本	10	4.3
2024-2-17	市场部	复印纸	办公纸品	A4普通纸	包	4	14.8
2024-2-20	物流部	笔记本	办公纸品	B5	本	3	4.3
2024-2-23	行政部	签字笔	书写	0.5mm	支	8	2
2024-2-24	物流部	签字笔	书写	0.5mm	支	8	2
2024-2-27	财务部	铅笔	书写	HB	支	6	1
2024-3-7	物流部	复印纸	办公纸品	A4普通纸	包	2	14.8
2024-3-10	市场部	订书钉	桌面文具	12#	盒	3	1.4
2024-3-13	人力资源部	签字笔	书写	0.5mm	支	15	2
2024-3-16	市场部	长尾夹	桌面文具	32mm	盒	1	14
2024-3-20	物流部	笔记本	办公纸品	A4	本	7	6.2
2024-3-23	物流部	订书钉	桌面文具	12#	盒	2	1.4
2024-3-24	财务部	长尾夹	桌面文具	32mm	盒	3	14
2024-3-27	市场部	透明文件夹	文件管理	A4	个	9	1.1
2024-3-29	人力资源部	笔记本	办公纸品	A4	本	18	6.2
2024-3-30	行政部	铅笔	书写	HB	支	12	1

图 1.112　办公用品"领用明细"表

领用日期	领用部门	物品名称	类别	型号规格	单位	数量	单价	金额
2024-1-6	行政部	复印纸	办公纸品	A4普通纸	包	3	14.8	44.4
2024-1-15	人力资源部	纸文件夹	文件管理	A4纵向	个	25	15.5	387.5
2024-1-18	财务部	复印纸	办公纸品	A3	包	1	20	20
2024-1-21	物流部	笔记本	办公纸品	B5	本	5	4.3	21.5
2024-1-25	行政部	签字笔	书写	0.5mm	支	10	2	20
2024-1-29	财务部	透明文件夹	文件管理	A4	个	18	1.1	19.8
2024-2-3	行政部	资料册	文件管理	A4/40页	个	10	10	100
2024-2-9	人力资源部	订书钉	桌面文具	12#	盒	2	1.4	2.8
2024-2-12	人力资源部	拉链袋	文件管理	A4	个	50	0.5	25
2024-2-15	市场部	笔记本	办公纸品	B5	本	10	4.3	43
2024-2-17	市场部	复印纸	办公纸品	A4普通纸	包	4	14.8	59.2
2024-2-20	物流部	笔记本	办公纸品	B5	本	3	4.3	12.9
2024-2-23	行政部	签字笔	书写	0.5mm	支	8	2	16
2024-2-24	物流部	签字笔	书写	0.5mm	支	8	2	16
2024-2-27	财务部	铅笔	书写	HB	支	6	1	6
2024-3-7	物流部	复印纸	办公纸品	A4普通纸	包	2	14.8	29.6
2024-3-10	市场部	订书钉	桌面文具	12#	盒	3	1.4	4.2
2024-3-13	人力资源部	签字笔	书写	0.5mm	支	15	2	30
2024-3-16	市场部	长尾夹	桌面文具	32mm	盒	1	14	14
2024-3-20	物流部	笔记本	办公纸品	A4	本	7	6.2	43.4
2024-3-23	物流部	订书钉	桌面文具	12#	盒	2	1.4	2.8
2024-3-24	财务部	长尾夹	桌面文具	32mm	盒	3	14	42
2024-3-27	市场部	透明文件夹	文件管理	A4	个	9	1.1	9.9
2024-3-29	人力资源部	笔记本	办公纸品	A4	本	18	6.2	111.6
2024-3-30	行政部	铅笔	书写	HB	支	12	1	12

图 1.113　计算办公用品"金额"

任务 4-4　设置办公用品"领用明细"表格式

（1）设置"单价"和"金额"列的数据格式为货币格式，保留 1 位小数。

① 选中 H2:I26 单元格区域。

② 单击"开始"→"数字"对话框启动器按钮，打开"设置单元格格式"对话框。

③ 在"数字"选项卡的"分类"列表中，选择"货币"，将右侧的"小数位数"设置为"1"，如图 1.114 所示。

④ 单击"确定"按钮。

（2）设置 A1:I1 单元格区域的格式为"加粗、居中"。

（3）为 A1:I26 单元格区域添加"所有框线"边框。单击"开始"→"字体"→"框线"下拉按钮，在下拉菜单中选择"所有框线"命令，如图 1.115 所示。

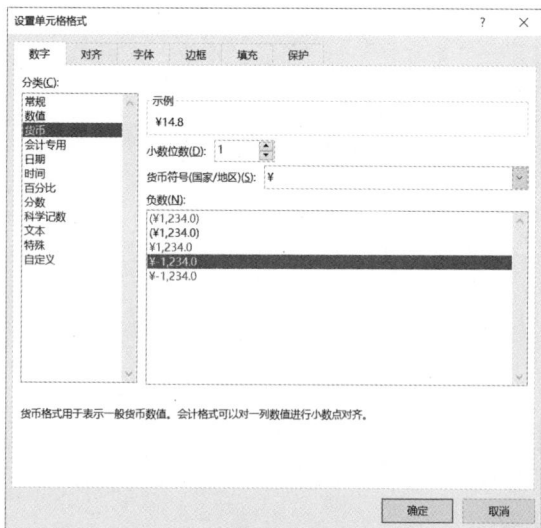

图 1.114　设置单元格数字格式

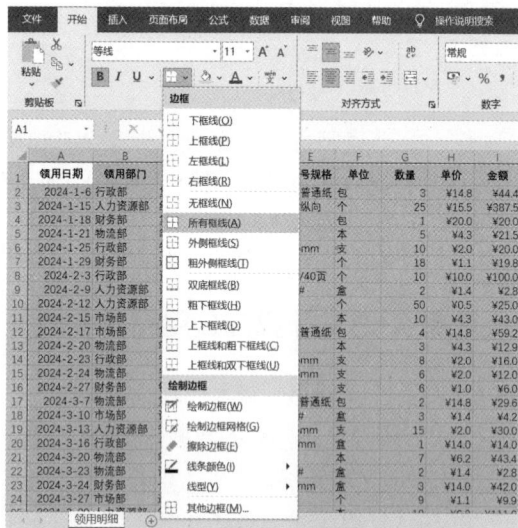

图 1.115　设置所选区域边框

任务 4-5　统计各部门办公用品领用数量

有了办公用品领用的原始明细数据，可以利用数据透视表方便地实现办公用品领用数据的汇总统计。

微课 1-10　统计各部门办公用品领用数量

活力小贴士

数据透视表是交互式报表，可以方便地排列和汇总复杂的数据，并可进一步显示详细信息。它可以将原表中某列的不同值作为显示的行或列，在行和列的交叉处体现另一列的数据汇总情况。

数据透视表可以动态地改变版面布局，以便按照不同方式分析数据，也可以重新安排行标签、列标签、值字段及汇总方式等。每次改变版面布局，数据透视表都会立即按照新的布局重新显示数据。

使用数据透视表时需注意以下事项。

① 选择要分析的表或区域：既可以使用本工作簿中的表或区域，也可以使用外部数据源（其他文件）的表或区域。

② 选择放置数据透视表的位置：既可以生成一张新工作表，从该表 A1 单元格处开始放置生成的数据透视表，也可以选择从现有工作表的某单元格位置开始放置。

③ 设置数据透视表的字段布局：选择要添加到报表的字段，并在行标签、列标签、值字段的列表中拖曳字段来修改字段的布局。

④ 修改数值汇总方式：一般数值默认的汇总方式为求和，文本默认的汇总方式为计数，如需修改，可单击"数值"处的字段按钮，在弹出的快捷菜单中选择"值字段设置"命令，打开"值字段设置"对话框，在其中进行选择或修改。

⑤ 对数据透视表的结果进行筛选：对于完成上述设置的数据透视表，还可以单击行标签和列标签处的下拉按钮，打开筛选器，进行筛选设置。

（1）创建数据透视表。

① 选择"领用明细"工作表中数据区域的任意单元格。

② 单击"插入"→"表格"→"数据透视表"按钮，打开"创建数据透视表"对话框。

③ 在"表/区域"文本框中，默认的工作表数据区域为"领用明细!\$A\$1:\$I\$26"，"选择放置数据透视表的位置"默认选中"新工作表"单选按钮，如图 1.116 所示。

④ 单击"确定"按钮，创建数据透视表"Sheet1"，Excel 将自动打开"数据透视表字段"窗格，如图 1.117 所示。

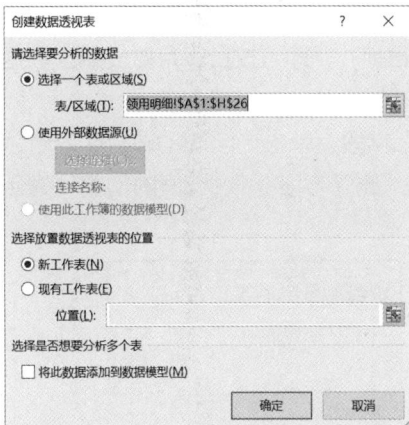

图 1.116　"创建数据透视表"对话框

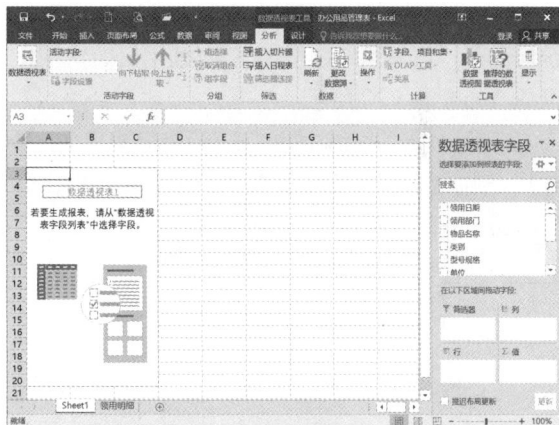

图 1.117　创建数据透视表"Sheet1"

⑤ 将"Sheet1"工作表重命名为"各部门办公用品领用数量统计表"。

⑥ 在右侧的"数据透视表字段"窗格中，待鼠标指针变为双向十字箭头形状后，将"类别"拖到"筛选"区域中作为报表筛选字段，将"物品名称"拖到"行"区域中作为行标题，将"领用部门"拖到"列"区域中作为列标题，将"数量"拖到"值"区域中作为汇总项，构建出图 1.118 所示的数据透视表。

（2）修改报表行标签和列标签名称。双击 A4 单元格，激活 A4 单元格，将"行标签"修改为"物品名称"，通过相同的操作方法，将 B3 单元格的"列标签"修改为"领用部门"。

修改后的数据透视表如图 1.110 所示。可根据需要分别单击"类别""物品名称""领用部门"

右侧的下拉按钮进行筛选，查看不同的汇总结果，如图 1.119 所示。

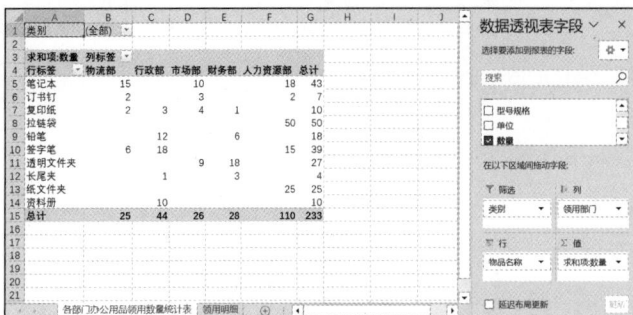

图 1.118　添加数据透视表字段

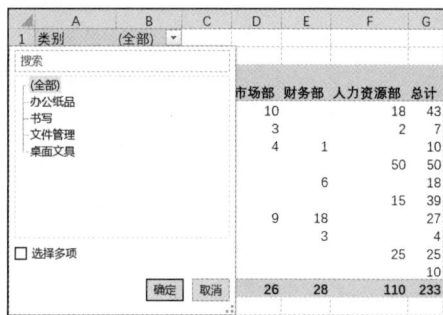

图 1.119　筛选并查看汇总结果

任务 4-6　按月度汇总办公用品领用情况

（1）创建数据透视表。

① 选择"领用明细"工作表中数据区域的任意单元格。

② 单击"插入"→"表格"→"数据透视表"按钮，打开"创建数据透视表"对话框。

③ 在"表/区域"文本框中默认的工作表数据区域为"领用明细!$A$1:$I$26"，"选择放置数据透视表的位置"默认选中"新工作表"单选按钮。

④ 单击"确定"按钮，创建数据透视表"Sheet2"，然后将"Sheet2"工作表重命名为"办公用品月度统计表"。

⑤ 在右侧的"数据透视表字段"窗格中，将"领用日期"拖到"行"区域中作为行标题，此时，系统自动在"行"区域中增加"天(领用日期)"和"月(领用日期)"，即可按日、月对日期型数据进行汇总，如图 1.120 所示。

⑥ 删除"行"区域中的"天(领用日期)"和"领用日期"字段。单击"行"区域中的"天(领用日期)"下拉按钮，打开图 1.121 所示的字段操作列表，选择"删除字段"命令。同样，将"领用日期"字段也删除，保留"月(领用日期)"字段。

图 1.120　"数据透视表字段"窗格

图 1.121　字段操作列表

⑦ 将"领用部门"拖到"行"区域中"月(领用日期)"字段下方，将"数量"和"金额"拖到"值"区域中，生成图 1.122 所示的数据透视表。

图 1.122　"办公用品月度统计表"基本效果

（2）修改报表布局。

① 在"数据透视表字段"窗格的"行"区域中，单击"月(领用日期)"下拉按钮，弹出图 1.121 所示的字段操作列表，选择"字段设置"命令，打开图 1.123 所示的"字段设置"窗口。

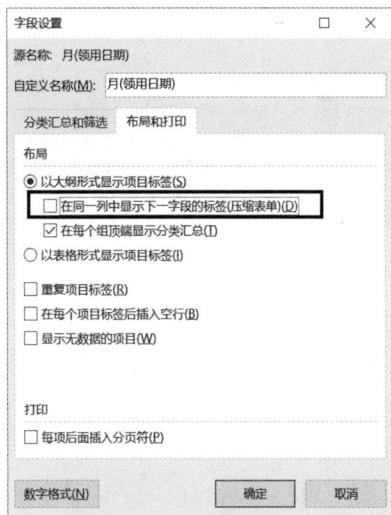

② 选择"布局和打印"选项卡，在"布局"栏中，取消勾选"在同一列中显示下一字段的标签 (压缩表单)"复选框，如图 1.124 所示。

图 1.123　"字段设置"窗口

图 1.124　设置字段布局

③ 单击"确定"按钮，数据透视表的布局发生改变，"行标签"和"领用部门"分别显示在 A 列和 B 列中，如图 1.125 所示。

④ 展开显示行标签数据。分别单击"1 月""2 月""3 月"前的"+"号，使被折叠的数据显示出来，如图 1.126 所示。

图 1.125　更改数据透视表的布局

图 1.126　展开显示行标签数据

（3）设置报表格式。

① 在 A1 单元格中输入报表标题"办公用品月度统计表"。

② 选中 A1:D1 单元格区域，单击"开始"→"对齐方式"→"合并后居中"按钮，将 A1:D1 单元格区域合并后居中。

③ 选中合并后的 A1 单元格，单击"开始"→"样式"→"单元格样式"按钮，打开图 1.127 所示的"单元格样式"列表，将标题设置为"标题 1"样式。

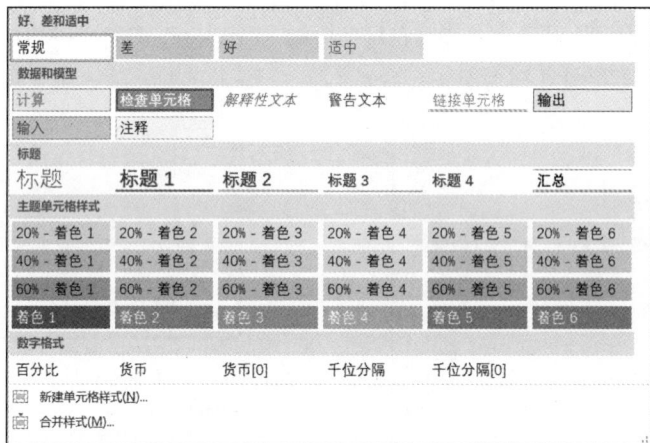

图 1.127　"单元格样式"列表

④ 将"行标签"修改为"月份"，"求和项:数量"修改为"总数量"，"求和项:金额"修改为"总金额"。

⑤ 设置 A3:D3 单元格区域的内容水平居中对齐。

完成后的"办公用品月度统计表"效果如图 1.111 所示。

【项目拓展】

（1）统计各种办公用品每月费用情况，各种办公用品月度费用统计表如图 1.128 所示。

（2）统计各类办公用品领用情况，各类办公用品领用统计表如图 1.129 所示。

图 1.129　各类办公用品领用统计表

物品名称 ▼	领用部门	总数量	总金额
笔记本		43	232.4
	人力资源部	18	111.6
	市场部	10	43
	物流部	15	77.8
订书钉		7	9.8
	人力资源部	2	2.8
	市场部	3	4.2
	物流部	2	2.8
复印纸		10	153.2
	财务部	1	20
	行政部	3	44.4
	市场部	4	59.2
	物流部	2	29.6
普通信封		50	25
	人力资源部	50	25
铅笔		18	18
	财务部	6	6
	行政部	12	12
签字笔		39	78
	行政部	18	36
	人力资源部	15	30
	物流部	6	12
特大号信封		10	10
	行政部	10	10
透明文件夹		27	29.7
	财务部	18	19.8
	市场部	9	9.9
长尾夹		4	56
	财务部	3	42
	行政部	1	14
纸文件夹		25	387.5
	人力资源部	25	387.5
总计		233	999.6

图 1.128　各种办公用品月度费用统计表

【项目训练】

根据图 1.130 制作各部门办公用品统计分析表。

操作步骤如下。

（1）创建数据透视表。

① 选择"领用明细"工作表中数据区域的任意单元格。

② 单击"插入"→"表格"→"数据透视表"按钮，打开"创建数据透视表"对话框。

③ 在"表/区域"文本框中默认的工作表数据区域为"领用明细!$A$1:$I$26"，"选择放置数据透视表的位置"默认选中"新工作表"单选按钮。

④ 单击"确定"按钮，创建数据透视表"Sheet1"，然后将创建的数据透视表重命名为"各部门办公用品统计分析表"。

⑤ 在"数据透视表字段"窗格中，勾选"选择要添加到报表的字段"列表中的"领用部门""物品名称""数量""金额"字段，构建图 1.131 所示的数据透视表。

图 1.130　各部门办公用品统计分析表

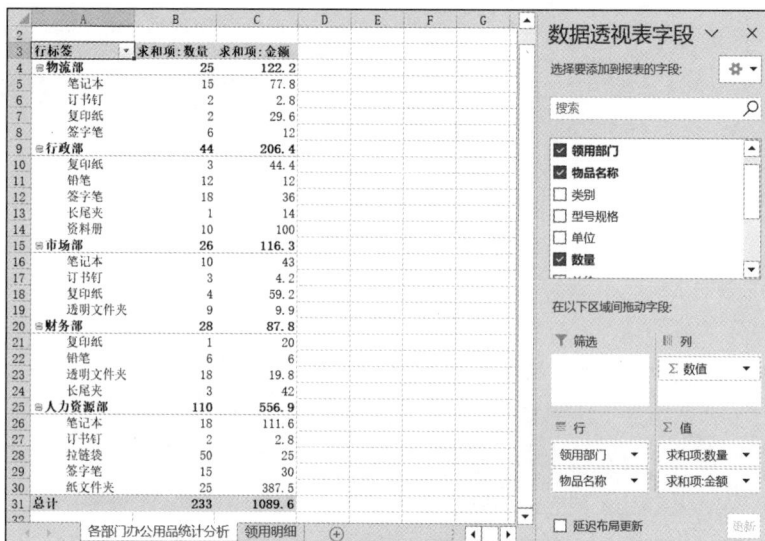

图 1.131　添加数据透视表字段

（2）修改报表布局。

① 在"数据透视表字段"窗格的"行"区域中，单击"领用部门"下拉按钮，打开下拉列表，选择"字段设置"选项，打开图 1.132 所示的"字段设置"对话框。

② 选择"布局和打印"选项卡，在"布局"栏中，取消勾选"在同一列中显示下一字段的标签(压缩表单)"复选框，如图 1.133 所示。

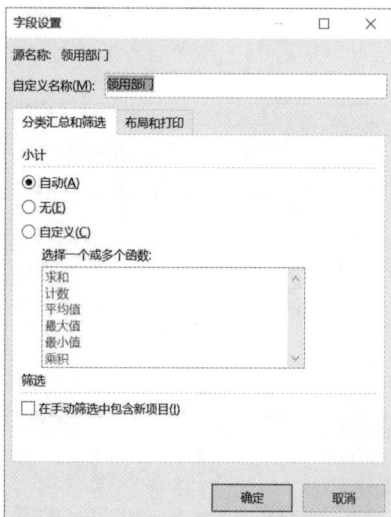

图 1.132　"字段设置"对话框

图 1.133　设置字段布局

③ 单击"确定"按钮，数据透视表的布局发生改变，"行标签"和"物品名称"分别显示在 A 列和 B 列中，如图 1.134 所示。

（3）修改"行标签"名称。双击 A3 单元格，将"行标签"修改为"领用部门"。

（4）更改透视字段名称。

① 选中 C3 单元格。

② 单击"数据透视表工具"→"分析"→"活动字段"→"字段设置"按钮，打开"值字段设置"对话框。

③ 在"自定义名称"文本框中，将原名称"求和项:数量"修改为新名称"总数量"，如图 1.135 所示。

④ 单击"确定"按钮。

⑤ 采用相同的方法，将 D3 单元格中的"求和项:金额"修改为"总金额"，如图 1.136 所示。

图 1.134　更改数据透视表的布局

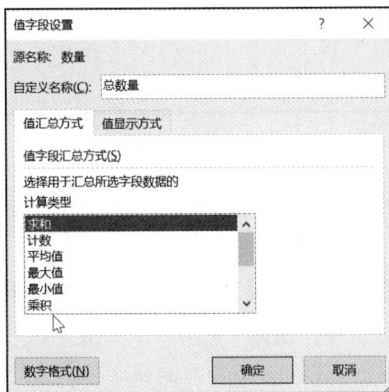

图 1.135　"值字段设置"对话框

图 1.136　更改透视字段名称

（5）显示各部门各种用品费用占比。

① 在"数据透视表字段"窗格中，将"选择要添加到报表的字段"列表中的"金额"字段拖曳至"值"区域中列表的最下方，此时，数据透视表中将增加一列"求和项:金额"。

② 选择"求和项:金额"列的任意数据单元格，单击"数据透视表工具"→"分析"→"活动字段"→"字段设置"按钮，打开"值字段设置"对话框。

③ 切换到图 1.137 所示的"值显示方式"选项卡，单击"值显示方式"下拉按钮，从下拉列表中选择"父行汇总的百分比"选项，如图 1.138 所示。

微课 1-11　显示各部门各种用品费用占比

图 1.137　"值显示方式"选项卡

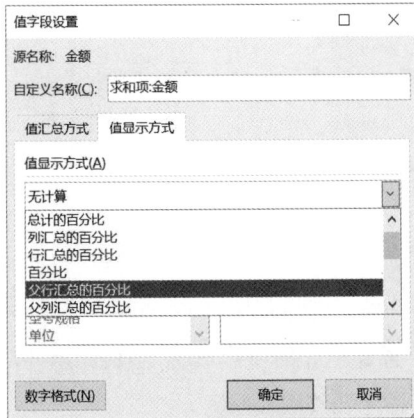

图 1.138　设置值显示方式

④ 单击"确定"按钮，返回数据透视表。

⑤ 将 E3 单元格中的标签名称"求和项:金额"修改为"费用占比"，如图 1.139 所示。

（6）隐藏数据透视表中的元素。切换到"数据透视表工具"→"分析"选项卡，在"显示"组中，分别单击"字段列表"和"+/-按钮"按钮，取消显示这两个元素。

活力 **小贴士**	数据透视表中包含多个元素，为了表格的简洁，可以根据需要将某些元素隐藏。隐藏的方法如下。

默认情况下，在"数据透视表工具"→"分析"选项卡中，"显示"组中的 3 个按钮都处于选中状态。单击"字段列表"按钮，可隐藏"数据透视表字段"窗格；单击"+/-"按钮，可隐藏行标签字段左侧的"+/-"按钮；单击"字段标题"按钮，可隐藏"行标签"和"列标签"标题。

（7）设置报表格式。

① 在 A1 单元格中输入报表标题"各部门办公用品统计分析表"，将 A1:E1 单元格区域合并后居中，并设置文本格式为"黑体、20"。

② 选中工作表第 2 行，单击鼠标右键，从弹出的快捷菜单中选择"删除"命令。

③ 将"总金额"列的数据格式设置为"货币"，保留 1 位小数。

④ 设置 A2:E2 及 A3:A30 单元格区域的内容居中对齐。

⑤ 选中工作表第 1 行，单击鼠标右键，从弹出的快捷菜单中选择"行高"命令（见图 1.140），打开"行高"对话框，输入行高值"38"，如图 1.141 所示，单击"确定"按钮。

图 1.139　各部门各种用品费用占比　　　图 1.140　选择"行高"命令　　　图 1.141　"行高"对话框

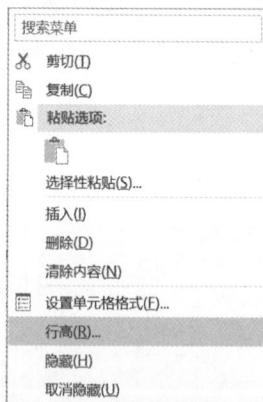

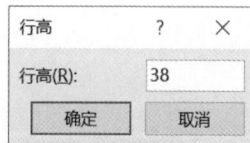

⑥ 适当增加字段行、各汇总行和总计行的高度。

⑦ 适当调整报表列宽。

【项目小结】

本项目通过制作办公用品管理表，主要介绍了工作簿的创建，使用公式进行简单的数据计算，设置表格格式等。在此基础上，本项目使用"数据透视表"工具创建数据透视表，通过"数据透视表字段"窗格添加和编辑数据透视表字段，更改数据透视表的布局、值显示方式，从而实现从多角度对数据的汇总、统计和分析。

项目5 制作客户回访函

示例文件	原始文件：示例文件\素材\行政篇\项目 5\客户回访函\客户回访函.docx、客户信息.xlsx 效果文件：示例文件\效果\行政篇\项目 5\客户回访函\客户回访函（合并）.docx、客户回访函（信封）.docx

【项目背景】

现代商务活动中，制作邀请函、会议通知书、聘书、客户回访函等时，往往需用计算机完成信函的信纸、内容、信封的制作和批量打印等工作。本项目讲解如何通过 Word 2016 中的"邮件合并"功能，方便、快捷地完成以上工作。

创建邮件合并文档可利用"邮件合并"功能，操作方法是：单击"邮件"→"开始邮件合并"→"开始邮件合并"按钮，在"开始邮件合并"下拉菜单中选择"邮件合并分步向导"命令，打开"邮件合并"窗格，按窗格中的操作步骤创建邮件合并文档。此外，还可以按以下操作步骤实现邮件合并文档的创建：制作主文档→制作邮件的数据源→建立主文档与数据源的连接→在主文档中插入合并域→邮件合并。

本项目中的客户信息如图 1.142 所示。

客户姓名	称谓	购买产品	购买时间	通信地址	联系电话	邮编
李凯文	先生	360行车记录仪	2022-11-27	成都一环路南三段XX号	8XXX8361	610043
田文朗	女士	联想YOGA710笔记本电脑	2023-1-12	成都市五桂桥迎晖路XXX号	8XXX2507	610025
彭剑峰	先生	华硕FL5900笔记本电脑	2022-10-5	成都市金牛区羊西线蜀西路XX号	8XXX5646	610087
周云娟	女士	索尼FDR-AX40摄像机	2023-3-23	成都高新区桂溪乡XX村XXX号	8XXX7983	610010
程立伟	先生	惠普Pro MFP M177fw打印机	2022-10-16	成都市二环路西二段XX号	6XXX2178	610072

图 1.142 客户信息

为加强公司与客户的沟通、交流，为客户提供优质的售后服务，需进行客户信函回访。"客户回访函"效果如图 1.143 所示。

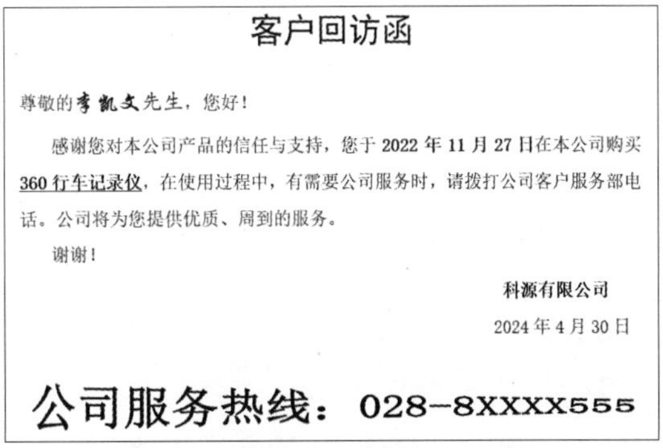

客户回访函

尊敬的**李凯文先生**，您好！

感谢您对本公司产品的信任与支持，您于 2022 年 11 月 27 日在本公司购买 **360 行车记录仪**，在使用过程中，有需要公司服务时，请拨打公司客户服务部电话。公司将为您提供优质、周到的服务。

谢谢！

科源有限公司

2024 年 4 月 30 日

公司服务热线：028-8XXXX555

图 1.143 "客户回访函"效果

【项目实施】

任务 5-1　制作主文档

（1）启动 Word 2016，新建一个空白文档。

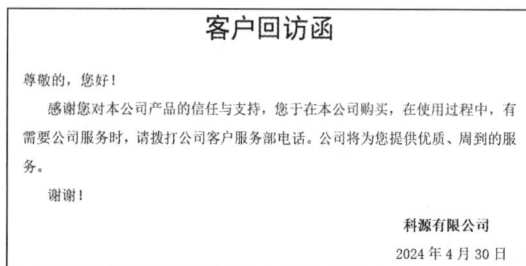

（2）输入图 1.144 所示的"客户回访函"内容，对其字体和段落进行适当的格式化处理。

（3）在"客户回访函"内容的下方利用艺术字制作公司服务热线的文本内容，效果如图 1.145 所示。

（4）将"客户回访函"文档作为邮件的主文档，保存在"D:\公司文档\行政部\客户回访函"文件夹中。

图 1.144　"客户回访函"内容

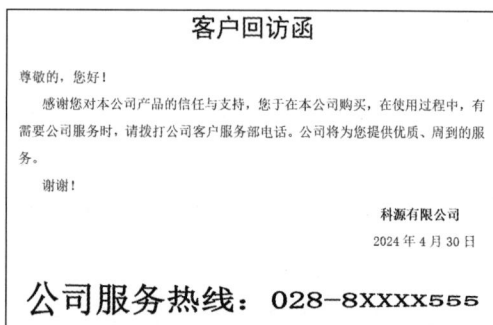

图 1.145　"客户回访函"主文档效果

任务 5-2　制作邮件的数据源（客户信息）

（1）启动 Excel 2016。

（2）在"Sheet1"工作表中输入图 1.146 所示的"客户信息"数据。

	A	B	C	D	E	F	G
1	客户姓名	称谓	购买产品	购买时间	通信地址	联系电话	邮编
2	李凯文	先生	360行车记录仪	2022-11-27	成都一环路南三段XX号	8XXX8361	610043
3	田文丽	女士	联想YOGA710笔记本电脑	2023-1-12	成都市五桂桥迎晖路XXX号	8XXX2507	610025
4	彭剑峰	先生	华硕FL5900笔记本电脑	2022-10-5	成都市金牛区羊西线蜀西路XX号	8XXX5646	610087
5	周云娟	女士	索尼FDR-AX40摄像机	2023-3-23	成都高新区桂溪乡XX村XXX号	8XXX7983	610010
6	程立伟	先生	惠普Pro MFP M177fw打印机	2022-10-16	成都市二环路西二段XX号	6XXX2178	610072

图 1.146　"客户信息"数据

（3）将"客户信息"数据作为邮件的数据源，保存在"D:\公司文档\行政部\客户回访函"文件夹中。

（4）关闭制作好的数据源文件。

> **活力小贴士**　制作邮件数据源还可以用以下方法。
> ① 利用 Word 2016 制作表格。
> ② 使用数据库的数据表制作表格。

任务 5-3　建立主文档与数据源的连接

（1）打开制作好的主文档"客户回访函"。

（2）单击"邮件"→"开始邮件合并"→"选择收件人"按钮，打开"选择收件人"下拉菜单，在下拉菜单中选择"使用现有列表"命令，打开"选取数据源"对话框，选取保存的"客户信息"数据源文件，如图 1.147 所示。选中该文件后，单击"打开"按钮，弹出图 1.148 所示的"选择表格"窗口。

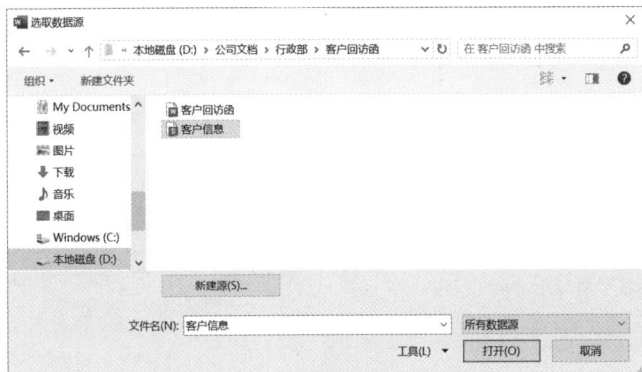

图 1.147　"选取数据源"对话框　　　　图 1.148　"选择表格"窗口

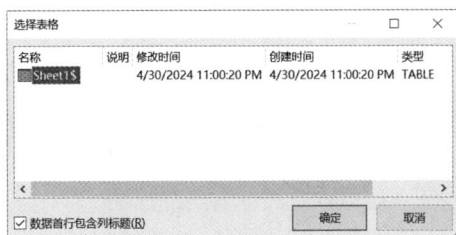

（3）在窗口中选中"Sheet1$"工作表，然后单击"确定"按钮。

任务 5-4　在主文档中插入合并域

（1）在主文档"客户回访函"中将光标移至信函中"尊敬的"之后，单击"邮件"→"编写和插入域"→"插入合并域"按钮，打开图 1.149 所示的"插入合并域"下拉列表，选择"客户姓名"选项，在主文档中插入"客户姓名"域，如图 1.150 所示。

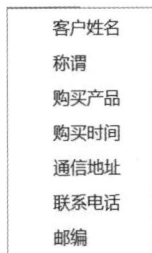

图 1.149　"插入合并域"下拉菜单　　　　图 1.150　插入"客户姓名"域

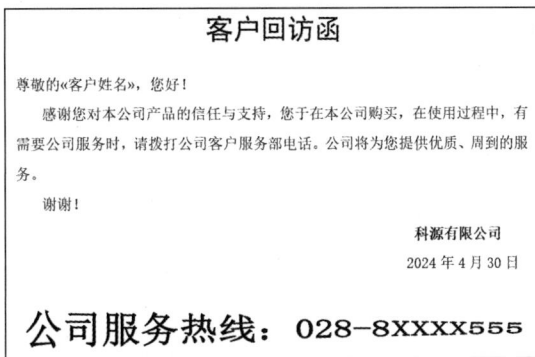

（2）采用类似的操作，在"客户姓名"域之后插入"称谓"域，在"您于"之后插入"购买时间"域，在"购买"之后插入"购买产品"域。插入合并域后的信函如图 1.151 所示。

（3）分别对信函中插入的域设置图 1.152 所示的字符格式，如字体、字形、字号和颜色等，使插入的域更醒目。

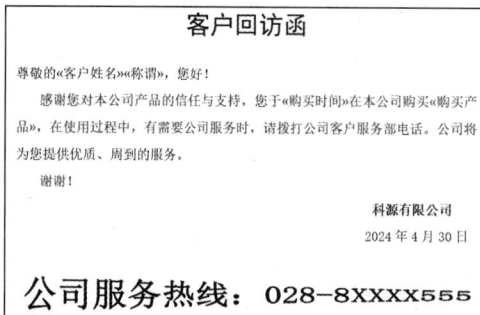

图 1.151　插入合并域后的信函

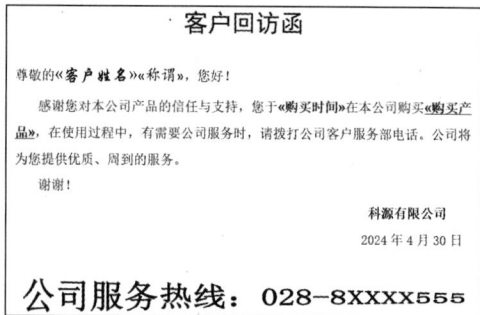

图 1.152　设置插入的域的字符格式

任务 5-5　预览信函

（1）单击"邮件"→"预览结果"→"预览结果"按钮，如图 1.153 所示，生成图 1.154 所示的客户个人信函预览效果。

（2）单击"预览结果"组的"上一记录"按钮◀或"下一记录"按钮▶，可预览其他客户的信函。

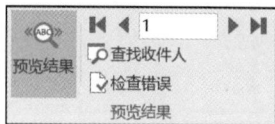

图 1.153　"邮件"选项卡中的"预览结果"按钮

任务 5-6　修改"购买时间"域格式

（1）再次单击"预览结果"按钮，取消预览。

（2）在"购买时间"域上单击鼠标右键，从弹出的快捷菜单中选择"切换域代码"命令，显示域代码，如图 1.155 所示。

微课 1-12　修改"购买时间"域格式

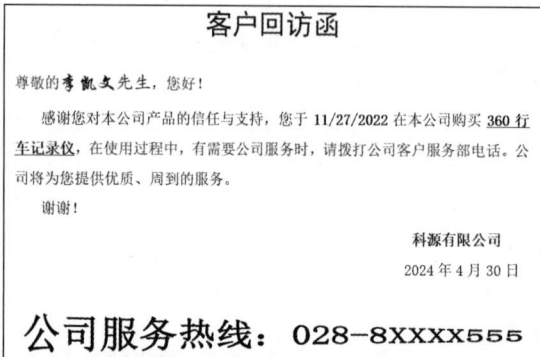

图 1.154　客户个人信函预览效果

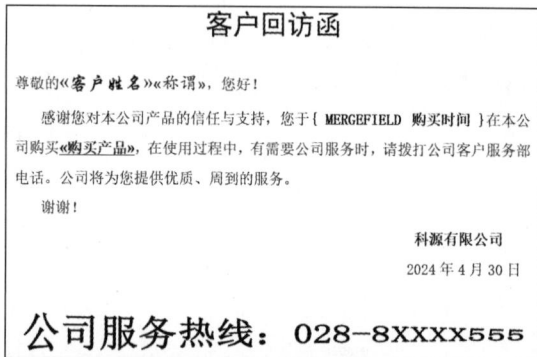

图 1.155　显示域代码

活力小贴士　在 Word 中将域用作文档中可能会更改数据的占位符，还可用于在邮件合并文档中创建套用信函和标签。

域代码出现在花括号"{ }"内。域的作用类似于 Excel 中公式的作用，域代码类似于公式，而域结果类似于公式生成的值。

除了使用菜单命令显示域代码外，也可通过按【Alt】+【F9】组合键，在文档中对显示域代码和域结果进行切换。

域代码的语法：{ 域名称 指令 可选开关 }。

① 域名称：该名称显示在"域"对话框的域名称列表中。

② 指令：用于特定域的任何指令或变量。需要说明的是，并非所有域都有参数，在某些域中，参数为可选项，而非必选项。

③ 可选开关：开关可用于特定域的任何可选设置。需要说明的是，并非所有域都设有可用开关（用于控制域结果的格式设置的域除外）。

（3）在域代码"{MERGEFIELD 购买时间}"的"购买时间"之后添加开关，将域代码修改为"{MERGEFIELD 购买时间\@"YYYY 年 M 月 D 日"}"，如图 1.156 所示。

（4）修改域代码后，再次预览结果时，可显示图 1.157 所示的日期格式。

图 1.156　为域代码添加开关

图 1.157　修改域代码后的日期格式

任务 5-7　邮件合并

（1）单击"邮件"→"完成"→"完成并合并"按钮，在打开的下拉菜单中选择"编辑单个文档"命令，弹出图 1.158 所示的"合并到新文档"对话框。

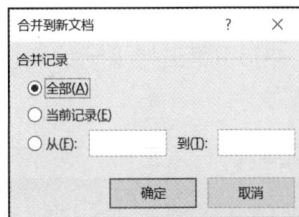

图 1.158　"合并到新文档"对话框

活力小贴士　进行邮件合并时，若想要直接打印合并后的文档，可选择"完成并合并"下拉菜单中的"打印文档"命令。

（2）选中"全部"单选按钮，然后单击"确定"按钮，生成合并文档。

（3）将生成的合并文档重命名为"客户回访函（合并）"，并将其保存在"D:\公司文档\行政部"文件夹中。生成的信函效果如图 1.159 所示（图中仅显示部分信函）。

活力小贴士　进行邮件合并时，Word 2016 默认将数据源中提供的全部数据进行合并；若只需合并部分数据，可单击"邮件"→"开始邮件合并"→"编辑收件人列表"按钮，在弹出的"邮件合并收件人"窗口中选取需要的收件人，或者对收件人进行筛选等调整，如图 1.160 所示。

53

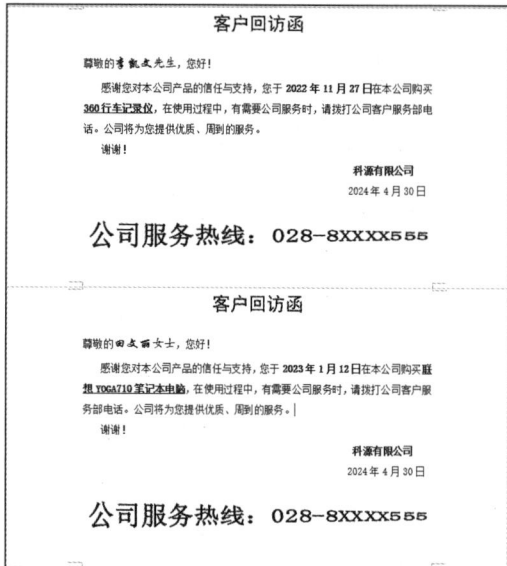

图 1.159　"客户回访函"效果

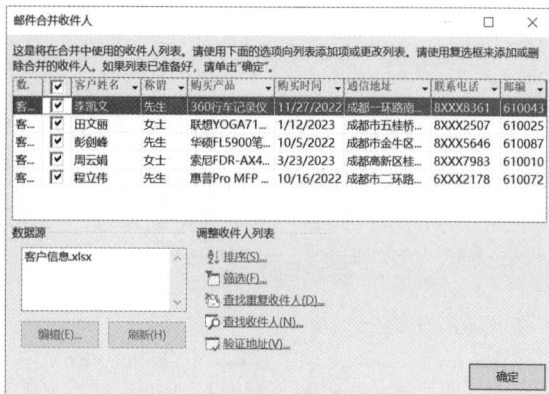

图 1.160　"邮件合并收件人"窗口

任务 5-8　制作信封

（1）启动 Word 2016。

（2）单击"邮件"→"创建"→"中文信封"按钮，打开图 1.161 所示的"信封制作向导"对话框。

（3）单击"下一步"按钮，进入图 1.162 所示的界面，选择所需的信封样式，设置信封选项。

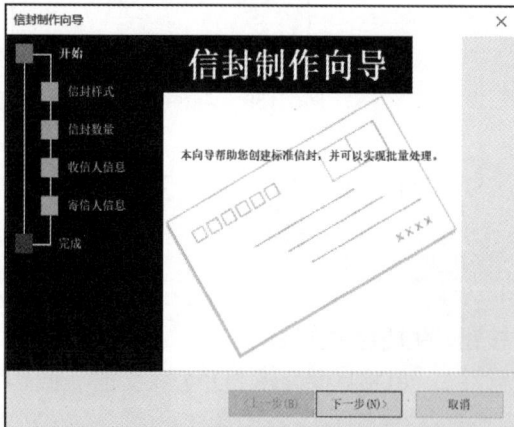

图 1.161　"信封制作向导"对话框

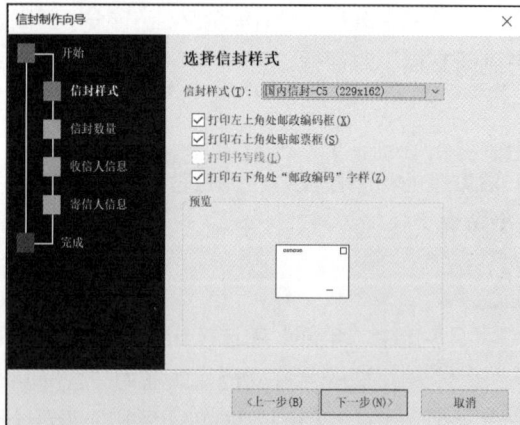

图 1.162　"选择信封样式"界面

（4）单击"下一步"按钮，进入图 1.163 所示的界面，选择生成信封的方式和数量。

（5）单击"下一步"按钮，进入图 1.164 所示的界面，从文件中获取并匹配收信人信息。

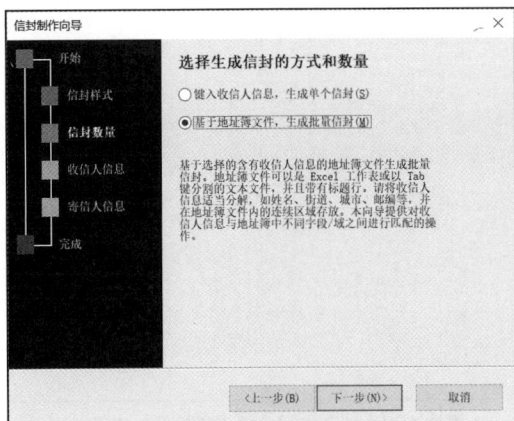

图 1.163 "选择生成信封的方式和数量"界面

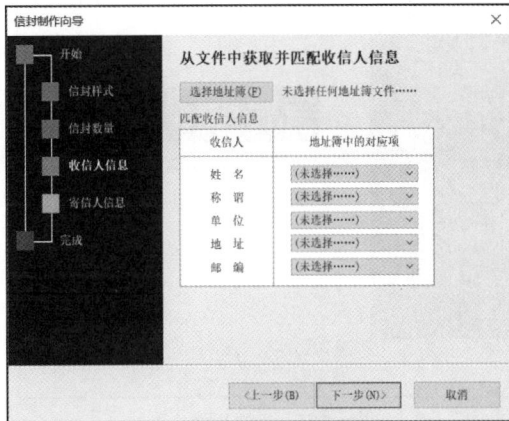

图 1.164 "从文件中获取并匹配收信人信息"界面

① 在该界面中，选择前面制作好的"客户信息"作为信封的数据源。单击"选择地址簿"按钮，

打开图 1.165 所示的"打开"对话框，选择
"D:\公司文档\行政部\客户回访函"文件夹，
选择文件类型为"Excel"，选定数据源文件
"客户信息"，单击"打开"按钮，返回"从
文件中获取并匹配收信人信息"界面。

② 分别在收信人的"姓名""称谓""地
址""邮编"下拉列表中选择数据源中的"客
户姓名""称谓""通信地址""邮编"，如
图 1.166 所示。

（6）单击"下一步"按钮，进入图 1.167
所示的界面，输入寄信人信息。

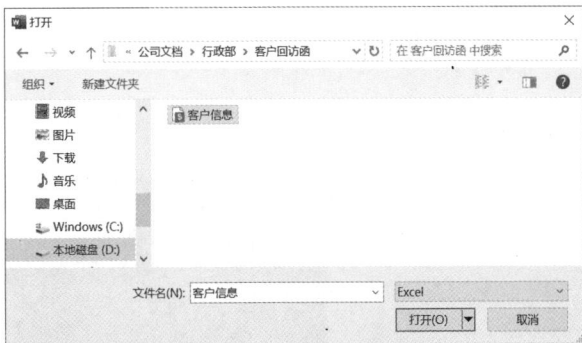

图 1.165 "打开"对话框

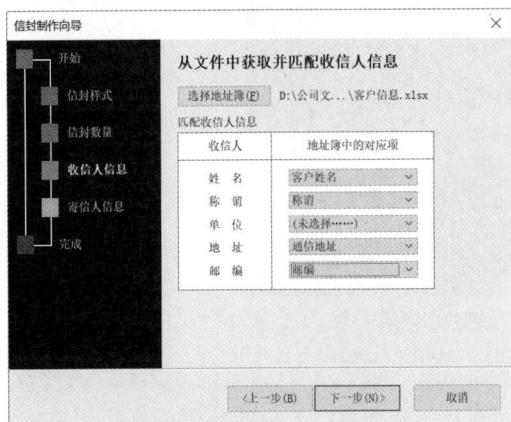

图 1.166 匹配收信人信息

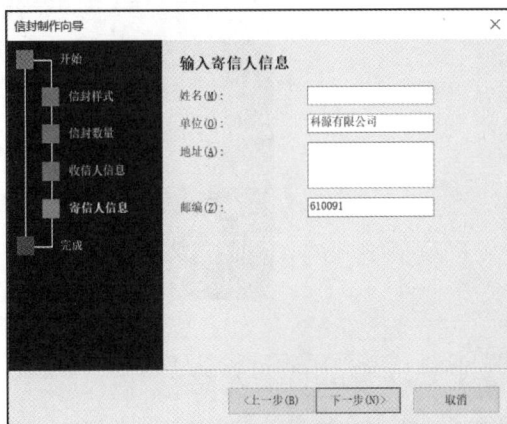

图 1.167 "输入寄信人信息"界面

（7）单击"下一步"按钮，进入图 1.168 所示的界面，单击"完成"按钮完成信封的制作，最
终效果如图 1.169 所示。

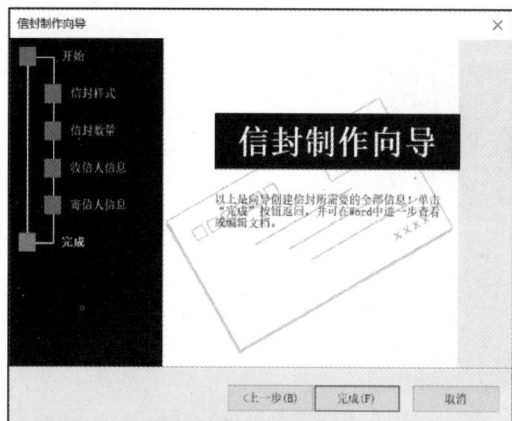

图 1.168　完成界面

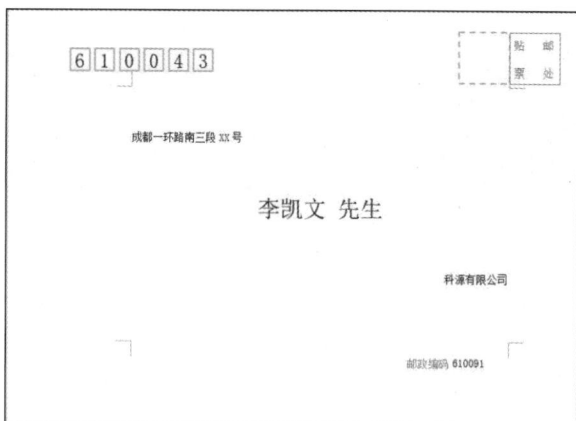

图 1.169　"客户回访函（信封）"效果

（8）将文档重命名为"客户回访函（信封）"，并将其保存在"D:\公司文档\行政部\客户回访函"文件夹中。

【项目拓展】

（1）利用"邮件合并"功能，制作邀请函，部分效果如图 1.170 所示。

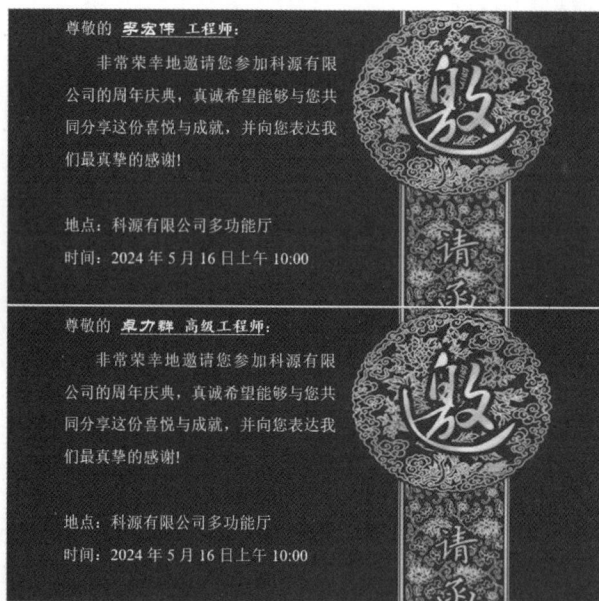

图 1.170　"邀请函"（部分）效果

**活力
小贴士**　制作邀请函的操作步骤如下。

① 制作邀请函主文档。

a. 设置页面纸张大小为"A5"，纸张方向为"横向"，页边距上、下各为"2.5 厘米"，左、右各为"2 厘米"。

b. 插入图片"邀请函背景"，设置图片大小与纸张大小相同，环绕方式为"衬于文字下方"。

c．输入图 1.170 所示的邀请函内容（除了嘉宾姓名和职务），适当设置字体格式，文字右缩进 20 字符。

② 制作嘉宾信息表格。

③ 邮件合并，生成邀请函。

（2）制作员工荣誉证书，部分效果如图 1.171 所示。

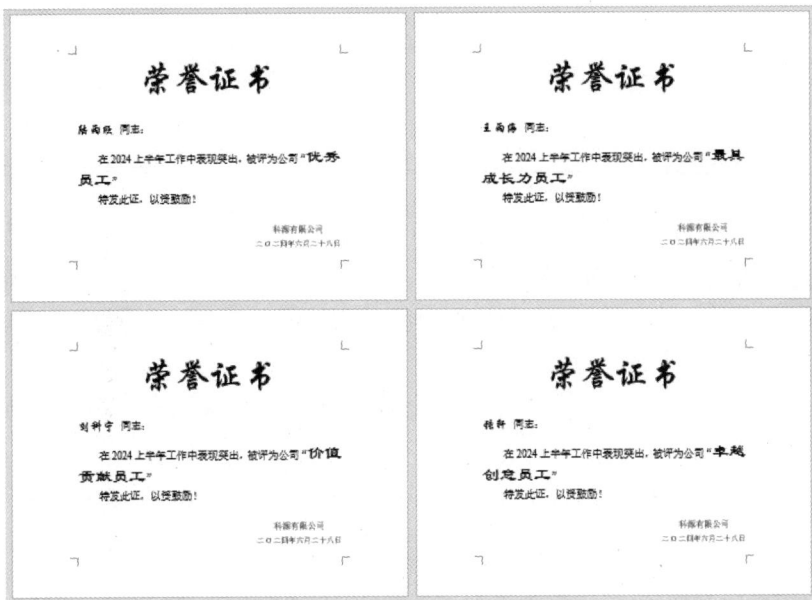

图 1.171　"荣誉证书"部分效果

【项目训练】

制作员工工作证，效果如图 1.172 所示。

操作步骤如下。

（1）准备数据源。

① 启动 Word 2016，新建一个空白文档。

② 创建图 1.173 所示的"员工信息"表格，将创建好的数据源文件重命名为"员工信息"，并将其保存在"D:\公司文档\行政部\工作证"文件夹中。

③ 关闭制作好的数据源文件。

（2）设计工作证的版式。

① 新建一个空白文档，将文档重命名为"工作证版式"，并将其保存在"D:\公司文档\行政部\工作证"文件夹中。

② 设计工作证的尺寸。

a. 单击"邮件"→"开始邮件合并"→"开始邮件合并"按钮，从下拉菜单中选择"标签"命令，打开"标签选项"对话框。

图 1.172　"员工工作证"效果

图 1.173　"员工信息"表格

　　b.　从"标签供应商"下拉列表中选择"APLI"，再从"产品编号"列表框中选择"APLI 02922"，如图 1.174 所示，可在右侧的"标签信息"栏中看到高度为 12.7 厘米、宽度为 8.9 厘米等参数。这样就确定了工作证的尺寸。

　　c.　单击"确定"按钮，文档页面中出现 4 个小的标签区域，表明一个页面可以制作 4 个工作证，如图 1.175 所示。

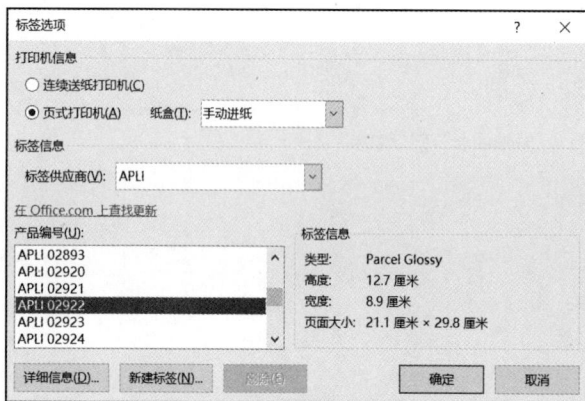

图 1.174　"标签选项"对话框

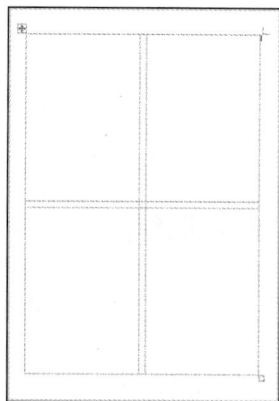

图 1.175　4 个小的标签区域

活力小贴士　这里产生的标签区域实际是用虚线表格划分出来的，一般情况下，如果页面上未显示虚框，可单击"表格工具"→"布局"→"表"→"查看网格线"按钮，以显示表格虚框。

　　③ 输入工作证的内容。

　　a.　将光标置于第 1 个标签区域中。

　　b.　输入图 1.176 所示的内容。

　　④ 为标签区域添加背景图片。

a．将光标置于第 1 个标签区域中，单击"插入"→"插图"→"图片"按钮，打开"插入图片"对话框，选择"D:\公司文档\行政部\工作证"文件夹中准备好的"工作证背景"图片，单击"插入"按钮，如图 1.177 所示。

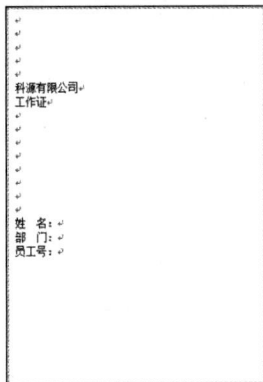

图 1.176　输入工作证的内容

图 1.177　"插入图片"对话框

b．将插入的图片的尺寸调整为一张标签的大小（高度为 12.7 厘米，宽度为 8.9 厘米）。

c．选中图片，单击"图片工具"→"格式"→"排列"→"环绕文字"按钮，打开图 1.178 所示的下拉菜单，选择"衬于文字下方"命令。

d．适当调整图片的位置，使其与标签区域重叠，形成图 1.179 所示的标签效果。

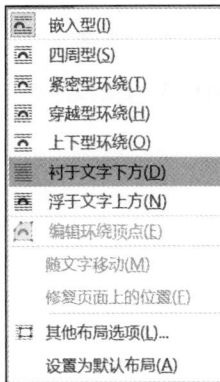

图 1.178　"环绕文字"下拉菜单

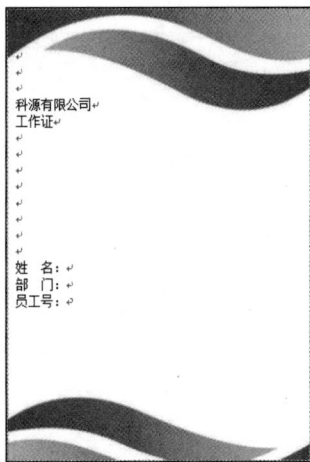

图 1.179　添加背景图片后的标签效果

⑤ 设置工作证的文字格式。设置"科源有限公司"的字体格式为"宋体、四号、居中"，段前、段后间距均为"0.5 行"；设置"工作证"的字体格式为"方正姚体、一号、加粗、居中"；设置"姓名:""部门:""员工号:"的字体格式为"宋体、四号"，左缩进"5.5 字符"，行距为"多倍行距"，值为"1.25"。

⑥ 添加照片框。

a．单击"插入"→"插图"→"形状"按钮，从打开的"形状"下拉菜单中选择"矩形"。

b．按住鼠标左键不放，在工作证的中央位置拖曳出一个矩形，释放鼠标左键，创建一个矩形。

c．选中矩形，单击"绘图工具"→"格式"→"形状样式"→"形状填充"下拉按钮，在下拉菜单中选择"无填充颜色"。

d．选中矩形，单击"绘图工具"→"格式"→"形状样式"→"形状轮廓"下拉按钮，在下拉菜单中选择"虚线"→"短划线"作为照片框的轮廓。

e．在矩形上单击鼠标右键，在弹出的快捷菜单中选择"添加文字"命令，然后输入文字"照片"，设置文字颜色为"黑色"。

⑦ 利用"插入形状"组中的"直线"工具，在"姓名："部门：""员工号："后添加直线，效果如图 1.180 所示。

⑧ 保存工作证版式。

（3）邮件合并。

① 建立主文档与数据源的连接。

a．单击"邮件"→"开始邮件合并"→"选择收件人"按钮，从打开的下拉菜单中选择"使用现有列表"命令，打开"选取数据源"对话框。

b．在对话框中，选取保存在"D:\公司文档\行政部\工作证"文件夹中的"员工信息"作为邮件合并的数据源。

c．单击"打开"按钮，建立主文档"工作证"和数据源"员工信息"的连接。

② 插入合并域。

a．将光标置于标签区域的"姓名："之后，单击"邮件"→"编写和插入域"→"插入合并域"按钮，打开图 1.181 所示的"插入合并域"对话框。

图 1.180　工作证版式

图 1.181　"插入合并域"对话框

b．在"域"列表框中选择与标签区域对应的域名称"姓名"，单击"插入"按钮，将"姓名"域插入标签区域中。

c．采用相同的方法（类似操作），分别将"部门"和"员工号"域插入标签区域中的对应位置，效果如图 1.182 所示。

（4）预览合并效果。

单击"邮件"→"预览结果"→"预览结果"按钮，可以看到域名称已变成了实际的工作人员信息，如图 1.183 所示。

图 1.182　插入合并域的标签

图 1.183　工作证合并域后的预览效果

（5）更新标签。

在对标签类型的邮件合并文档进行预览时，初始只有一个标签显示合并域的内容，如图 1.184 所示。接下来需要更新其他工作人员的标签。操作方法是：单击"邮件"→"编写和插入域"→"更新标签"按钮，生成图 1.185 所示的多张标签。

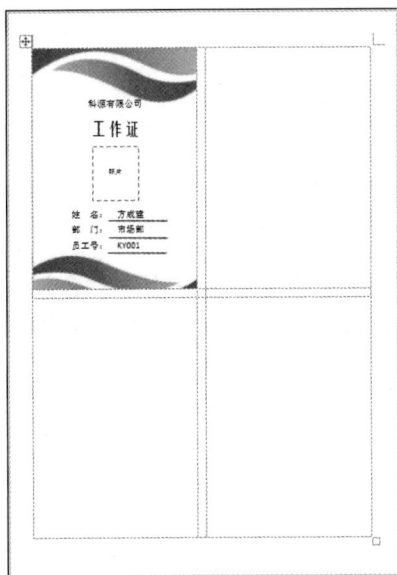

图 1.184　仅显示一个标签内容的文档

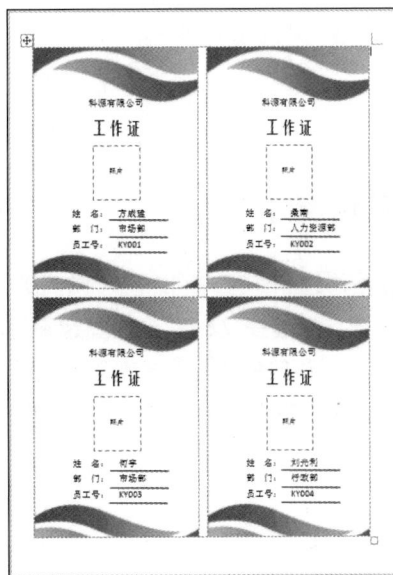

图 1.185　更新标签后的效果

（6）完成合并。

图 1.185 所示的多张工作证仅为预览效果下的文档，接下来需要生成合并后的文档或打印文档。

① 单击"邮件"→"完成"→"完成并合并"按钮，从下拉菜单中选择"编辑单个文档"命令，打开"合并到新文档"对话框。

② 选中"全部"单选按钮，单击"确定"按钮，生成新文档"标签 1"。

③ 将合并后生成的新文档重命名为"工作证"，并将其保存在"D:\公司文档\行政部\工作证"文件夹中。

活力　根据设置的标签尺寸，在一张 A4 纸上有 4 个标签，由于"员工信息"的记录数为 25，
小贴士　因此，合并后的新文档会有 7 页，在第 7 页中，会产生 3 个空白标签，空白标签样式如图 1.186 所示。这些标签可作为备用标签。

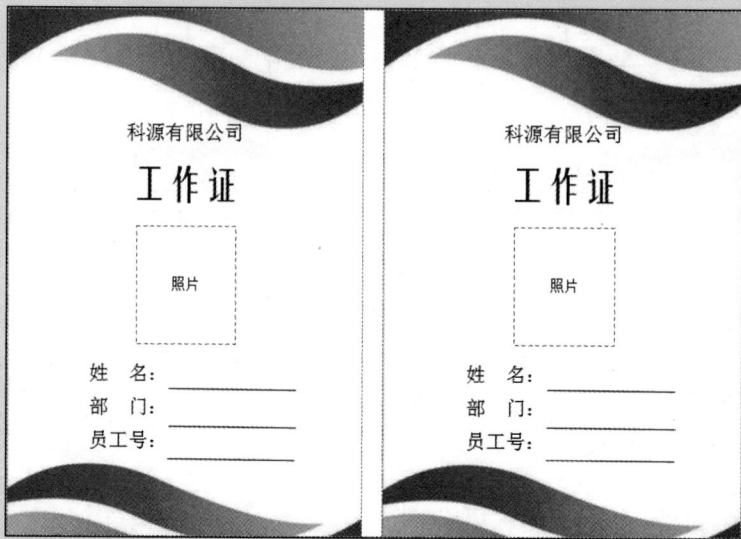

图 1.186　产生的空白标签样式

【项目小结】

本项目通过制作客户回访函、邀请函、荣誉证书、员工工作证，介绍了利用邮件合并处理大量文档的过程：创建主文档，输入固定不变的内容；创建或打开数据源（数据源一般来自 Excel、Access 等），存放变动的信息内容；在主文档中的相应位置插入合并域，将数据源中的变动数据和主文档的固定文本进行合并，生成合并文档或打印文档。

第2篇
人力资源篇

02

　　人力资源部在企业中的地位至关重要。如何招聘合适、优秀的员工，如何激发员工的创造力，如何为员工提供各种保障，是人力资源部需要重点关注的问题。人力资源部坚持"尊重劳动、尊重知识、尊重人才、尊重创造"的方针，为企业运行做好服务和保障。本篇针对人力资源部在工作中遇到的几类管理问题，提炼出人力资源部常见的 Office 2016 办公软件应用案例，以帮助人力资源部工作人员用高效的方法处理各方面的事务，从而快速、准确地调配企业的人力资源。

学习目标

📖 知识点	📖 技能点	📖 素养点
• Excel 工作表基本操作 • 插入和编辑 SmartArt 图形 • Word 表格插入、编辑、格式化 • 编辑和制作演示文稿 • 数据输入和数据验证 • 条件格式 • SUM、IF、MOD、TEXT、MID、COUNTIF、YEAR、MONTH、TODAY 函数	• 熟练运用 SmartArt 图形、形状等工具 • 熟练运用 Word 制作常用人力资源管理表格 • 熟练运用 PowerPoint 制作常见的会议、培训、演示等幻灯片 • 熟练运用 Excel 制作员工档案等基本信息文件	• 树立"四个尊重"和信息保密意识 • 具有自主学习和终身学习的意识 • 培养不断学习和适应发展的能力 • 培养团队精神和职业规范

项目6　公司员工聘用管理

示例文件	原始文件：示例文件\素材\人力资源篇\项目 6\公司人员招聘流程图.xlsx、应聘人员面试成绩表.xlsx 效果文件：示例文件\效果\人力资源篇\项目 6\公司人员招聘流程图.xlsx、应聘人员面试成绩表.xlsx

【项目背景】

　　在现代社会中，人才是企业成功的关键因素。员工招聘是人力资源管理中一项非常重要的工作。规范化的招聘流程是企业招聘到合适、优秀的员工的前提。本项目介绍如何利用 Excel 2016 制作"公司人员招聘流程图"和"应聘人员面试成绩表"，为企业人力资源部工作人员在人员聘用管理工作方面提供实用、简便的解决方案，效果如图 2.1 和图 2.2 所示。

公司人员招聘流程图

项目	流程	支持图表	责任部门/人
人力需求	• 部门人力需求申请 • 审核	人员需求表	人力需求部门 人力资源部
招聘计划	• 申请汇总 • 招聘计划 • 审核	岗位说明书 招聘计划表	人力需求部门 总经办
人员招聘	• 人员招聘 • 初试 • 复试 • 办理入职	应聘人员登记表 员工资料 劳动合同	人力需求部门 人力资源部 总经办 需求部门主管
试用	• 试用 • 入职培训	企业文化及各项规章制度资料	人力需求部门 人力资源部
聘用	• 正式聘用	员工试用期满考核表	需求部门主管

图 2.1　“公司人员招聘流程图”效果

应聘人员面试成绩表

姓名	个人修养	求职意愿	综合素质	性格特征	专业知识和技能	语言能力	总评成绩	名次	录用结论
李博阳	7	7	15	6	28	12	75	10	未录用
张雨菲	9	8	16	7	32	11	83	4	录用
王彦	6	8	12	5	21	9	61	15	未录用
刘启亮	9	9	16	7	23	8	72	11	未录用
郑威	7	9	17	6	26	11	76	9	未录用
程渝丰	9	10	18	8	33	13	91	1	录用
李晓敏	6	9	13	6	20	10	64	14	未录用
郑君乐	8	9	16	7	29	11	80	8	录用
陈远	8	7	17	8	31	12	83	4	录用
王秋琳	9	8	16	7	33	13	86	3	录用
赵筱鹏	7	8	13	4	28	11	71	12	未录用
孙原屏	9	7	16	8	30	13	83	4	录用
王乐泉	9	8	17	8	31	14	87	2	录用
段维东	8	10	18	9	25	12	82	7	录用
张婉玲	8	7	14	7	22	8	66	13	未录用

录用说明：总评成绩在80分以上予以录用，否则未录用

图 2.2　“应聘人员面试成绩表”效果

【项目实施】

任务 6-1　新建“公司人员招聘流程图”工作簿

（1）启动 Excel 2016，新建一个空白工作簿。

（2）将新建的工作簿重命名为“公司人员招聘流程图”，并保存在“D:\公司文档\人力资源部”文件夹中。

任务 6-2　重命名工作表

（1）双击"Sheet1"工作表标签，进入标签重命名状态，输入"招聘流程图"。

（2）按【Enter】键确认。

任务 6-3　创建"公司人员招聘流程图"

（1）创建图 2.3 所示的"公司人员招聘流程图"的框架。

	A	B	C	D
1	公司人员招聘流程图			
2	项目	流程	支持图表	责任部门/人
3			人员需求表	人力需求部门人力资源部
4			岗位说明书招聘计划表	人力需求部门总经办
5			应聘人员登记表员工资料劳动合同	人力需求部门人力资源部总经办需求部门主管
6			企业文化及各项规章制度资料	人力需求部门人力资源部
7			员工试用期满考核表	需求部门主管

图 2.3　"公司人员招聘流程图"的框架

（2）设置表格标题格式。

① 选中 A1:D1 单元格区域，单击"开始"→"对齐方式"→"合并后居中"按钮，将表格标题合并后居中。

② 将表格标题的格式设置为"宋体、28、加粗"。

（3）设置表格内文本的格式。

① 将 A2:D2 单元格区域内的文本的格式设置为"宋体、16、加粗、水平居中、垂直居中"。

② 将 A3:D7 单元格区域内的文本的格式设置为"宋体、14、水平居中、垂直居中、自动换行"。

③ 将 C3:D7 单元格区域内的文本按图 2.4 所示进行手动换行处理。

	项目	流程	支持图表	责任部门/人
2				
3			人员需求表	人力需求部门 人力资源部
4			岗位说明书 招聘计划表	人力需求部门 总经办
5			应聘人员登记表 员工资料 劳动合同	人力需求部门 人力资源部 总经办 需求部门主管
6			企业文化及各项规章制度资料	人力需求部门 人力资源部
7			员工试用期满考核表	需求部门主管

图 2.4　文本手动换行后的效果

活力小贴士　有时单元格中的文本因长度超过单元格宽度而需要排列成多行，Excel 可自动将超过单元格宽度的文本排列到第 2 行，并支持手动设置。

（1）自动换行。

① 选中需要换行的单元格区域，单击"开始"→"对齐方式"→"自动换行"按钮，即可使该区域中超过列宽的单元格内的文本自动换行。

② 也可以单击"开始"→"对齐方式"组的对话框启动器按钮，弹出"设置单元格格式"对话框，在"对齐"选项卡的"文本控制"栏中勾选"自动换行"复选框，如图 2.5 所示。

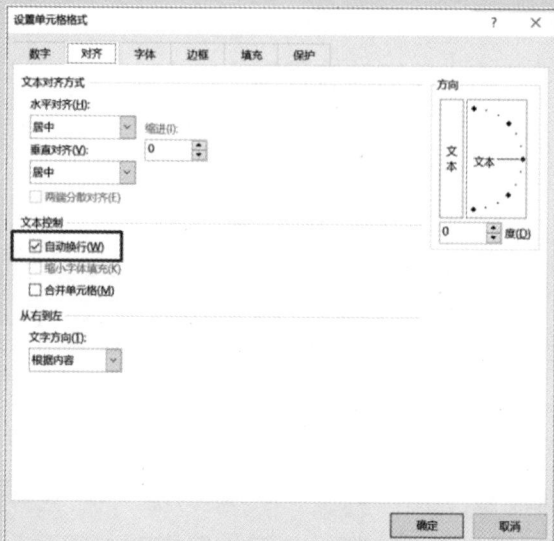

图 2.5　设置"自动换行"

（2）手动换行。

如果想在指定位置实现文本换行，可以进行手动调整。其操作方法是：双击单元格，使单元格处于编辑状态，将光标置于需要换行的位置，按【Alt】+【Enter】组合键实现手动换行，然后按【Enter】键即可。

（4）设置表格的边框和底纹。

① 选中 A2:D7 单元格区域。

② 单击"开始"→"字体"→"框线"下拉按钮，在打开的下拉菜单中选择"所有框线"命令；再次单击"框线"下拉按钮，在打开的下拉菜单中选择"粗外侧框线"命令。

③ 将 A2:D2 单元格区域填充为标准色"橙色"，其余每行分别使用不同的浅色系颜色进行填充。

（5）调整表格的行高和列宽。

① 选中表格的第 1 行，单击鼠标右键，在打开的快捷菜单中选择"行高"命令，打开"行高"对话框，输入"60"，单击"确定"按钮。

② 使用类似的方法，将表格的第 2 行的高度设置为"50"，第 3~7 行的高度设置为"128"。

③ 选中表格的第 1 列，单击鼠标右键，在打开的快捷菜单中选择"列宽"命令，打开"列宽"对话框，输入"22"，单击"确定"按钮。

④ 使用类似的方法，将表格的第 2 列的宽度设置为"35"，第 3 列和第 4 列的宽度设置为"25"。

完成后的表格如图 2.6 所示。

图 2.6 绘制完成的"公司人员招聘流程图"效果

任务 6-4 应用 SmartArt 绘制"公司人员招聘流程图"

（1）单击"插入"→"插图"→"SmartArt"按钮，打开"选择 SmartArt 图形"对话框。

（2）在"选择 SmartArt 图形"对话框左侧的列表框中单击"列表"选项，再从中间的列表框中选择"垂直块列表"，如图 2.7 所示。

微课 2-1 应用 SmartArt 绘制 "招聘流程图"

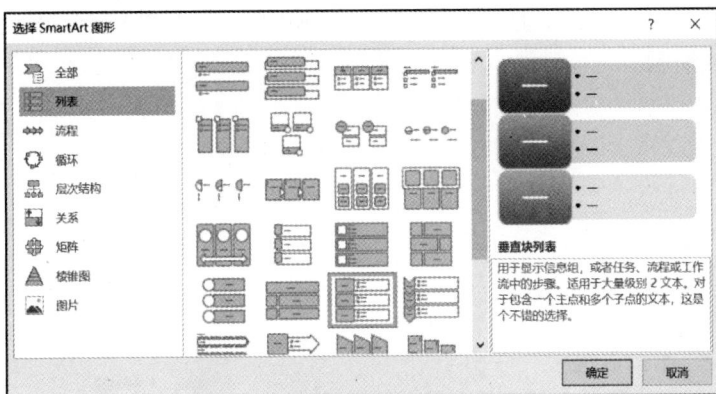

图 2.7 "选择 SmartArt 图形"对话框

（3）单击"确定"按钮，返回工作表。在工作表中可见图 2.8 所示的 SmartArt 图形。

（4）添加形状。插入的图形默认只有 3 组形状，由图 2.6 的表格可知，要绘制的招聘流程图需要 5 组形状，因此需要添加形状。

① 选中图 2.8 中最下方的"文本"块，单击"SmartArt 工具"→"设计"→"创建图形"→"添加形状"按钮，添加图 2.9 所示的第 4 组形状的第 1 级。

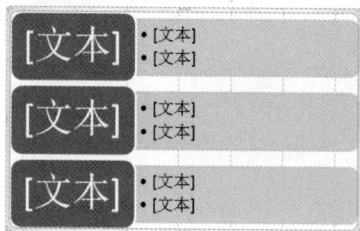

图 2.8　"垂直块列表"的 SmartArt 图形

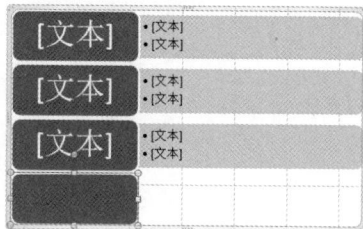

图 2.9　添加形状的第 1 级

② 选中新添加的形状，再单击"SmartArt 工具"→"设计"→"创建图形"→"添加形状"下拉按钮，打开图 2.10 所示的下拉菜单，选择"在下方添加形状"命令，添加第 4 组形状的第 2 级，如图 2.11 所示。

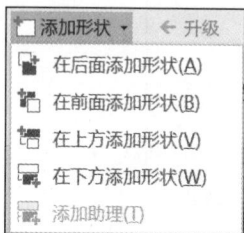

图 2.10　"添加形状"下拉菜单

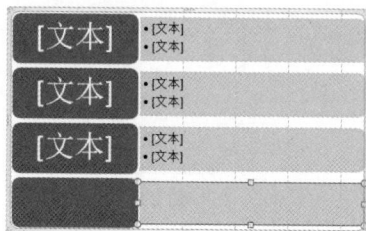

图 2.11　添加形状的第 2 级

③ 采用类似的操作，添加第 5 组形状。

（5）编辑"公司人员招聘流程图"的内容。

编辑"公司人员招聘流程图"的内容时，为便于输入文字，可打开文本窗格进行输入。

① 单击"SmartArt 工具"→"设计"→"创建图形"→"文本窗格"按钮，打开图 2.12 所示的文本窗格。

② 在文本窗格中输入图 2.13 所示的内容。在文本窗格中输入的内容会自动在 SmartArt 图形中显示，如图 2.14 所示。

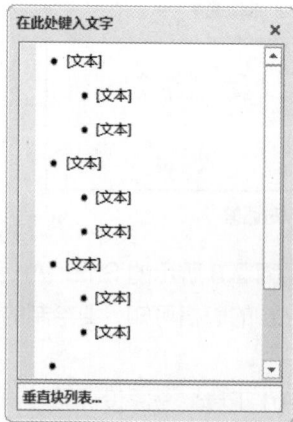

图 2.12　文本窗格

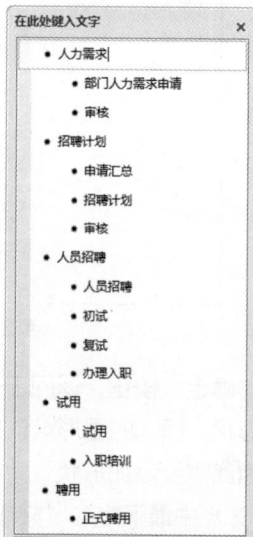

图 2.13　"公司人员招聘流程图"的内容

在文本窗格中，默认的第 2 级文本框有两个，在编辑时可根据内容的需要，增加或减少第 2 级文本框的个数，实际操作类似于添加或减少项目符号。

图 2.14　SmartArt 图形中显示的"公司人员招聘流程图"的内容

（6）修饰"公司人员招聘流程图"。

① 选中 SmartArt 图形。

② 将 SmartArt 图形中的文本格式设置为"宋体、16、加粗"。

③ 调整 SmartArt 图形的大小，使 SmartArt 图形中的文本能清晰地显示出来。

④ 单击"SmartArt 工具"→"设计"→"SmartArt 样式"→"更改颜色"按钮，打开图 2.15 所示的"更改颜色"下拉菜单，选择"彩色"栏中的"彩色–个性色 3 至 4"。

修饰后的 SmartArt 图形效果如图 2.16 所示。

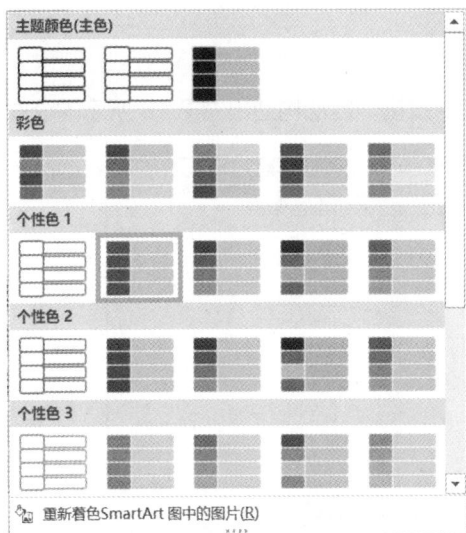

图 2.15　"更改颜色"下拉菜单

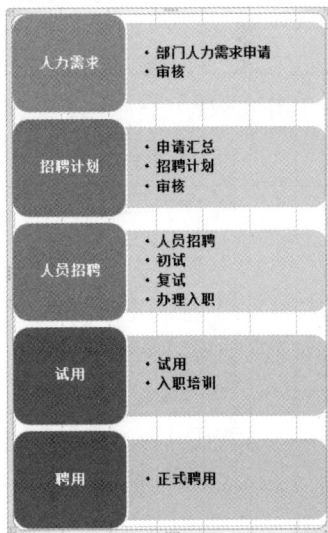

图 2.16　修饰后的 SmartArt 图形效果

（7）将绘制的 SmartArt 图形移动到"公司人员招聘流程图"工作表中，并根据表格的行高和列宽适当调整 SmartArt 图形的大小，使其与工作表的内容相匹配。

（8）取消编辑栏和网格线的显示。单击"视图"选项卡，在"显示"组中取消勾选"编辑栏"和"网格线"复选框。此时网格线会被隐藏起来，工作表显得简洁、美观。

（9）保存并关闭文档。

任务 6-5　创建"应聘人员面试成绩表"

（1）启动 Excel 2016，新建一个空白工作簿。

（2）将新建的工作簿重命名为"应聘人员面试成绩表"，并保存在"D:\公司文档\人力资源部"文件夹中。

（3）将"Sheet1"工作表重命名为"面试成绩"。

（4）在"面试成绩"工作表中，输入图 2.17 所示的应聘人员面试成绩。

	A	B	C	D	E	F	G	H	I	J
1	姓名	个人修养	求职意愿	综合素质	性格特征	专业知识和技能	语言能力	总评成绩	名次	录用结论
2	李博阳	7	7	15	6	28	12			
3	张雨菲	9	8	16	7	32	11			
4	王彦	6	8	12	5	21	9			
5	刘启亮	9	9	16	7	23	8			
6	郑威	7	9	17	6	26	11			
7	程渝丰	9	10	18	8	33	13			
8	李晓敏	6	9	13	6	20	10			
9	郑君乐	8	9	16	7	29	11			
10	陈远	8	7	17	8	31	12			
11	王秋琳	9	8	16	7	33	13			
12	赵筱鹏	7	8	13	4	28	11			
13	孙原屏	9	7	16	8	30	13			
14	王乐泉	9	8	17	8	31	14			
15	段维东	8	10	18	9	25	12			
16	张婉玲	8	7	14	7	22	8			

图 2.17　应聘人员面试成绩

任务 6-6　统计"总评成绩"

（1）选中 H2 单元格。

（2）单击"开始"→"编辑"→"Σ自动求和"按钮，自动构造出图 2.18 所示的公式。

	A	B	C	D	E	F	G	H	I	J
1	姓名	个人修养	求职意愿	综合素质	性格特征	专业知识和技能	语言能力	总评成绩	名次	录用结论
2	李博阳	7	7	15	6	28	12	=SUM(B2:G2)		
3	张雨菲	9	8	16	7	32	11	SUM(number1, [number2], ...)		
4	王彦	6	8	12	5	21	9			
5	刘启亮	9	9	16	7	23	8			
6	郑威	7	9	17	6	26	11			
7	程渝丰	9	10	18	8	33	13			
8	李晓敏	6	9	13	6	20	10			
9	郑君乐	8	9	16	7	29	11			
10	陈远	8	7	17	8	31	12			
11	王秋琳	9	8	16	7	33	13			
12	赵筱鹏	7	8	13	4	28	11			
13	孙原屏	9	7	16	8	30	13			
14	王乐泉	9	8	17	8	31	14			
15	段维东	8	10	18	9	25	12			
16	张婉玲	8	7	14	7	22	8			

图 2.18　构造"总评成绩"计算公式

（3）确认所选参数区域正确后，按【Enter】键，得出计算结果。

（4）选中 H2 单元格，拖曳填充柄至 H16 单元格，计算出所有面试人员的"总评成绩"，如图 2.19 所示。

	A	B	C	D	E	F	G	H	I	J
1	姓名	个人修养	求职意愿	综合素质	性格特征	专业知识和技能	语言能力	总评成绩	名次	录用结论
2	李博阳	7	7	15	6	28	12	75		
3	张雨菲	9	8	16	7	32	11	83		
4	王彦	6	8	12	5	21	9	61		
5	刘启亮	9	9	16	7	23	8	72		
6	郑威	7	9	17	6	26	11	76		
7	程渝丰	9	10	18	8	33	13	91		
8	李晓敏	6	9	13	6	20	10	64		
9	郑君乐	8	9	16	7	29	11	80		
10	陈远	8	7	17	8	31	12	83		
11	王秋琳	9	8	16	7	33	13	86		
12	赵筱鹏	7	8	13	4	28	11	71		
13	孙原屏	9	7	16	8	30	13	83		
14	王乐泉	9	8	17	8	31	14	87		
15	段维东	8	10	18	9	25	12	82		
16	张婉玲	8	7	14	7	22	8	66		

图 2.19　计算出所有面试人员的"总评成绩"

任务 6-7　统计成绩"名次"

（1）选中 I2 单元格。

（2）单击"公式"→"函数库"→"插入函数"按钮，打开"插入函数"对话框。

（3）设置"或选择类别"为"全部"，再从"选择函数"列表框中选择"RANK"函数，单击"确定"按钮，打开"函数参数"对话框。

（4）在"Number"处选择单元格 H2，在"Ref"处选择区域 H2:H16，并按【F4】键将区域修改为绝对引用$H$2:$H$16，如图2.20 所示，单击"确定"按钮，得到第 1 个人的"名次"。

（5）选中 I2 单元格，拖曳填充柄至 I16 单元格，自动填充其他面试人员的"名次"，结果如图 2.21 所示。

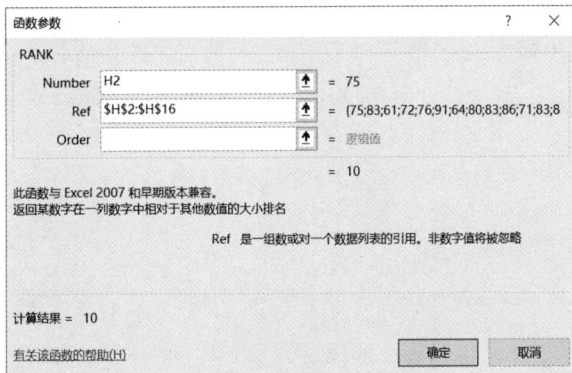

图 2.20　设置 RANK 函数的参数

	A	B	C	D	E	F	G	H	I	J
1	姓名	个人修养	求职意愿	综合素质	性格特征	专业知识和技能	语言能力	总评成绩	名次	录用结论
2	李博阳	7	7	15	6	28	12	75	10	
3	张雨菲	9	8	16	7	32	11	83	4	
4	王彦	6	8	12	5	21	9	61	15	
5	刘启亮	9	9	16	7	23	8	72	11	
6	郑威	7	9	17	6	26	11	76	9	
7	程渝丰	9	10	18	8	33	13	91	1	
8	李晓敏	6	9	13	6	20	10	64	14	
9	郑君乐	8	9	16	7	29	11	80	8	
10	陈远	8	7	17	8	31	12	83	4	
11	王秋琳	9	8	16	7	33	13	86	3	
12	赵筱鹏	7	8	13	4	28	11	71	12	
13	孙原屏	9	7	16	8	30	13	83	4	
14	王乐泉	9	8	17	8	31	14	87	2	
15	段维东	8	10	18	9	25	12	82	7	
16	张婉玲	8	7	14	7	22	8	66	13	

图 2.21　填充其他面试人员的"名次"

活力小贴士　RANK 函数用于返回一个数字以表示当前值在数值列表中的排位。数字大小与数值列表中的其他值相关。如果多个值具有相同的排位，则返回该组数值的最高排位。

RANK 函数语法是：RANK (number,ref,order)。

参数说明如下。

① number：需要找到排位的数字。

② ref：数值列表数组或对数值列表的引用。ref 中的非数值型值将被忽略。

③ order：指明数字排位的方式。如果 order 为 0 或省略，则对数字的排位是基于 ref 按照降序排列的；如果 order 不为 0，则对数字的排位是基于 ref 按照升序排列的。

任务 6-8　显示"录用结论"

假设总评成绩在 80 分以上予以录用，否则不录用，据此得出"录用结论"。

（1）选中 J2 单元格。

（2）单击"公式"→"函数库"→"插入函数"按钮，打开"插入函数"对话框。

微课 2-2　显示面试"录用结论"

（3）在"选择函数"列表框中选择"IF"，单击"确定"按钮，打开"函数参数"对话框。

活力小贴士　IF 函数根据指定条件满足与否返回不同的结果。如果指定条件的计算结果为 TRUE，IF 函数将返回某个值；如果指定条件的计算结果为 FALSE，IF 函数将返回另一个值。例如，输入"=IF(A1=0,"零","非零")"，若 A1 单元格中的值等于 0，则返回"零"；若 A1 单元格中的值不等于 0，则返回"非零"。

IF 函数语法：IF(logical_test,value_if_true,value_if_false)。

参数说明如下。

① logical_test：计算结果可能为 TRUE 或 FALSE 的任意值或表达式。例如，A1=0 就是一个逻辑表达式，若 A1 单元格中的值为 0，则表达式的结果为 TRUE；若 A1 单元格中的值为其他值，则表达式的结果为 FALSE。

② value_if_true：当 logical_test 参数的计算结果为 TRUE 时所要返回的值。

③ value_if_false：当 logical_test 参数的计算结果为 FALSE 时所要返回的值。

如果返回值是文本，则需用英文输入状态下的双引号将文本引起来；如果返回值是数字、日期、公式，则不需要使用任何符号。

（4）按图 2.22 所示设置参数，单击"确定"按钮，得到第 1 个人的"录用结论"。

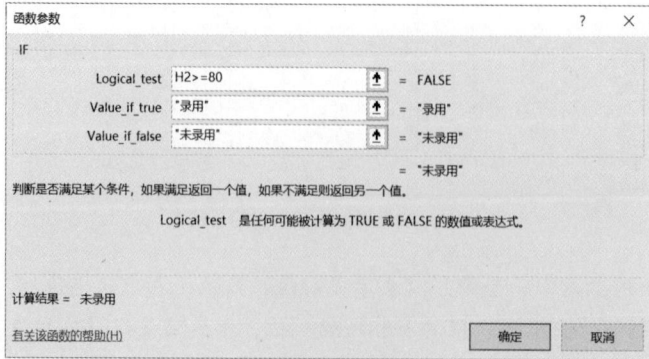

图 2.22　设置 IF 函数的参数

（5）选中 J2 单元格，拖曳填充柄至 J16 单元格，自动填充其他面试人员的"录用结论"，结果如图 2.23 所示。

	A	B	C	D	E	F	G	H	I	J
1	姓名	个人修养	求职意愿	综合素质	性格特征	专业知识和技能	语言能力	总评成绩	名次	录用结论
2	李博阳	7	7	15	6	28	12	75	10	未录用
3	张雨菲	9	8	16	7	32	11	83	4	录用
4	王彦	6	8	12	5	21	9	61	15	未录用
5	刘启亮	9	9	16	7	23	8	72	11	未录用
6	郑威	7	9	17	6	26	11	76	9	未录用
7	程渝丰	9	10	14	6	33	13	91	1	录用
8	李晓敏	6	9	13	6	20	10	64	14	未录用
9	郑君乐	8	9	16	7	29	11	80	8	录用
10	陈远	8	7	17	8	31	12	83	4	录用
11	王秋琳	9	8	16	7	33	13	86	3	录用
12	赵筱鹏	7	8	13	4	28	11	71	12	未录用
13	孙原屏	9	7	16	8	30	13	83	4	录用
14	王乐泉	9	8	17	8	31	14	87	2	录用
15	段维东	8	10	18	9	25	12	82	7	录用
16	张婉玲	8	7	14	7	22	8	66	13	未录用

图 2.23　填充其他面试人员的"录用结论"

任务 6-9　美化"应聘人员面试成绩表"

（1）添加表格标题。

① 选中表格的第 1 行，单击"开始"→"单元格"→"插入"按钮，插入一个空行。

② 输入表格标题"应聘人员面试成绩表"。

③ 设置表格标题的格式为"黑体、22、合并后居中"。

④ 设置标题行的高度为"42"。

（2）设置表格的列标题的格式。

① 选中 A2:J2 单元格区域。

② 设置 A2:J2 单元格区域内文本的格式为"宋体、11、加粗、居中、自动换行"。

③ 为 A2:J2 单元格区域添加蓝色底纹，并设置字体颜色为"白色，背景 1"。

（3）选中 A1:J17 单元格区域，设置表格的列宽为"9"。

（4）设置表格的边框。

① 选中 A2:J17 单元格区域。

② 单击"开始"→"字体"→"框线"下拉按钮，在打开的下拉菜单中选择"所有框线"命令；再次单击"框线"下拉按钮，在打开的下拉菜单中选择"粗外侧框线"命令。

（5）添加"录用说明"。

① 选中 A19 单元格。

② 输入录用说明的内容"录用说明：总评成绩在 80 分以上予以录用，否则未录用"。

（6）保存并关闭文档。

【项目拓展】

（1）制作"公司面试管理流程图"，效果如图 2.24 所示。

（2）制作"员工试用期管理流程图"，效果如图 2.25 所示。

公司面试管理

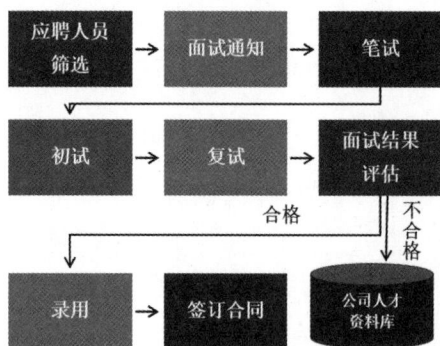

图 2.24 "公司面试管理流程图"效果

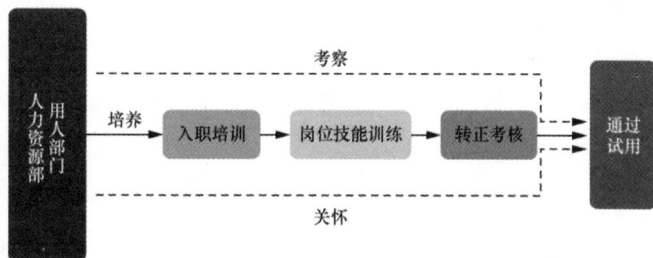

图 2.25 "员工试用期管理流程图"效果

【项目训练】

利用 SmartArt 图形中的层次结构图制作"公司组织结构图"，效果如图 2.26 所示。操作步骤如下。

（1）启动 Excel 2016，新建一个空白工作簿。将新建的工作簿重命名为"公司组织结构图"，并保存在"D:\公司文档\人力资源部"文件夹中。

（2）单击"视图"选项卡，在"显示"组中取消勾选"网格线"复选框。

（3）单击"插入"→"插图"→"SmartArt"按钮，打开"选择 SmartArt 图形"对话框。

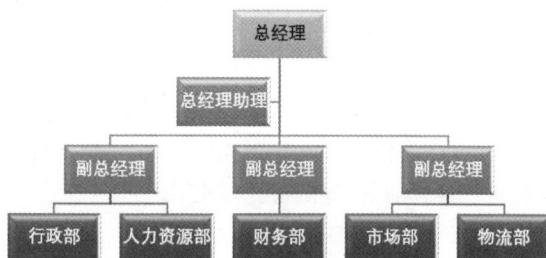

图 2.26 公司组织结构图

（4）在"选择 SmartArt 图形"对话框左侧的列表框中单击"层次结构"选项，在中间的列表框中选择"组织结构图"，在右侧可以看到其示例图形和说明信息，如图 2.27 所示。

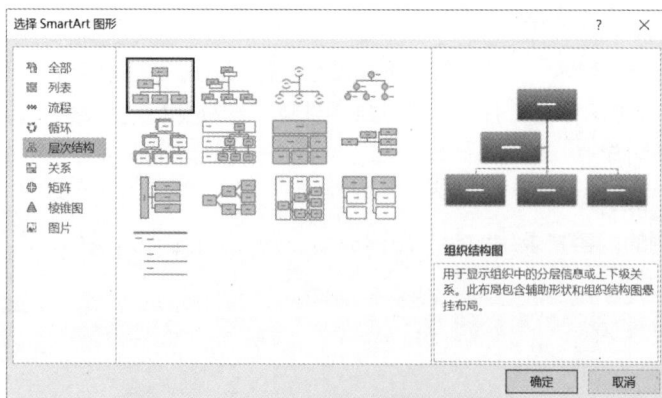

图 2.27 "选择 SmartArt 图形"对话框

（5）单击"确定"按钮，即可在文档中插入选择的 SmartArt 图形，如图 2.28 所示。

（6）单击 SmartArt 图形第 1 行的图框，其中将显示光标，输入"总经理"，如图 2.29 所示。

（7）使用类似的方法，分别在图框中输入图 2.30 所示的内容。

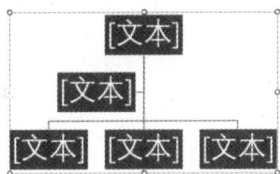

图 2.28　在文档中插入选择的 SmartArt 图形　　图 2.29　输入"总经理"　　图 2.30　在组织结构图中输入其他内容

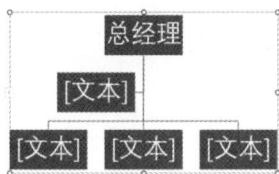

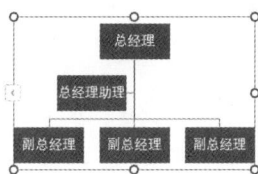

（8）分别选中各个"副总经理"图框，单击"SmartArt 工具"→"设计"→"创建图形"→"添加形状"下拉按钮，打开图 2.31 所示的下拉菜单，选择"在下方添加形状"命令，添加图 2.32 所示的形状。

（9）在"副总经理"的各下属框中分别输入图 2.33 所示的内容。

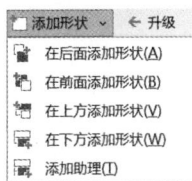

图 2.31　"添加形状"下拉菜单　　图 2.32　在组织结构图中添加形状　　图 2.33　添加"副总经理"下属内容后的组织结构图

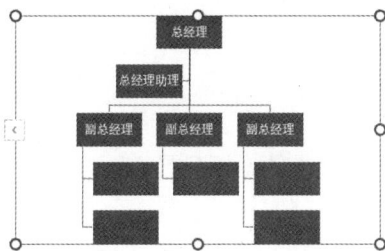

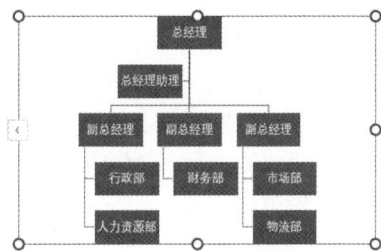

（10）修饰"公司组织结构图"。

① 选中组织结构图。

② 单击"SmartArt 工具"→"设计"→"SmartArt 样式"→"更改颜色"按钮，打开"更改颜色"下拉菜单，选择"彩色"栏中的"彩色–个性色 5 至 6"，如图 2.34 所示，设置整个组织结构图的配色方案，效果如图 2.35 所示。

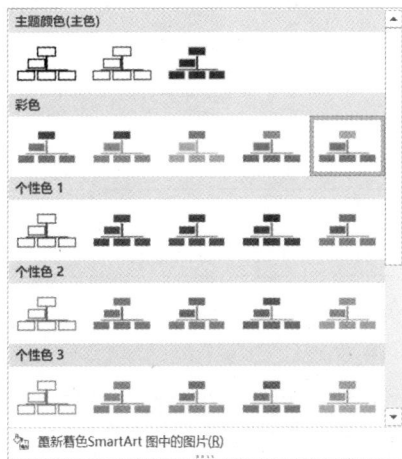

图 2.34　"更改颜色"下拉菜单　　　图 2.35　设置整个公司组织结构图的配色方案

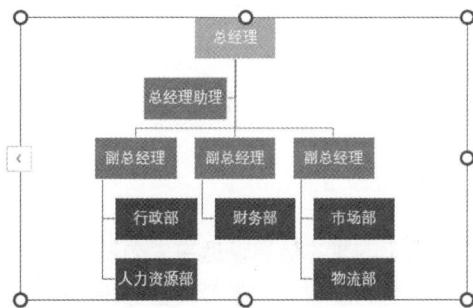

③ 单击"SmartArt 工具"→"设计"→"SmartArt 样式"→"其他"下拉按钮，打开图 2.36 所示的"SmartArt 样式"列表，选择"三维"栏中的"优雅"，对整个组织结构图应用新的样式，效果如图 2.37 所示。

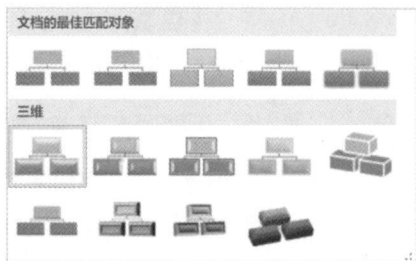

图 2.36　"SmartArt 样式"列表

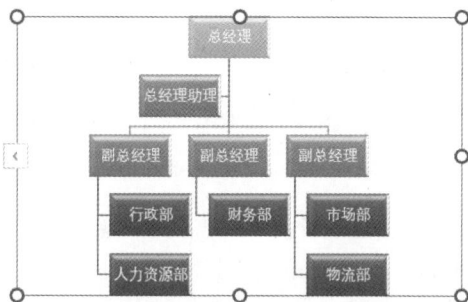

图 2.37　对整个组织结构图应用"优雅"样式

④ 选中整个公司组织结构图，将所有文本字体加粗，并将"总经理"文本的字体颜色设置为标准色"深蓝"。

（11）调整"公司组织结构图"的布局。

① 分别选中组织结构图中的各个"副总经理"图框，单击"SmartArt 工具"→"设计"→"创建图形"→"布局"按钮，打开图 2.38 所示的"布局"下拉菜单。

② 选择"标准"命令，调整布局后的"公司组织结构图"如图 2.26 所示。

（12）保存修改后的"公司组织结构图"。

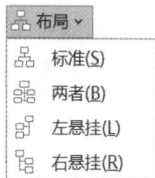

图 2.38　"布局"下拉菜单

【项目小结】

本项目通过制作"公司人员招聘流程图""应聘人员面试成绩表""公司面试管理流程图""员工试用期管理流程图""公司组织结构图"，主要介绍了新建工作簿，编辑工作表，应用 SmartArt 工具创建和编辑图形，使用 SUM/RANK/IF 函数进行计算的操作方法。此外，本项目还介绍了合并后居中、文本换行、设置文本格式，以及取消显示工作表的编辑栏和网格线等表格的美化修饰操作的方法，以增强表格的显示效果。

项目7　制作员工基本信息表

示例文件	原始文件：示例文件\素材\人力资源篇\项目 7\员工基本信息表.docx
	效果文件：示例文件\效果\人力资源篇\项目 7\员工基本信息表.docx

【项目背景】

公司员工的基本信息管理是人力资源部的一项非常重要的工作。制作一份专业、规范的员工基本信息表，有利于收集、整理员工的基本信息，也是员工信息管理工作的首要任务。本项目讲解利用 Word 2016 制作员工基本信息表的方法，"员工基本信息表"效果如图 2.39 所示。

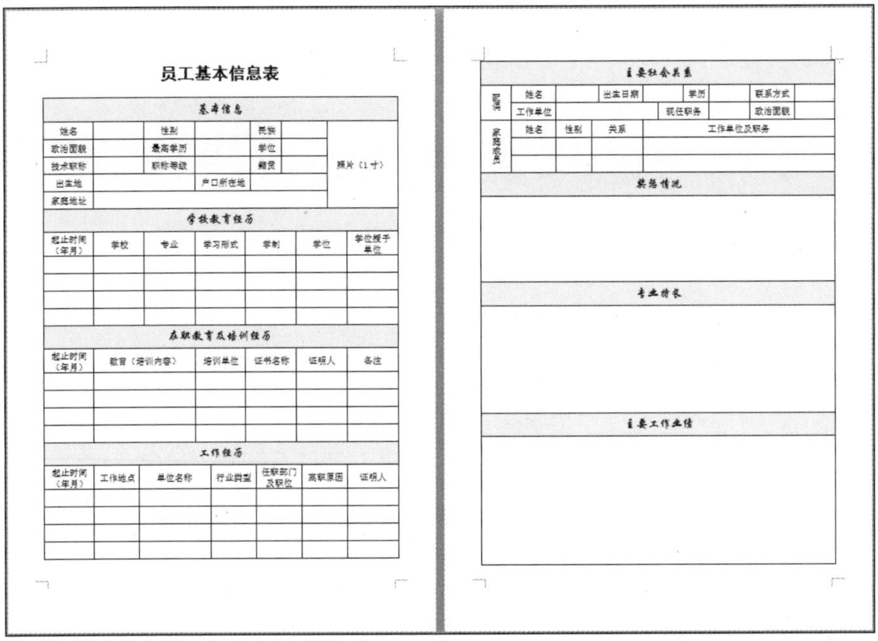

图 2.39 "员工基本信息表"效果

【项目实施】

任务 7-1 新建并保存文档

（1）启动 Word 2016，新建一个空白文档。

（2）将新建的文档重命名为"员工基本信息表"，并将其保存在"D:\公司文档\人力资源部"文件夹中。

任务 7-2 设置页面

（1）设置页面纸张大小为"A4"。

（2）设置页面纸张方向为"纵向"，页边距上、下均为"2.5 厘米"，左、右均为"2 厘米"。

任务 7-3 插入表格

（1）输入表格标题"员工基本信息表"，按【Enter】键换行。

（2）插入表格。

① 单击"插入"→"表格"→"表格"按钮，打开"表格"下拉菜单，从下拉菜单中选择"插入表格"命令，打开"插入表格"对话框。

② 在"插入表格"对话框中设置要创建的表格的列数为"7"，行数为"30"，然后单击"确定"按钮，在文档中插入一个空白表格。

> **活力小贴士** 当表格的行数和列数较多时，可先设置大概的行数和列数，然后在操作过程中根据需要进行行、列的增加和删除。

任务 7-4　编辑表格

（1）在表格中输入图 2.40 所示的内容。

基本信息						
姓名		性别		民族		照片（1寸）
政治面貌		最高学历		学位		
技术职称		职称等级		籍贯		
出生地			户口所在地			
家庭地址						
学校教育经历						
起止时间（年月）	学校	专业	学习形式	学制	学位	学位授予单位
在职教育及培训经历						
起止时间（年月）	教育（培训内容）		培训单位	证书名称	证明人	备注
工作经历						
起止时间（年月）	工作地点	单位名称	行业类型	任职部门及职位	离职原因	证明人
奖惩情况						
专业特长						
主要工作业绩						

图 2.40　"员工基本信息表"的内容

（2）合并单元格。

① 选中表格的"基本信息"所在行的所有单元格，如图 2.41 所示。

基本信息						
姓名		性别		民族		照片（1寸）
政治面貌		最高学历		学位		
技术职称		职称等级		籍贯		

图 2.41　选定需合并的区域

② 单击"表格工具"→"布局"→"合并"→"合并单元格"按钮，将选中的单元格合并为一个单元格。

> **活力小贴士** 合并单元格，还可以先选中要合并的单元格，再单击鼠标右键，然后在弹出的快捷菜单中选择"合并单元格"命令。

③ 采用相同的方法，对"学校教育经历""在职教育及培训经历""工作经历""奖惩情况""专业特长""主要工作业绩"所在的行进行相应的合并操作。

④ 对表格中其余需要合并的单元格进行合并，效果如图 2.42 所示。

基本信息							
姓名		性别		民族		照片（1寸）	
政治面貌		最高学历		学位			
技术职称		职称等级		籍贯			
出生地			户口所在地				
家庭地址							
学校教育经历							
起止时间（年月）	学校	专业	学习形式	学制	学位	学位授予单位	
在职教育及培训经历							
起止时间（年月）	教育（培训内容）		培训单位	证书名称	证明人	备注	
工作经历							
起止时间（年月）	工作地点	单位名称	行业类型	任职部门及职位	离职原因	证明人	
奖惩情况							
专业特长							
主要工作业绩							

图 2.42 合并处理后的表格

（3）在表格中添加"主要社会关系"的相关内容。

① 选中表格最后 6 行。

② 单击"表格工具"→"布局"→"行和列"→"在上方插入"按钮，在选中的行上添加 6 个空行。

③ 如图 2.43 所示，对添加的行进行拆分和合并，并输入相应的文字。

主要社会关系							
配偶	姓名		出生日期		学历		联系方式	
	工作单位			现任职务		政治面貌	
家庭成员	姓名		性别		关系		工作单位及职务

图 2.43 在表格中添加"主要社会关系"的相关内容

任务 7-5　美化表格

（1）设置表格的行高。

① 选中整个表格。

② 单击"表格工具"→"布局"→"表"→"属性"按钮，打开图 2.44 所示的"表格属性"对话框。

③ 在"表格属性"对话框中单击"行"选项卡，勾选"指定高度"复选框，将行高设置为"0.8 厘米"，如图 2.45 所示。

图 2.44　"表格属性"对话框　　　　　图 2.45　设置表格的行高

（2）设置表格标题的格式。

① 选中表格标题"员工基本信息表"。

② 将标题的格式设置为"黑体、二号、加粗、居中"，段后间距为"1 行"。

（3）设置表格内文字的格式。

① 选中整个表格。

② 将表格内所有文字的格式设置为"宋体、小四、水平居中"。

（4）设置表中各栏的格式。

① 选中表格中的"基本信息"单元格，将字体设置为"华文行楷"，字号设置为"三号"。

② 单击"表格工具"→"设计"→"表格样式"→"底纹"下拉按钮，打开图 2.46 所示的"底纹"下拉菜单，设置单元格底纹为"白色，背景 1，深色 5%"，设置后的效果如图 2.47 所示。

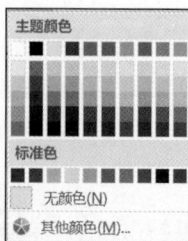

图 2.46　"底纹"下拉菜单　　　　　图 2.47　设置字体、字号和底纹后的效果

③ 采用相同的方法对“学校教育经历”“在职教育及培训经历”“工作经历”“主要社会关系”“奖惩情况”“专业特长”“主要工作业绩”的字体、字号和底纹进行设置。

（5）设置文字方向。

① 选中“配偶”单元格。

② 单击“表格工具”→“布局”→“对齐方式”→“文字方向”按钮，将原来默认的横排文字方向改为竖排。

③ 采用相同的方法将“家庭成员”的文字方向改为竖排。

（6）设置表格的边框。

① 选中整个表格。

② 单击“表格工具”→“设计”→“边框”→“边框”下拉按钮，从打开的下拉菜单中选择“边框和底纹”命令，打开“边框和底纹”对话框，如图 2.48 所示，在“边框”选项卡中，将表格边框设置为外边框宽度为“1.5 磅”、内框线宽度为“0.75 磅”。

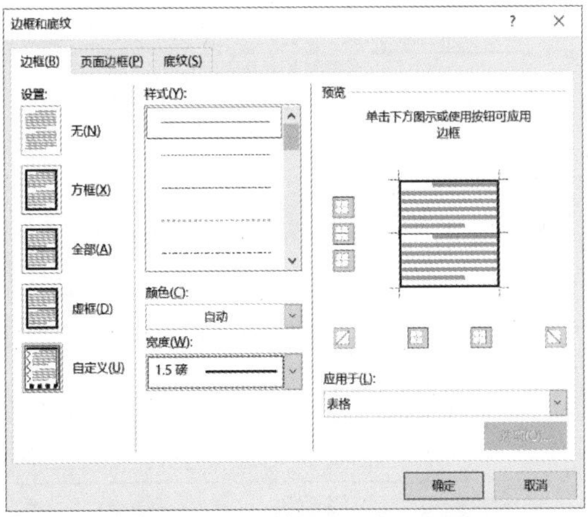

图 2.48 “边框和底纹”对话框

任务 7-6 调整表格的整体效果

（1）调整部分单元格的高度和宽度。适当减小“配偶”和“家庭成员”单元格的宽度，使其竖排文字刚好被容纳。

（2）使用手动调整的方式增加“奖惩情况”“专业特长”“主要工作业绩”下方的单元格的高度，以增加预留空间。

（3）根据单元格中文本的实际情况，适当地对整个表格做一些调整，一份专业而规范的“员工基本信息表”就制作完成了。

（4）保存美化后的表格。

【项目拓展】

（1）制作“新员工培训计划表”，效果如图 2.49 所示。

（2）制作“公司应聘人员登记表”，效果如图 2.50 所示。

（3）制作“员工面试表”，效果如图 2.51 所示。

（4）制作“员工工作业绩考核表”，效果如图 2.52 所示。

新员工培训计划表

姓名		部门		职位		
员工编号		入职时间		培训导师		
序号	培训项目	培训内容及要求	培训部门	培训日期	培训时间	培训时长
				记录编号：		

图 2.49 “新员工培训计划表”效果

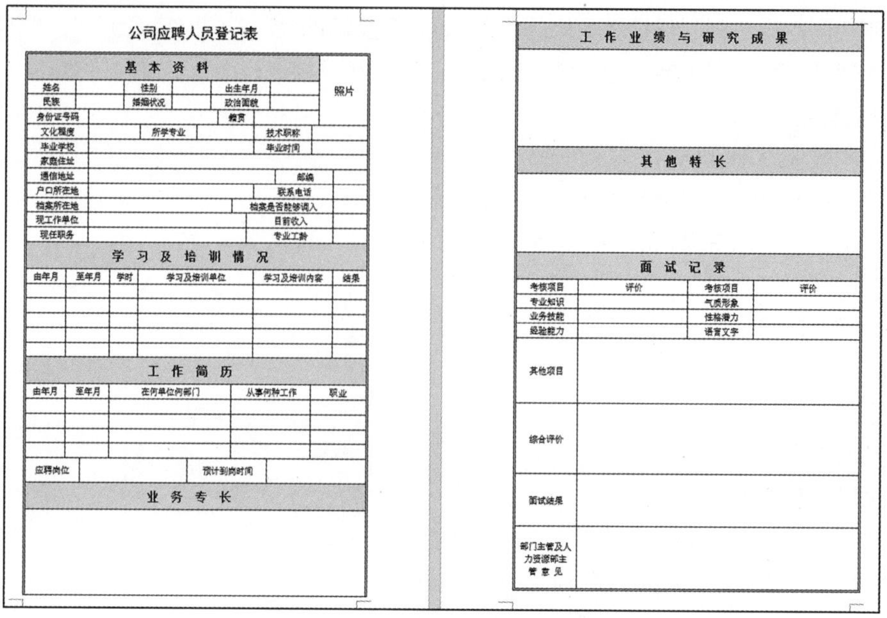

公司应聘人员登记表

基本资料						照片
姓名		性别		出生年月		
民族		婚姻状况		政治面貌		
身份证号码				籍贯		
文化程度		所学专业		技术职称		
毕业学校				毕业时间		
家庭住址						
通信地址				邮编		
户口所在地				联系电话		
档案所在地				档案是否能够调入		
现工作单位				目前收入		
现任职务				专业工龄		

学习及培训情况

由年月	至年月	学时	学习及培训单位	学习及培训内容	结果

工作简历

由年月	至年月	在何单位何部门	从事何种工作	职业

应聘岗位		预计到岗时间	

业务专长

工作业绩与研究成果

其他特长

面试记录

考核项目	评价	考核项目	评价
专业知识		气质形象	
业务技能		性格潜力	
经验能力		语言文字	
其他项目			
综合评价			
面试结果			
部门主管及人力资源部主管意见			

图 2.50 “公司应聘人员登记表”效果

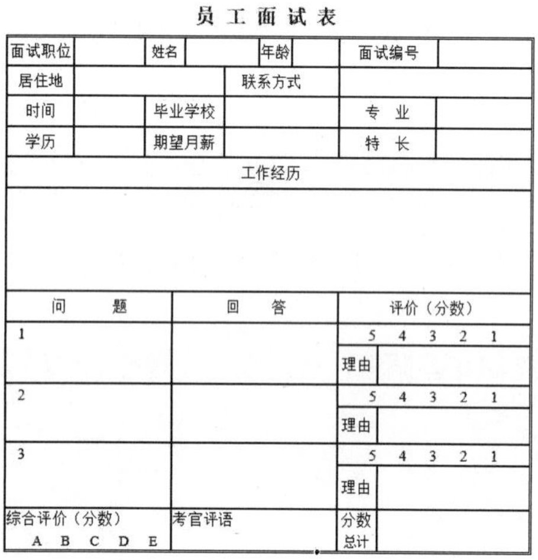

员工面试表

面试职位		姓名		年龄		面试编号	
居住地		联系方式					
时间		毕业学校				专业	
学历		期望月薪				特长	
工作经历							

问题	回答	评价（分数）	
1		5 4 3 2 1	
		理由	
2		5 4 3 2 1	
		理由	
3		5 4 3 2 1	
		理由	
综合评价（分数）A B C D E	考官评语	分数总计	

图 2.51 “员工面试表”效果

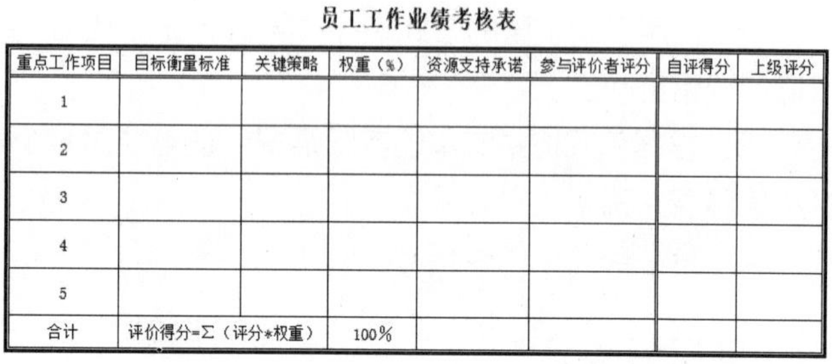

员工工作业绩考核表

重点工作项目	目标衡量标准	关键策略	权重（%）	资源支持承诺	参与评价者评分	自评得分	上级评分
1							
2							
3							
4							
5							
合计	评价得分=Σ（评分*权重）		100%				

图 2.52 “员工工作业绩考核表”效果

【项目训练】

利用 Word 2016 制作一份图 2.53 所示的“员工工作态度评估表”。

操作步骤如下。

（1）启动 Word 2016，新建一个空白文档，将文档重命名为“员工工作态度评估表”，并将其保存在“D:\公司文档\人力资源部”文件夹中。

（2）在文档中输入“员工工作态度评估表”，作

员工工作态度评估表

姓名	第一季度	第二季度	第三季度	第四季度	平均分
慕容上	91	92	95	96	93.5
全清晰	80	82	87	87	84.0
费乐	84	84	83	84	83.8
柏国力	88	84	80	82	83.5
段齐	84	83	82	85	83.5
高玲珑	85	83	84	82	83.5
黄信念	80	79	90	81	82.5
文留念	83	88	78	80	82.3
皮未来	90	80	70	70	77.5

图 2.53 “员工工作态度评估表”效果

为表格标题。

（3）单击"插入"→"表格"→"表格"按钮，打开"表格"下拉菜单，在下拉菜单中选择"插入表格"命令，打开"插入表格"对话框，插入一个10行、6列的表格。

（4）表格中输入图2.54所示的内容。

（5）计算"平均分"。

姓名	第一季度	第二季度	第三季度	第四季度	平均分
慕容上	91	92	95	96	
柏国力	88	84	80	82	
全清晰	80	82	87	87	
文留念	83	88	78	80	
皮未来	90	80	70	70	
段齐	84	83	82	85	
费乐	84	84	83	84	
高玲珑	85	83	84	82	
黄信念	80	79	90	81	

图2.54　"员工工作态度评估表"的内容

微课2-3　计算平均分

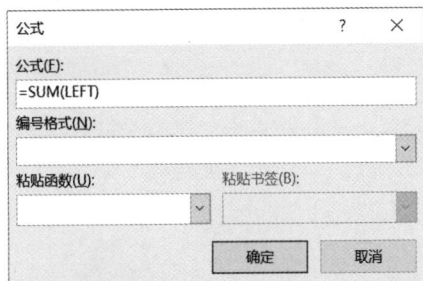

① 将光标置于"平均分"下方的单元格中，单击"表格工具"→"布局"→"数据"→"公式"按钮，打开图2.55所示的"公式"对话框。

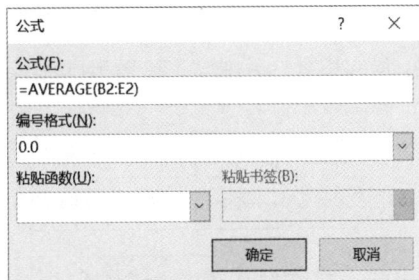

② 在"公式"文本框中输入计算"平均分"的公式或从"粘贴函数"下拉列表中选择需要的函数，输入参与计算的单元格，再在"编号格式"组合框中输入"0.0"，表示将计算结果设置为保留1位小数，如图2.56所示，最后单击"确定"按钮。

图2.55　"公式"对话框

图2.56　输入公式

活力小贴士　在公式或函数中一般引用单元格的名称来表示参与运算的参数。单元格名称的表示方法是：列标采用字母A、B、C等来表示，行号采用数字1、2、3等来表示。如表示第2列第3行的单元格，名称为"B3"。

（6）依次计算出其他行的"平均分"，如图2.57所示。

（7）数据排序。将表中的数据按"平均分"降序和"姓名"升序排列。

① 选中整个表格。

② 单击"表格工具"→"布局"→"数据"→"排序"按钮，打开"排序"对话框。

③ 首先，从对话框下方"列表"栏中选中"有标题行"单选按钮，再从"主要关键字"下拉列表中选择"平均分"，从"类型"

姓名	第一季度	第二季度	第三季度	第四季度	平均分
慕容上	91	92	95	96	93.5
柏国力	88	84	80	82	83.5
全清晰	80	82	87	87	84.0
文留念	83	88	78	80	82.3
皮未来	90	80	70	70	77.5
段齐	84	83	82	85	83.5
费乐	84	84	83	84	83.8
高玲珑	85	83	84	82	83.5
黄信念	80	79	90	81	82.5

图2.57　计算"平均分"后的效果

下拉列表中选择"数字"，选中"降序"单选按钮；然后从"次要关键字"下拉列表中选择"姓名"，从"类型"下拉列表中选择"拼音"，选中"升序"单选按钮，如图2.58所示。

数据排序后的效果如图2.59所示，首先按"平均分"降序排列，当"平均分"相同时，按"姓名"升序排列。

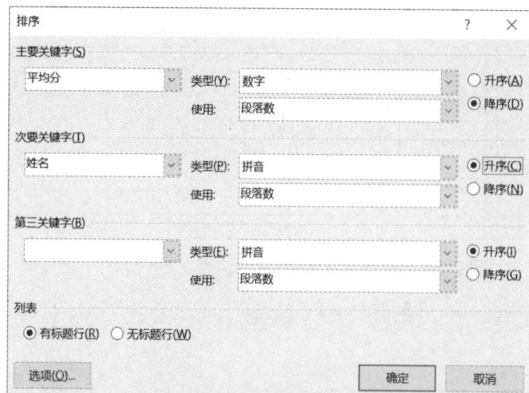

图 2.58 "排序"对话框

姓名	第一季度	第二季度	第三季度	第四季度	平均分
慕容上	91	92	95	96	93.5
全清晰	80	82	87	87	84.0
费乐	84	84	83	84	83.8
柏国力	88	84	80	82	83.5
段齐	84	83	82	85	83.5
高玲珑	85	83	84	82	83.5
黄信念	80	79	90	81	82.5
文留念	83	88	78	80	82.3
皮未来	90	80	70	70	77.5

图 2.59 数据排序后的效果

（8）设置文本的格式。

① 选中表格标题"员工工作态度评估表"，将标题的格式设置为"黑体、二号、加粗、居中"，段后间距为"1行"。

② 将表格列标题的字形设置为"加粗"。

③ 将表格中所有文本的对齐方式设置为"水平居中"。

（9）设置表格的行高为"0.8厘米"。

（10）选中整个表格，为表格设置外粗内细的边框线。

活力小贴士 若要绘制斜线表头，操作方法如下。

① 通过设置表格的边框来添加斜线表头。将光标置于要添加斜线表头的单元格，单击"表格工具"→"设计"→"边框"→"边框"下拉按钮，选择"斜下框线"或"斜上框线"。

② 通过"绘制表格"工具绘制斜线表头。单击"表格工具"→"设计"→"边框"→"边框"→"绘制表格"命令，当鼠标指针变为铅笔形状时，在相应单元格中绘制斜线即可。

③ 通过插入形状绘制斜线表头。单击"插入"→"插图"→"形状"按钮，选择"直线"，可绘制单斜线或多斜线的表头。

（11）适当地对整个表格做一些调整，完成"员工工作态度评估表"的制作。

活力小贴士 （1）重复标题行。

用 Word 2016 制作表格时，当表格中的数据量较大时，表格往往会超过一页。Word 2016 提供了"重复标题行"功能，即让标题行反复出现在每一页表格的首行或数行，这样便于表格内容的表达，也能满足打印表格的要求。操作方法如下。

① 选择一行或多行标题行，选定内容必须包括表格的第 1 行。

② 单击"表格工具"→"布局"→"数据"→"重复标题行"按钮。要重复的标题行必须是该表格的第 1 行或开始的连续数行，否则"重复标题行"按钮将处于禁用状态。每一页重复出现表格的标题行给阅读、使用表格的人员带来了很大方便。

（2）表格和文本之间的转换。

如果想把文本转换成表格的形式，或者想把表格转换成文本的形式，使用 Word 2016 很容易实现。

通常在制作表格时，采用先绘制表格再输入文本的方法。也可先输入文本，再利用 Word 提供的表格与文本之间的相互转换功能将文本转换成表格。

① 将文本转换成表格。

a. 插入分隔符（将表格转换为文本时，用分隔符标识文本分隔的位置；而将文本转换为表格时，用分隔符标识新行或新列的起始位置），以指示将文本分成列的位置，并使用段落标记指示要开始新行的位置，如图 2.60 和图 2.61 所示。

第一季度,第二季度,第三季度,第四季度↵
A,B,C,D↵

图 2.60　使用逗号作为分隔符

第一季度→第二季度→第三季度→第四季度↵
A→B→C→D↵

图 2.61　使用制表符作为分隔符

b. 选择要转换为表格的文本。

c. 单击"插入"→"表格"→"表格"按钮，打开"表格"下拉菜单，从下拉菜单中选择"文本转换为表格"命令，打开图 2.62 所示的"将文字转换成表格"对话框。

d. 在"将文字转换成表格"对话框的"文字分隔位置"栏中，选中要在文本中使用的分隔符对应的单选按钮。

e. 在"列数"框中，选择列数。如果未看到预期的列数，则可能是文本中的一行或多行缺少分隔符。这里的行数由文本的段落标记决定，因此为默认值。

f. 根据需要设置其他选项参数，然后单击"确定"按钮，即可将图 2.61 所示的文本转换成图 2.63 所示的表格。

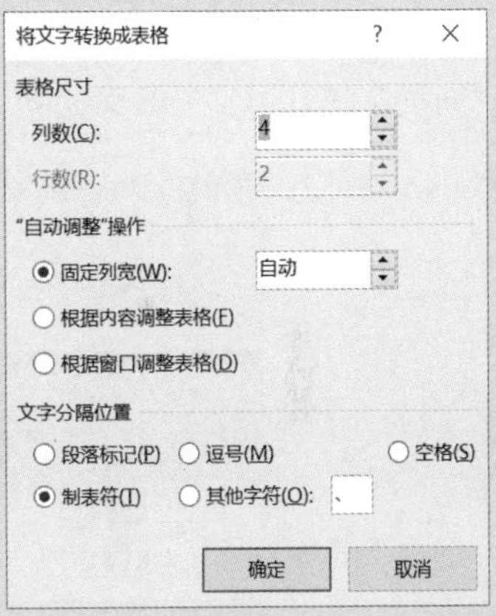

② 将表格转换成文本。

a. 选择要转换成文本的表格。

b. 单击"表格工具"→"布局"→"数据"→"转换为文本"按钮，打开图 2.64 所示的"表格转换成文本"对话框。

图 2.62　"将文字转换成表格"对话框

第一季度↵	第二季度↵	第三季度↵	第四季度↵
A↵	B↵	C↵	D↵

图 2.63　由文本转换成的表格

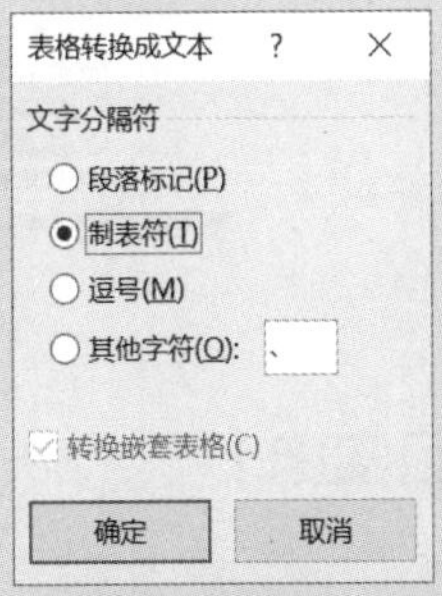

图 2.64　"表格转换成文本"对话框

c. 在"文字分隔符"栏中，选中要用于代替列边界的分隔符对应的单选按钮，表格各行默认用段落标记分隔。单击"确定"按钮，即可将表格转换成文本。

【项目小结】

本项目通过制作人力资源部的常用表格"员工基本信息表""新员工培训计划表""公司应聘人员登记表""员工面试表""员工工作业绩考核表""员工工作态度评估表"，讲解了在 Word 2016 中插入表格，设置表格的行高和列宽等基本操作，同时介绍了表格数据的计算和排序方法。此外，本项目还介绍了表格中单元格的合并和拆分，表格内字符的格式化处理，表格的边框和底纹设置等美化修饰操作。

项目 8　制作新员工培训讲义

示例文件	原始文件：示例文件\素材\人力资源篇\项目 8\欢迎加入.jpg、奖杯.jpg
	效果文件：示例文件\效果\人力资源篇\项目 8\新员工培训.pptx

【项目背景】

对员工进行培训是企业进行人力资源开发的重要途径。员工培训不仅能够提高员工的思想认识和技术水平，也有助于培养员工的团队精神，增强员工的凝聚力和向心力，满足企业发展对高素质人才的需求。本项目介绍如何运用 PowerPoint 2016 制作新员工培训讲义，以提高员工培训的效果。"新员工培训讲义"效果如图 2.65 所示。

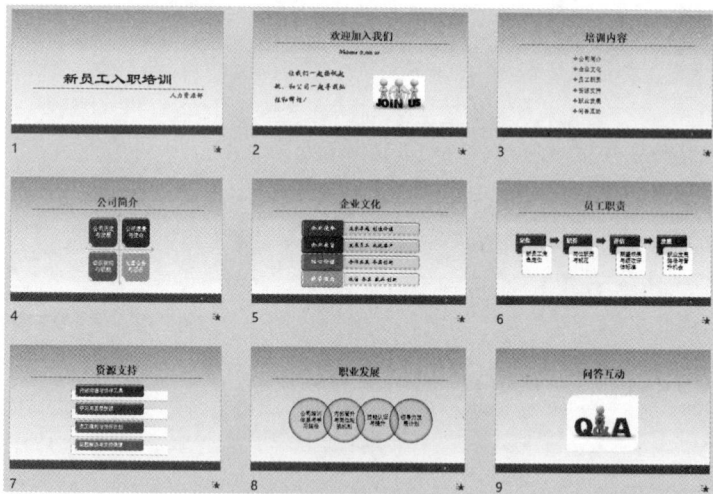

图 2.65　"新员工培训讲义"效果

【项目实施】

任务 8-1　新建并保存演示文稿

（1）启动 PowerPoint 2016，单击"空白演示文稿"模板按钮，新建一个空白演示文稿，窗口中会自动出现一张"标题幻灯片"版式的幻灯片，如图 2.66 所示。

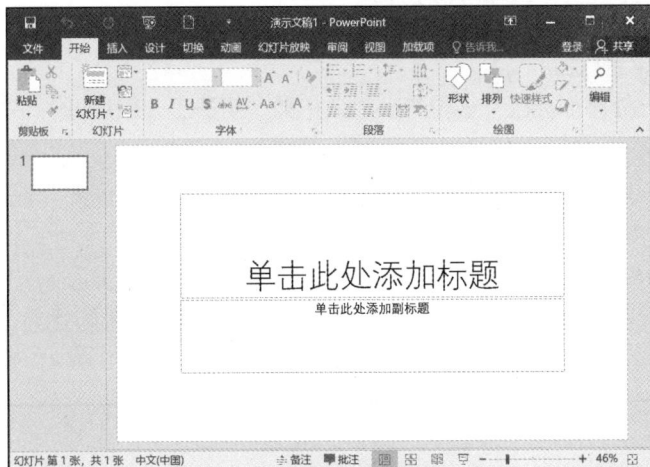

图 2.66 新建空白演示文稿

（2）将演示文稿重命名为"新员工培训"，并保存在"D:\公司文档\人力资源部"文件夹中。

任务 8-2 应用幻灯片主题

（1）单击"设计"→"主题"→"其他"下拉按钮，打开图 2.67 所示的"主题"下拉菜单。

（2）在"Office"栏中单击"回顾"主题，将选中的主题应用到幻灯片中。图 2.68 所示为应用了"回顾"主题后的标题幻灯片的效果。

图 2.67 "主题"下拉菜单

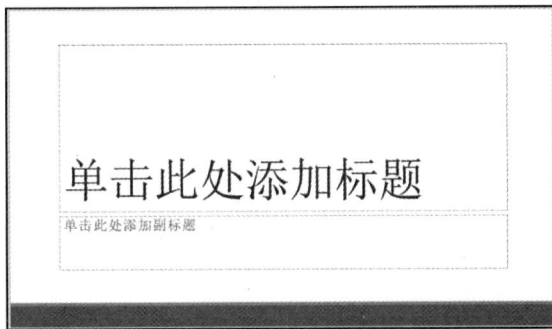

图 2.68 应用了"回顾"主题后的标题幻灯片的效果

活力小贴士 应用幻灯片主题可以简化高水准演示文稿的创建过程，使演示文稿具有统一的风格。用户可以在编辑幻灯片前应用幻灯片主题，也可以在编辑完幻灯片后再应用。

任务 8-3　编辑"新员工培训讲义"

（1）制作第 1 张幻灯片。

① 单击"单击此处添加标题"占位符，输入标题"新员工入职培训"，并将其格式设置为"隶书、72、深蓝、居中"。

② 单击"单击此处添加副标题"占位符，输入副标题"人力资源部"，并将其格式设置为"楷体、28、加粗、右对齐"。

（2）制作第 2 张幻灯片。

① 单击"开始"→"幻灯片"→"新建幻灯片"按钮，插入一张版式为"标题和内容"的新幻灯片，如图 2.69 所示。

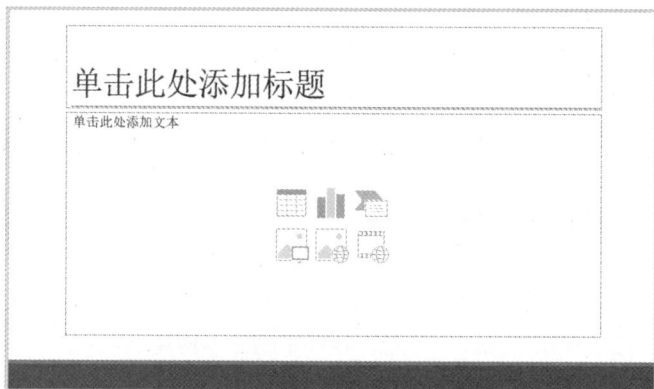

图 2.69　插入版式为"标题和内容"的新幻灯片

② 单击"开始"→"幻灯片"→"版式"按钮，打开图 2.70 所示的"版式"下拉菜单，选择"两栏内容"幻灯片版式，应用"两栏内容"版式后的幻灯片如图 2.71 所示。

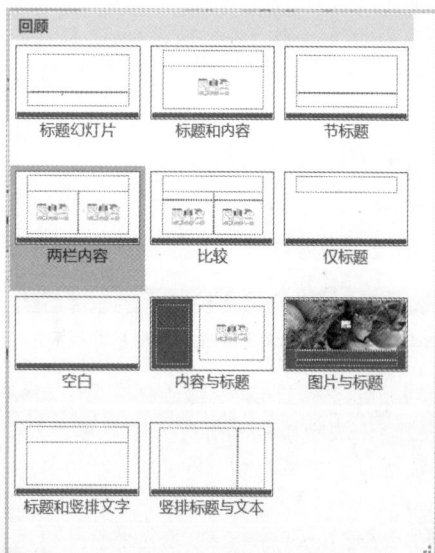

图 2.70　"版式"下拉菜单

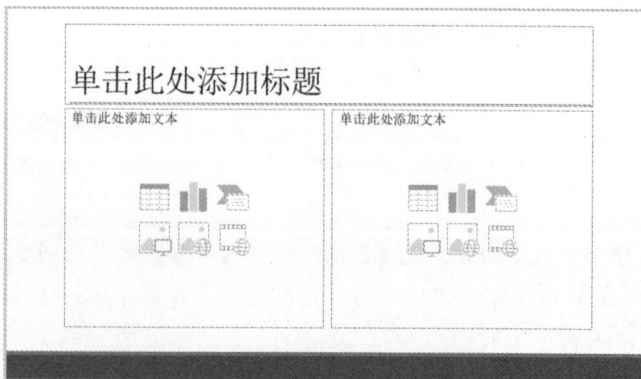

图 2.71　应用"两栏内容"版式后的幻灯片

活力 插入新幻灯片时，单击"开始"→"幻灯片"→"新建幻灯片"下拉按钮，可打开图 2.72
小贴士 所示的"新建幻灯片"下拉菜单，也可从中选择需要的幻灯片版式。

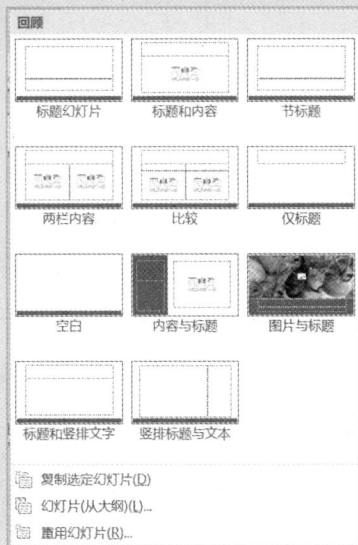

图 2.72 "新建幻灯片"下拉菜单

③ 在幻灯片的标题占位符中输入"欢迎加入我们"文本。

④ 在左侧的内容框中输入图 2.73 所示的文本。

⑤ 在右侧的内容框中单击"图片"选项，打开"插入图片"对话框。选择"D:\公司文档\人力资源部\素材"文件夹中的"欢迎加入"图片，如图 2.74 所示，单击"插入"按钮，将选择的图片插入右侧的内容框中。

图 2.73 第 2 张幻灯片的标题和文本

图 2.74 "插入图片"对话框

⑥ 在幻灯片标题的下方添加并编辑文本框。

a. 单击"插入"→"文本"→"文本框"按钮，此时鼠标指针呈现为↓状态，按住鼠标左键在幻灯片标题的下方绘制一个文本框。

b. 在文本框中输入文本"Welcome to join us"。

⑦ 对幻灯片中文本的字体、颜色，以及段落等的格式进行适当的设置，再适当地调整图片的位置和大小，效果如图 2.75 所示。

（3）制作第 3 张幻灯片。插入一张版式为"标题和内容"的新幻灯片，输入图 2.76 所示的内容，并适当调整字体、项目符号的格式。

图 2.75　第 2 张幻灯片的效果

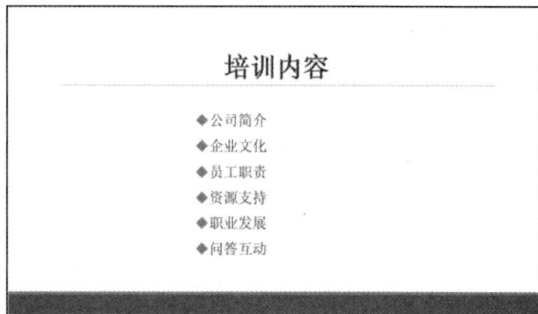

图 2.76　第 3 张幻灯片的效果

（4）制作第 4 张幻灯片。

① 插入一张版式为"标题和内容"的新幻灯片。

② 在标题占位符中输入"公司简介"，并适当设置标题格式。

③ 插入 SmartArt 图形。

a. 在下方的内容框中单击"插入 SmartArt 图形"选项，打开"选择 SmartArt 图形"对话框。

b. 在左侧的列表框中选择"矩阵"，在中间的列表框中选择图 2.77 所示的"网格矩阵"。

c. 单击"确定"按钮，在幻灯片中插入图 2.78 所示的矩阵图。

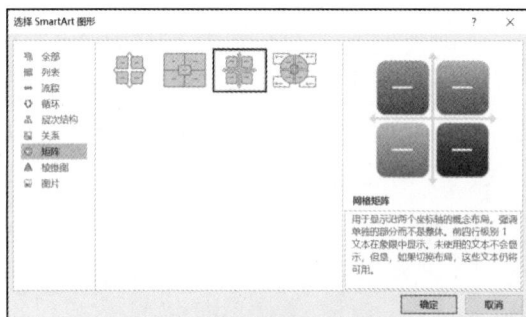

图 2.77　"选择 SmartArt 图形"对话框

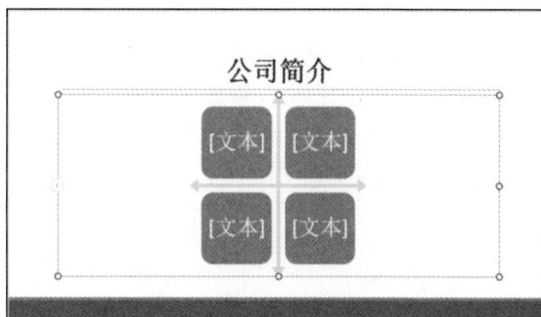

图 2.78　在幻灯片中插入矩阵图

④ 编辑 SmartArt 图形。

分别单击每个图框，其中将显示光标，输入图 2.79 所示的文本。

图 2.79　输入矩阵图中的文本

与使用 Word 和 Excel 制作 SmartArt 图形的方法类似，在 PowerPoint 中，在 SmartArt 图形中输入文本时，可单击 SmartArt 图形左边框上的按钮打开文本窗格，再在其中输入相应文本，如图 2.80 所示。

图 2.80　利用文本窗格输入文本

⑤ 修饰 SmartArt 图形。

a. 选中矩阵图。

b. 单击"SmartArt 工具"→"设计"→"SmartArt 样式"→"更改颜色"按钮，打开"更改颜色"下拉菜单，选择"彩色"栏中的"彩色–个性色"，如图 2.81 所示，设置整个矩阵图的配色方案，效果如图 2.82 所示。

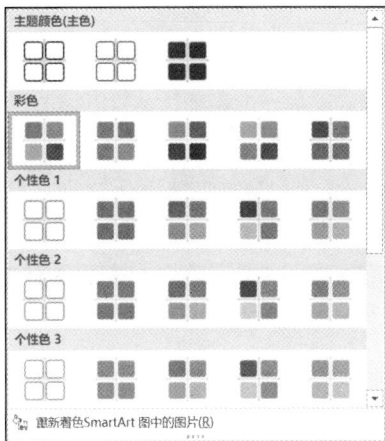

图 2.81　"更改颜色"下拉菜单

图 2.82　设置整个矩阵图的配色方案

c. 单击"SmartArt 工具"→"设计"→"SmartArt 样式"→"其他"下拉按钮，打开图 2.83 所示的"SmartArt 样式"下拉菜单，选择"三维"栏中的"优雅"样式，对整个矩阵图应用新的样式，效果如图 2.84 所示。

（5）制作第 5 张幻灯片。利用 SmartArt 图形中的"垂直块列表"，制作图 2.85 所示的第 5 张幻灯片。

（6）制作第 6、第 7、第 8 张幻灯片。分别利用 SmartArt 图形中的"重点流程""垂直框列表""线性维恩图"，制作图 2.86、图 2.87 和图 2.88 所示的第 6、第 7、第 8 张幻灯片。

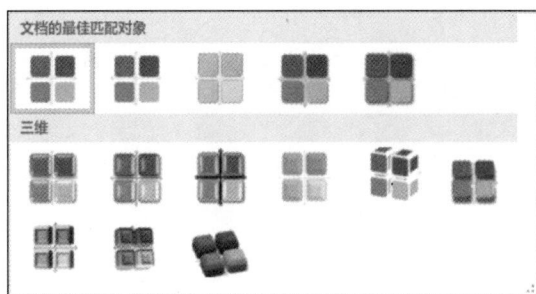
图 2.83 "SmartArt 样式"下拉菜单

图 2.84 对整个矩阵图应用"优雅"样式

图 2.85 第 5 张幻灯片

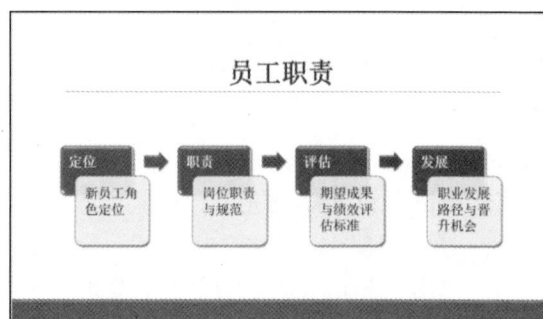
图 2.86 第 6 张幻灯片

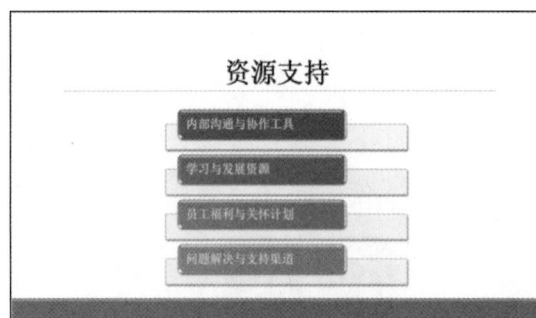
图 2.87 第 7 张幻灯片

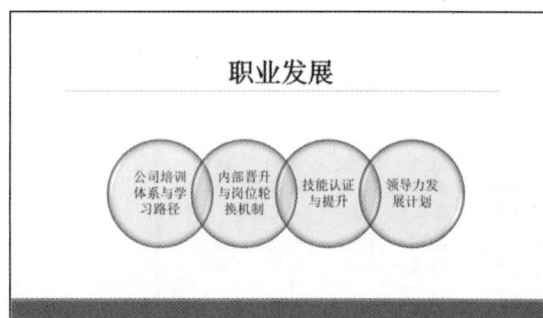
图 2.88 第 8 张幻灯片

（7）制作第 9 张幻灯片。

① 插入一张版式为"仅标题"的新幻灯片，在标题占位符中输入"问答互动"，并适当设置格式。

② 单击"插入"→"图像"→"图片"按钮，弹出"插入图片"对话框，选择"D:\公司文档\人力资源部\素材"文件夹中的"问答"图片，单击"插入"按钮，将所需的图片插入幻灯片，并调整图片至合适大小，效果如图 2.89所示。

图 2.89 第 9 张幻灯片

③ 选中插入的图片，单击"图片工具"→"格式"→"图片样式"→"其他"下拉按钮，打开"图片样式"列表，选择图 2.90 所示的"圆形对角，白色"样式，应用图片样式后的效果如图 2.91 所示。

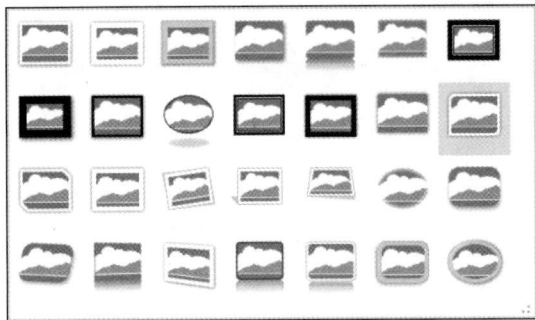

图 2.90 "图片样式"列表

图 2.91 修饰图片后的第 9 张幻灯片

任务 8-4 修饰"新员工培训讲义"

（1）设置背景样式。

① 单击"设计"→"变体"→"其他"下拉按钮，从打开的列表中选择"背景样式"，打开图 2.92 所示的"背景样式"下拉菜单。

② 在下拉菜单中单击"样式 9"，将选中的样式应用到所有幻灯片中。

> **活力小贴士** 设置背景样式时，若只想将选定的样式应用于所选幻灯片中，可右击该样式，在弹出的快捷菜单中选择"应用于所选幻灯片"命令，如图 2.93 所示。

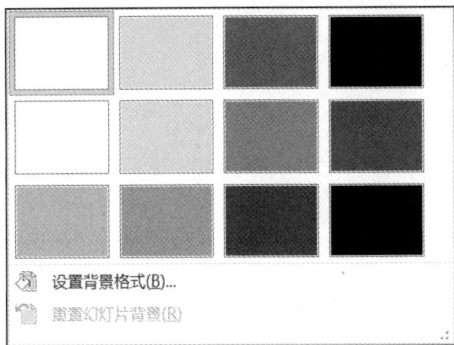

图 2.92 "背景样式"下拉菜单

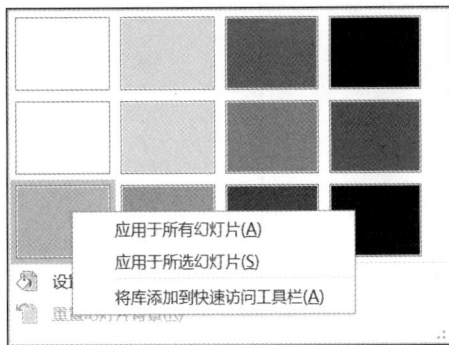

图 2.93 设置背景样式的快捷菜单

（2）插入幻灯片编号。

① 单击"插入"→"文本"→"幻灯片编号"按钮，打开"页眉和页脚"对话框。

② 在"幻灯片"选项卡中，勾选"幻灯片编号"和"标题幻灯片中不显示"复选框，如图 2.94 所示。然后单击"全部应用"按钮，在幻灯片中插入幻灯片编号。

活力小贴士 默认情况下插入的幻灯片编号可能不太令人满意，可单击"视图"→"母版视图"→"幻灯片母版"按钮，打开图 2.95 所示的幻灯片母版视图，对幻灯片编号的字体、字号以及编号位置进行调整。

图 2.94 "页眉和页脚"对话框

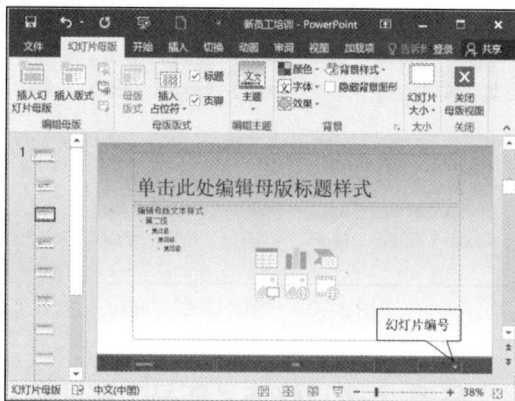

图 2.95 幻灯片母版视图

任务 8-5 设置幻灯片的放映效果

（1）设置幻灯片的动画效果。

① 选择第 1 张幻灯片，选中标题文本"新员工入职培训"，单击"动画"→"动画"→"其他"下拉按钮，打开图 2.96 所示的"动画样式"下拉菜单。

微课 2-4 设置幻灯片动画效果

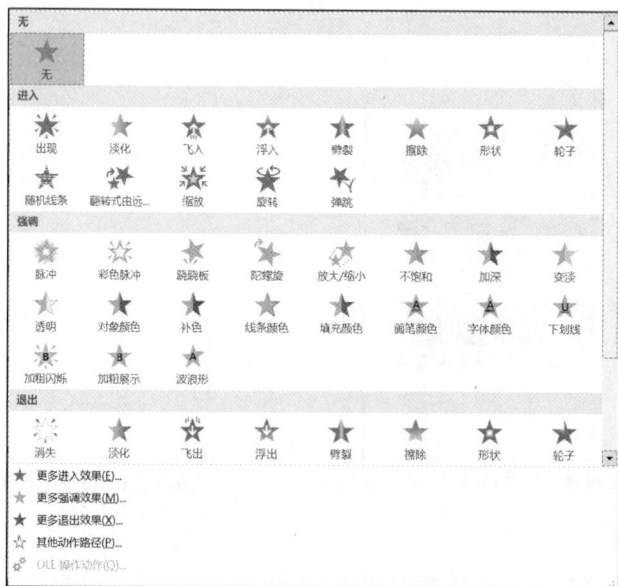

图 2.96 "动画样式"下拉菜单

② 单击"进入"栏中的"形状"，为标题添加进入动画效果"形状"。

**活力
小贴士**　（1）PowerPoint 提供对象进入、强调及退出的动画效果，此外用户还可设置动作路径，使对象动画按设定路径进行展现。

（2）如果需要设置其他进入动画效果，则选择图 2.96 所示的"动画样式"下拉菜单中的"更多进入效果"命令，打开图 2.97 所示的"更改进入效果"对话框；选择"更多强调效果"命令，可打开图 2.98 所示的"更改强调效果"对话框；选择"更多退出效果"命令，可打开图 2.99 所示的"更改退出效果"对话框；选择"其他动作路径"命令，可打开图 2.100 所示的"更改动作路径"对话框。

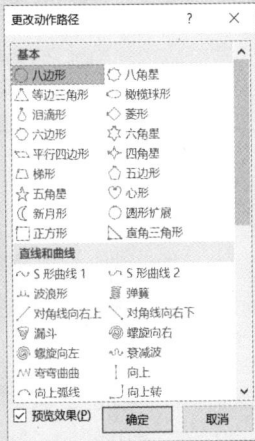

图 2.97　"更改进入效果"对话框　　图 2.98　"更改强调效果"对话框　　图 2.99　"更改退出效果"对话框　　图 2.100　"更改动作路径"对话框

③ 单击"动画"→"动画"→"效果选项"按钮，打开"效果选项"下拉菜单，在下拉菜单中选择形状为"菱形"，如图 2.101 所示。

④ 设置动画速度。单击"动画"→"计时"组中的"持续时间"文本框，输入"01.00"，即"1 秒"，如图 2.102 所示。

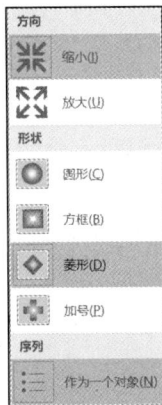

图 2.101　"效果选项"下拉菜单

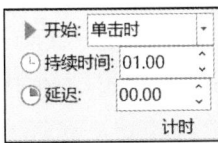

图 2.102　设置动画速度

⑤ 同样，选中幻灯片副标题，将动画进入效果设置为"擦除"，效果选项为"自左侧"，速度为"2 秒"。

⑥ 选中其他幻灯片中的对象，为其设置适当的动画效果。

（2）设置幻灯片的切换效果。

① 选中演示文稿中的任意一张幻灯片，单击"切换"→"切换到此幻灯片"→"其他"下拉按钮，打开图 2.103 所示的"切换效果"下拉菜单。

图 2.103 "切换效果"下拉菜单

② 在"华丽型"栏中选择"立方体"。

③ 在"切换"→"计时"组中，设置持续时间为"01.50"，再将换片方式设置为"单击鼠标时"。

④ 单击"切换"→"计时"→"全部应用"按钮，将选择的幻灯片切换效果应用于所有幻灯片。

（3）设置幻灯片的放映方式。

① 单击"幻灯片放映"→"设置"→"设置幻灯片放映"按钮，打开图 2.104 所示的"设置放映方式"对话框。

② 设置放映类型为"演讲者放映(全屏幕)"，换片方式为"手动"。单击"确定"按钮完成设置。

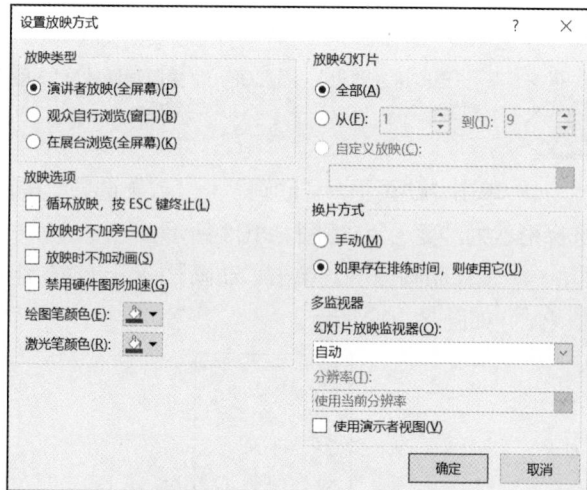

图 2.104 "设置放映方式"对话框

（4）放映幻灯片。单击"幻灯片放映"→"开始放映幻灯片"→"从头开始"按钮，或者单击"从当前幻灯片开始"按钮，可进入幻灯片放映视图，观看幻灯片。

（5）保存演示文稿后，关闭 PowerPoint 2016。

活力小贴士 若需要将制作好的演示文稿直接用于放映，可将文件类型保存为"PowerPoint 放映"格式，即以".ppsx"格式进行保存。但要注意的是，"PowerPoint 放映"格式的演示文稿不能再进行编辑。

【项目拓展】

（1）制作"公司年度工作总结"演示文稿，效果如图 2.105 所示。

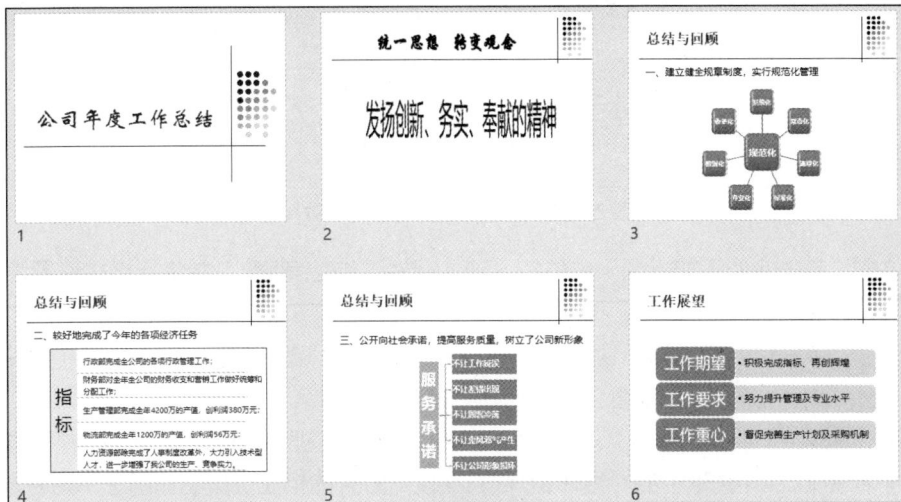

图 2.105　"公司年度工作总结"演示文稿效果

（2）制作"述职报告"演示文稿，效果如图 2.106 所示。

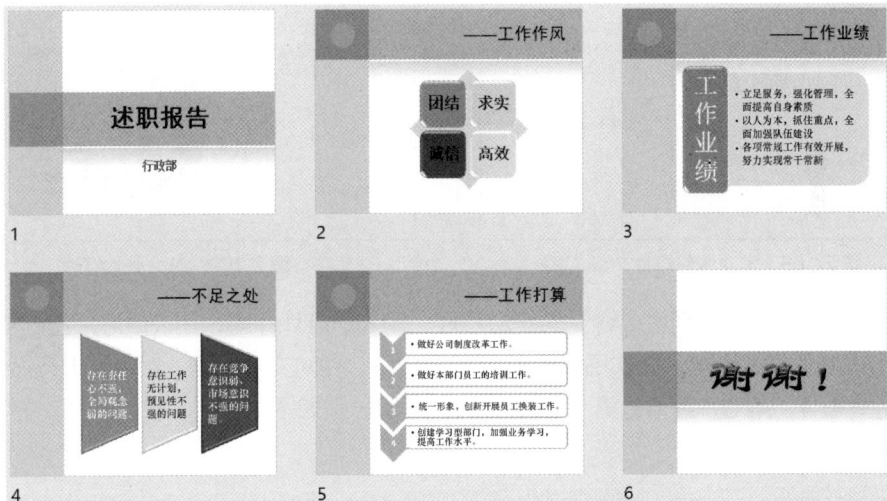

图 2.106　"述职报告"演示文稿效果

【项目训练】

利用 PowerPoint 2016 制作"岗位竞聘"演示文稿，用于岗位竞聘时播放，效果如图 2.107 所示。操作步骤如下。

（1）启动 PowerPoint 2016，新建一个空白演示文稿，窗口中会自动出现一张"标题幻灯片"版式的幻灯片，将该演示文稿重命名为"岗位竞聘"，并保存在"D:\公司文档\人力资源部"文件夹中。

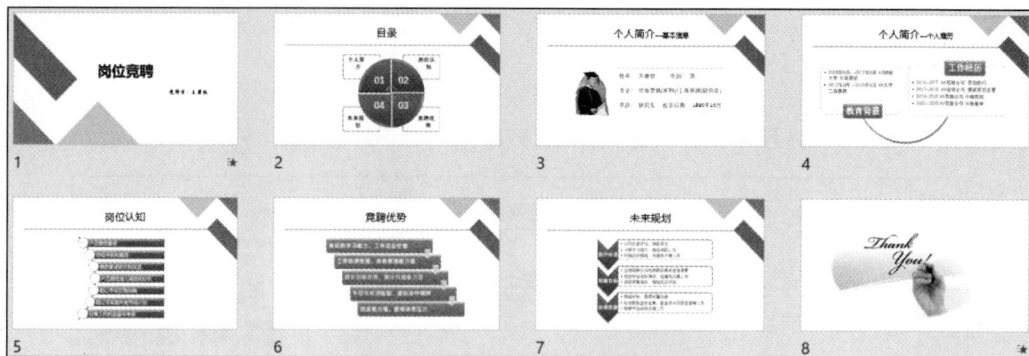

图 2.107　"岗位竞聘"演示文稿效果

（2）单击"单击此处添加标题"占位符，输入标题"岗位竞聘"，并将其格式设置为"微软雅黑、60、加粗、居中"。

（3）单击"单击此处添加副标题"占位符，输入副标题"竞聘者：王睿钦"，并将其格式设置为"华文行楷、32、右对齐"，如图 2.108 所示，此幻灯片为第 1 张幻灯片。

（4）单击"开始"→"幻灯片"→"新建幻灯片"按钮，插入一张版式为"标题和内容"的新幻灯片，选择 SmartArt 图形中的"循环矩阵"，在该幻灯片的相应位置制作图 2.109 所示的内容，并对 SmartArt 图形、文本字体和颜色等进行适当的设置。

图 2.108　第 1 张幻灯片

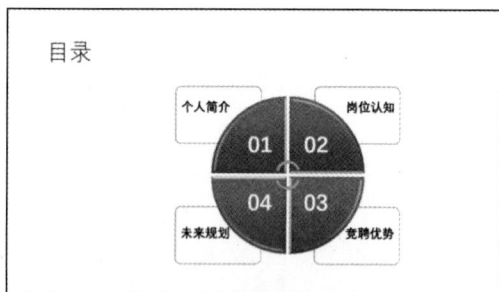

图 2.109　第 2 张幻灯片

（5）插入一张版式为"两栏内容"的新幻灯片，输入幻灯片标题，在该幻灯片左侧插入素材图片"人物"，在右侧插入表格，制作图 2.110 所示的内容，并对文本字体、颜色等进行适当的设置。

（6）创建第 4、第 5、第 6、第 7 张幻灯片，效果分别如图 2.111、图 2.112、图 2.113 和图 2.114 所示。

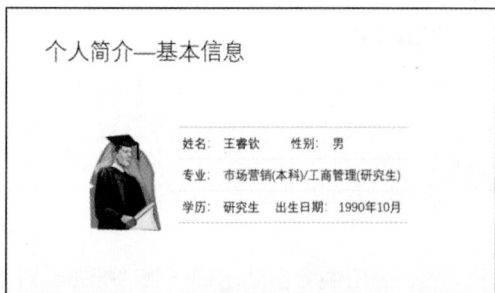

图 2.110　第 3 张幻灯片

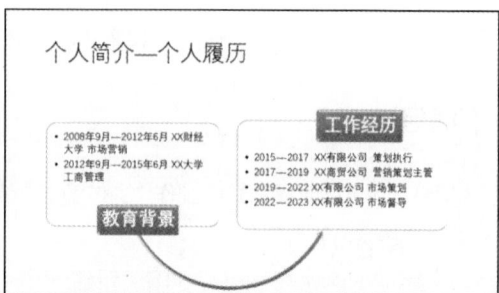

图 2.111　第 4 张幻灯片

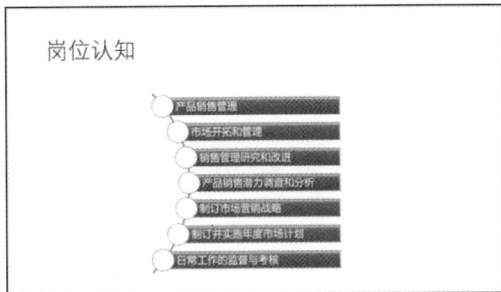

图 2.112 第 5 张幻灯片

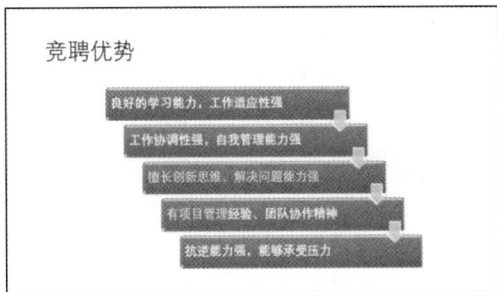

图 2.113 第 6 张幻灯片

（7）插入一张版式为"空白"的新幻灯片，在幻灯片中插入素材图片"谢谢"，调整图片的大小和位置至合适，并将图片样式设置为"柔化边缘椭圆"，如图 2.115 所示。

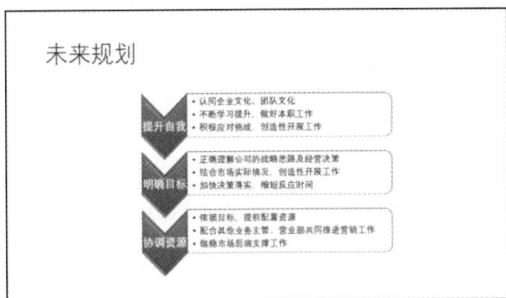

图 2.114 第 7 张幻灯片

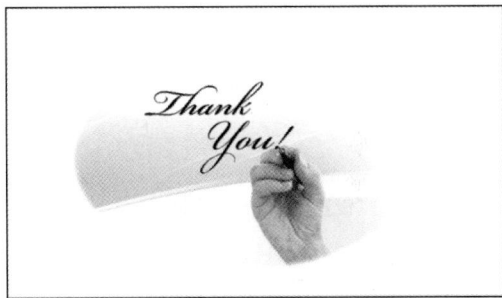

图 2.115 第 8 张幻灯片

（8）设计和修改幻灯片母版。

① 单击"视图"→"母版视图"→"幻灯片母版"按钮，切换到幻灯片母版视图，如图 2.116 所示。

② 设置"标题幻灯片"母版版式。在"标题幻灯片"版式中插入素材图片"背景"，并将图片移至幻灯片左下角，选中图片，单击"图片工具"→"格式"→"排列"→"下移一层"下拉按钮，从下拉菜单中选择"置于底层"命令。设置好的"标题幻灯片"母版版式如图 2.117 所示。

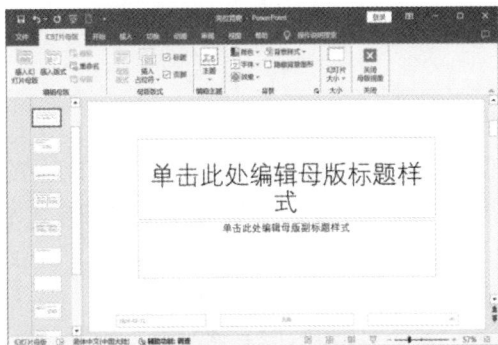

图 2.116 幻灯片母版视图

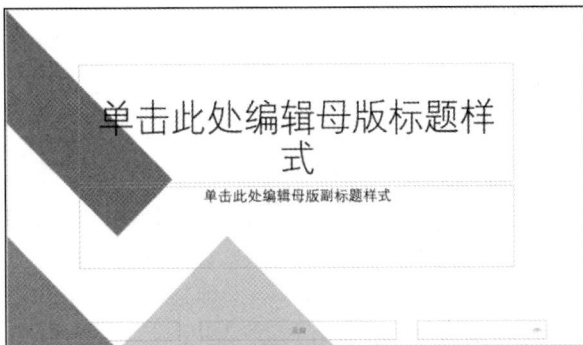

图 2.117 设置好的"标题幻灯片"母版版式

③ 设置"标题和内容"母版版式。

a. 复制"标题幻灯片"版式中插入的图片，单击窗口左侧的"标题和内容"版式，将复制的图片粘贴至"标题和内容"版式中，单击"图片工具"→"格式"→"大小"→"大小和位置"对话框启动器，打开"设置图片格式"窗格，按图 2.118 所示，勾选"锁定纵横比"复选框，将图片缩小为 40%，并旋转 180°。

    b. 将图片移至幻灯片右上角并置于底层，如图 2.119 所示。

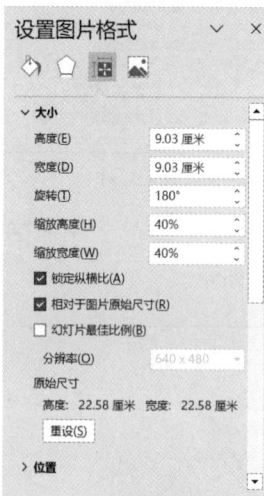

图 2.118 "设置图片格式"窗格

图 2.119 在"标题和内容"版式中插入图片

    c. 单击"插入"→"插图"→"形状"按钮，打开"形状"下拉菜单，利用"直线"工具，绘制一条水平直线，并设置直线的形状样式为"粗线−强调颜色 5"，然后将其移至图 2.120 所示的位置。

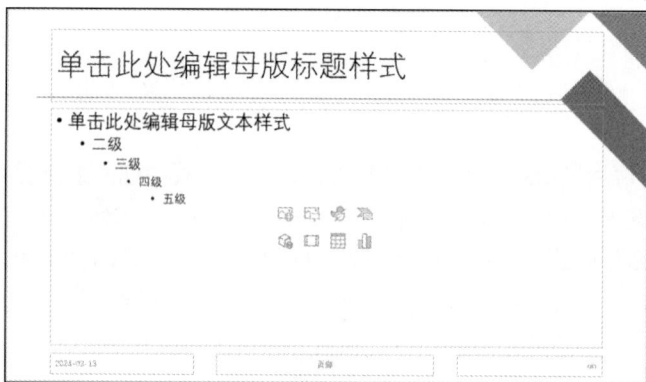

图 2.120 在"标题和内容"版式中插入直线

    d. 修改"标题和内容"版式中的标题文本格式，使所有应用"标题和内容"版式的幻灯片的标题格式统一。选中标题"单击此处编辑母版标题样式"，设置其字体为"微软雅黑"，对齐方式为"居中"，其余为默认。

    ④ 单击"幻灯片母版"→"关闭"→"关闭母版视图"按钮，返回页面视图。

（9）将第 3 张和第 4 张幻灯片中的"—基本信息"和"—个人履历"字号修改为"28"。

（10）分别为幻灯片中的对象设置适当的动画效果。

（11）将幻灯片的切换方式设置为"百叶窗"，效果为"垂直"。

（12）保存演示文稿。

（13）放映幻灯片。

【项目小结】

本项目以制作“新员工培训”“公司年度工作总结”“述职报告”“岗位竞聘”等常见的演示文稿为例，讲解了利用 PowerPoint 2016 创建和编辑演示文稿等相关操作，同时介绍了利用幻灯片母版对演示文稿进行美化修饰的操作方法。此外，本项目介绍了如何设置幻灯片中对象的进入动画效果，讲解了自定义动画方案、幻灯片切换以及幻灯片播放等操作。

项目 9　制作员工人事档案表

示例文件	原始文件：示例文件\素材\人力资源篇\项目 9\员工人事档案表.xlsx 效果文件：示例文件\效果\人力资源篇\项目 9\员工人事档案表.xlsx

【项目背景】

员工人事档案管理是人力资源部的基础工作。查阅员工人事档案表是企业掌握员工的基本信息的一个重要途径。通过员工人事档案表，企业不但可以了解员工的基本信息，还可以随时对员工的基本情况进行查看、统计和分析等。本项目以制作图 2.121 所示的“员工人事档案表”为例，介绍 Excel 2016 在员工信息管理中的应用。

	A	B	C	D	E	F	G	H	I
1	公司员工人事档案表								
2	编号	姓名	部门	身份证号码	入职时间	学历	职称	性别	出生日期
3	KY001	方成建	市场部	5XXXXX197009090030	1993-7-10	本科	高级经济师	男	1970-9-9
4	KY002	桑南	人力资源部	4XXXXX19821104626X	2006-6-28	专科	助理统计师	女	1982-11-4
5	KY003	何宇	市场部	5XXXXX197408058434	1997-3-20	硕士	高级经济师	男	1974-8-5
6	KY004	刘光利	行政部	6XXXXX19690724800X	1991-7-15	中专	无	女	1969-7-24
7	KY005	钱新	财务部	4XXXXX19731019842X	1997-7-1	本科	高级会计师	女	1973-10-19
8	KY006	曾科	财务部	5XXXXX198506208452	2010-7-20	硕士	会计师	男	1985-6-20
9	KY007	李莫薷	物流部	5XXXXX198011298443	2003-7-10	本科	助理会计师	女	1980-11-29
10	KY008	周苏嘉	行政部	3XXXXX197905210924	2001-6-30	本科	工程师	女	1979-5-21
11	KY009	黄雅玲	市场部	1XXXXX198109088000	2005-7-5	本科	经济师	女	1981-9-8
12	KY010	林菱	市场部	5XXXXX198304298428	2005-6-28	专科	工程师	女	1983-4-29
13	KY011	司马意	行政部	5XXXXX19730923821X	1996-7-2	本科	助理工程师	男	1973-9-23
14	KY012	令狐珊	物流部	3XXXXX196806278248	1993-5-10	高中	无	女	1968-6-27
15	KY013	慕容勤	财务部	7XXXXX198402108211	2006-6-25	中专	助理会计师	男	1984-2-10
16	KY014	柏国力	人力资源部	5XXXXX196703138215	1993-7-5	硕士	高级经济师	男	1967-3-13
17	KY015	周谦	物流部	5XXXXX19900924821X	2012-8-1	本科	工程师	男	1990-9-24
18	KY016	刘民	市场部	1XXXXX196908028015	1993-7-10	硕士	高级工程师	男	1969-8-2
19	KY017	尔阿	物流部	3XXXXX198405258012	2006-7-20	本科	工程师	男	1984-5-25
20	KY018	夏蓝	人力资源部	2XXXXX19880515802X	2010-7-3	专科	工程师	女	1988-5-15
21	KY019	皮桂华	行政部	5XXXXX196902268022	1989-6-29	专科	助理工程师	女	1969-2-26
22	KY020	段齐	人力资源部	5XXXXX196804057835	1993-7-18	本科	工程师	男	1968-4-5
23	KY021	费乐	财务部	5XXXXX198612018827	2007-6-30	本科	会计师	女	1986-12-1
24	KY022	高亚玲	行政部	4XXXXX197802168822	2001-7-15	本科	工程师	女	1978-2-16
25	KY023	苏洁	市场部	5XXXXX198009308825	1999-4-15	高中	无	女	1980-9-30
26	KY024	江宽	人力资源部	5XXXXX19750507881X	2001-7-6	硕士	高级经济师	男	1975-5-7
27	KY025	王利伟	市场部	3XXXXX197810120072	2001-8-15	本科	经济师	男	1978-10-12

图 2.121　“员工人事档案表”效果

【项目实施】

任务 9-1　新建并保存工作簿和重命名工作表

（1）启动 Excel 2016，新建一个空白工作簿。

（2）将新建的工作簿命名为“员工人事档案表”，并保存在“D:\公司文档\人力资源部”文件夹中。

（3）在"员工人事档案表"的"Sheet1"工作表标签上单击鼠标右键，在弹出的快捷菜单中选择"重命名"命令，输入新的工作表名称"员工信息"并按【Enter】键。

任务 9-2　创建"员工信息"框架

（1）输入表格标题字段。在 A1:I1 单元格区域中分别输入表格的各个标题字段，如图 2.122 所示。

	A	B	C	D	E	F	G	H	I
1	编号	姓名	部门	身份证号码	入职时间	学历	职称	性别	出生日期
2									
3									

图 2.122　"员工信息"标题字段

（2）输入"编号"。

① 在 A2 单元格中输入"KY001"。

② 选中 A2 单元格，按住鼠标左键拖曳其右下角的填充柄至 A26 单元格，如图 2.123 所示。填充后的"编号"数据如图 2.124 所示。

	A	B
1	编号	姓名
2	KY001	
3		
4		
5		
6		
7		
8		
9		
10		
11		
12		
13		
14		
15		
16		
17		
18		
19		
20		
21		
22		
23		
24		
25		
26		
27		KY025
28		

图 2.123　拖曳填充柄填充数据

	A	B
1	编号	姓名
2	KY001	
3	KY002	
4	KY003	
5	KY004	
6	KY005	
7	KY006	
8	KY007	
9	KY008	
10	KY009	
11	KY010	
12	KY011	
13	KY012	
14	KY013	
15	KY014	
16	KY015	
17	KY016	
18	KY017	
19	KY018	
20	KY019	
21	KY020	
22	KY021	
23	KY022	
24	KY023	
25	KY024	
26	KY025	
27		

图 2.124　填充后的"编号"数据

（3）参照图 2.121 所示输入员工的"姓名"。

任务 9-3　输入员工的"部门"

（1）为"部门"设置有效数据序列。

对于一个公司而言，它的工作部门是相对固定的一组数据，为了提高输入效率，可以为"部门"定义一组序列值，这样在输入的时候，可以直接从提供的序列值中选取。

① 选中 C2:C26 单元格区域。

② 单击"数据"→"数据工具"→"数据验证"下拉按钮，从下拉菜单中选择"数据验证"命

微课 2-6　为"部门"设置有效数据序列

令，打开"数据验证"对话框。

③ 在"设置"选项卡中，在"允许"下拉列表中选择"序列"选项，然后在"来源"文本框中输入"行政部,人力资源部,市场部,物流部,财务部"，并勾选"提供下拉箭头"复选框，如图2.125所示。

④ 单击"确定"按钮。

**活力
小贴士**　这里"行政部,人力资源部,市场部,物流部,财务部"中的逗号均为英文状态下的逗号。

（2）利用数据验证列表输入员工的"部门"。

① 选中C2单元格，其右侧将出现下拉按钮▼，单击下拉按钮，会出现图2.126所示的下拉列表，单击列表中的值可实现数据的输入。

② 参照图2.121所示依次输入每个员工的"部门"。

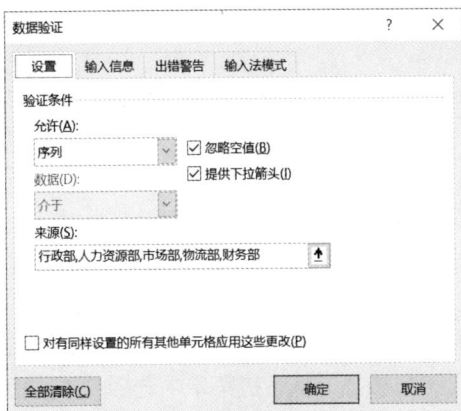

图2.125　"数据验证"对话框

图2.126　"部门"下拉列表

任务9-4　输入员工的"身份证号码"

（1）设置"身份证号码"的数据格式。

我国公民身份证号码是由17位数字本体码和1位数字校验码组成的，共18位。在Excel 2016中，当输入的数字长度超过11位时，系统会自动将该数字处理为"科学记数"格式，如"5.10E+17"。为了防止这种情况出现，可以在输入身份证号码前，将要输入身份证号码的单元格区域设置为"文本"格式。

① 选中D2:D26单元格区域。

② 单击"开始"→"数字"→"数字格式"对话框启动器按钮，打开图2.127所示的"设置单元格格式"对话框。

③ 在"数字"选项卡的"分类"列表框中选择"文本"。

④ 单击"确定"按钮。

这样，在设置好的单元格区域中就可以自由地输入数字了，当输入完数字后，会在单元格左上角显示一个绿色的小三角形。

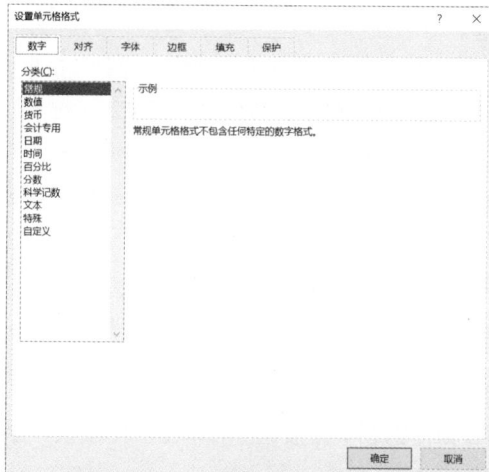

图 2.127　"设置单元格格式"对话框

活力　输入长度超过 11 位的数字还有如下技巧。
小贴士　① 在输入数字之前先输入英文状态下的单引号" ' "。
　　② 先将要输入数字的单元格格式设置为"自定义"分类中的"@"，再输入数字。

（2）设置"身份证号码"的数据验证。

在 Excel 2016 中输入数据时，有时会要求某列或某个区域的单元格数据具有唯一性，如输入的身份证号码。在输入时难免会出错致使数据相同，并且难以发现，这时可以通过"数据验证"功能来防止重复输入。

① 选中 D2:D26 单元格区域。

② 单击"数据"→"数据工具"→"数据验证"下拉按钮，从下拉菜单中选择"数据验证"命令，打开"数据验证"对话框。在"设置"选项卡中，在"允许"下拉列表中选择"自定义"，在"公式"文本框中输入公式"=COUNTIF($D$2:$D$26,$D2)=1"，如图 2.128 所示。

③ 切换到"出错警告"选项卡，在"样式"下拉列表中选择"警告"，在"标题"文本框中输入"输入错误"，在"错误信息"文本框中输入"身份证号码重复!"，如图 2.129 所示。

④ 单击"确定"按钮。

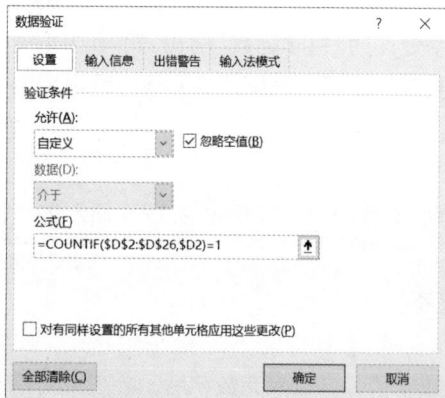

图 2.128　设置数据验证条件

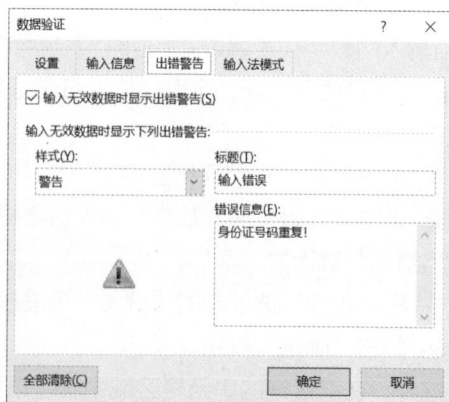

图 2.129　设置出错警告

活力
小贴士
设置身份证号码唯一的"数据验证"后，如果在设定范围的单元格区域输入重复的身份证号码，就会弹出图2.130所示的提示对话框。

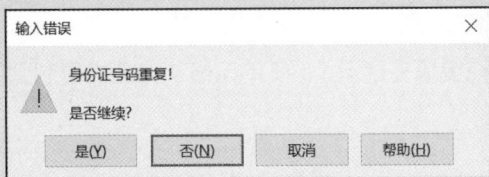

图 2.130　提示对话框

（3）参照图2.121所示输入员工的"身份证号码"。

任务 9-5　输入员工的"入职时间""学历""职称"

（1）参照图2.121所示在E2:E26单元格区域中输入员工的"入职时间"。
（2）参照"部门"的输入方式，输入员工的"学历"。
（3）参照"部门"的输入方式，输入员工的"职称"。

任务 9-6　根据员工的"身份证号码"提取员工的"性别"

微课 2-7　根据
"身份证号码"提
取"性别"

身份证号码与一个人的性别、出生年月、籍贯等信息是紧密相关的，其中包含个人的相关信息。

在现行的18位身份证号码中，第17位代表性别，奇数表示性别为"男"，偶数表示性别为"女"。

如果能想办法从身份证号码中将上述个人信息提取出来，不仅操作快速、简便，而且不容易出错，核对时也只需要对身份证号码进行检查即可，可以大大提高工作效率。

这里将使用IF、MOD和MID函数从员工的"身份证号码"中提取员工的"性别"。
（1）选中H2单元格。
（2）在H2单元格中输入公式"=IF(MOD(MID(D2,17,1),2)=1,"男","女")"。

活力
小贴士
该公式的作用为判断D2单元格中数值的第17位能否被2整除，如果能整除，则在H2单元格中显示"女"，否则显示"男"。公式中的参数说明如下。

① MID(D2,17,1)：提取D2单元格中数值的第17位。

MID函数：从文本字符串中指定的起始位置起，返回指定长度的字符。

语法：MID(text,start_num,num_chars)。

其中text是要提取字符的文本字符串，start_num是文本字符串中要提取的第1个字符的位置，num_chars指定希望MID函数从文本字符串中返回字符的个数。如果start_num加上num_chars超过了文本字符串的长度，则MID函数只返回最多到文本字符串末尾的字符。

② MOD(MID(D2,17,1),2)：返回D2单元格中数值的第17位除以2之后的余数。

MOD函数：返回两数相除的余数，结果的正负号与除数的相同。

语法：MOD(number,divisor)。

其中 number 为被除数，divisor 为除数。

③ IF(MOD(MID(D2,17,1),2)=1,"男","女")：如果除以 2 之后的余数是 1，那么 H2 单元格显示"男"，否则显示"女"。

（3）选中 H2 单元格，拖曳填充柄至 H26 单元格，将公式复制到 H3:H26 单元格区域中，可得到所有员工的性别。

任务 9-7　根据员工的"身份证号码"提取员工的"出生日期"

在现行的 18 位身份证号码中，第 7、第 8、第 9、第 10 位为出生年份（4 位数），第 11、第 12 位为出生月份，第 13、第 14 位为出生日期，即 8 位长度的出生日期。

这里将使用 MID 和 TEXT 函数从员工的"身份证号码"中提取员工的"出生日期"。

微课 2-8　根据"身份证号码"提取"出生日期"

（1）选中 I2 单元格。

（2）在 I2 单元格中输入公式"=--TEXT(MID(D2,7,8),"0-00-00")"。

活力小贴士　该公式的作用是提取身份证号码对应的出生日期部分的字符，并将提取出的文本型数据转换为数值。公式中的参数说明如下。

① MID(D2,7,8)：从 D2 单元格中数值的第 7 位开始取出 8 位长度的出生日期。如身份证号码为"31068119790521XXXX"，取出的出生日期为"19790521"，这是一个非常规的日期格式。

② TEXT(MID(D2,7,8),"0-00-00")：将提取出来的出生日期转换为文本型日期。

③ --TEXT(MID(D2,7,8),"0-00-00")：将提取出来的数据转换为真正的日期，即将文本型数据转换为数值。其中的"--"为"减负运算"，由两个"-"组成。

（3）按【Enter】键确认，得到图 2.131 所示的出生日期数值。

I2			fx	=--TEXT(MID(D2,7,8),"0-00-00")					
	A	B	C	D	E	F	G	H	I	J
1	编号	姓名	部门	身份证号码	入职时间	学历	职称	性别	出生日期	
2	KY001	方成建	市场部	5XXXXX197009090030	1993-7-10	本科	高级经济师	男	25820	
3	KY002	桑南	人力资源部	4XXXXX19821104626X	2006-6-28	专科	助理统计师	女		
4	KY003	何宇	市场部	5XXXXX197408058434	1997-3-20	硕士	高级经济师	男		
5	KY004	刘光利	行政部	6XXXXX19690724800X	1991-7-15	中专	无	女		

图 2.131　提取得到员工的出生日期数值

（4）将 I2 单元格的数据格式设置为"日期"格式。由于日期型数据为特殊数值，只需要按前面讲过的设置单元格格式的操作方法将"数字"格式设置为"日期"格式即可。

（5）选中设置好的 I2 单元格，拖曳填充柄至 I26 单元格，将其公式和格式复制到 I3:I26 单元格区域，可得到所有员工的出生日期。

（6）保存文档。

提取"性别"和"出生日期"后的工作表如图 2.132 所示。

	A	B	C	D	E	F	G	H	I
1	编号	姓名	部门	身份证号码	入职时间	学历	职称	性别	出生日期
2	KY001	方成建	市场部	5XXXXX197009090030	1993-7-10	本科	高级经济师	男	1970-9-9
3	KY002	桑南	人力资源部	4XXXXX19821104626X	2006-6-28	专科	助理统计师	女	1982-11-4
4	KY003	何宇	市场部	5XXXXX197408058434	1997-3-20	硕士	高级经济师	男	1974-8-5
5	KY004	刘光利	行政部	6XXXXX19690724800X	1991-7-15	中专	无	女	1969-7-24
6	KY005	钱新	财务部	4XXXXX19731019842X	1997-7-1	本科	高级会计师	女	1973-10-19
7	KY006	曾科	财务部	5XXXXX198506208452	2010-7-20	硕士	会计师	男	1985-6-20
8	KY007	李莫蕾	物流部	5XXXXX198011298443	2003-7-10	本科	助理会计师	女	1980-11-29
9	KY008	周晓嘉	行政部	3XXXXX197905210924	2001-6-30	本科	工程师	女	1979-5-21
10	KY009	黄雅玲	市场部	1XXXXX198109088000	2005-7-5	本科	经济师	女	1981-9-8
11	KY010	林菱	市场部	5XXXXX198304298428	2005-6-28	专科	工程师	女	1983-4-29
12	KY011	司马意	行政部	5XXXXX19730923821X	1996-7-2	本科	助理工程师	男	1973-9-23
13	KY012	令狐珊	物流部	5XXXXX196806278248	1993-5-10	高中	无	女	1968-6-27
14	KY013	慕容勤	财务部	7XXXXX198402108211	2006-6-25	中专	助理会计师	男	1984-2-10
15	KY014	柏国力	人力资源部	5XXXXX196703138215	1993-7-5	硕士	高级经济师	男	1967-3-13
16	KY015	周谦	物流部	5XXXXX19900924821X	2012-8-1	本科	工程师	男	1990-9-24
17	KY016	刘民	市场部	1XXXXX196908028015	1993-7-10	硕士	高级工程师	男	1969-8-2
18	KY017	尔阿	物流部	3XXXXX198405258012	2006-7-20	本科	工程师	男	1984-5-25
19	KY018	夏蓝	人力资源部	5XXXXX19880515802X	2010-7-3	专科	工程师	女	1988-5-15
20	KY019	皮桂华	行政部	5XXXXX196902268022	1989-6-29	专科	助理工程师	女	1969-2-26
21	KY020	段齐	人力资源部	5XXXXX196804057835	1993-7-18	本科	工程师	男	1968-4-5
22	KY021	费乐	财务部	5XXXXX198612018827	2007-6-30	本科	会计师	男	1986-12-1
23	KY022	高亚玲	行政部	4XXXXX197802168822	2001-7-15	本科	工程师	女	1978-2-16
24	KY023	苏洁	市场部	5XXXXX198009308825	1999-4-15	高中	无	女	1980-9-30
25	KY024	江宽	人力资源部	5XXXXX19750507881X	2001-8-2	硕士	高级经济师	男	1975-5-7
26	KY025	王利伟	市场部	3XXXXX197810120072	2001-8-15	本科	经济师	男	1978-10-12

图 2.132　根据"身份证号码"提取"性别"和"出生日期"

任务 9-8　导出"员工信息"工作表

"员工信息"工作表编辑完毕，可以将此表导出。当其他工作需要员工信息时，就不必重新输入数据了。如果要建立员工信息数据库，则可直接使用此表。

（1）选中"员工信息"工作表。

（2）选择"文件"→"另存为"→"浏览"命令，打开"另存为"对话框。

（3）将"员工信息"工作表保存为"带格式文本文件(空格分隔)"类型，保存位置为"D:\公司文档\人力资源部"，文件名为"员工信息"，如图 2.133 所示。

（4）单击"保存"按钮，弹出图 2.134 所示的提示对话框。

（5）单击"是"按钮，完成文件的导出，导出的文件格式为".prn"。

（6）关闭"员工人事档案表"工作簿。

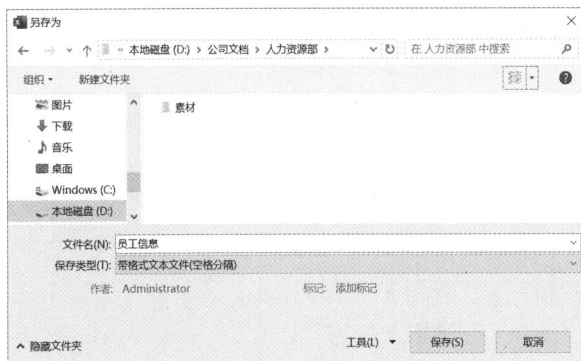

图 2.133　"另存为"对话框

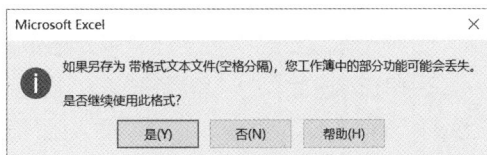

图 2.134　提示对话框

任务 9-9　使用"套用表格格式"美化"员工信息"工作表

为了进一步对"员工信息"工作表进行美化，可以对工作表的字体、边框、底纹、对齐方式等进行设置。使用"套用表格格式"功能可以简单、快捷地对工作表进行美化。

（1）打开"员工人事档案表"工作簿。

（2）选中 A1:I26 单元格区域。

（3）单击"开始"→"样式"→"套用表格格式"按钮，打开图 2.135 所示的"套用表格格式"下拉菜单。

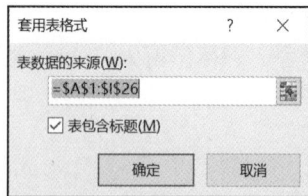

（4）从下拉菜单中选择"表样式中等深浅 6"，打开图 2.136 所示的"套用表格式"对话框，保持默认的数据区域不变，单击"确定"按钮，将选定的表样式应用到所选区域，效果如图 2.137 所示。

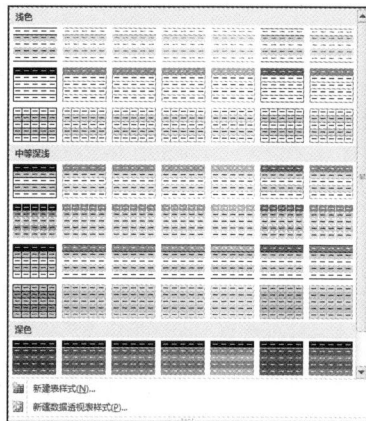

图 2.135 "套用表格格式"下拉菜单

图 2.136 "套用表格式"对话框

图 2.137 套用表格格式后的工作表

任务 9-10 使用手动方式美化"员工信息"工作表

由于"套用表格格式"功能所提供的种类的限制而且样式比较固定，在使用"套用表格格式"功能进行工作表美化的基础上，可以进一步手动对工作表进行美化。

（1）在表格之前插入一行空行，作为标题行。

① 将光标置于第 1 行的任意单元格中。

② 单击"开始"→"单元格"→"插入"下拉按钮，打开图 2.138 所示的"插入"下拉菜单，选择"插入工作表行"命令，在表格原来的第 1 行上方插入一行空行。

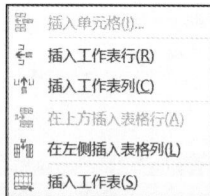

（2）制作表格标题。

① 选中 A1 单元格。

② 输入表格标题"公司员工人事档案表"。

③ 选中 A1:I1 单元格区域，单击"开始"→"对齐方式"→"合并后居中"按钮。

图 2.138 "插入"下拉菜单

④ 将标题的文字格式设置为"隶书、22"。

（3）设置表格边框。

① 选中 A2:I27 单元格区域。

② 单击"开始"→"数字"→"数字格式"对话框启动器按钮，打开"设置单元格格式"对话框。

③ 单击"边框"选项卡，在"样式"列表框中选择"细实线"（第 1 列第 7 行），并在"颜色"面板中选择"白色，背景 1，深色 35%"，然后单击"预置"中的"内部"按钮，为表格添加内框线，如图 2.139 所示。

④ 在"样式"列表框中选择"粗实线"（第 2 列第 5 行），并在"颜色"面板中选择"自动"，然后单击"预置"栏中的"外边框"按钮，为表格添加外框线。

（4）调整行高。

① 选中第 1 行，设置行高为"40"。

② 选中第 2 行，设置行高为"25"。

（5）将第 2 行的列标题的对齐方式设置为"水平居中"。

设置好格式的工作表如图 2.121 所示。

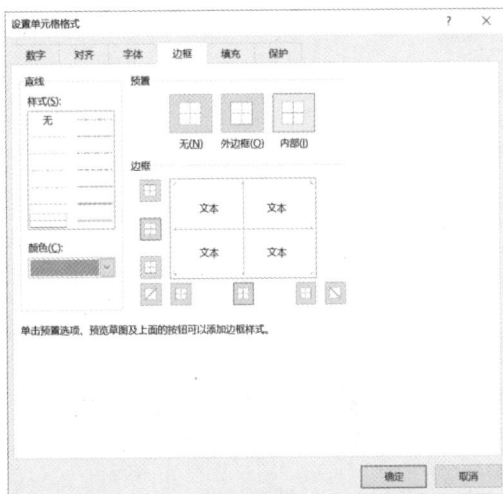

图 2.139　"设置单元格格式"对话框

任务 9-11　统计各学历的人数

（1）创建新工作表"统计各学历人数"。

① 单击"员工信息"工作表标签右侧的"新工作表"按钮⊕，添加一张新工作表，并将新工作表重命名为"统计各学历人数"。

② 在"统计各学历人数"工作表中创建图 2.140 所示的框架。

（2）统计各学历人数。

① 选中 C4 单元格。

微课 2-9　统计各学历人数

② 单击"公式"→"函数库"→"插入函数"按钮，打开"插入函数"对话框，从"或选择类别"下拉列表中选择"统计"，再从"选择函数"列表框中选择"COUNTIF"，如图 2.141 所示。

图 2.140　"统计各学历人数"框架

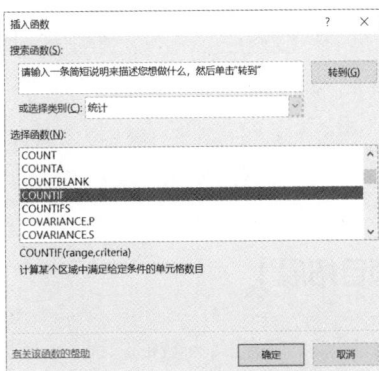

图 2.141　"插入函数"对话框

③ 单击"确定"按钮，打开"函数参数"对话框，将光标置于"Range"参数框中，选中"员工信息"工作表，框选"F3:F27"单元格区域，得到统计范围"表1[学历]"；设置"Criteria"为"B4"，如图2.142所示。

④ 单击"确定"按钮，得到"硕士"人数。

⑤ 利用自动填充功能可统计出各学历的人数，结果如图2.143所示。

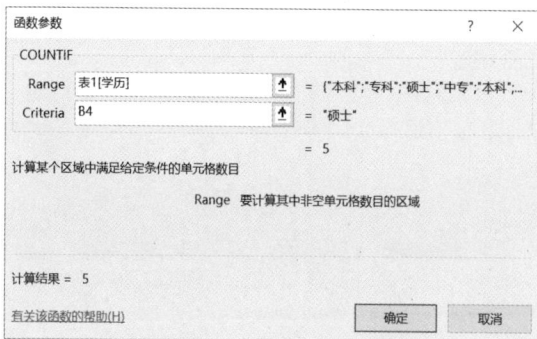

图 2.142　"函数参数"对话框

图 2.143　各学历人数的统计结果

活力小贴士　由于 Excel 2016 在套用表格格式的过程中自动嵌套了"创建列表"功能，如图2.144所示，在编辑栏的名称框中可见已创建了"表1"。因此，在上文中选中统计区域时显示为"表1"。选中的"F3:F27"单元格区域正好就是表1的学历字段，上文中的统计范围将显示为"表1[学历]"。

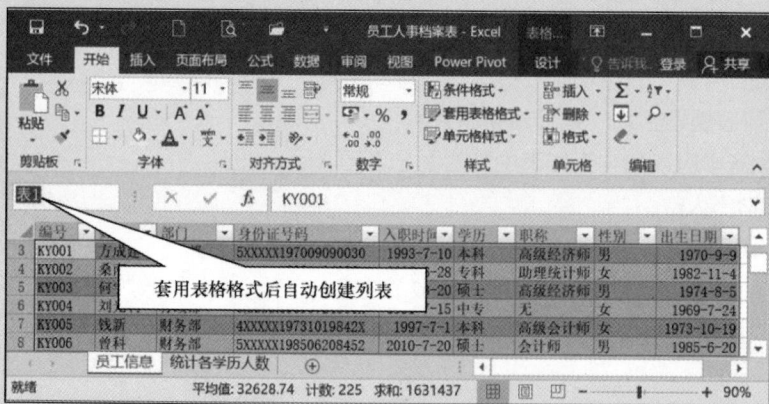

图 2.144　套用表格格式后自动创建列表

套用表格格式后，若想使表格除了套用的格式外，还具备普通区域的功能（如"分类汇总"），必须将套用了表格格式的表格转换为区域，才能按普通数据区域处理。

【项目拓展】

（1）制作"各部门人数汇总表"，效果如图2.145所示。

（2）制作"员工培训成绩表"，效果如图2.146所示。

图 2.145　　"各部门人数汇总表"效果

图 2.146　　"员工培训成绩表"效果

【项目训练】

利用前面创建的"员工人事档案表"工作簿，计算员工年龄，实现员工生日智能提醒。

操作步骤如下。

（1）打开"员工人事档案表"工作簿。

（2）复制工作表。选择"员工信息"工作表，将其复制一份后置于"统计各学历人数"工作表右侧，并重命名为"员工年龄"。

活力小贴士　复制工作表的方法有以下 3 种。

① 选中要复制的工作表，单击"开始"→"单元格"→"格式"按钮，打开"格式"下拉菜单，从下拉菜单中选择"移动或复制工作表"命令，打开图 2.147 所示的"移动或复制工作表"对话框，单击"下列选定工作表之前"列表框中的"(移至最后)"，勾选"建立副本"复选框，再单击"确定"按钮。

② 在工作表标签上单击鼠标右键，在弹出的快捷菜单中选择"移动或复制"命令，打开图 2.147 所示的"移动或复制工作表"对话框，同①做相同的操作。

③ 按住【Ctrl】键，拖动要复制的工作表标签，到达新的位置后释放鼠标和【Ctrl】键（此方法只适用于在同一工作簿中复制工作表）。

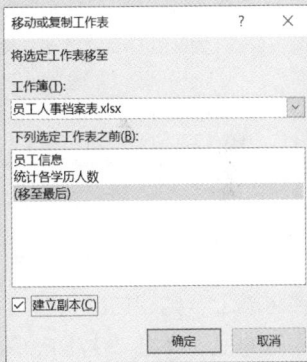

图 2.147　　"移动或复制工作表"对话框

（3）计算员工年龄。

① 添加"年龄"列。

a. 选中 H 列。

b. 单击"开始"→"单元格"→"插入"下拉按钮，从下拉菜单中选择"插入工作表列"命令，在 H 列前插入一个空列，原来 H 列的数据右移。

c. 单击 H2 单元格，将插入列的默认列标题"列 1"修改为"年龄"。

② 计算员工年龄。

a. 选中 H3 单元格，输入年龄的计算公式"=YEAR(TODAY())-YEAR(J3)"，再按【Enter】键。

微课 2-10　计算
员工年龄

111

> **活力小贴士**
>
> 在公式"=YEAR(TODAY())−YEAR(J3)"中，"YEAR(TODAY())"表示取当前系统日期的年份，"YEAR(J3)"表示取出生日期的年份，两者之差即员工年龄。
>
> 由于"员工信息"工作表之前套用表格格式后生成了列表，这里输入公式后按【Enter】键，可在该列中得到所有员工的计算结果。
>
> 若年龄的计算结果不是一个常规数据，而是一个日期数据，可将其转换为数字格式。

b．选中 H3:H27 单元格区域，单击"开始"→"数字"→"数字格式"下拉按钮，从下拉菜单中选择"常规"，可得到图 2.148 所示的员工年龄。

编号	姓名	部门	身份证号码	入职时间	学历	职称	年龄	性别	出生日期
			公司员工人事档案表						
KY001	方成建	市场部	5XXXXX197009090030	1993-7-10	本科	高级经济师	54	男	1970-9-9
KY002	桑南	人力资源部	4XXXXX19821104626X	2006-6-28	专科	助理统计师	42	女	1982-11-4
KY003	何宇	市场部	5XXXXX197408058434	1997-3-20	硕士	高级经济师	50	男	1974-8-5
KY004	刘光利	行政部	6XXXXX19690724800X	1991-7-15	中专	无	55	女	1969-7-24
KY005	钱新	财务部	4XXXXX19731019842X	1997-7-1	本科	高级会计师	51	女	1973-10-19
KY006	曾科	财务部	5XXXXX198506208452	2010-7-20	硕士	会计师	39	男	1985-6-20
KY007	李莫蕳	物流部	5XXXXX198011298443	2003-7-10	本科	助理会计师	44	女	1980-11-29
KY008	周苏嘉	行政部	3XXXXX197905210924	2001-6-30	本科	工程师	45	女	1979-5-21
KY009	黄雅玲	市场部	1XXXXX198109088000	2005-7-5	本科	经济师	43	女	1981-9-8
KY010	林菱	市场部	5XXXXX198304298428	2005-6-28	专科	工程师	41	女	1983-4-29
KY011	司马意	行政部	5XXXXX19730923821X	1996-7-2	本科	助理工程师	51	男	1973-9-23
KY012	令狐珊	物流部	3XXXXX196806278248	1993-5-10	高中	无	56	女	1968-6-27
KY013	慕容勤	财务部	7XXXXX198402108211	2006-6-25	中专	助理会计师	40	男	1984-2-10
KY014	柏国力	人力资源部	5XXXXX196703138215	1993-7-5	硕士	高级经济师	57	男	1967-3-13
KY015	周谦	物流部	5XXXXX19900924821X	2012-8-1	本科	工程师	34	男	1990-9-24
KY016	刘民	市场部	1XXXXX196908028015	1993-7-10	硕士	高级工程师	55	男	1969-8-2
KY017	尔阿	物流部	5XXXXX198405258012	2006-7-20	本科	工程师	40	男	1984-5-25
KY018	夏蓝	人力资源部	2XXXXX19880515802X	2010-7-3	专科	工程师	36	女	1988-5-15
KY019	皮桂华	行政部	5XXXXX196902268022	1989-6-29	专科	助理工程师	55	女	1969-2-26
KY020	段齐	人力资源部	5XXXXX196804057835	1993-7-18	本科	工程师	56	男	1968-4-5
KY021	费乐	财务部	5XXXXX198612018827	2007-6-30	本科	会计师	38	男	1986-12-1
KY022	高亚玲	行政部	4XXXXX197802168822	2001-7-15	本科	工程师	46	女	1978-2-16
KY023	苏洁	市场部	5XXXXX198009308825	1999-4-15	高中	无	44	女	1980-9-30
KY024	江宽	人力资源部	5XXXXX19750507881X	2001-7-6	硕士	高级经济师	49	男	1975-5-7
KY025	王利伟	市场部	3XXXXX197810120072	2001-8-15	本科	经济师	46	男	1978-10-12

图 2.148　统计员工年龄

（4）制作员工生日智能提醒表。

为感谢员工辛勤的付出和努力，增强员工归属感，形成良好的企业向心力和凝聚力，企业会给当月过生日的员工举办"生日庆祝"活动。为此，制作一份生日智能提醒表可以轻松、方便地了解当月过生日的员工信息。下面介绍利用条件格式突出显示当月生日的员工信息。

① 复制工作表。选择"员工年龄"工作表，将其复制一份后置于其右侧，并重命名为"员工生日提醒"。

② 选中 A3:J27 单元格区域。

③ 单击"开始"→"样式"→"条件格式"→"突出显示单元格规则"→"其他规则"命令，如图 2.149 所示。

④ 打开"新建格式规则"对话框，在"选择规则类型"列表框中选择"使用公式确定要设置格式的单元格"选项，如图 2.150 所示。

⑤ 在"编辑规则说明"栏下方的"为符合此公式的值设置格式"文本框中输入条件公式"=MONTH(TODAY())=MONTH($J3)"，如图 2.151 所示。

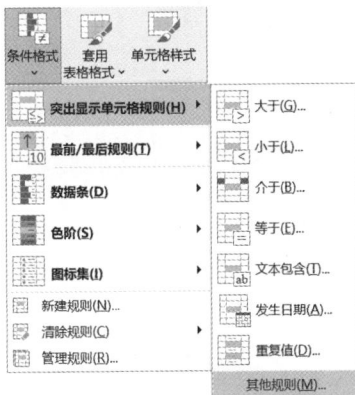

图 2.149　选择条件格式的规则　　图 2.150　"新建格式规则"对话框 1　　图 2.151　设置条件格式的公式

活力
小贴士　公式功能说明如下。

① 函数 MONTH：返回系统当前日期的月份（本项目设置的当前日期为 2024 年 3 月 28 日）。

② 公式"=MONTH(TODAY())=MONTH($J3)"中的"=MONTH(TODAY())"表示取当前系统日期的月份，"MONTH($J3)"表示取出生日期的月份，当两者的月份值相同时，表示员工生日在当前月份。

⑥ 单击"格式"按钮，打开"设置单元格格式"对话框，选择"填充"选项卡，设置背景色为标准色"橙色"，如图 2.152 所示。

⑦ 单击"确定"按钮，返回"新建格式规则"对话框，可预览设置的格式，如图 2.153 所示。

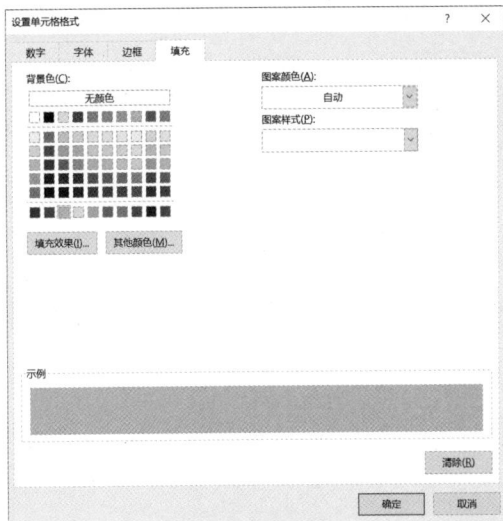

图 2.152　设置填充格式

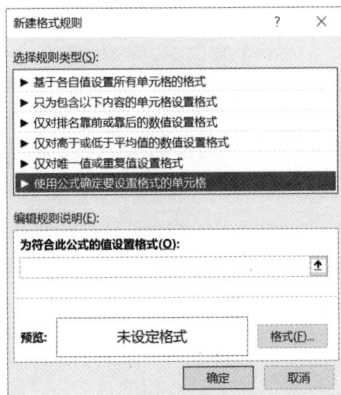

图 2.153　"新建格式规则"对话框 2

⑧ 单击"确定"按钮，完成条件格式设置。

此时，Excel 2016 将根据设置的条件，判断表格里的员工出生日期是否在当前月份。若是，则该员工所在的行单元格显示橙色背景，如图 2.154 所示。

编号	姓名	部门	身份证号码	入职时间	学历	职称	年龄	性别	出生日期
			公司员工人事档案表						
KY001	方成建	市场部	5XXXXX197009090030	1993-7-10	本科	高级经济师	54	男	1970-9-9
KY002	桑南	人力资源部	4XXXXX19821104626X	2006-6-28	专科	助理统计师	42	女	1982-11-4
KY003	何宇	市场部	5XXXXX197408058434	1997-3-20	硕士	高级经济师	50	男	1974-8-5
KY004	刘光利	行政部	6XXXXX19690724800X	1991-7-15	中专	无	55	女	1969-7-24
KY005	钱新	财务部	4XXXXX19731019842X	1997-7-1	本科	高级会计师	51	女	1973-10-19
KY006	曾科	财务部	5XXXXX198506208452	2010-7-20	硕士	会计师	39	男	1985-6-20
KY007	李莫蕾	物流部	5XXXXX198011298443	2003-7-10	本科	助理会计师	44	女	1980-11-29
KY008	周苏嘉	行政部	3XXXXX197905210924	2001-6-30	本科	工程师	45	女	1979-5-21
KY009	黄雅玲	市场部	1XXXXX198109088000	2005-7-5	本科	经济师	43	女	1981-9-8
KY010	林菱	市场部	5XXXXX198304298428	2005-6-28	专科	工程师	41	女	1983-4-29
KY011	司马意	行政部	5XXXXX19730923821X	1996-7-2	本科	助理工程师	51	男	1973-9-23
KY012	令狐珊	物流部	3XXXXX196806278248	1993-5-10	高中	无	56	女	1968-6-27
KY013	慕容勤	财务部	7XXXXX198402108211	2006-6-25	中专	助理会计师	40	男	1984-2-10
KY014	柏国力	人力资源部	5XXXXX196703138215	1993-7-5	硕士	高级经济师	57	男	1967-3-13
KY015	周谦	物流部	5XXXXX19900924821X	2012-8-1	本科	工程师	34	男	1990-9-24
KY016	刘民	市场部	1XXXXX196908028015	1993-7-10	硕士	高级工程师	55	男	1969-8-2
KY017	尔阿	物流部	3XXXXX198405258012	2006-7-20	本科	工程师	40	男	1984-5-25
KY018	夏蓝	人力资源部	2XXXXX19880515802X	2010-7-3	专科	工程师	36	女	1988-5-15
KY019	皮桂华	行政部	5XXXXX196902268022	1989-6-29	专科	助理工程师	55	女	1969-2-26
KY020	段齐	人力资源部	5XXXXX196804057835	1993-7-18	本科	工程师	56	男	1968-4-5
KY021	费乐	财务部	5XXXXX198612018827	2007-6-30	本科	会计师	38	女	1986-12-1
KY022	高亚玲	行政部	5XXXXX197802168822	2001-7-15	本科	工程师	46	女	1978-2-16
KY023	苏洁	市场部	5XXXXX198009308825	1999-4-15	高中	无	44	女	1980-9-30
KY024	江宽	人力资源部	5XXXXX197550507881X	2001-7-6	硕士	高级经济师	49	男	1975-5-7
KY025	王利伟	市场部	3XXXXX197810120072	2008-8-15	本科	经济师	46	男	1978-10-12

图 2.154　应用条件格式后的员工生日智能提醒表

【项目小结】

本项目通过制作"员工人事档案表"和"员工培训成绩表"等，介绍了创建工作簿、重命名工作表、复制工作表，数据的输入技巧与有效性设置，以及 IF、MOD、TEXT、MID 等函数的使用。此外，本项目介绍了为便于利用数据，将生成的员工信息数据导出为"带格式文本文件"的操作方法；在编辑好的表格的基础上，使用"套用表格格式"和手动方式对工作表进行美化的操作方法；通过 COUNTIF 函数对各学历人数和各部门人数进行统计分析，使用 YEAR、MONTH、TODAY 函数计算员工年龄，实现员工生日智能提醒等的操作方法。

第3篇
市场篇

03

在激烈的市场竞争中，企业要想立于不败之地，必须不断发展、壮大。市场销售部门是连接企业、市场以及消费者的"桥梁"，其不断地进行着创造性工作，诚信经营，为企业带来利润，并不断地满足消费者的各种需求。在整个经营过程中，需用到各种各样的电子文件来诠释企业的发展思路。本篇针对市场部在日常工作中处理的常规文档，市场销售的预测、统计和分析，公司产品宣传等几类问题，提炼出了市场部典型的 Office 2016 办公软件应用案例，以帮助市场部工作人员高效地开展工作。

学习目标

📖 知识点	📖 技能点	📖 素养点
• 文档版面设置 • 样式的设置和应用 • 题注、目录设置 • 幻灯片编辑和修饰 • 数据编辑和格式设置 • SUM、SUMIF、DATEDIF、MID 函数 • 创建和编辑图表 • 分类汇总和数据透视表	• 熟悉 Word 长文档排版，版面设置，页眉和页脚、分节符、题注、样式以及目录等 • 应用 PowerPoint 中的图形、SmartArt 工具等制作幻灯片，学会图形对齐和分布操作 • 应用 Excel 的公式和函数进行汇总、统计 • 掌握 Excel 2016 中数据格式的设置 • 应用 Excel 2016 的分类汇总、数据透视表、图表等功能进行数据分析	• 了解行业、产业需求，把握时代精神，建立可持续发展理念 • 树立强烈的市场意识、科技助农乡村振兴意识 • 培养诚信经营的品质和创新创业精神

项目 10　制作市场部工作手册

示例文件	原始文件：示例文件\素材\市场篇\项目 10\市场部工作手册（原文）.docx、封面.jpg 效果文件：示例文件\效果\市场篇\项目 10\市场部工作手册.docx

【项目背景】

市场部为了规范日常的经营和管理活动，需要制作一份工作手册。工作手册这种类似于图书的长文档，除了像一般文档一样需要排版和设计之外，通常还需要制作封面、目录、插图、页眉和页脚等。制作好的"市场部工作手册"效果如图 3.1 所示。

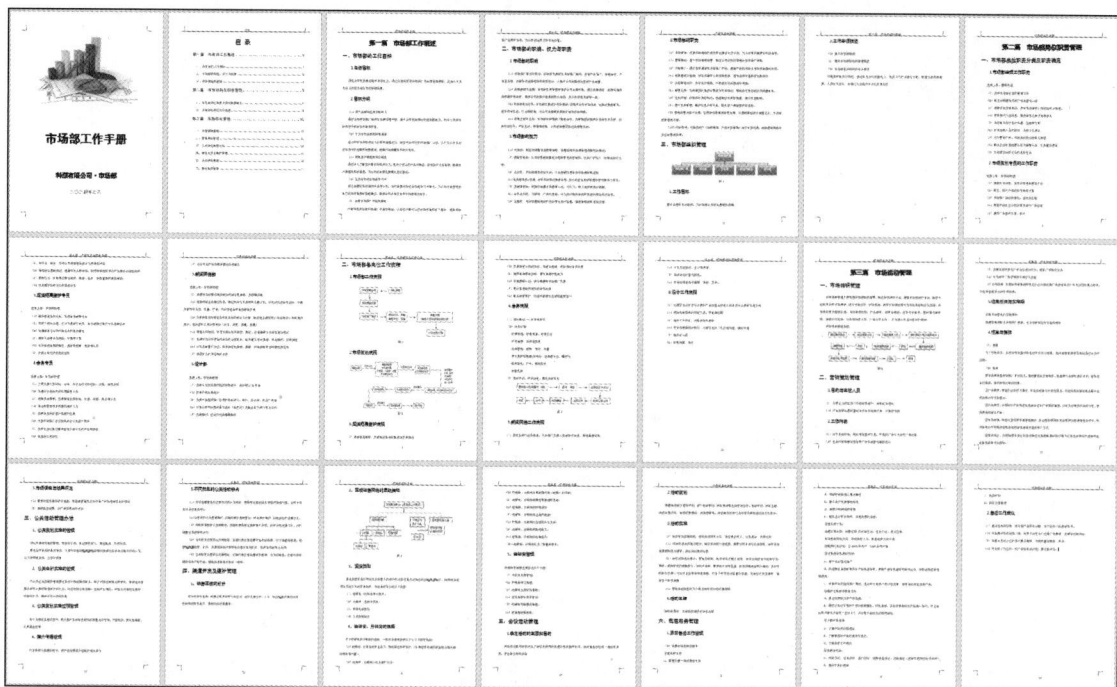

图 3.1 "市场部工作手册"效果

【项目实施】

任务 10-1 素材准备

（1）打开素材文件"市场部工作手册（原文）.docx"。

（2）单击"文件"→"另存为"→"浏览"命令，打开"另存为"对话框，将文件另存为"市场部工作手册.docx"。

任务 10-2 设置版面

（1）单击"布局"→"页面设置"对话框启动器按钮，打开"页面设置"对话框。

（2）在"纸张"选项卡中，将纸张大小设置为"16K"。

（3）选择"页边距"选项卡，设置纸张方向为"纵向"；在"页码范围"栏的"多页"下拉列表中选择"对称页边距"，再将上、下页边距各设置为"2.5 厘米"，内侧和外侧页边距设置为"2.2 厘米"，如图 3.2 所示。

> **活力小贴士** 在默认情况下，一般"页码范围"栏的"多页"选项设置为"普通"，在"页边距"栏中显示上、下、左、右 4 个选项。由于这里设置了"对称页边距"，所以在"页边距"栏中显示上、下、内侧、外侧 4 个选项。

（4）选择"布局"选项卡，在"页眉和页脚"栏中，勾选"奇偶页不同"复选框，以便后面可以为奇偶页设置不同的页眉和页脚，并分别将页眉和页脚的距边界均设置为"1.5 厘米"，如图 3.3 所示。

（5）在"应用于"下拉列表中选择"整篇文档"，单击"确定"按钮。

图 3.2　设置页边距

图 3.3　设置布局

任务 10-3　插入分节符

（1）将光标置于文档的开始位置。

（2）单击"布局"→"页面设置"→"分隔符"按钮，打开图 3.4 所示的"分隔符"下拉菜单。

（3）在"分节符"栏中选择"下一页"命令，在文档的最前面为封面预留出一个空白页。

（4）将光标置于"第一篇　市场部工作概述"之前，按上述方法，再次插入一个"下一页"分节符，在此之前为目录预留一个空白页。

（5）分别在"第二篇　市场部岗位职责管理"和"第三篇　市场活动管理"之前插入分节符，使各篇单独成为一节，这样将整个文档分为 5 节。

任务 10-4　为图片插入题注

（1）选中文档中的第 1 张图片。

（2）单击"引用"→"题注"→"插入题注"按钮，打开图 3.5 所示的"题注"对话框。

（3）单击"新建标签"按钮，打开图 3.6 所示的"新建标签"对话框。

微课 3-1　为图片插入题注

活力小贴士　默认的题注标签为"图表"，此时，"标签"下拉列表中含有"表格""公式""图表"等。这里，需要新建的是"图"的标签。

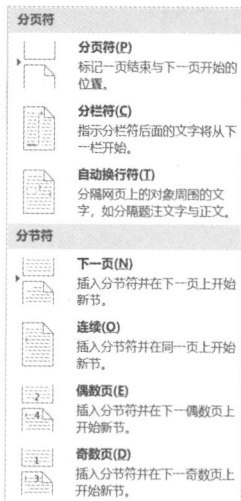

图 3.4 "分隔符"下拉菜单

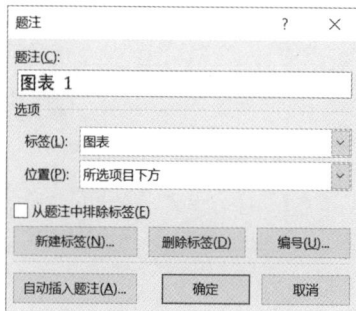

图 3.5 "题注"对话框

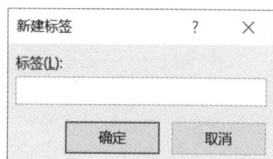

图 3.6 "新建标签"对话框

（4）在"标签"文本框中输入新的标签名"图"。单击"确定"按钮，返回"题注"对话框，在"题注"文本框中显示"图 1"，如图 3.7 所示。

（5）在"位置"下拉列表中选择"所选项目下方"。

（6）单击"确定"按钮，在文档中的第 1 张图片下方添加题注"图 1"，如图 3.8 所示。

（7）按相同方法，依次在文档中的所有图片下方添加题注，图片将实现自动连续编号。

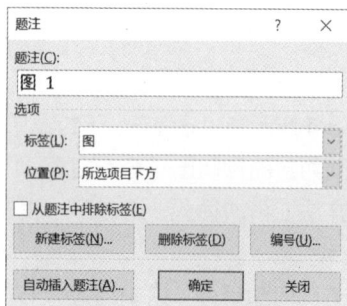

图 3.7 新建"图"标签

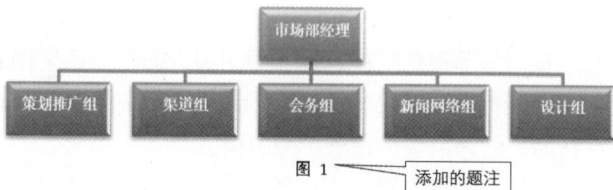

图 3.8 添加的题注效果

任务 10-5 设置样式

（1）修改"正文"样式。将"正文"样式设置为"宋体、小四、首行缩进 2 字符"，行距设置为"最小值"，设置值为"26 磅"。

① 单击"开始"→"样式"对话框启动器按钮，打开图 3.9 所示的"样式"窗格。

② 在样式名"正文"上单击鼠标右键，在弹出的快捷菜单中选择"修改"命令，打开图 3.10 所示的"修改样式"对话框。

③ 在"修改样式"对话框中，将字体格式设置为"宋体、小四"。

④ 单击"格式"按钮，打开图 3.11 所示的"格式"下拉菜单。

微课 3-2 修改"正文"样式

图 3.9　"样式"窗格

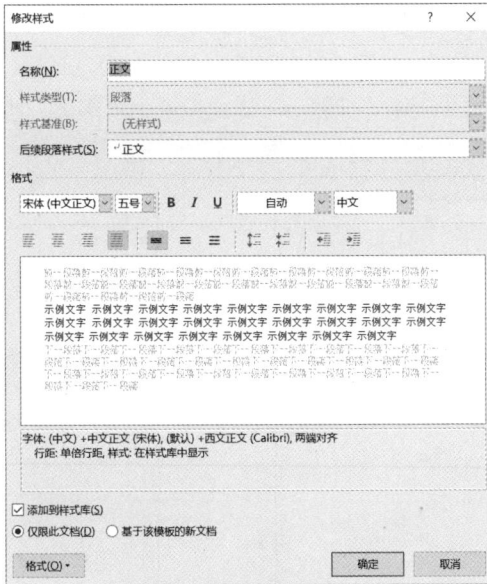

图 3.10　"修改样式"对话框

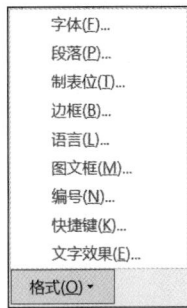

图 3.11　"格式"下拉菜单

⑤ 选择"段落"命令，打开"段落"对话框，按图 3.12 所示设置段落格式。

⑥ 单击"确定"按钮，返回"修改样式"对话框。

⑦ 单击"确定"按钮，完成对"正文"样式的修改。

> **活力小贴士**　由于文档中文本的默认样式为"正文"，当修改样式后，"正文"样式将自动应用于文档中。

（2）修改"标题 1"样式。将"标题 1"样式设置为"宋体、二号、加粗、段前间距 1 行、段后间距 1 行、1.5 倍行距、居中、无缩进"，如图 3.13 所示。

图 3.12　设置段落格式

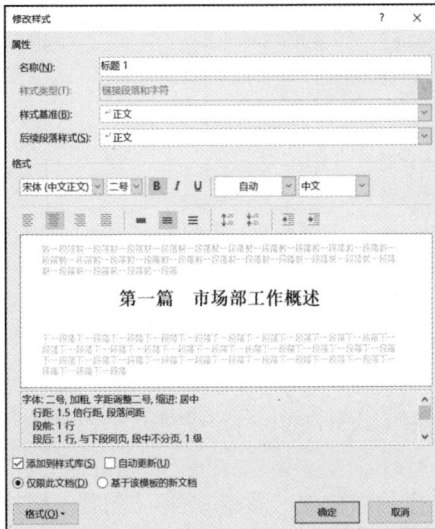

图 3.13　修改"标题 1"样式

（3）修改"标题2"样式。将"标题2"样式设置为"黑体、小二、段前间距0.5行、段后间距0.5行、2倍行距、无缩进"，如图3.14所示。

（4）修改"标题3"样式。将"标题3"样式设置为"黑体、小三、首行缩进2字符、段前间距12磅、段后间距12磅、单倍行距"，如图3.15所示。

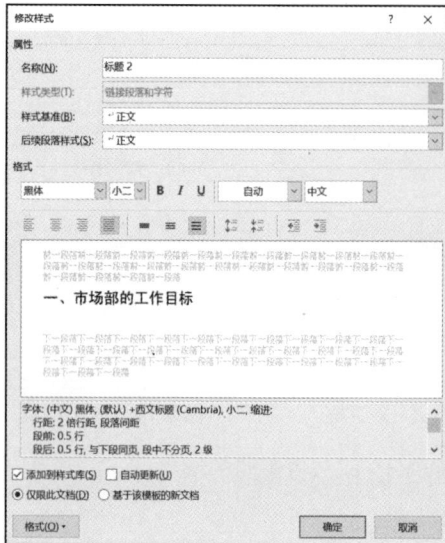

图3.14　修改"标题2"样式　　　　　　　　　　图3.15　修改"标题3"样式

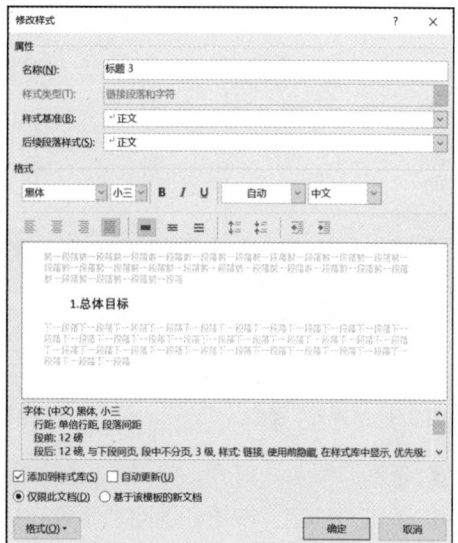

活力小贴士　在默认情况下，样式列表中显示的为"推荐的样式"。要显示更多的样式，可单击"样式"窗格右下角的"选项"，打开图3.16所示的"样式窗格选项"对话框。在"选择要显示的样式"下拉列表中选择"所有样式"，即可在样式列表中显示所有样式，如图3.17所示。

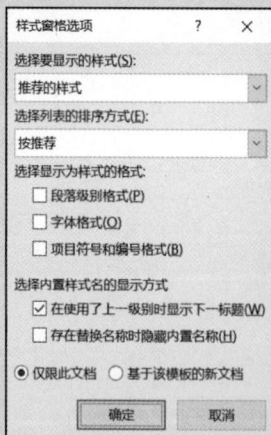

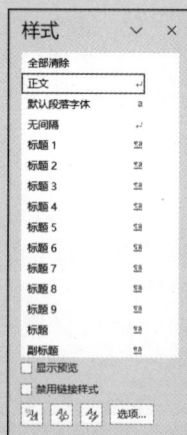

图3.16　"样式窗格选项"对话框　　　　　　　图3.17　显示所有样式的窗格

（5）创建新样式"图题"。将"图题"样式设置为"宋体、小五、段前间距6磅、段后间距6磅、行距为最小值、设置值为16磅、居中"。

① 单击"开始"→"样式"按钮，打开"样式"窗格。

② 单击"新建样式"按钮 ⓐ，打开图 3.18 所示的"根据格式设置创建新样式"对话框。

③ 在"名称"文本框中输入样式的名称"图题"。

④ 在"样式基准"下拉列表中选择"正文"。

⑤ 单击"格式"按钮，在打开的"格式"下拉菜单中选择"字体"命令，在"字体"对话框中将中文字体设置为"宋体"，字号设置为"小五"，如图 3.19 所示。单击"确定"按钮，返回"根据格式设置创建新样式"对话框。

⑥ 单击"格式"按钮，在打开的"格式"下拉菜单中选择"段落"命令，在"段落"对话框中设置对齐方式为"居中"，段前间距为"6 磅"，段后间距为"6 磅"，行距为"最小值"，设置值为"16 磅"，如图 3.20 所示。设置完成后单击"确定"按钮，返回"根据格式设置创建新样式"对话框。

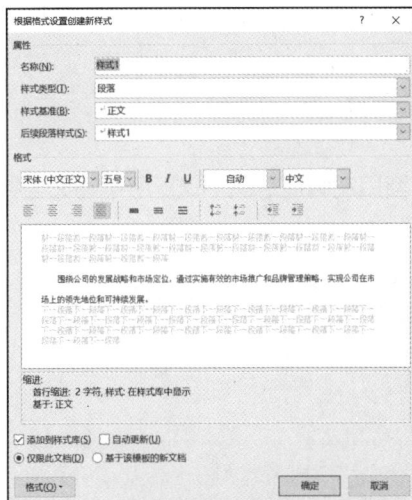

图 3.18　"根据格式设置创建新样式"对话框

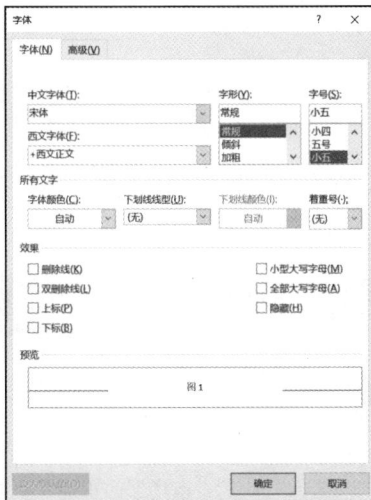

图 3.19　设置新样式的字体格式

图 3.20　设置新样式的段落格式

⑦ 单击"确定"按钮，完成新样式的创建，在"样式"窗格的样式列表中将出现新建的样式名"图题"。

任务 10-6　应用样式

（1）为文档中"第一篇""第二篇""第三篇"等的标题行应用"标题 1"样式。

① 将光标置于标题行"第一篇　市场部工作概述"的段落中。

② 单击"开始"→"样式"按钮，打开"样式"窗格。

③ 单击"样式"窗格中的"标题 1"，如图 3.21 所示，将"标题 1"样式应用到选中的段落中。

④ 分别为标题行"第二篇　市场部岗位职责管理"和"第三篇　市场活动管理"应用样式"标题 1"。

（2）为文档中编号为"一""二""三"等的标题行应用"标题 2"样式。

（3）为文档中编号为"1""2""3"等的标题行应用"标题 3"样式。

（4）为文档中所有图片下方的题注应用"图题"样式。

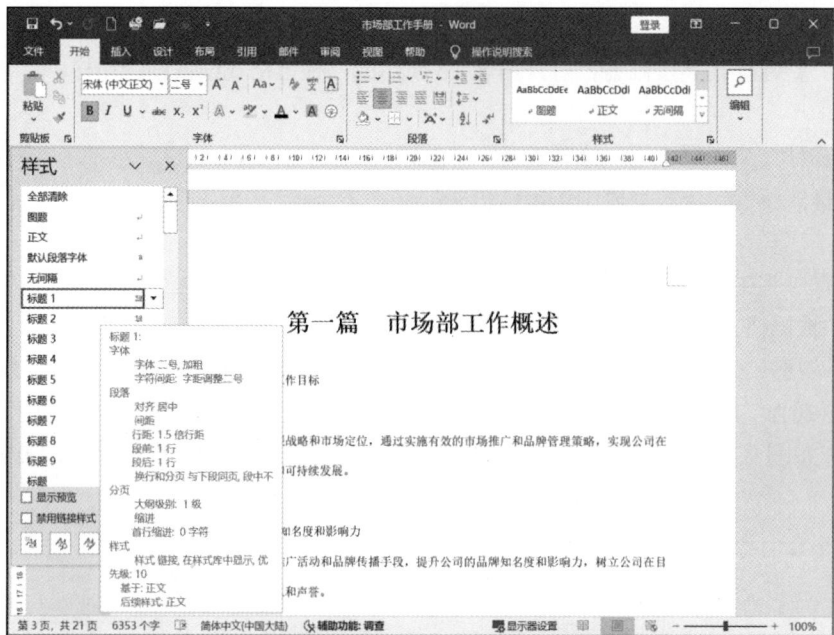

图 3.21　应用"标题 1"样式的效果

（5）勾选"视图"→"显示"→"导航窗格"复选框，在窗口左侧显示图 3.22 所示的文档导航窗格，可以按标题快速定位到要查看的文档内容。

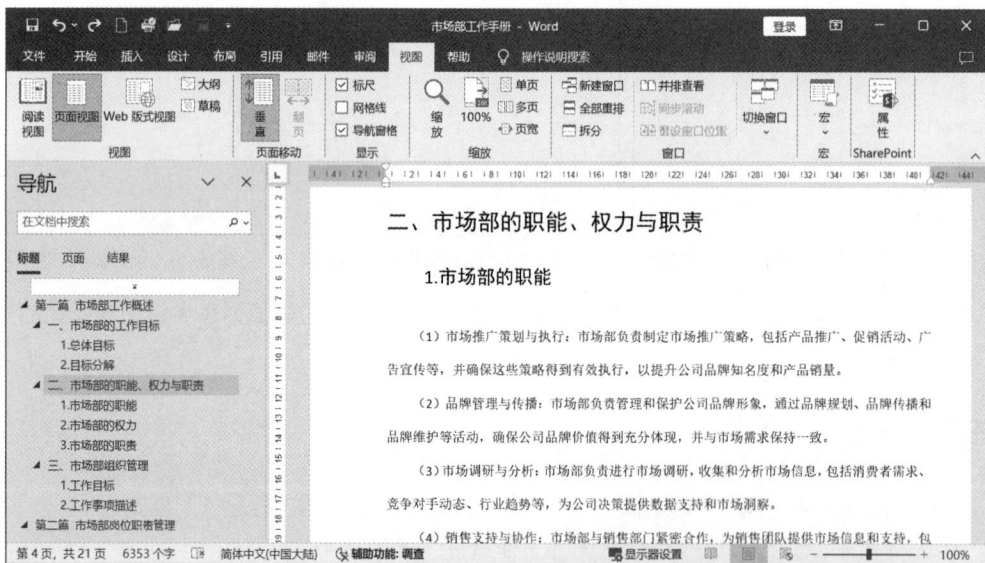

图 3.22　显示文档导航窗格

活力小贴士　借助文档导航窗格，可以组织整个文档的结构，查看文档的结构是否合理。取消勾选"导航窗格"复选框，将取消显示文档导航窗格。

单击"视图"→"视图"→"大纲"按钮，将进入该文档的大纲视图，如图 3.23 所示。

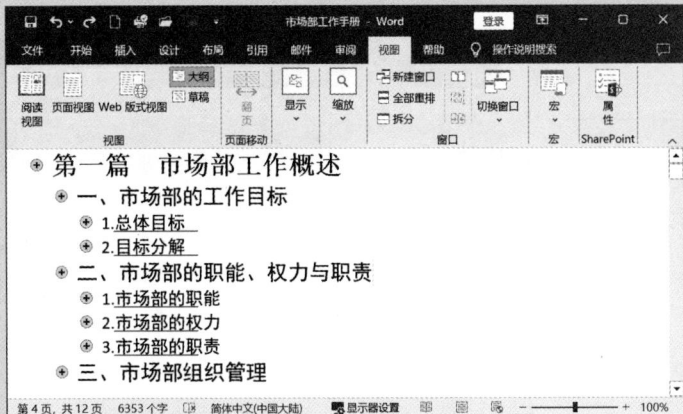

图 3.23　文档的大纲视图

任务 10-7　制作文档封面

（1）将光标置于文档的第 1 个空白页。

（2）插入封面图片。

① 单击"插入"→"插图"→"图片"按钮，打开"插入图片"对话框。

② 选择"D:\公司文档\市场部\素材"文件夹中的"封面"图片，单击"插入"按钮，插入选中的图片，设置图片的对齐方式为"居中"，首行缩进为"无"。

（3）分别输入 3 行文字"市场部工作手册""科源有限公司·市场部""二〇二四年三月"。

（4）设置"市场部工作手册"的格式为"黑体、初号、加粗、居中"，段前间距为"3 行"，段后间距为"5 行"。

（5）设置"科源有限公司·市场部"的格式为"宋体、二号、加粗、居中"，段前、段后间距各为"2 行"。

（6）设置"二〇二四年三月"的格式为"宋体、三号、居中"。

设置完成的封面效果如图 3.24 所示。

图 3.24　封面效果

任务 10-8　设置页眉和页脚

（1）设置正文的页眉。将正文的奇数页页眉设置为"市场部工作手册"，偶数页页眉设置为各篇标题。

① 将光标置于正文的首页中，单击"插入"→"页眉和页脚"→"页眉"按钮，弹出图 3.25 所示的"页眉"下拉菜单。

② 在下拉菜单中选择"空白"样式的页眉，将文档切换到"页眉和页脚"视图，如图 3.26 所示。

微课 3-4　设置正文页眉

图 3.25　"页眉"下拉菜单

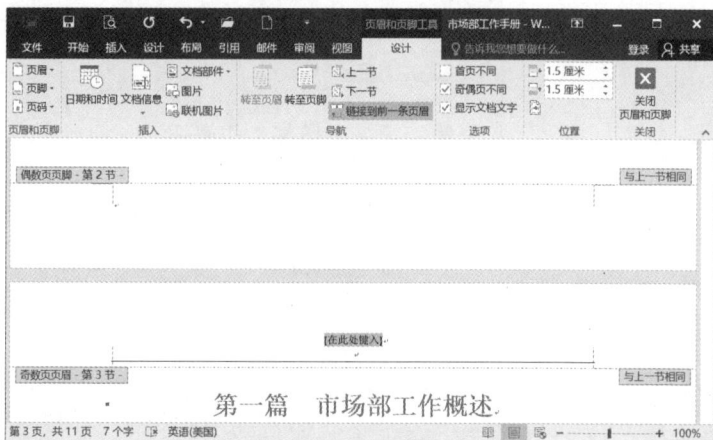

图 3.26　"页眉和页脚"视图

> **活力小贴士**　此时可以发现，由于之前进行了文档的分节，所以在"页眉和页脚"视图中将显示出不同的节。图 3.26 所示的这一节为"第 3 节"，且在页面设置时，因为设置了"奇偶页不同"的页眉和页脚选项，所以这里显示为"奇数页页眉"。

③ 单击"页眉和页脚工具"→"设计"→"导航"→"链接到前一节"按钮，使其处于弹起状态，取消本节与前一节奇数页页眉的链接关系。

④ 在奇数页的页眉占位符中输入"市场部工作手册"，将页眉的格式设置为"楷体、五号、居中"，并将其下方的空行删除，如图 3.27 所示。

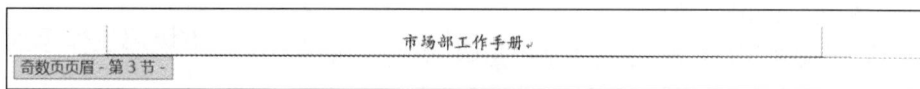

图 3.27　奇数页页眉的效果

⑤ 单击"页眉和页脚工具"→"页眉和页脚"→"导航"→"下一条"按钮，切换到偶数页页眉，再单击"链接到前一节"按钮，使其处于弹起状态，取消本节页眉与前一节的偶数页页眉的链接关系。

⑥ 将光标置于偶数页页眉中，单击"插入"→"文本"→"文档部件"按钮，打开"文档部件"下拉菜单，选择"域"命令，打开图 3.28 所示的"域"对话框。

⑦ 在"类别"下拉列表中选择"链接和引用"，在"域名"列表框中选择"StyleRef"，再在右侧的"样式名"列表框中选择"标题 1"，如图 3.29 所示。

⑧ 单击"确定"按钮，生成图 3.30 所示的偶数页页眉，并设置页眉的格式为"楷体、五号、居中"。

（2）设置正文的页脚。

① 单击"页眉和页脚工具"→"页眉和页脚"→"导航"→"转至页脚"按钮，切换到页脚。再单击"上一条"按钮，使光标置于奇数页页脚中。

② 单击"链接到前一节"按钮，使其处于弹起状态，取消本节与前一节的链接关系。

微课 3-5　设置正文页脚

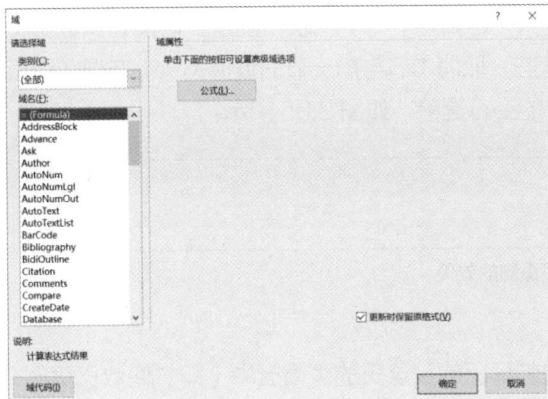

图 3.28　"域"对话框

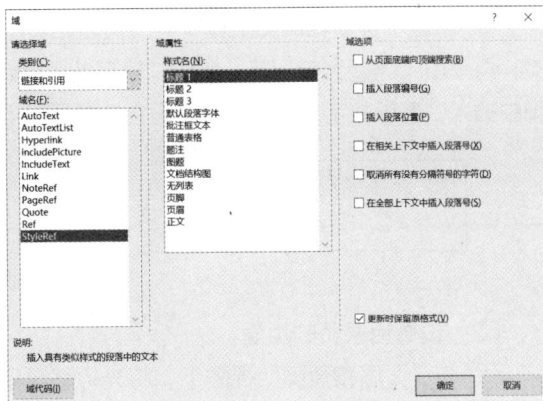

图 3.29　插入"StyleRef"域

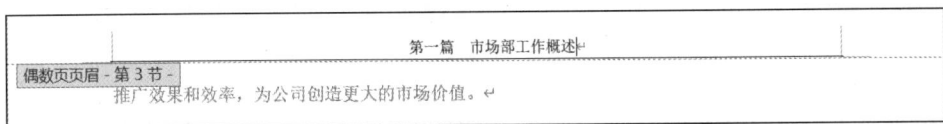

图 3.30　偶数页页眉的效果

③ 单击"页眉和页脚工具"→"页眉和页脚"→"页眉和页脚"→"页码"按钮，打开图 3.31 所示的"页码"下拉菜单，选择"页面底端"命令，显示图 3.32 所示的"页码"样式列表。在列表中选择"简单"栏中的"普通数字 2"，则在页脚中插入当前的页码。

④ 单击"页眉和页脚工具"→"页眉和页脚"→"页眉和页脚"→"页码"按钮，在"页码"下拉菜单中选择"设置页码格式"命令，打开"页码格式"对话框。在"页码编号"栏中选中"起始页码"单选按钮，并将起始页码设置为"1"，如图 3.33 所示。单击"确定"按钮，将页码下方的空行删除，生成图 3.34 所示的奇数页页脚。

图 3.31　"页码"下拉菜单

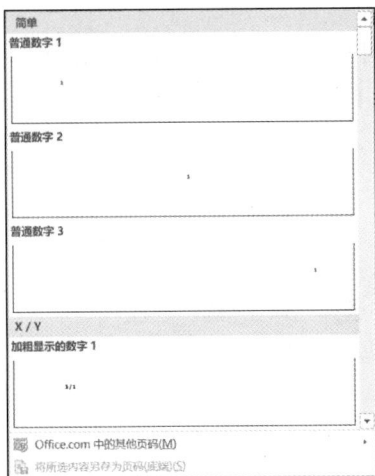

图 3.32　"页码"样式列表

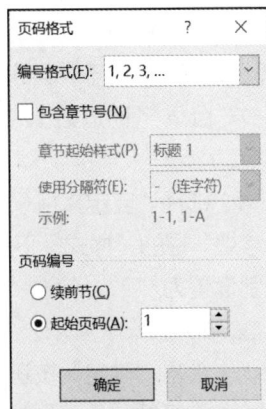

图 3.33　"页码格式"对话框

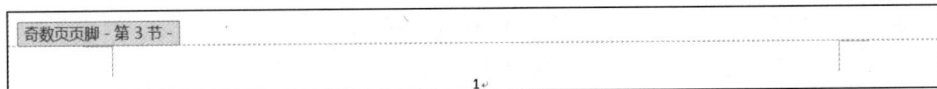

图 3.34　奇数页页脚的效果

⑤ 单击"页眉和页脚工具"→"页眉和页脚"→"导航"→"下一条"按钮，切换到偶数页页脚，再单击"链接到前一节"按钮，使其处于弹起状态，取消本节与前一节的链接关系。在偶数页页脚中插入"普通数字 2"样式的页码，并将页码下方的空行删除，如图 3.35 所示。

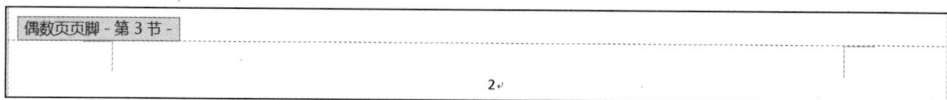

图 3.35　偶数页页脚的效果

（3）设置目录页的页眉。

① 在"页眉和页脚"视图下，将光标移至正文前预留的目录页的页眉区中（即"偶数页页眉-第 2 节-"）。

② 单击"链接到前一节"按钮，使其处于弹起状态，断开与前一节的链接关系。

③ 在页眉输入文字"目录"，设置页眉的格式为"楷体、五号、居中"。

（4）删除封面页的页眉占位符。

（5）单击"关闭页眉和页脚"按钮，关闭"页眉和页脚"视图，返回页面视图。

活力小贴士

删除封面页的页眉占位符后，有时会留下一条横线。若要删除此横线，在页眉编辑状态下，可采用以下方法。

① 单击"开始"→"样式"→"其他"下拉按钮，在下拉菜单中选择"清除格式"命令。

② 单击"开始"→"段落"→"边框"下拉按钮，在下拉菜单中选择"边框和底纹"命令，在"边框和底纹"对话框中，设置边框为"无"，并应用于"段落"。

任务 10-9　自动生成目录

（1）将光标移至正文前预留的目录页中。

（2）在文档中输入"目录"，按【Enter】键换行。

（3）将光标置于"目录"下方，单击"引用"→"目录"→"目录"下拉按钮，打开图 3.36 所示的"目录"下拉菜单。

（4）选择"自定义目录"命令，打开"目录"对话框。在"常规"栏的"格式"下拉列表中选择"来自模板"，显示级别设置为"2"，勾选"显示页码"和"页码右对齐"复选框，如图 3.37 所示。

（5）单击"确定"按钮，目录将自动插入文档中。

（6）将标题"目录"的格式设置为"黑体、二号、居中"，字符间距为"6 磅"，段前、段后间距各为"1 行"。

（7）选中生成的目录的一级标题，将标题的格式设置为"宋体、四号、加粗"，段前、段后间距各为"0.5 行"，效果如图 3.38 所示。

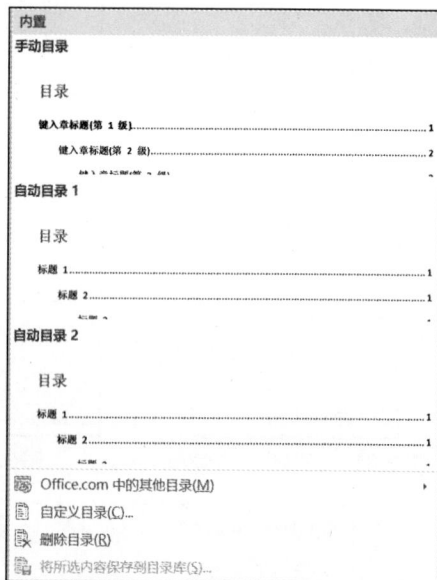

图 3.36　"目录"下拉菜单

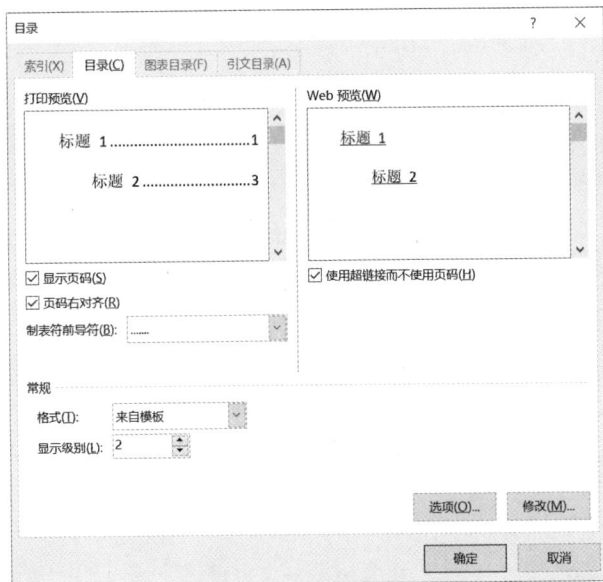

图 3.37　"目录"对话框

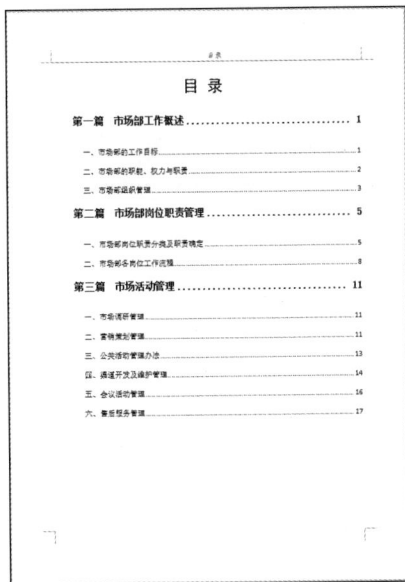

图 3.38　生成的目录的效果

活力小贴士　若在图 3.36 所示的"目录"下拉菜单中选择"自动目录"命令，可快速生成默认的目录，自动目录的内容包含设置了"标题 1""标题 2""标题 3"样式的文本。图 3.39 所示为采用"自动目录 1"生成的目录。

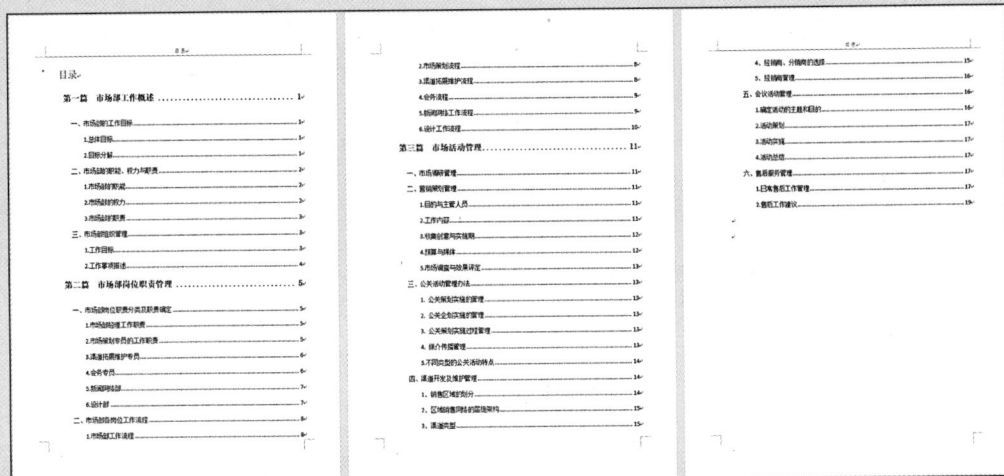

图 3.39　采用"自动目录 1"生成的目录

任务 10-10　预览和打印文档

（1）减小窗口右下角的显示比例，可对整个文档进行预览，并修改不满意的地方。

（2）单击"文件"→"打印"命令，在"打印"界面中进行打印设置后，单击"打印"按钮即可打印文档。

【项目拓展】

制作"销售管理手册"，部分效果如图 3.40 所示。

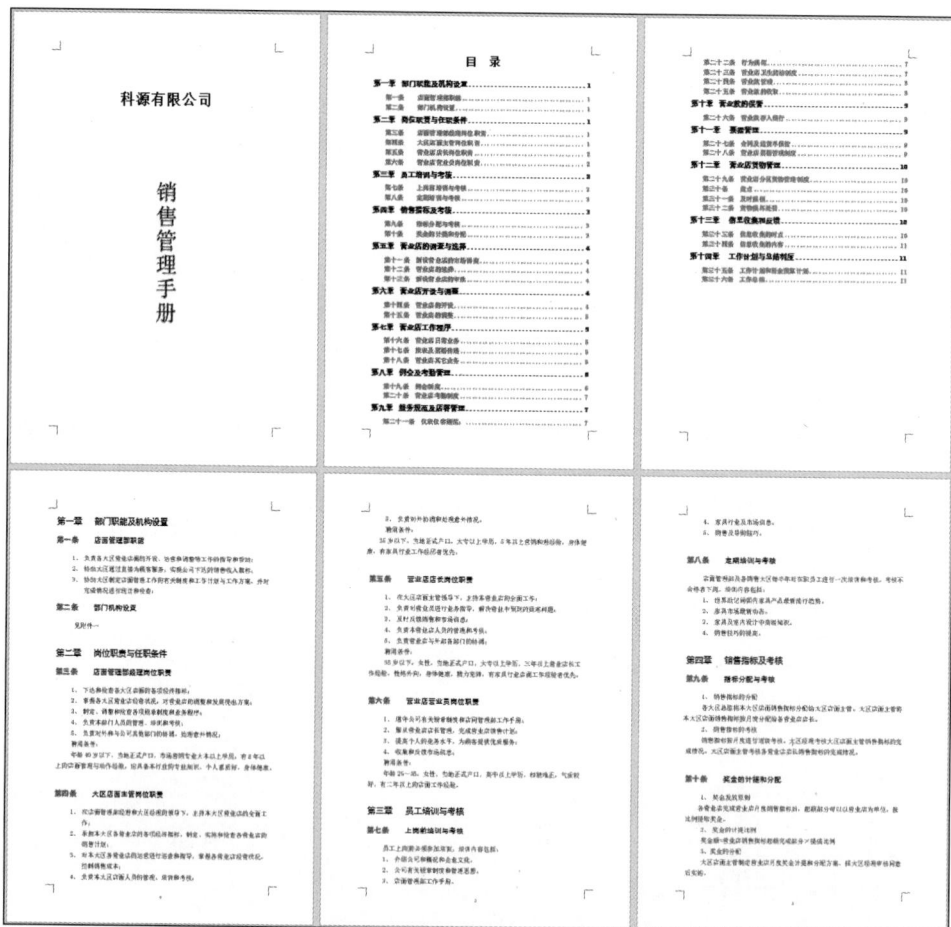

图 3.40 "销售管理手册"（部分）效果

【项目训练】

利用 Word 2016 制作"公司业绩报告"模板，并利用该模板制作一份"2023 年度市场部业绩报告"，效果如图 3.41 所示。

操作步骤如下。

（1）启动 Word 2016。

（2）制作"公司业绩报告"模板。

① 单击"文件"→"新建"命令，打开图 3.42 所示的"新建"界面。

② 在"新建"界面的"搜索联机模板"文本框中输入"报告"后，单击右侧的"开始搜索"按钮，可搜索联机模板。

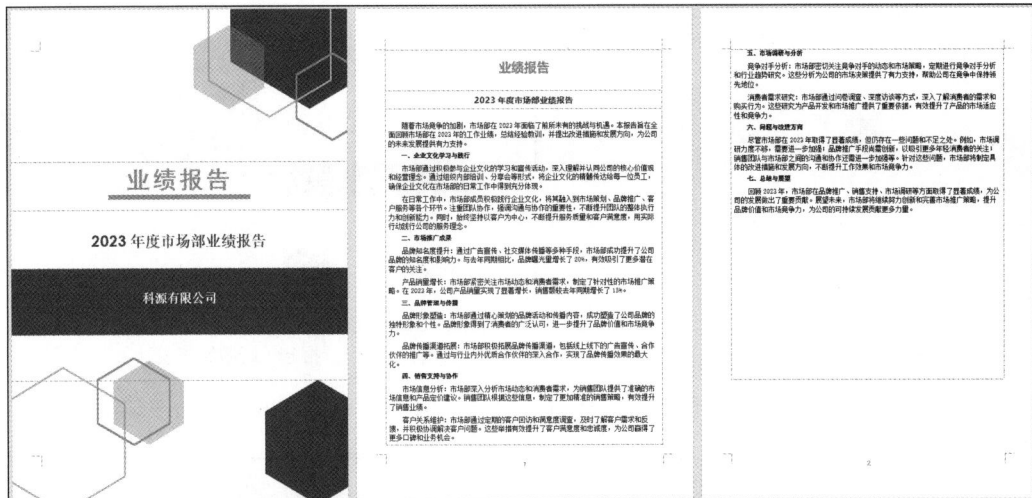

图 3.41 "2023 年度市场部业绩报告"效果

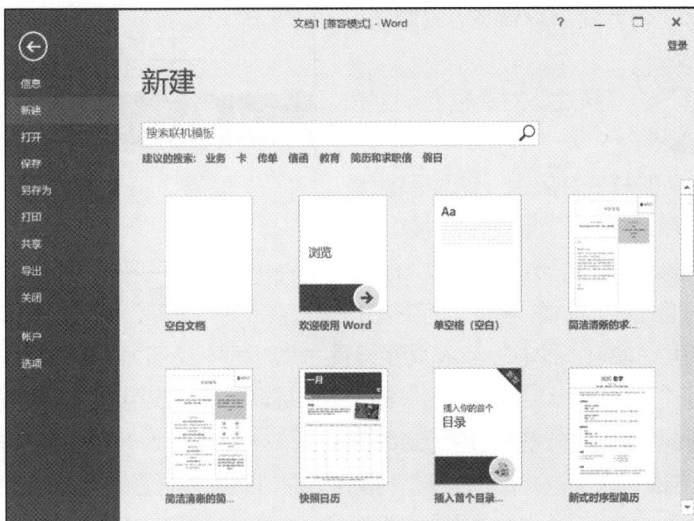

图 3.42 "新建"界面

活力
小贴士 Office 2016 提供了"搜索联机模板"功能，通过连接互联网，可在线下载丰富的模板。

③ 在搜索结果列表中，单击图 3.43 所示的"报告（行政风格设计）"选项，打开图 3.44 所示的对话框，单击"创建"按钮，以"报告（行政风格设计）"模板为基准创建一个模板文件。接下来可修改其中的文本和样式，得到所需要的模板。

④ 修改模板中的文本。在第 1 页"输入文档标题"处输入"业绩报告"，在"输入文档副标题"处输入"××年度××部门业绩报告"，在"在此处输入文档摘要。摘要通常是对文档内容的简要总结。"处输入公司名称"科源有限公司"。

图 3.43　显示联机模板

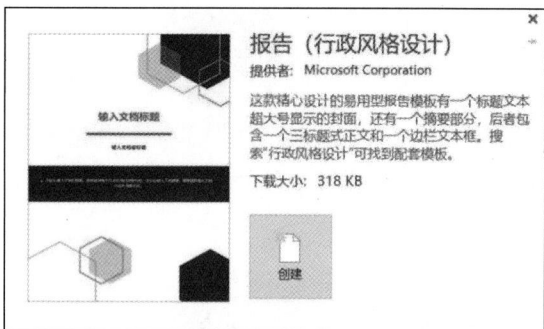

图 3.44　"报告（行政风格设计）"对话框

⑤ 对第 2 页中的标题和副标题进行与第 1 页相同的修改，以后用此模板新建文档时就不必再重新输入了。

⑥ 删除第 2 页右侧的"边栏标题"列和"正文"部分的文本，完成后的初步效果如图 3.45 所示。

（3）利用"样式"进一步修改模板，以满足公司对文档外观的需要。

① 单击"开始"→"样式"对话框启动器按钮，打开"样式"窗格。

② 新建"封面标题"样式并应用于封面标题"业绩报告"。在"样式"窗格中单击"新建样式"按钮，打开"根据格式设置创建新样式"对话框，以"标题"样式为基准新建"封面标题"样式，将封面标题的格

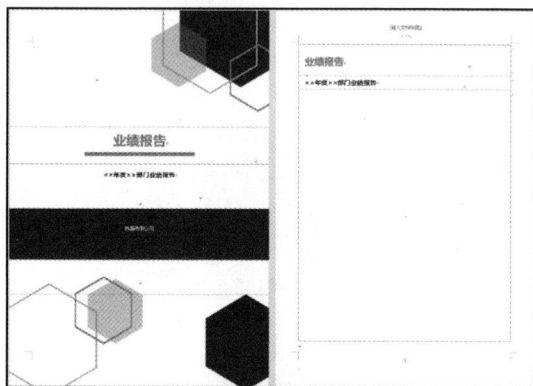

图 3.45　模板的初步效果

式设置为"黑体、初号、加粗、居中"，字符间距设置为"加宽"，磅值为"5"。设置完成后单击"确定"按钮。选中封面标题"业绩报告"，并将新建好的"封面标题"样式应用于"业绩报告"文字。

③ 新建"封面副标题"样式并应用于封面副标题"××年度××部门业绩报告"。采用"封面标题"样式的创建方法，以"副标题"样式为基准新建"封面副标题"样式，将封面副标题的格式设置为"宋体、一号、加粗、居中"，段前间距为"2 行"。设置完成后单击"确定"按钮。选中封面副标题"××年度××部门业绩报告"，并将新建好的"封面副标题"样式应用于"××年度××部门业绩报告"文字。

④ 新建样式"公司名"并应用于封面中的公司名称"科源有限公司"。采用"封面标题"样式的创建方法，以"正文"样式为基准新建"公司名"样式，将公司名的格式设置为"宋体、二号、加粗、居中"，字体颜色设置为"白色，背景 1"。设置完成后单击"确定"按钮。选中封面中的公司名称"科源有限公司"，并将新建好的"公司名"样式应用于"科源有限公司"文字。

⑤ 将第 2 页的标题和副标题的对齐方式设置为"居中"。

（4）将制作好的模板重命名为"公司业绩报告"并进行保存。

① 单击"文件"→"另存为"→"浏览"命令，打开"另存为"对话框，将文档重命名为"公司业绩报告"，并以"Word 模板"为保存类型保存在"C:\Users\Administrator\Documents\自定义 Office 模板"文件夹中。

② 单击"保存"按钮保存模板文件，然后退出 Word 2016。

（5）应用"公司业绩报告"模板创建"2023 年度市场部业绩报告"。

① 启动 Word 2016。

② 单击"文件"→"新建"命令，打开"新建"界面，在"模板"列表中选择"个人"，显示"个人"模板列表。

③ 在图 3.46 所示的"个人"模板列表中，单击"公司业绩报告"，将自动创建所选模板的新文档。

④ 编辑"市场部 2023 年业绩报告"文档的内容。

⑤ 将文档重命名为"2023 年度市场部业绩报告"，并将其保存在"D:\公司文档\市场部"文件夹中。

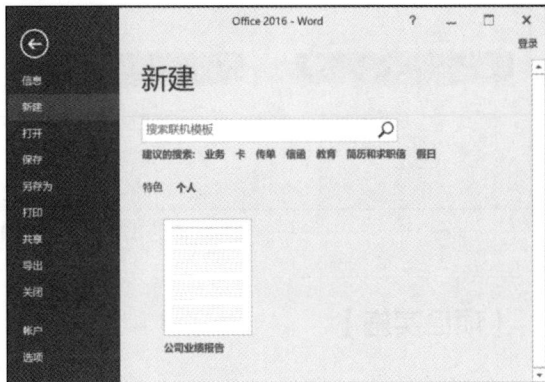

图 3.46　选择自己制作的"公司业绩报告"模板

【项目小结】

本项目通过制作"市场部工作手册"和"公司业绩报告"模板，介绍了长文档排版和模板的操作方法，包括设置版面，插入分节符，插入题注，设置和应用样式，设置封面，设置奇偶页不同的页眉和页脚，自动生成目录，创建和使用模板等。此外，本项目还介绍了运用导航窗格查看复杂文档的方法。

项目 11　制作产品销售数据分析模型

示例文件　原始文件：示例文件\素材\市场篇\项目 11\工作.jpg
　　　　　　效果文件：示例文件\效果\市场篇\项目 11\产品销售数据分析模型.pptx

【项目背景】

在企业的经营过程中，营销管理是企业管理中一个非常重要的工作环节。在为企业进行销售数据分析时，相关人员需要通过对历史数据的分析，从产品线设置、价格制定、渠道分布等多个角度分析企业的营销体系中可能存在的问题。这将为企业制订有针对性和便于实施的营销战略奠定良好的基础。本项目介绍如何利用 PowerPoint 2016 制作"产品销售数据分析模型"，效果如图 3.47 所示。

131

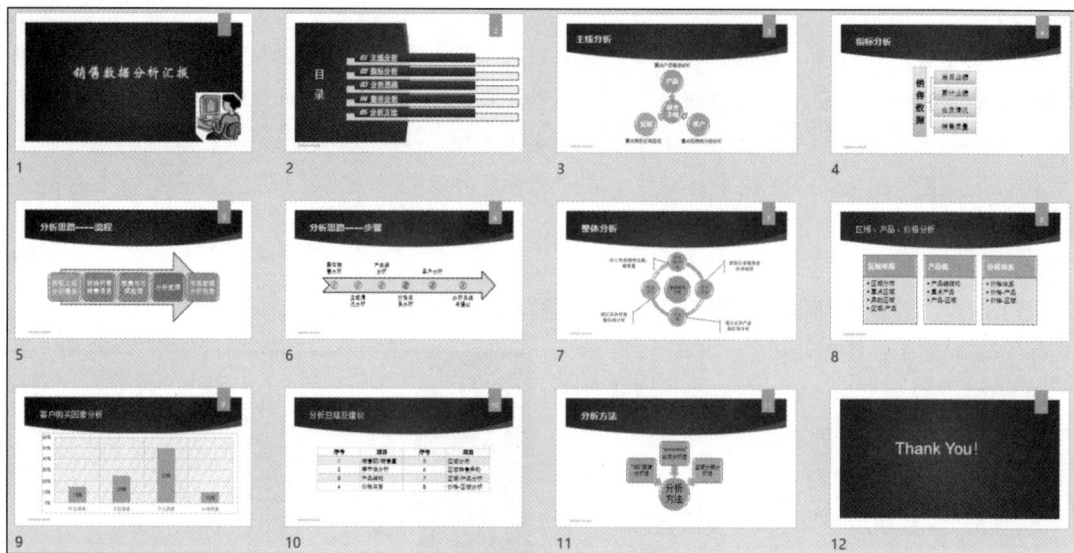

图 3.47 "产品销售数据分析模型"效果

【项目实施】

任务 11-1 新建和保存演示文稿

（1）启动 PowerPoint 2016，新建一个空白演示文稿。

（2）将空白演示文稿重命名为"产品销售数据分析模型"，并保存在"D:\公司文档\市场部"文件夹中。

任务 11-2 编辑演示文稿

（1）编辑"标题"幻灯片。

① 在幻灯片的标题占位符中输入文本"销售数据分析汇报"。

② 删除幻灯片的副标题占位符。

③ 在"标题"幻灯片中插入"D:\公司文档\市场部\素材"文件夹中的"工作"图片，将插入的图片移至幻灯片右下角，再设置图片样式为"剪去对角，白色"，效果如图 3.48 所示。

（2）编辑"目录"幻灯片。

① 单击"开始"→"幻灯片"→"新建幻灯片"下拉按钮，打开图 3.49 所示的"新建幻灯片"下拉菜单，从中选择"标题和内容"幻灯片版式，新建幻灯片。

② 添加标题文本"目录"。在新建的幻灯片的标题占位符中输入文本"目录"。

③ 在标题下方的内容框中单击"插入 SmartArt 图形"选项，打开图 3.50 所示的"选择 SmartArt

图 3.48 "标题"幻灯片

图形"对话框。

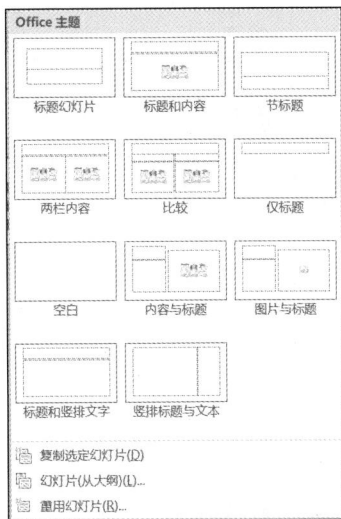

图 3.49 "新建幻灯片"下拉菜单

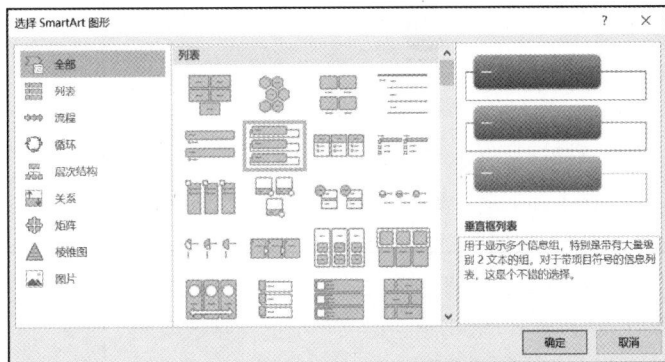

图 3.50 "选择 SmartArt 图形"对话框

④ 在"列表"窗格中选择"垂直框列表"图形，单击"确定"按钮，在幻灯片中插入图 3.51 所示的图形。

⑤ 单击"SmartArt 工具"→"设计"→"创建图形"→"添加形状"按钮，添加 2 个列表框。

⑥ 在各列表框中输入图 3.52 所示的文本。

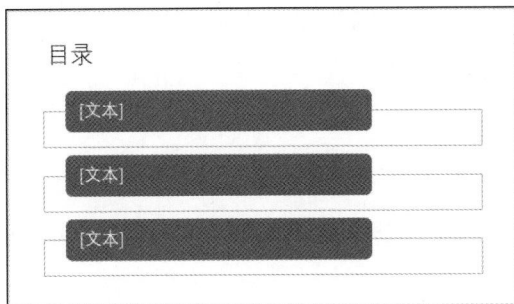

图 3.51 "垂直框列表"图形

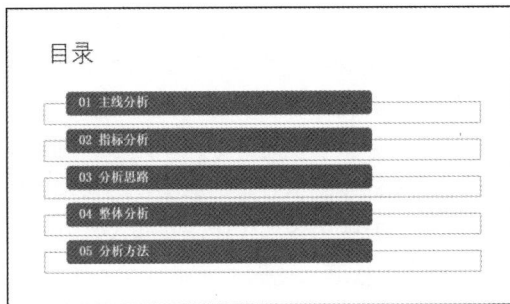

图 3.52 "目录"幻灯片

（3）编辑"主线分析"幻灯片。

① 插入一张版式为"标题和内容"的新幻灯片。

② 添加标题文本"主线分析"。

③ 在下方的内容框中单击"插入 SmartArt 图形"选项，打开"选择 SmartArt 图形"对话框，插入"分离射线"图形，如图 3.53 所示。

④ 在中心圆形中输入文本"研究主线"，在环绕的圆形中分别输入文本"产品""区域""客户"，并将多余的圆形删除。

⑤ 参照图 3.54 所示在各环绕圆形的上方或下方插入文本框，再分别输入文本。

（4）编辑"指标分析"幻灯片。

① 插入一张版式为"标题和内容"的新幻灯片。

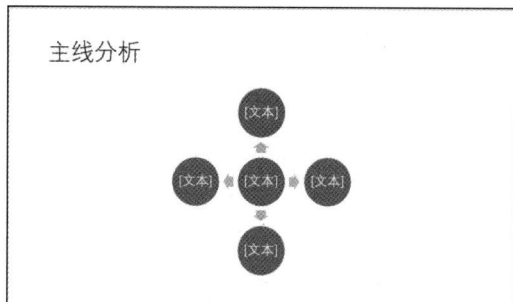

图 3.53　"分离射线"图形

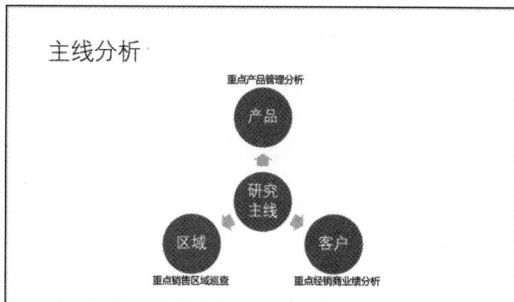

图 3.54　"主线分析"幻灯片

② 添加标题文本"指标分析"。

③ 在下方的内容框中单击"插入 SmartArt 图形"选项，打开"选择 SmartArt 图形"对话框，插入"水平多层层次结构"图形。

④ 根据需要添加图形后，在图形中输入图 3.55 所示的文本，并将第 1 层文本框的文字方向设置为"所有文字旋转 90°"，使文字竖直排列。

（5）编辑"分析思路——流程"幻灯片。

① 插入一张版式为"标题和内容"的新幻灯片。

② 添加标题文本"分析思路——流程"。

③ 在下方的内容框中单击"插入 SmartArt 图形"选项，打开"选择 SmartArt 图形"对话框，插入"连续块状流程"图形。

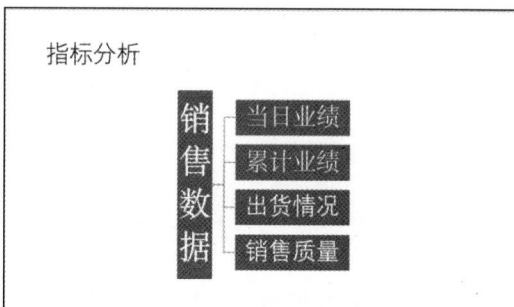

图 3.55　"指标分析"幻灯片

④ 根据需要添加图形后，在图形中输入图 3.56 所示的文本。

（6）编辑"分析思路——步骤"幻灯片。

① 插入一张版式为"标题和内容"的新幻灯片。

② 添加标题文本"分析思路——步骤"。

③ 在下方的内容框中单击"插入 SmartArt 图形"选项，打开"选择 SmartArt 图形"对话框，插入"基本日程表"图形。

④ 根据需要添加图形后，在图形中输入图 3.57 所示的文本。

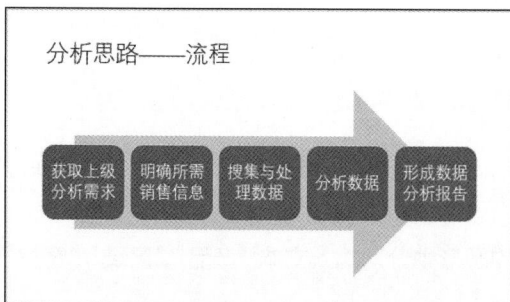

图 3.56　"分析思路——流程"幻灯片

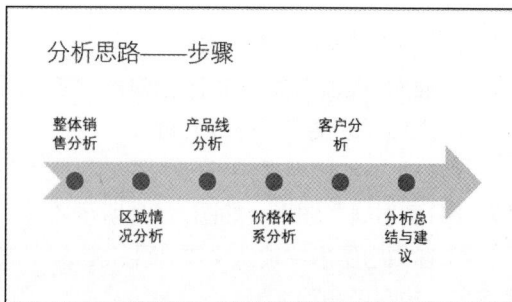

图 3.57　"分析思路——步骤"幻灯片

（7）编辑"整体分析"幻灯片。

① 插入一张版式为"标题和内容"的新幻灯片。

② 添加标题文本"整体分析"。

③ 在下方的内容框中单击"插入 SmartArt 图形"选项，打开"选择 SmartArt 图形"对话框，插入"射线循环"图形。

④ 在图形中输入图 3.58 所示的文本。

⑤ 单击"插入"→"插图"→"形状"按钮，打开"形状"下拉菜单，选择"标注"栏中的"线性标注 1"，分别为射线循环图中的各形状添加标注，如图 3.59 所示。

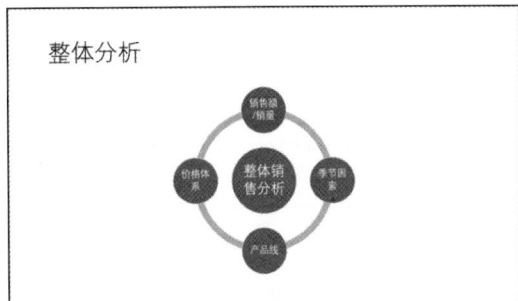

图 3.58　"整体分析"幻灯片图形中的文本

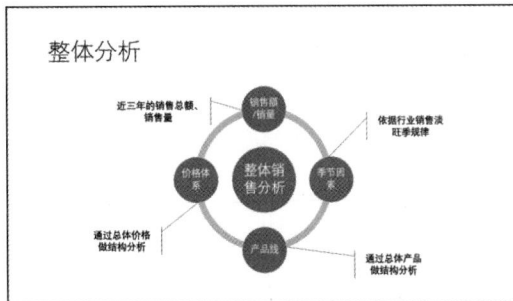

图 3.59　"整体分析"幻灯片

（8）编辑"区域、产品、价格分析"幻灯片。

① 插入一张版式为"标题和内容"的新幻灯片。

② 添加标题文本"区域、产品、价格分析"。

③ 在下方的内容框中单击"插入 SmartArt 图形"选项，打开"选择 SmartArt 图形"对话框，插入"水平项目符号列表"图形。

④ 在图形中输入图 3.60 所示的文本。

（9）编辑"客户购买因素分析"幻灯片。

① 插入一张版式为"标题和内容"的新幻灯片。

② 添加标题文本"客户购买因素分析"。

③ 在下方的内容框中单击"插入图表"选项，打开图 3.61 所示的"插入图表"对话框。

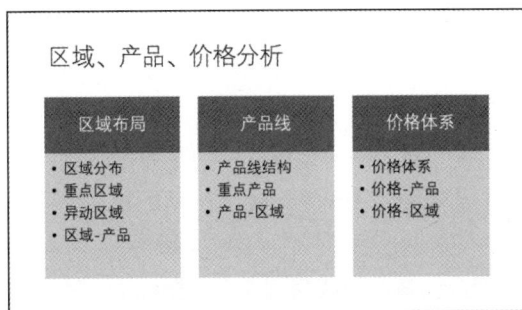

微课 3-6　编辑"客户购买因素分析"幻灯片

图 3.60　"区域、产品、价格分析"幻灯片

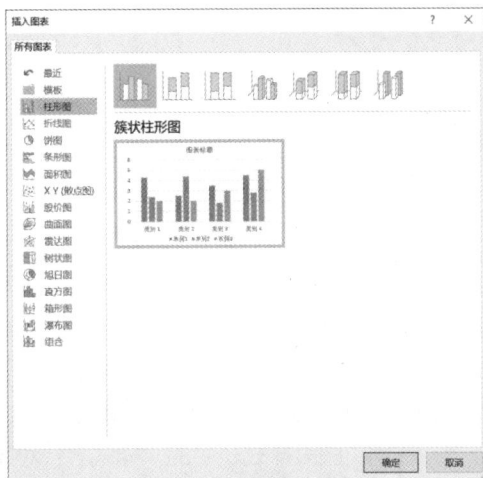

图 3.61　"插入图表"对话框

④ 在左侧的列表框中选择"柱形图"，再在右侧窗格中选择"簇状柱形图"。

⑤ 单击"确定"按钮，会出现图 3.62 所示的系统预设的图表及数据表。

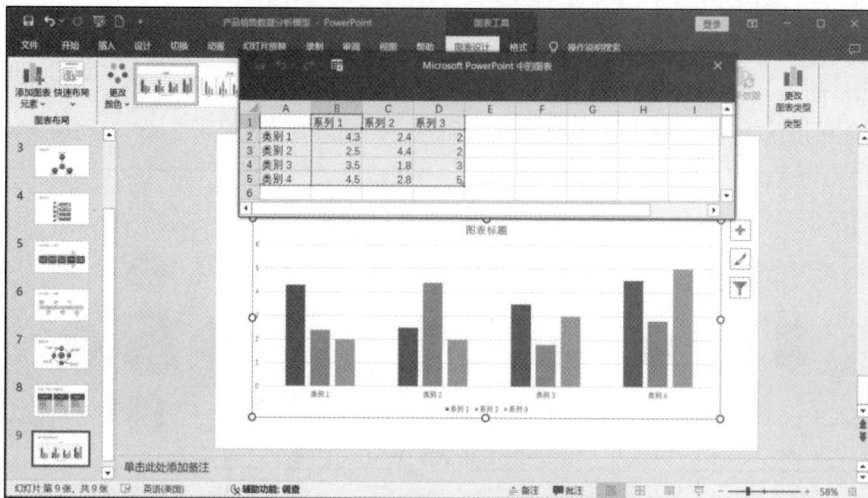

图 3.62　系统预设的图表及数据表

⑥ 编辑数据表。

a. 将光标置于"Microsoft PowerPoint 中的图表"窗口的数据区域中。

b. 按图 3.63 所示进行数据编辑，再将原有的默认的图表数据区域调整为 A1:B5，然后关闭窗口，返回演示文稿，生成图 3.64 所示的图表。

图 3.63　编辑表中的数据

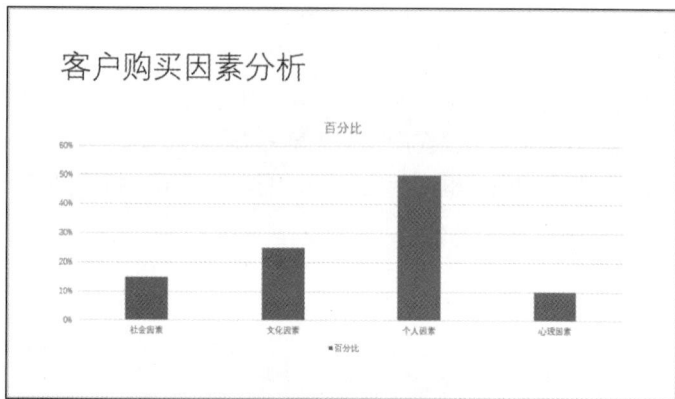

图 3.64　编辑数据后的图表

⑦ 修改图表。

a. 删除图表中的图表标题和图例。

b. 在图表中添加数据标签。选中图表，单击"图表工具"→"设计"→"图表布局"→"添加图表元素"按钮，打开"添加图表元素"下拉菜单，选择图 3.65 所示的"数据标签"子菜单中的"居中"，将在图表中显示数据标签。

c. 利用"图表样式"中的"样式 8"对图表进行修饰，并适当调整图表中数据标签、坐标轴的字体格式以及图表中数据系列的格式，得到图 3.66 所示的幻灯片。

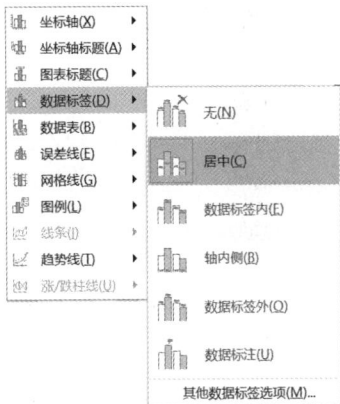

图 3.65 "数据标签"子菜单

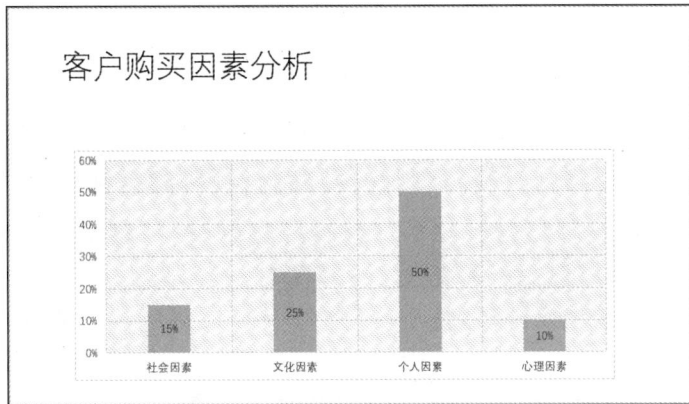

图 3.66 "客户购买因素分析"幻灯片

（10）编辑"分析总结及建议"幻灯片。

① 插入一张版式为"标题和内容"的新幻灯片。

② 添加标题文本"分析总结及建议"。

③ 在下方的内容框中单击"插入表格"选项，弹出图 3.67 所示的"插入表格"对话框，设置表格的列数为"4"、行数为"5"，单击"确定"按钮，在幻灯片标题下方插入一张 5 行 4 列的表格。

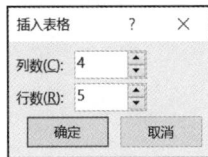

④ 在表格中输入图 3.68 所示的文本。

⑤ 将表格应用"浅色样式 1–强调 4"样式。

图 3.67 "插入表格"对话框

（11）编辑"分析方法"幻灯片。

① 插入一张版式为"标题和内容"的新幻灯片。

② 添加标题文本"分析方法"。

③ 在下方的内容框中单击"插入 SmartArt 图形"选项，打开"选择 SmartArt 图形"对话框，插入"聚合射线"图形。

④ 在图形中输入图 3.69 所示的文本。

图 3.68 "分析总结及建议"幻灯片

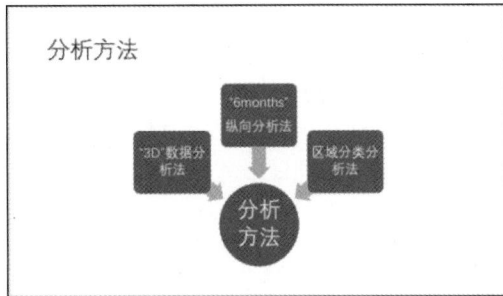

图 3.69 "分析方法"幻灯片

（12）编辑最后一张幻灯片。

① 插入一张版式为"仅标题"的新幻灯片。

② 添加标题文本"Thank You！"。

③ 将标题下移至幻灯片中部的适当位置。

任务 11-3　美化演示文稿

（1）为演示文稿应用"主题"样式。单击"设计"→"主题"→"其他"下拉按钮，打开"主题"下拉菜单，选择"离子会议室"主题，将其应用到演示文稿的所有幻灯片中，如图 3.70 所示。

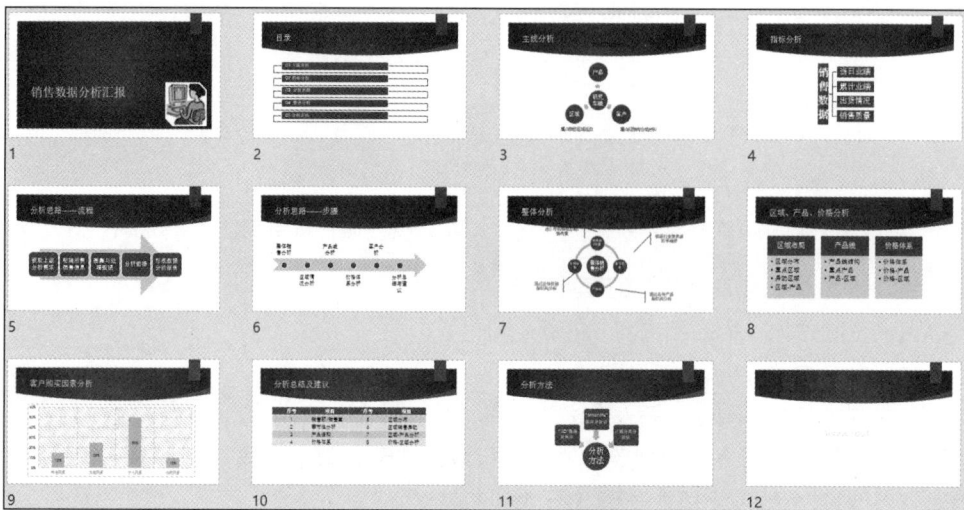

图 3.70　应用"离子会议室"主题的演示文稿

（2）修改"主题"样式的颜色。单击"设计"→"变体"→"其他"下拉按钮，从列表中选择"颜色"命令，打开图 3.71 所示的"颜色"下拉菜单，选择"纸张"颜色组，所有幻灯片将应用所选的颜色。

（3）设置"标题"幻灯片格式。将"标题"幻灯片中标题的格式设置为"华文新魏、60、居中"，并将标题适当上移至幻灯片中心。

（4）设置"目录"幻灯片格式。

① 修改"目录"幻灯片版式为"节标题"。

② 设置"目录"幻灯片中 SmartArt 图形的样式。选中"目录"幻灯片中的 SmartArt 图形，单击"SmartArt 工具"→"设计"→"SmartArt 样式"→"更改颜色"按钮，打开"更改颜色"下拉菜单，选择"主题颜色(主色)"栏中的"深色 2 填充"，再单击"更改颜色"按钮右侧"文档最佳匹配对象"中的"中等效果"样式。

③ 将 SmartArt 图形中文本的格式设置为"宋体、28、加粗、居中"，并适当减小 SmartArt 图形的宽度，最后将图形右移，使其不与标题文字重叠，效果如图 3.72 所示。

（5）同样，分别为其他幻灯片中的图形和文本设置适当的颜色和格式。

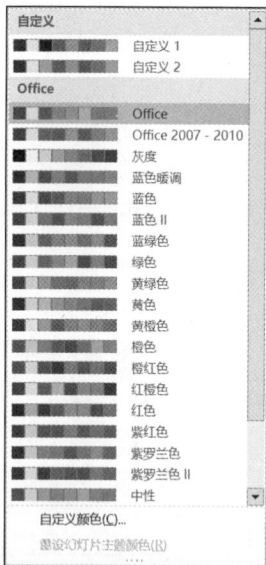

图 3.71　"颜色"下拉菜单

（6）分别将第 3 张、第 4 张、第 5 张、第 6 张、第 7 张和第 11 张幻灯片的标题格式设置为"微软雅黑、36、加粗"，再将第 8 张、第 9 张和第 10 张幻灯片的标题格式设置为"宋体、32"，字体颜色为"白色，背景 1"，以便和一级标题进行区分。

（7）单击"插入"→"文本"→"幻灯片编号"按钮，打开"页眉和页脚"对话框，勾选"幻灯片编号"复选框,单击"全部应用"按钮,为所有幻灯片添加编号。

(8)为幻灯片添加页脚。单击"插入"→"文本"→"页眉和页脚"按钮,打开"页眉和页脚"对话框,勾选"页脚"复选框,并在下面的文本框中输入页脚内容"科源有限公司市场部",同时勾选"标题幻灯片中不显示"复选框,单击"全部应用"按钮,如图 3.73 所示。

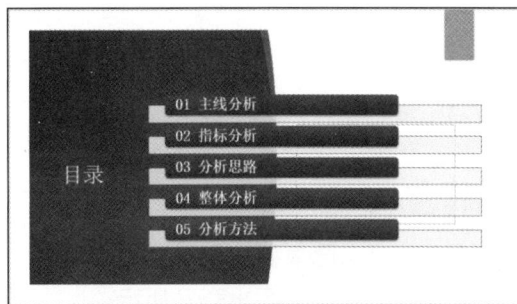

图 3.72　修饰后的"目录"幻灯片

图 3.73　为幻灯片添加页脚

任务 11-4　添加超链接

(1)选中"目录"幻灯片中的"主线分析"文本。

(2)单击"插入"→"链接"→"超链接"按钮,打开"插入超链接"对话框。

(3)从左侧"链接到"列表框中选择"本文档中的位置"选项,再从中间的"请选择文档中的位置"列表框中选择第 3 张幻灯片"3. 主线分析",如图 3.74 所示。

微课 3-7　添加超链接

(4)单击"确定"按钮,插入超链接。

(5)同样,将目录中的其他文本链接到相应的幻灯片。

(6)修改超链接的主题颜色。

① 单击"设计"→"变体"→"其他"下拉按钮,从列表中选择"颜色"命令,打开"颜色"下拉菜单,选择"自定义颜色"命令,打开图 3.75 所示的"新建主题颜色"对话框。

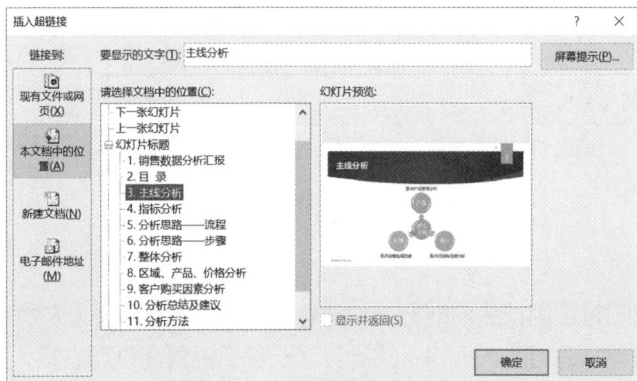

图 3.74　"插入超链接"对话框

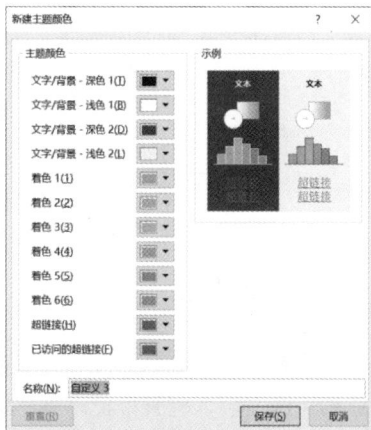

图 3.75　"新建主题颜色"对话框

② 单击"超链接"右侧的下拉按钮，打开"主题颜色"下拉菜单，选择"浅黄，文字 2"，再设置"已访问的超链接"的颜色为"橙色，个性色 2"，单击"保存"按钮。

任务 11-5　设置和放映幻灯片

（1）单击"视图"→"演示文稿视图"→"幻灯片浏览"按钮，可浏览演示文稿中的所有幻灯片。

（2）单击"幻灯片放映"→"设置"→"设置幻灯片放映"按钮，打开"设置放映方式"对话框，可设置幻灯片的放映类型、放映选项等。

（3）单击"幻灯片放映"→"开始放映幻灯片"→"从头开始"按钮，可观看整个幻灯片。

【项目拓展】

在将某个新产品或新技术投入某行业之前，首先必须说服该行业的人员，使他们从心理上接受该产品或技术。而要想让他们接受，最直接的办法就是让他们觉得自己需要这样的产品或者技术，因此制作一份全面、详细的产品或技术行业推广方案是必不可少的，效果如图 3.76 所示。

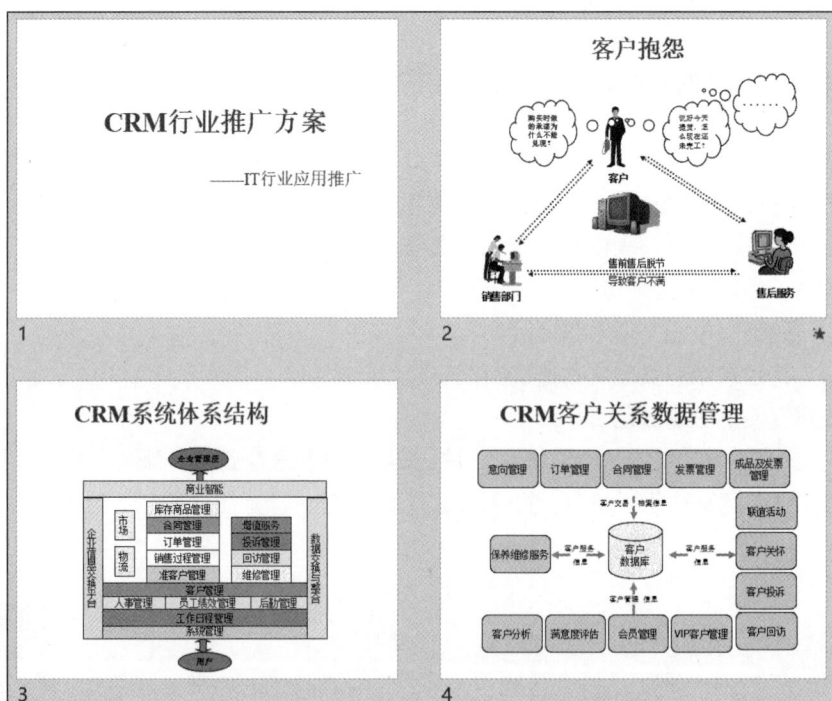

图 3.76　"CRM 行业推广方案"效果

【项目训练】

承载着阳光和雨露的滋润，文山镇龙阳村挂满枝头的枇杷悄然成熟。公司为了推动龙阳村枇杷产业的快速发展，提升枇杷产业的经济效益，助力乡村振兴，特制订了一份枇杷营销策划方案，效果如图 3.77 所示。

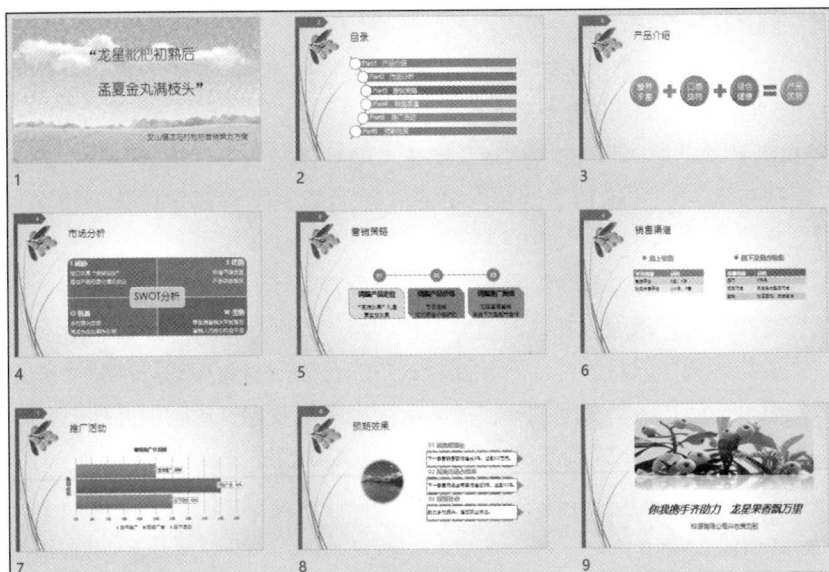

图 3.77　"文山镇龙阳村枇杷营销策划方案"效果

操作步骤如下。

（1）启动 PowerPoint 2016，新建一个空白演示文稿。将演示文稿重命名为"文山镇龙阳村枇杷营销策划方案"，并保存在"D:\公司文档\市场部"文件夹中。

（2）应用幻灯片主题。

① 单击"设计"→"主题"→"其他"下拉按钮，打开"主题"下拉菜单。

② 在 PowerPoint 2016 的内置主题菜单中选择"丝状"主题，将其应用到幻灯片中。

（3）设计和修改幻灯片母版。

① 单击"视图"→"母版视图"→"幻灯片母版"按钮，切换到幻灯片母版视图。

② 设置"标题幻灯片"母版版式。在"标题幻灯片"版式中插入素材图片"封面图片"，调整图片大小，使其与幻灯片刚好重叠。选中图片，单击"图片工具"→"格式"→"调整"→"艺术效果"下拉按钮，从"艺术效果"列表中选择"线条图"，如图 3.78 所示。

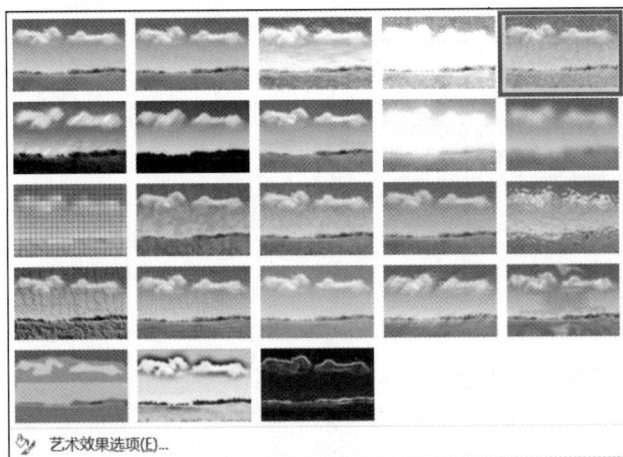

图 3.78　"艺术效果"列表

③ 设置"标题和内容"母版版式。

a. 单击窗口左侧的"标题和内容"版式，将左侧的五边形箭头及幻灯片编号占位符移至左上角，并将五边形箭头的填充颜色设置为"橄榄色，个性色4"。

b. 插入素材图片"枇杷1"，选中图片，单击"图片工具"→"格式"→"调整"→"颜色"下拉按钮，选择列表底部的"设置透明色"命令，然后单击图片背景位置，将图片背景处理为透明效果。

c. 移动图片，将其置于五边形箭头的下方，如图3.79所示。

④ 参照"标题和内容"母版版式，设置"两栏内容"母版版式和"比较"母版版式。

⑤ 设置"图片与标题"母版版式，删除此版式中的五边形箭头和幻灯片编号占位符。

⑥ 单击"幻灯片母版"→"关闭"→"关闭母版视图"按钮，返回页面视图。

（4）使用"标题幻灯片"版式制作第1张幻灯片，效果如图3.80所示。

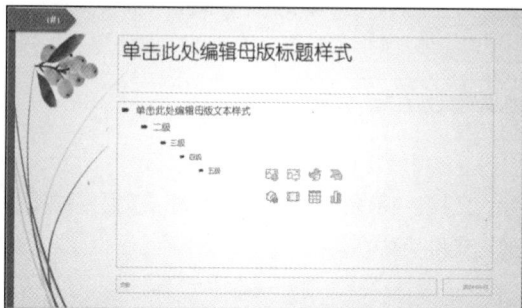

图 3.79　设置后的"标题和内容"母版版式

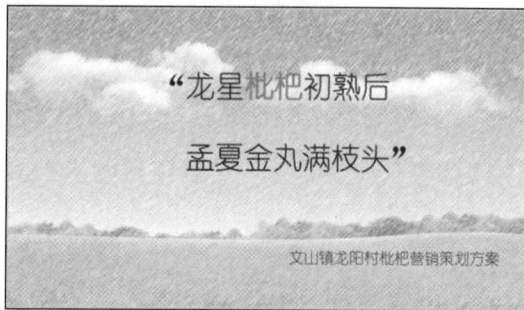

图 3.80　第 1 张幻灯片的效果

（5）插入"标题和内容"版式的幻灯片，利用 SmartArt 图形"垂直曲形列表"制作第2张幻灯片"目录"，并适当对 SmartArt 图形进行修饰，如图3.81所示。

（6）插入"标题和内容"版式的幻灯片，利用 SmartArt 图形"公式"制作第3张幻灯片"产品介绍"，并适当对 SmartArt 图形进行修饰，如图3.82所示。

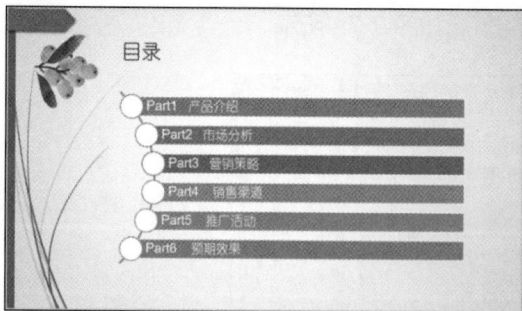

图 3.81　第 2 张幻灯片的效果

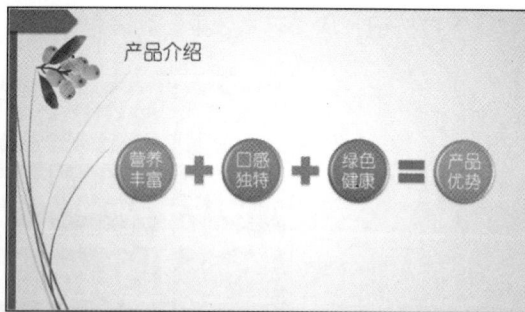

图 3.82　第 3 张幻灯片的效果

（7）插入"标题和内容"版式的幻灯片，利用 SmartArt 图形"带标题的矩阵"制作第4张幻灯片"市场分析"，并适当对 SmartArt 图形进行修饰，如图3.83所示。

（8）插入"标题和内容"版式的幻灯片，利用"插图"中的"椭圆""直线""矩形：剪去对角"形状制作第5张幻灯片"营销策略"，并适当对图形进行修饰，如图3.84所示。

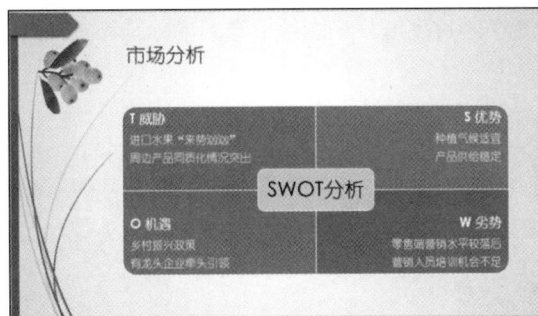

图 3.83　第 4 张幻灯片的效果

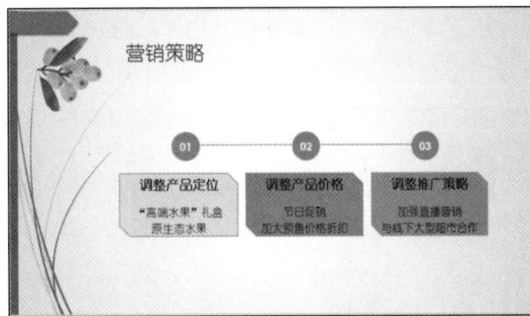

图 3.84　第 5 张幻灯片的效果

（9）插入"比较"版式的幻灯片，利用"表格"制作第 6 张幻灯片"销售渠道"，并适当进行修饰，如图 3.85 所示。

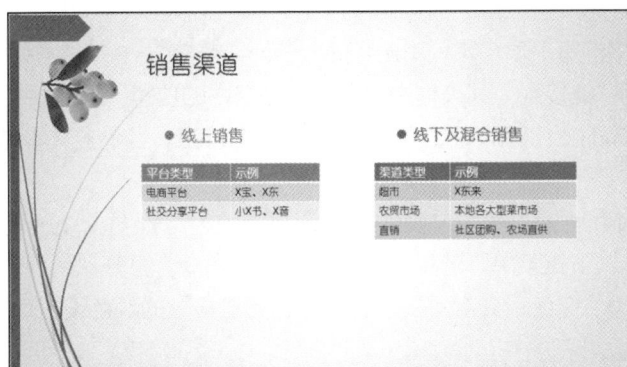

图 3.85　第 6 张幻灯片的效果

（10）插入"标题和内容"版式的幻灯片，利用"图表"制作第 7 张幻灯片"推广活动"，图表数据如图 3.86 所示，并对图表进行适当修饰，如图 3.87 所示。

图 3.86　图表数据

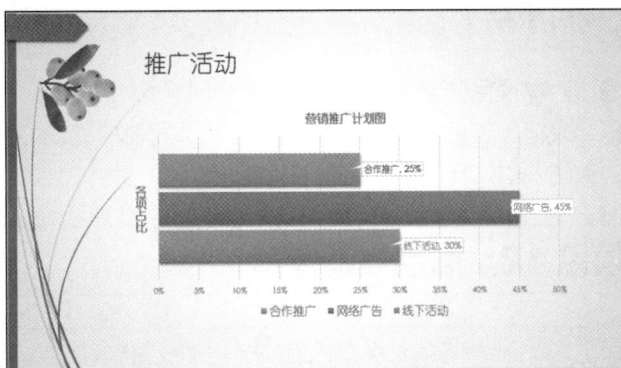

图 3.87　第 7 张幻灯片的效果

（11）插入"两栏内容"版式的幻灯片，在左侧插入素材图片"土地"，在右侧利用 SmartArt 图形"垂直重点列表"制作第 8 张幻灯片"预期效果"，为左侧图片应用"柔化边缘椭圆"样式，图片缩小比例为 75%，并对右侧 SmartArt 图形进行适当修饰，如图 3.88 所示。

（12）插入"图片与标题"版式的幻灯片，插入素材图片"枇杷 2"，为图片应用"映像圆角矩形"样式，图片"艺术效果"为"纹理化"，并适当减小图片高度；在图片下方添加标题和副标题，并适当进行格式设置，如图 3.89 所示。

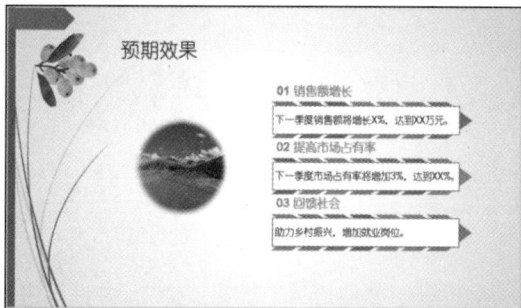

图 3.88　第 8 张幻灯片的效果

图 3.89　第 9 张幻灯片的效果

（13）为第 2 张幻灯片的"目录"添加超链接。

① 分别选中目录中的每一项文本，单击"插入"→"链接"→"超链接"按钮，打开"插入超链接"对话框，从左侧"链接到"列表框中选择"本文档中的位置"，再从中间的"请选择文档中的位置"列表框中选择文本对应内容的幻灯片，单击"确定"按钮。当单击文本时，能快速访问对应内容的幻灯片。

② 修改超链接文本的颜色。单击"设计"→"变体"→"其他"下拉按钮，从列表中选择"颜色"命令，打开"颜色"下拉菜单，选择"自定义颜色"命令，打开"新建主题颜色"对话框，将"超链接"的颜色设置为"白色，文字 1"，"已访问的超链接"的颜色设置为"黑色，背景 1"，单击"保存"按钮。

（14）单击"插入"→"文本"→"幻灯片编号"按钮，打开"页眉和页脚"对话框，勾选"幻灯片编号"复选框，单击"全部应用"按钮，为所有幻灯片添加编号。

（15）保存并关闭演示文稿。

【项目小结】

通过对本项目的学习，读者可学会利用 PowerPoint 2016 中的形状、SmartArt 图形、图片、文本框、表格等工具自由地组织演示文稿，以图文并茂的方式展示内容，并通过使用主题及幻灯片母版快速统一幻灯片风格，从而美化演示文稿。

项目 12　商品促销管理

示例文件	原始文件：示例文件\素材\市场篇\项目 12\商品促销管理.xlsx
	效果文件：示例文件\效果\市场篇\项目 12\商品促销管理.xlsx

【项目背景】

在日益激烈的市场竞争中，企业想要抢占更大的市场份额，争取更多顾客，需要不断加强商品的销售管理。特别是在新品上市时，企业要想树立品牌形象，做好商品促销管理就显得尤为重要。

在合适的时间和市场环境下运用合适的促销方式，对促销活动各环节的工作进行细致布置和执行，决定了企业的促销效果。本项目以制作"商品促销管理"工作簿为例，介绍 Excel 2016 在促销费用预算、促销任务安排方面的应用，效果如图 3.90 和图 3.91 所示。

	A	B	C	D	E	F
1			**促销费用预算表**			
2	**类别**	**费用项目**	**成本或比例**	**数量/天**	**天数/次数**	**预算**
3	促销费用	免费派发公司样品的数量	3.65	100	7	2,555.00
4		参与活动的消费者可以得到卡通扇一把	0.5	200	7	700.00
5		购买产品获得公司小礼品	5	100	7	3,500.00
6		商品降价金额	5%	3000	7	1,050.00
7		小计				7,805.00
8	店内宣传标识	巨幅海报	400	1		400.00
9		小型宣传单张	0.15	1000	7	1,050.00
10		DM	1200	1		1,200.00
11		小计				2,650.00
12	促销执行费用	聘用促销人员费用	80	2	7	1,120.00
13		上缴卖场促销人员管理费	30	2	7	420.00
14		其他可能发生的费用(赞助费/入场费等)	2000			2,000.00
15		小计				3,540.00
16	其他费用	交通费				300.00
17		赠品运输与管理费用				1,000.00
18		小计				1,300.00
19		总费用				15,295.00

图 3.90 "促销费用预算"效果

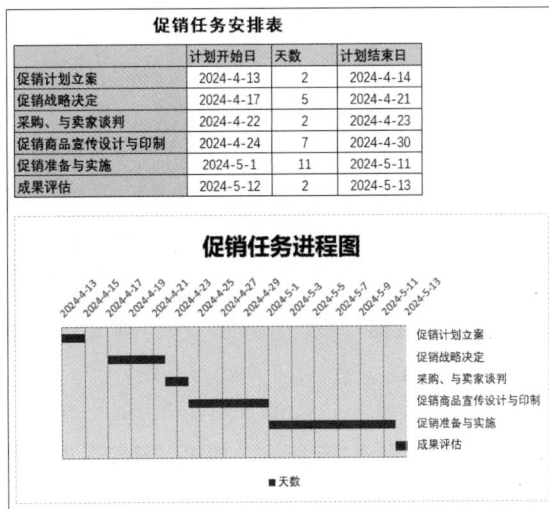

促销任务安排表	计划开始日	天数	计划结束日
促销计划立案	2024-4-13	2	2024-4-14
促销战略决定	2024-4-17	5	2024-4-21
采购、与卖家谈判	2024-4-22	2	2024-4-23
促销商品宣传设计与印制	2024-4-24	7	2024-4-30
促销准备与实施	2024-5-1	11	2024-5-11
成果评估	2024-5-12	2	2024-5-13

图 3.91 "促销任务安排"效果

【项目实施】

任务 12-1 新建工作簿和重命名工作表

（1）启动 Excel 2016，新建一个空白工作簿。

（2）将新建的工作簿重命名为"商品促销管理"，并保存在"D:\公司文档\市场部"文件夹中。

（3）将"Sheet1"工作表重命名为"促销费用预算"。

任务 12-2　创建"促销费用预算"工作表

（1）输入表格标题。在"促销费用预算"工作表中，选中 A1:F1 单元格区域，设置"合并后居中"，并输入标题"促销费用预算表"。

（2）输入预算项目标题。分别在 A2、A3、A8、A12、A16 和 A19 单元格中输入预算项目标题，并将文字加粗，如图 3.92 所示。

（3）输入和复制各小计项标题。

① 选中 A7:B7 单元格区域，设置"合并后居中"，输入"小计"，并将文字加粗。

② 选中 A7:B7 单元格区域，单击"开始"→"剪贴板"→"复制"按钮。

③ 按住【Ctrl】键，同时选中 A11、A15 和 A18 单元格，单击"开始"→"剪贴板"→"粘贴"按钮，将 A7:B7 单元格区域的内容和格式一起复制到以上选中的单元格区域，如图 3.93 所示。

图 3.92　输入预算项目标题

图 3.93　输入和复制各小计项标题

（4）输入预算数据。参照图 3.94 输入各项预算数据，并适当调整单元格的列宽。

（5）设置数据格式。

① 设置百分比格式。选中 C6 单元格，单击"开始"→"数字"→"百分比样式"按钮。

② 设置数值格式。选中 F3:F19 单元格区域，单击"开始"→"数字"对话框启动器按钮，打开"设置单元格格式"对话框，在"分类"列表框中选择"数值"，在右侧设置小数位数为"2"，并勾选"使用千位分隔符"复选框，如图 3.95 所示，单击"确定"按钮。

图 3.94　输入各项预算数据

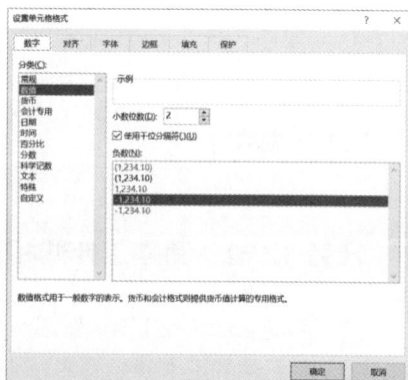

图 3.95　"设置单元格格式"对话框

任务 12-3　编制预算项目

（1）选中 F3 单元格，输入公式"=C3*D3*E3"，并按【Enter】键。

（2）选择性粘贴。

① 选中 F3 单元格，按【Ctrl】+【C】组合键复制。

② 按住【Ctrl】键，同时选中 F4:F6 单元格区域、F9 单元格和 F12:F13 单元格区域，单击"开始"→"剪贴板"→"粘贴"下拉按钮，从下拉菜单中选择"选择性粘贴"命令，打开图 3.96 所示的"选择性粘贴"对话框，选中"公式"单选按钮。

③ 单击"确定"按钮。此时 F4:F6 单元格区域、F9 单元格和 F12:F13 单元格区域都复制了与 F3 单元格相同的公式并计算出结果，如图 3.97 所示。

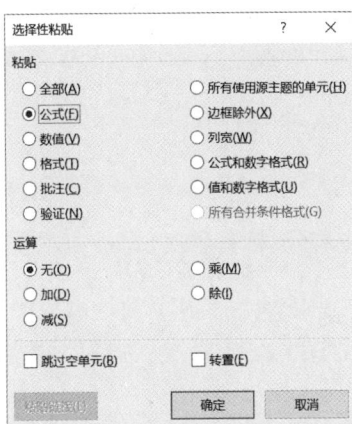

图 3.96　"选择性粘贴"对话框

图 3.97　选择性粘贴公式的效果

活力小贴士

① 移动公式时，公式内的单元格引用不会更改；复制公式时，单元格引用将根据所用的引用类型而变化。

② 移动公式时，引用的单元格使用绝对引用（引用不随公式位置变化而变化）；复制公式时，引用的单元格使用相对引用（引用随公式位置的变化而变化）。

③ 若要完全复制公式及其格式设置，可直接选择"粘贴"命令。

④ 若有其他需要，则可根据需要选中图 3.96 中的其他单选按钮。

（3）编制其他预算项目。

① 选中 F8 单元格，输入公式"=C8*D8"，并按【Enter】键。

② 选中 F10 单元格，输入公式"=C10*D10"，并按【Enter】键。

③ 选中 F14 单元格，输入公式"=C14"，并按【Enter】键。

④ 分别选中 F16、F17 单元格，输入"300"和"1000"。

任务 12-4　编制预算"小计"

（1）选中 F7 单元格，输入公式"=SUM(F$3:F6)-SUMIF($A$3:$A6,$A7,F$3:F6)*2"，并

按【Enter】键。

> **活力小贴士**　　SUMIF 是 Excel 2016 中根据指定条件对若干单元格、区域或引用求和的一个函数。
>
> 语法：SUMIF(range,criteria,sum_range)。
>
> 参数说明如下。
>
> ① range 为用于条件判断的单元格区域。每个区域中的单元格可以包含数字、数组、命名的区域或包含数字的引用。忽略空值和文本值。
>
> ② criteria 为确定哪些单元格将被相加求和的条件，其形式可以为数字、表达式、文本或单元格地址。例如，条件可以表示为 32、"32"、">32"、"apples"或 A1。条件还可以使用问号（？）和星号（*）等通配符，如需要求和的条件为第 2 个数字是 2 的，可表示为"?2*"，从而简化公式设置。
>
> ③ sum_range 为需要求和的实际单元格。当省略 sum_range 时，条件区域就是实际求和区域。

（2）选中 F7 单元格，按【Ctrl】+【C】组合键复制公式。

（3）按住【Ctrl】键，同时选中 F11、F15 和 F18 单元格。

（4）按【Ctrl】+【V】组合键粘贴公式。

> **活力小贴士**　　① 公式"=SUM(F\$3:F6)-SUMIF(\$A\$3:\$A6,\$A7,F\$3:F6)*2"表示指定 SUMIF 函数从 A3:A6 单元格区域中查找是否含有 A7 单元格"小计"内容的记录，并对 F 列中同一行的相应单元格的值进行汇总，因为不包含"小计"，所以 SUMIF 函数值为 0，则 F7 单元格的值等于 F3:F6 单元格区域之和。
>
> ② 公式"=SUM(F\$3:F10)-SUMIF(\$A\$3:\$A10,\$A11,F\$3:F10)*2"表示指定 SUMIF 函数从 A3:A10 单元格区域中查找是否含有 A11 单元格"小计"内容的记录，并对 F 列中同一行的相应单元格的值进行汇总，因为 A7 单元格包含"小计"，所以 SUMIF 函数值计算 F3:F10 单元格区域之和时，重复计算了 F3:F7 单元格区域，则 F11 单元格等于 F3:F10 单元格区域之和减去 2 倍的 F7 单元格的值，即 F8:F10 单元格区域之和。
>
> ③ 公式"=SUM(F\$3:F14)-SUMIF(\$A\$3:\$A14,\$A15,F\$3:F14)*2"表示指定 SUMIF 函数从 A3:A14 单元格区域中查找是否含有 A15 单元格"小计"内容的记录，并对 F 列中同一行的相应单元格的值进行汇总，因为 A7 和 A11 单元格包含"小计"，所以 SUMIF 函数值计算 F3:F14 单元格区域之和时，重复计算了 F3:F11 单元格区域，则 F15 单元格等于 F3:F14 单元格区域之和减去 2 倍的 F7 和 F11 单元格的值之和，即 F12:F14 单元格区域之和。
>
> ④ 公式"=SUM(F\$3:F17)-SUMIF(\$A\$3:\$A17,\$A18,F\$3:F17)*2"表示指定 SUMIF 函数从 A3:A17 单元格区域中查找是否含有 A18 单元格"小计"内容的记录，并对 F 列中同一行的相应单元格的值进行汇总，因为 A7、A11 和 A15 单元格包含"小计"，所以 SUMIF 函数值计算 F3:F17 单元格区域之和时，重复计算了 F7、F11 和 F15 单元格区域，则 F18 单元格等于 F3:F17 单元格区域之和减去 2 倍的 F7、F11 和 F15 单元格的值之和，即 F16:F17 单元格区域之和。

任务 12-5 统计"总费用"

（1）选中 F19 单元格。

（2）输入公式"=SUM(F3:F18)/2"，并按【Enter】键。

任务 12-6 美化"促销费用预算"工作表

（1）设置表格标题的字体为"华文隶书"、字号为"22"、行高为"42"。

（2）设置表格列标题的格式为"华文中宋、12、加粗、居中"，字体颜色为"白色，背景 1"，并添加"蓝色，个性色 5，淡色 40%"的底纹。

（3）分别对各类别标题进行"合并后居中"的设置。

（4）为"小计"行和"总费用"行添加"蓝色，个性色 1，淡色 80%"的底纹，并设置行高为"19"。

（5）将 A19:B19 单元格区域设置为"合并后居中"。

（6）为 A2:F18 单元格区域添加主题颜色为"蓝色，个性色 1"的内外边框线。

（7）调整各明细行的高度为"16.5"。

（8）取消显示编辑栏和网格线。

任务 12-7 创建"促销任务安排"工作表

（1）插入一张新工作表，并重命名为"促销任务安排"。

（2）输入表格标题。选中 A1:D1 单元格区域，设置"合并后居中"，输入表格标题"促销任务安排表"，设置字体为"黑体、加粗"，字号为"14"。

（3）输入表格内容。

① 在 B2:D2 和 A3:A8 单元格区域中输入表格的行标题和列标题，并适当调整表格列宽，如图 3.98 所示。

② 在 B3:B8 和 D3:D8 单元格区域中输入图 3.99 所示的表格内容。

	A	B	C	D
1		促销任务安排表		
2		计划开始日	天数	计划结束日
3	促销计划立案			
4	促销战略决定			
5	采购、与卖家谈判			
6	促销商品宣传设计与印制			
7	促销准备与实施			
8	成果评估			

图 3.98　"促销任务安排表"的框架

	A	B	C	D
1		促销任务安排表		
2		计划开始日	天数	计划结束日
3	促销计划立案	2024-4-13		2024-4-14
4	促销战略决定	2024-4-17		2024-4-21
5	采购、与卖家谈判	2024-4-22		2024-4-23
6	促销商品宣传设计与印制	2024-4-24		2024-4-30
7	促销准备与实施	2024-5-1		2024-5-11
8	成果评估	2024-5-12		2024-5-13

图 3.99　"促销任务安排表"的内容

（4）计算"天数"。

① 选中 C3 单元格，输入公式"=DATEDIF(B3,D3+1,"d")"，并按【Enter】键。

② 选中 C3 单元格，拖曳右下角的填充柄至 C8 单元格，将公式复制到 C4:C8 单元格区域。

活力小贴士 DATEDIF 函数是 Excel 2016 中的隐藏函数，在帮助和插入公式中没有设置，但其用途广泛，能返回两个日期之间的年/月/日间隔数。常使用 DATEDIF 函数计算两个日期之间的天数、月数和年数。

语法：DATEDIF(start_date,end_date,unit)。

参数说明如下。

① start_date 为一个日期，代表时间段内的第一个日期或起始日期。

② end_date 为一个日期，代表时间段内的最后一个日期或结束日期。

③ unit 为所需信息的返回类型。

注意：结束日期必须大于起始日期。

假如 A1 单元格中是一个日期，那么用下面的 3 个公式可以计算出 A1 单元格中的日期和今天的时间差，分别是年数差、月数差、天数差。注意下面公式中的引号、逗号和括号都是在英文状态下输入的。

=DATEDIF(A1,TODAY(),"Y")：计算年数差，"Y"表示时间段中的整年数。

=DATEDIF(A1,TODAY(),"M")：计算月数差，"M"表示时间段中的整月数。

=DATEDIF(A1,TODAY(),"D")：计算天数差，"D"表示时间段中的天数。

（5）美化工作表。

① 设置 A2:D2 和 A3:A8 单元格区域中的字体为"加粗"，并添加"白色，背景 1，深色 15%"的底纹。

② 设置 B3:D8 单元格区域中内容的对齐方式为"居中"。

③ 适当调整表格的行高和列宽。

④ 添加表格框线。

效果如图 3.100 所示。

	促销任务安排表		
	计划开始日	天数	计划结束日
促销计划立案	2024-4-13	2	2024-4-14
促销战略决定	2024-4-17	5	2024-4-21
采购、与卖家谈判	2024-4-22	2	2024-4-23
促销商品宣传设计与印制	2024-4-24	7	2024-4-30
促销准备与实施	2024-5-1	11	2024-5-11
成果评估	2024-5-12	2	2024-5-13

图 3.100　"促销任务安排表"的效果

任务 12-8　绘制"促销任务进程图"

（1）插入堆积条形图。

① 选中 A2:D8 单元格区域。

② 单击"插入"→"图表"→"插入柱形图或条形图"按钮，在打开的下拉菜单中选择图 3.101 所示的"二维条形图"栏中的"堆积条形图"，在工作表中生成图 3.102 所示的堆积条形图。

（2）调整图表位置。

① 选中图表。

② 按住鼠标左键不放，将堆积条形图拖曳至数据表下方。

（3）设置数据系列的格式。

① 选中生成的图表。

微课 3-8　绘制"促销任务进程图"

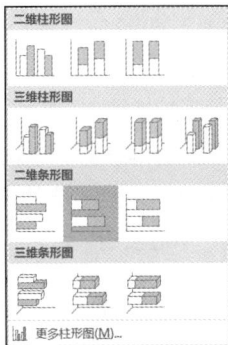

图 3.101 "柱形图或条形图"下拉菜单

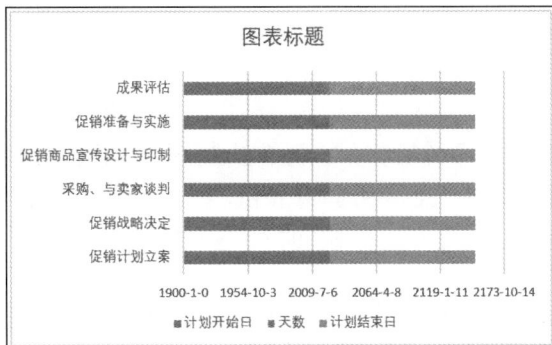

图 3.102 生成的堆积条形图

② 单击"图表工具"→"格式"→"当前所选内容"→"图表元素"下拉按钮，在打开的下拉列表中选择"系列'计划开始日'"，如图 3.103 所示。

③ 单击"设置所选内容格式"按钮，打开"设置数据系列格式"窗格。

④ 单击"填充与线条"按钮，单击"填充"选项，在展开的"填充"栏中选中"无填充"单选按钮，如图 3.104 所示。

图 3.103 选择"系列'计划开始日'"命令

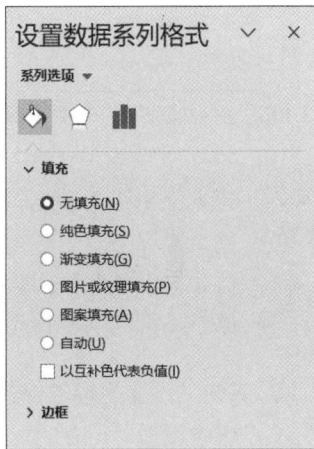

图 3.104 "设置数据系列格式"窗格

⑤ 同样，将"系列'计划结束日'"的"填充"选项也设置为"无填充"。

⑥ 在图例中的"天数"上单击鼠标右键，在弹出的快捷菜单中选择"设置数据系列格式"命令，打开"设置数据系列格式"窗格。单击"填充与线条"按钮，单击"填充"选项，在展开的"填充"栏中选中"纯色填充"单选按钮。单击"颜色"右侧的下拉按钮，在打开的颜色面板中选择标准色"深红"，如图 3.105 所示。

（4）设置纵坐标轴格式。

① 单击"图表工具"→"格式"→"当前所选内容"→"图表元素"下拉按钮，从打开的下拉列表中选择"垂直（类别）轴"，再单击"设置所选内容的格式"按钮，打开"设置坐标轴格式"窗格。

② 单击"坐标轴选项"按钮，在"坐标轴选项"栏中勾选"逆序类别"复选框，如图3.106所示。

（5）设置横坐标轴格式。

① 单击"图表工具"→"格式"→"当前所选内容"→"图表元素"下拉按钮，从打开的下拉列表中选择"水平（值）轴"，再单击"设置所选内容格式"按钮，打开"设置坐标轴格式"窗格。

② 单击"坐标轴选项"按钮，在"最小值""最大值""大"右侧的文本框中分别输入"45395.0""45425.0""2.0"，在下方的"纵坐标轴交叉"栏中选中"最大坐标轴值"单选按钮，如图3.107所示。

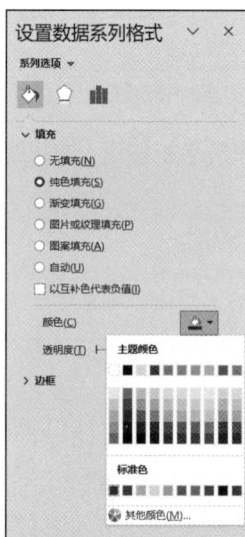

图3.105　设置数据系列"天数"的填充色　　图3.106　设置纵坐标轴格式　　图3.107　设置横坐标轴格式

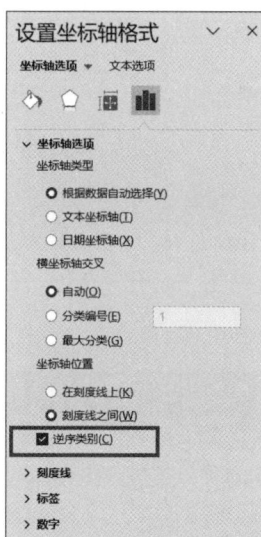

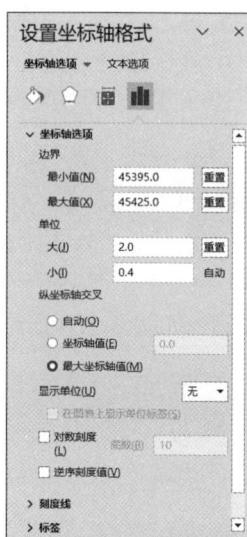

> **活力小贴士**
>
> 横坐标轴刻度是一系列数字，代表水平轴上取值用到的日期。最小值"45395.0"表示的日期为2024-4-13，最大值"45425.0"表示的日期为2024-5-13，主要刻度单位"2.0"表示2天。要查看日期的序列号，可以在单元格中输入日期2024-4-13，然后应用"常规"数字格式，即可显示45395.0。

③ 单击"设置坐标轴格式"窗格上方的"文本选项"，再单击"文本框"按钮，在"自定义角度"文本框中设置"-45°"。

（6）放大图表。单击图表的绘图区，将鼠标指针移到绘图区的4个顶点的任意一个之上，向外拖曳即可放大图表。

（7）删除图例中的"计划开始日"和"计划结束日"两个系列。

① 选中图例，单击"计划开始日"系列，按【Delete】键删除选中的系列。

② 用同样的操作方法，删除图例中的"计划结束日"系列。

（8）编辑图表标题。

① 选中图表标题，将图表标题修改为"促销任务进程图"。

② 设置图表标题的字体为"微软雅黑、加粗"，字号为"18"。

（9）设置绘图区格式。

① 单击"图表工具"→"格式"→"当前所选内容"→"图表元素"下拉按钮，从打开的下拉

列表中选择"绘图区",再单击"设置所选内容格式"按钮,打开"设置绘图区格式"窗格。

② 在"填充与线条"栏中选中"纯色填充"单选按钮,此时在下方显示"颜色"和"透明度"两个选项。

③ 单击"颜色"右侧的下拉按钮,在打开的颜色面板中选择"灰色-25%,背景 2"。

④ 单击展开下面的"边框"选项,选中"实线"单选按钮。

(10)设置"水平(值)轴 主要网格线"格式。

① 单击"图表工具"→"格式"→"当前所选内容"→"图表元素"下拉按钮,从打开的下拉列表中选择"水平(值)轴 主要网格线",再单击"设置所选内容格式"按钮,打开"设置主要网格线格式"窗格。

② 在"填充与线条"栏中选中"实线"单选按钮。

③ 单击"颜色"右侧的下拉按钮,在打开的颜色面板中选择主题颜色中的"蓝色,个性色 1"。

(11)美化工作表。取消显示编辑栏和网格线。

(12)打印预览图表。

① 选中图表。

② 单击"文件"→"打印"命令,出现图 3.108 所示的打印界面。

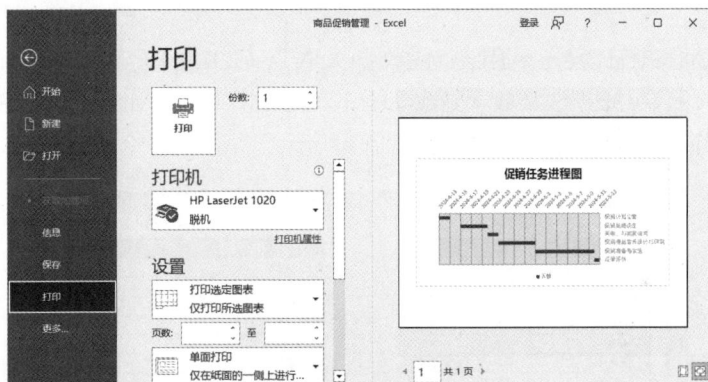

图 3.108　打印界面

【项目拓展】

(1)制作"促销活动各项预算统计图",效果如图 3.109 所示。

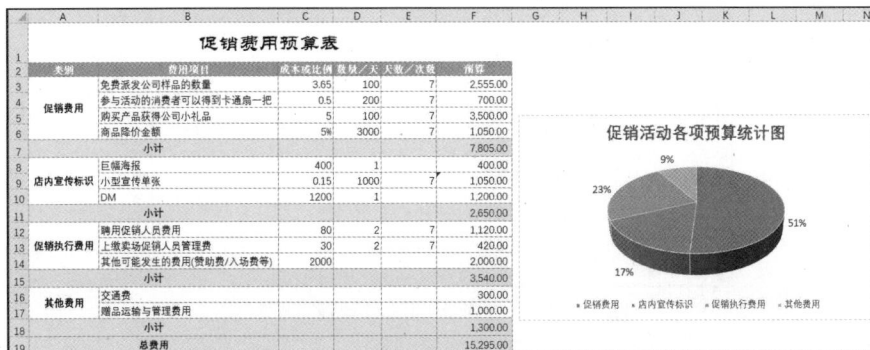

图 3.109　"促销活动各项预算统计图"效果

（2）制作"产品报价清单"，效果如图 3.110 所示。

序号	品牌	产品名称	单价	数量	金额	备注
			产品报价清单			
24-001	联想	联想ThinkPad轻薄本 X1 Nano 13英寸	￥7,699	5	￥38,495	
24-002	华为	华为MateBook D16 16英寸	￥6,600	3	￥19,800	
24-003	华硕	ASUS 灵耀14 14英寸	￥6,899	10	￥68,990	
24-004	戴尔	DELL灵越14PLUS 14英寸	￥5,880	2	￥11,760	
24-005	联想	小新Pro16 ARP8 16英寸 笔记本电脑	￥5,080	7	￥35,560	
24-006	荣耀	荣耀X16 Plus 16英寸	￥5,300	2	￥10,600	配置清单见附件
24-007	惠普	HP 战66 六代 14英寸轻薄笔记本	￥6,100	6	￥36,600	
24-008	宏基	acer 非凡Go Pro 14英寸	￥4,099	2	￥8,198	
24-009	外星人	Alienware m18 13代酷睿笔记本电脑 18英寸	￥27,000	1	￥27,000	
24-010	海尔	Haier Mix Pro14 轻薄本	￥4,500	1	￥4,500	
24-011	小米	Redmi Book 14 笔记本电脑	￥4,299	3	￥12,897	
24-012	清华同方	清华同方超锐F860-T2笔记本电脑	￥6,599	5	￥32,995	
合计金额	￥307,395		大写金额：		叁拾万柒仟叁佰玖拾伍 元	

图 3.110　"产品报价清单"效果

【项目训练】

制作"促销业绩汇总统计表"。利用统计函数 COUNT、COUNTIF、COUNTIFS、AVERAGE、AVERAGEIF、AVERAGEIFS 及数学函数 SUM、SUMIF 和 SUMIFS 实现促销业绩汇总分析，并突出显示销售额前 5 名的数据，效果如图 3.111 所示。

促销业绩清单						促销业绩汇总分析	
姓名	性别	部门	销售额			统计项目	汇总
李达康	女	销售1部	19069			促销记录数	32
王立红	女	销售2部	17248			销售额大于10000记录数	23
周宁	男	销售3部	12401			销售1部销售额超过10000记录数	4
郎毅夫	男	销售2部	27235			平均销售额	16309.3
郑伟	男	销售2部	18596			女员工平均销售额	16086.5
王斯聪	男	销售3部	32000			销售1部女员工平均销售额	13477.5
白敬婷	女	销售2部	19163			总销售额	521899.0
杨青夏	女	销售2部	18005			男员工总销售额	361034.0
王宏意	男	销售2部	7886			销售1部男员工总销售额	67519.0
邹海	男	销售2部	8255				
张新杰	男	销售1部	15200				
谢玉娜	女	销售2部	9300				
章建柱	男	销售2部	16591				
郑成建	男	销售3部	9888				
陈东升	男	销售2部	9981				
李辰	女	销售2部	15005				
王武	男	销售3部	23742				
李琛	男	销售3部	18734				
徐守仁	男	销售4部	9438				
张达	男	销售2部	24547				
徐小亮	男	销售2部	13008				
常晓春	女	销售4部	25097				
蓝礼宇	女	销售4部	14947				
金苏	男	销售2部	7416				
李诚光	男	销售3部	15672				
李敏	男	销售3部	26000				
周宏伟	男	销售2部	24618				
郭德扬	男	销售4部	9596				
李晓燕	女	销售3部	15145				
胡文	男	销售3部	8284				
吴培波	男	销售2部	12080				
李愿宏	男	销售2部	17752				

图 3.111　"促销业绩汇总统计表"效果

操作步骤如下。

（1）打开素材文件"促销业绩汇总统计表"。

（2）统计"促销记录数"。

① 选中 H3 单元格。

② 单击编辑栏中的"插入函数"按钮 f_x，打开"插入函数"对话框。

③ 单击"或选择类别"右侧的下拉按钮，从列表中选择"统计"，如图 3.112 所示。

④ 在"选择函数"列表框中选择"COUNT"，单击"确定"按钮，打开"函数参数"对话框，设置 Valuel 参数值为"D3:D34"，如图 3.113 所示。

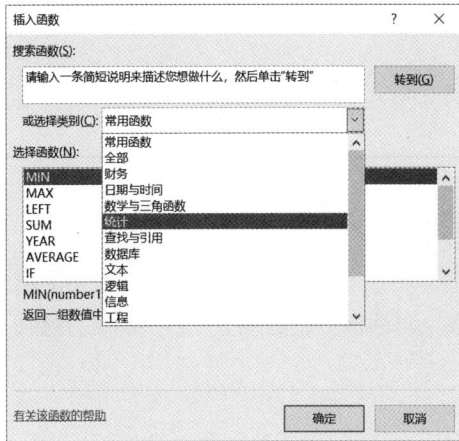

图 3.112 选择"统计"类别   图 3.113 设置"COUNT"函数参数

⑤ 单击"确定"按钮，统计出"促销记录数"。

（3）统计"销售额大于 10000 记录数"。

① 选中 H4 单元格。

② 单击编辑栏中的"插入函数"按钮 f_x，打开"插入函数"对话框。

③ 单击"或选择类别"右侧的下拉按钮，从列表中选择"统计"，在"选择函数"列表框中选择"COUNTIF"，单击"确定"按钮，打开"函数参数"对话框，设置图 3.114 所示的参数。

④ 单击"确定"按钮，统计出"销售额大于 10000 记录数"。

（4）统计"销售 1 部销售额超过 10000 记录数"。

① 选中 H5 单元格。

② 单击编辑栏中的"插入函数"按钮 f_x，打开"插入函数"对话框。

③ 单击"或选择类别"右侧的下拉按钮，从列表中选择"统计"，在"选择函数"列表框中选择"COUNTIFS"，单击"确定"按钮，打开"函数参数"对话框，设置图 3.115 所示的参数。

④ 单击"确定"按钮，统计出"销售 1 部销售额超过 10000 记录数"。

（5）统计"平均销售额"。

① 选中 H6 单元格。

② 单击编辑栏中的"插入函数"按钮 f_x，打开"插入函数"对话框。

③ 单击"或选择类别"右侧的下拉按钮，从列表中选择"统计"，在"选择函数"列表框中选择"AVERAGE"，单击"确定"按钮，打开"函数参数"对话框，设置图 3.116 所示的参数。

④ 单击"确定"按钮，统计出"平均销售额"。

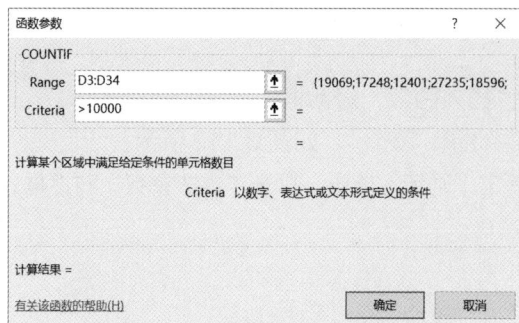

图 3.114　设置"COUNTIF"函数参数

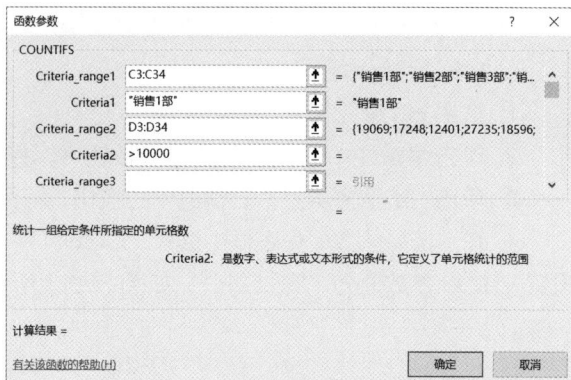

图 3.115　设置"COUNTIFS"函数参数

（6）统计"女员工平均销售额"。

① 选中 H7 单元格。

② 单击编辑栏中的"插入函数"按钮 f_x，打开"插入函数"对话框。

③ 单击"或选择类别"右侧的下拉按钮，从列表中选择"统计"，在"选择函数"列表框中选择"AVERAGEIF"，单击"确定"按钮，打开"函数参数"对话框，设置图 3.117 所示的参数。

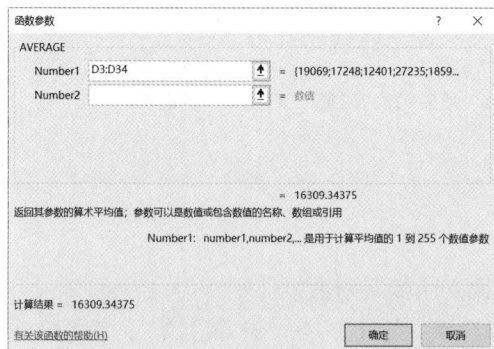

图 3.116　设置"AVERAGE"函数参数

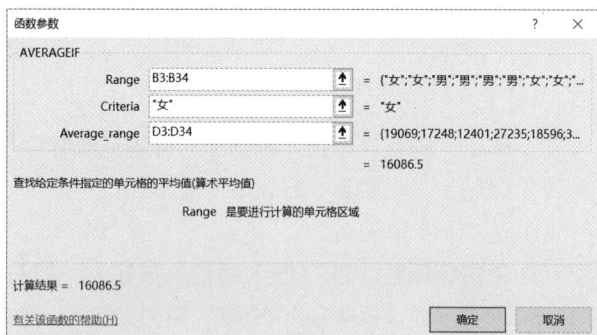

图 3.117　设置"AVERAGEIF"函数参数

④ 单击"确定"按钮，统计出"女员工平均销售额"。

（7）统计"销售 1 部女员工平均销售额"。

① 选中 H8 单元格。

② 单击编辑栏中的"插入函数"按钮 f_x，打开"插入函数"对话框。

③ 单击"或选择类别"右侧的下拉按钮，从列表中选择"统计"，在"选择函数"列表框中选择"AVERAGEIFS"，单击"确定"按钮，打开"函数参数"对话框，设置图 3.118 所示的参数。

④ 单击"确定"按钮，统计出"销售 1 部女员工平均销售额"。

（8）统计"总销售额"。

① 选中 H9 单元格。

② 单击编辑栏中的"插入函数"按钮 f_x，打开"插入函数"对话框。

③ 单击"或选择类别"右侧的下拉按钮，从列表中选择"数学与三角函数"，在"选择函数"列表框中选择"SUM"，单击"确定"按钮，打开"函数参数"对话框，设置图 3.119 所示的参数。

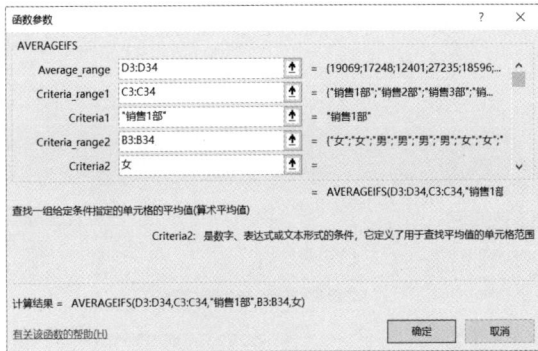

图 3.118　设置"AVERAGEIFS"函数参数

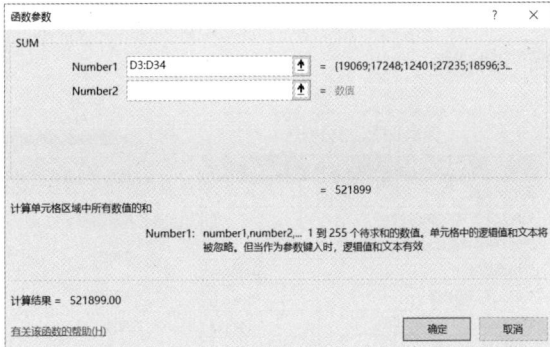

图 3.119　设置"SUM"函数参数

④ 单击"确定"按钮，统计出"总销售额"。

（9）统计"男员工总销售额"。

① 选中 H10 单元格。

② 单击编辑栏中的"插入函数"按钮 *fx*，打开"插入函数"对话框。

③ 单击"或选择类别"右侧的下拉按钮，从列表中选择"数学与三角函数"，在"选择函数"列表框中选择"SUMIF"，单击"确定"按钮，打开"函数参数"对话框，设置图 3.120 所示的参数。

④ 单击"确定"按钮，统计出"男员工总销售额"。

（10）统计"销售 1 部男员工总销售额"。

① 选中 H11 单元格。

② 单击编辑栏中的"插入函数"按钮 *fx*，打开"插入函数"对话框。

③ 单击"或选择类别"右侧的下拉按钮，从列表中选择"数学与三角函数"，在"选择函数"列表框中选择"SUMIFS"，单击"确定"按钮，打开"函数参数"对话框，设置图 3.121 所示的参数。

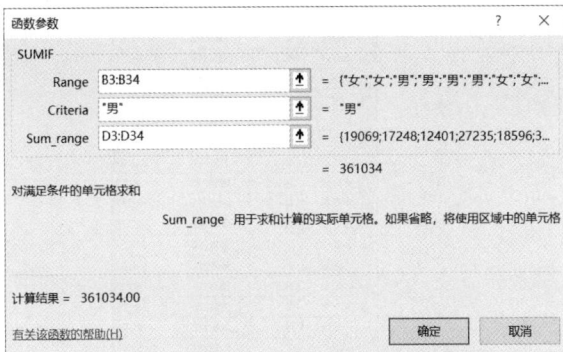

图 3.120　设置"SUMIF"函数参数

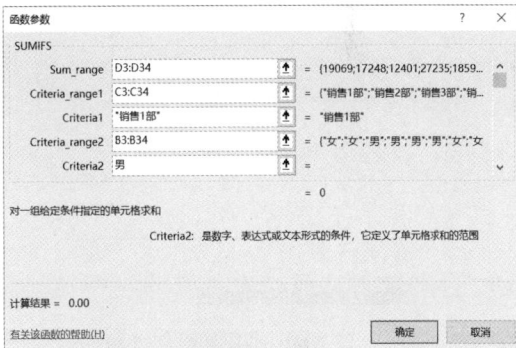

图 3.121　设置"SUMIFS"函数参数

④ 单击"确定"按钮，统计出"销售 1 部男员工总销售额"。

（11）将 H6:H11 单元格区域的数据格式设置为"数值"类型，保留 1 位小数，效果如图 3.122 所示。

（12）突出显示"促销业绩清单"中销售额前 5 名的单元格。

① 选中 D3:D34 单元格区域。

② 单击"开始"→"样式"→"条件格式"按钮，打开"条件格式"下拉菜单。

③ 单击图 3.123 所示的"最前/最后规则"→"前 10 项"命令，弹出图 3.124 所示的"前 10 项"对话框。

促销业绩汇总分析	
统计项目	**汇总**
促销记录数	32
销售额大于10000记录数	23
销售1部销售额超过10000记录数	4
平均销售额	16309.3
女员工平均销售额	16086.5
销售1部女员工平均销售额	13477.5
总销售额	521899.0
男员工总销售额	361034.0
销售1部男员工总销售额	67519.0

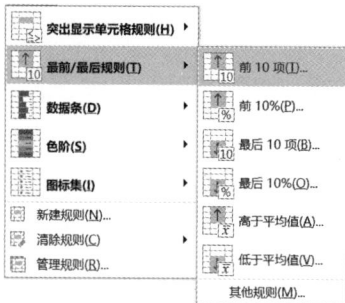

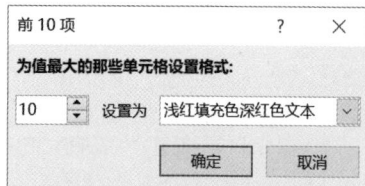

图 3.122　"促销业绩汇总分析"效果　　图 3.123　"最前/最后规则"子菜单　　图 3.124　"前 10 项"对话框

④ 在"前 10 项"对话框中设置数值"5"作为条件，然后单击"设置为"右侧的下拉按钮，从下拉列表中选择"浅红色填充"选项，如图 3.125 所示。

⑤ 单击"确定"按钮，完成条件格式的设置，效果如图 3.126 所示。

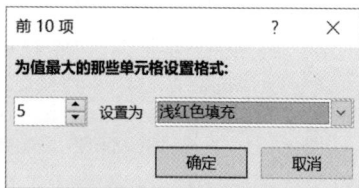

图 3.125　设置条件格式

	A	B	C	D
1	促销业绩清单			
2	姓名	性别	部门	销售额
3	李达康	女	销售1部	19069
4	王立红	女	销售2部	17248
5	周宁	男	销售3部	12401
6	那毅夫	男	销售2部	27235
7	郑伟	男	销售1部	18596
8	王斯聪	男	销售3部	32000
9	白敬婷	女	销售2部	19163
10	杨青夏	女	销售2部	18005
11	王宏恩	女	销售1部	7886
12	邹海	男	销售2部	8255
13	张新杰	男	销售1部	15200
14	谢玉娜	女	销售2部	9300
15	章建柱	男	销售2部	16591
16	郑成建	男	销售3部	9888
17	陈东升	男	销售2部	9981
18	李辰	女	销售2部	15005
19	王武	男	销售1部	23742
20	李琛	男	销售3部	18734
21	徐守仁	男	销售4部	9438
22	张达	男	销售2部	24547
23	徐小亮	男	销售2部	13008
24	常晓春	男	销售2部	25097
25	蓝礼宇	女	销售4部	14947
26	金苏	男	销售3部	7416
27	李诚光	男	销售3部	15672
28	李敏	男	销售2部	26000
29	周宏伟	男	销售2部	24618
30	郭德扬	男	销售4部	9596
31	李晓燕	女	销售3部	15145
32	胡文	男	销售2部	8284
33	吴培波	男	销售2部	12080
34	李愿宏	男	销售2部	17752

图 3.126　设置条件格式后的效果

【项目小结】

本项目通过制作"促销费用预算表""促销任务安排表""促销活动各项预算统计图""产品报价清单""促销业绩汇总统计表"，介绍了工作簿和工作表的管理，设置数据格式，选择性粘贴；应用公式和函数 DATEDIF、COUNT、COUNTIF、COUNTIFS、AVERAGE、AVERAGEIF、AVERAGEIFS、SUM、SUMIF 和 SUMIFS 实现数据的统计和处理；利用条件格式突出显示数据；通过创建、编辑和美化图表，使数据表中的数据更直观地呈现出来；通过打印预览图表，在打印预览界面中观察生成的图表效果。

项目 13　制作销售统计分析表

示例文件	原始文件：示例文件\素材\市场篇\项目 13\销售数据分析.xlsx
	效果文件：示例文件\效果\市场篇\项目 13\销售数据分析.xlsx

【项目背景】

在企业的日常经营中，市场部要随时注意公司的产品销售情况，了解各种产品的市场需求量及生产计划，并分析地区性差异等各种因素，为企业领导者制定决策提供依据。将数据制作成图表，可以直观地表达数据的变化和差异。当数据以图表的方式显示时，图表会与相应的数据相链接，当更新工作表中的数据时，图表也会随之更新。本项目效果如图 3.127 和图 3.128 所示。

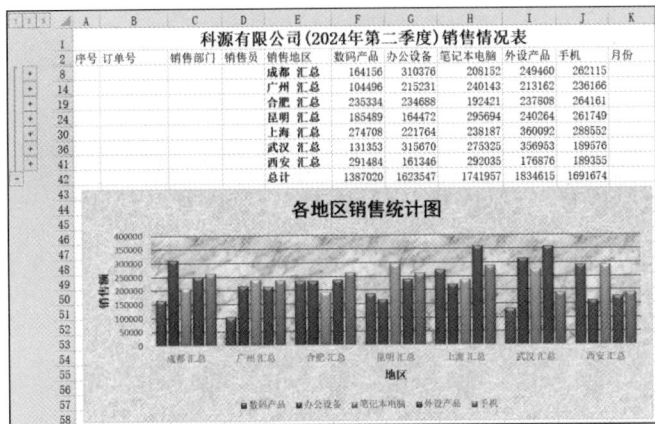

图 3.127　"销售统计图"效果

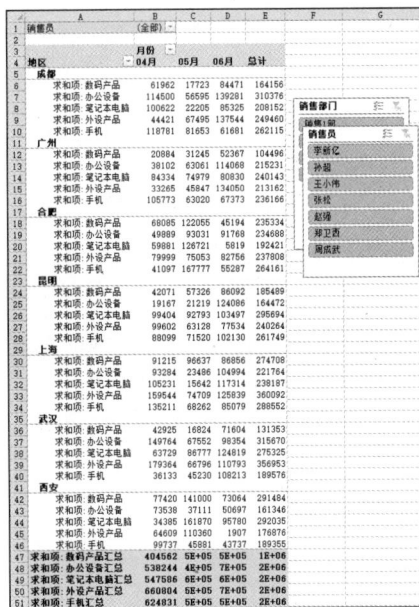

图 3.128　"销售数据透视表"效果

【项目实施】

任务 13-1　新建并保存工作簿

（1）启动 Excel 2016，新建一个空白工作簿，将工作簿重命名为"销售统计分析"，并将其保存在"D:\公司文档\市场部"文件夹中。

（2）输入数据。在"Sheet1"工作表中输入图 3.129 所示的销售原始数据。

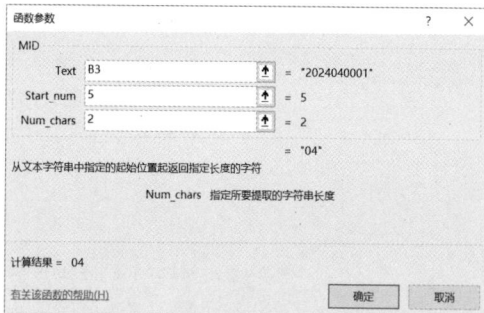

（3）根据"订单号"提取"月份"数据。

由于表中"订单号"的 1~4 位表示年份，5~6 位表示月份，7~10 位表示当月的订单序号，这里的"月份"可通过 MID 函数进行提取，不必手动输入。

① 选中 K3 单元格。

② 单击"公式"→"函数库"→"文本"按钮，打开"文本"下拉菜单，选择"MID"命令，打开"函数参数"对话框。

③ 按图 3.130 所示设置函数参数。

微课 3-9 由"订单号"提取"月份"数据

图 3.129　销售原始数据

图 3.130　"函数参数"对话框

④ 单击"确定"按钮，获得所需的月份值"04"。此时，可见编辑栏中的公式为"=MID(B3,5,2)"。

⑤ 在编辑栏中进一步编辑公式，将其修改为"=MID(B3,5,2)&"月""，如图 3.131 所示。按【Enter】键，显示月份为"04 月"。

图 3.131　编辑"月份"计算公式

活力小贴士　在 Excel 中，"&"作为文本连接运算符，可以用来将两个或多个文本字符串连接起来，以生成一个连续的文本值。如"="四川"&"成都""，结果为"四川成都"。注意，此处公式中的双引号为英文状态。

⑥ 选中 K3 单元格，拖曳填充柄至 K34 单元格，获取所有的月份数据，如图 3.132 所示。

（4）将表格标题的格式设置为"宋体、16、加粗"。

（5）设置表格标题的对齐方式为"跨列居中"。

① 选中 A1:K1 单元格区域，单击"开始"→"数字"→"数字格式"对话框启动器按钮，打开"设置单元格格式"对话框。

② 切换到"对齐"选项卡，单击"水平对齐"下拉按钮，在下拉列表中选择"跨列居中"，如图 3.133 所示，单击"确定"按钮。

图 3.132 根据"订单号"提取"月份"数据

图 3.133 设置"跨列居中"

任务 13-2 复制、插入和重命名工作表

（1）将"Sheet1"工作表重命名为"销售原始数据"，复制一份。

（2）将复制的工作表重命名为"分类汇总"。

（3）插入一张新工作表并将其重命名为"数据透视表"。

任务 13-3 汇总统计各地区的销售数据

微课 3-10 汇总统计各地区的销售数据

（1）选择"分类汇总"工作表。

（2）按"销售地区"排序。

① 选中"销售地区"所在列有数据的任意单元格。

② 单击"数据"→"排序和筛选"→"升序"按钮，对"销售地区"按升序进行排列。

（3）分类汇总。

① 单击"数据"→"分级显示"→"分类汇总"按钮，打开"分类汇总"对话框。

② 在"分类汇总"对话框中选择分类字段为"销售地区"，汇总方式为"求和"，选定汇总项为"数码产品""办公设备""笔记本电脑""外设产品""手机"，取消默认勾选的"月份"复选框，如图 3.134 所示。

③ 单击"确定"按钮，生成图 3.135 所示的分类汇总表。

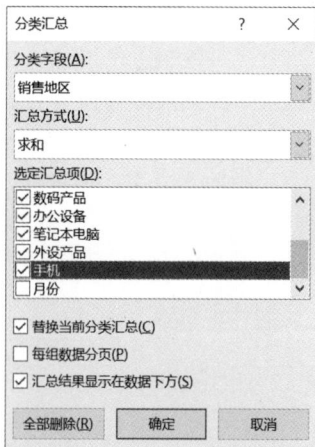

图 3.134　"分类汇总"对话框

图 3.135　分类汇总表

④ 在分类汇总表中，选择显示第 2 级汇总数据，将得到图 3.136 所示的效果。

图 3.136　显示第 2 级汇总数据

任务 13-4　创建图表

（1）利用分类汇总表创建图表。在分类汇总表的第 2 级汇总数据中，选择要创建图表的单元格区域 E2:J41，即汇总数据所在区域，如图 3.137 所示。

图 3.137　选择图表数据区域

（2）单击"插入"→"图表"→"插入折线图或面积图"按钮，打开图 3.138 所示的"折线图或面积图"下拉菜单，选择"二维折线图"栏中的"带数据标记的折线图"，生成图 3.139 所示的图表。

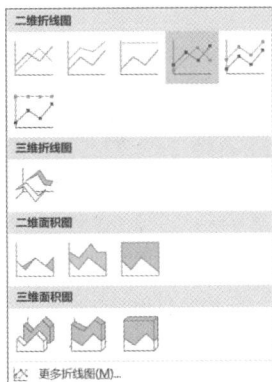

图 3.138　"折线图或面积图"下拉菜单

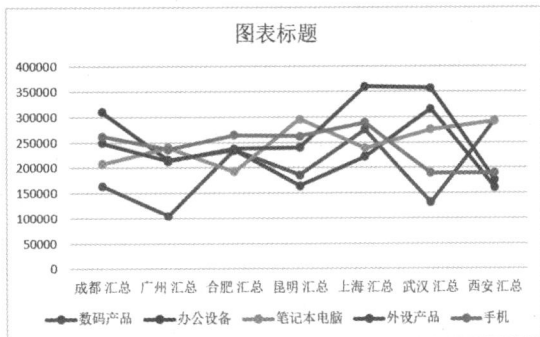

图 3.139　生成带数据标记的折线图

活力小贴士

① 在创建图表之前，由于已经选定了数据区域，图表将反映该区域的数据。如果想改变图表的数据来源，单击"图表工具"→"设计"→"数据"→"选择数据"按钮，打开图 3.140 所示的"选择数据源"对话框，在其中编辑数据源即可。

② 若要修改图表中的数据系列，则选中图表，单击"图表工具"→"设计"→"数据"→"切换行/列"按钮，将横坐标轴和纵坐标轴上的数据系列进行交换，如图 3.141 所示。

③ 默认情况下，生成的图表是位于所选数据的工作表中的，根据实际需要，

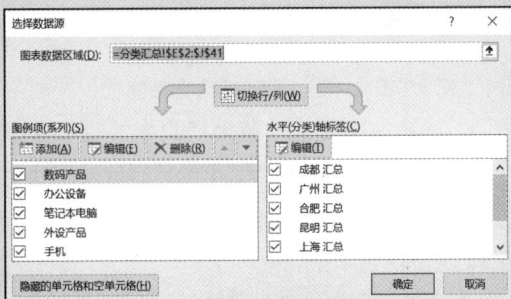

图 3.140　"选择数据源"对话框

单击"图表工具"→"设计"→"位置"→"移动图表"按钮，打开图 3.142 所示的"移动图表"对话框，则可将图表作为新的工作表插入。

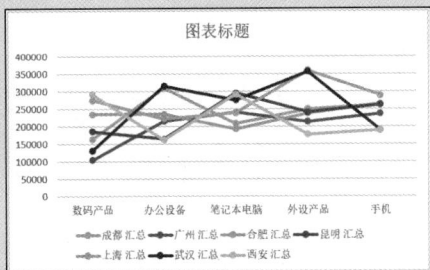

图 3.141　交换图表中横坐标轴和纵坐标轴上的数据系列

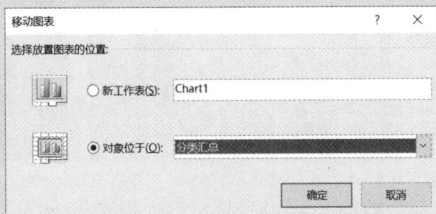

图 3.142　"移动图表"对话框

任务 13-5　修改图表

（1）修改图表类型。

① 选中图表。

② 单击"图表工具"→"设计"→"类型"→"更改图表类型"按钮，打开图 3.143 所示的"更改图表类型"对话框。

③ 选择"柱形图"中的"簇状柱形图"，单击"确定"按钮，将图表修改为图 3.144 所示的簇状柱形图。

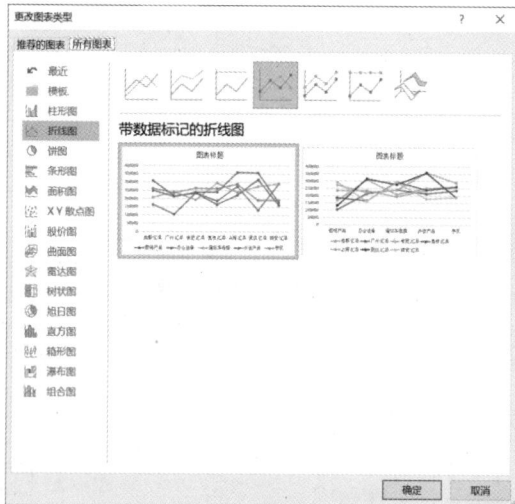

图 3.143 "更改图表类型"对话框

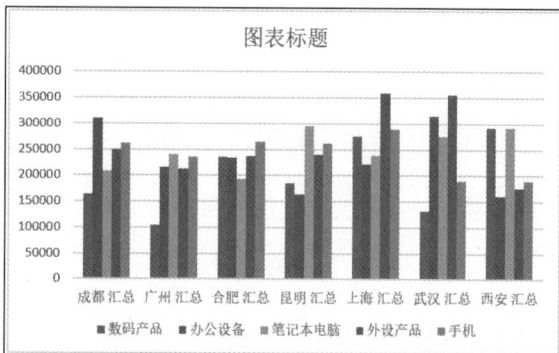

图 3.144 将图表类型修改为簇状柱形图

（2）修改图表样式。单击"图表工具"→"设计"→"图表样式"→"其他"下拉按钮，打开"图表样式"列表，选择"样式 14"。修改图表样式后的效果如图 3.145 所示。

（3）设置图表标题。在图表上方的"图表标题"占位符中输入图表标题"各地区销售统计图"。

（4）添加坐标轴标题。

单击"图表工具"→"设计"→"图表布局"→"添加图表元素"按钮，在下拉菜单中分别选择"轴标题"→"主要横坐标轴"命令和"轴标题"→"主要纵坐标轴"命令，再分别添加横坐标轴标题"地区"和纵坐标轴标题"销售额"，如图 3.146 所示。

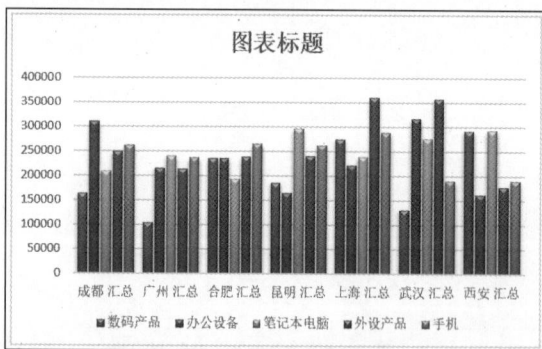

图 3.145 修改图表样式后的效果

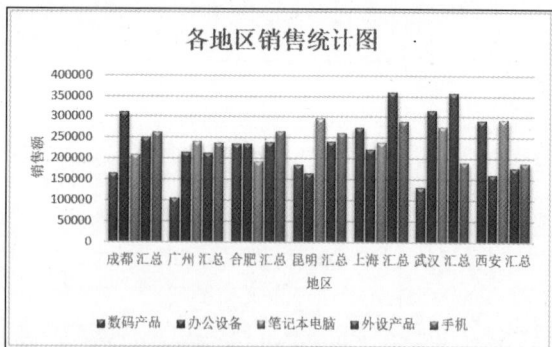

图 3.146 添加图表标题和坐标轴标题

任务 13-6 设置图表格式

（1）设置绘图区的格式。

① 选中图表。

② 单击"图表工具"→"格式"→"当前所选内容"→"图表元素"下拉按钮，在下拉列表中选择"绘图区"。

③ 单击"图表工具"→"格式"→"当前所选内容"→"设置所选内容格式"按钮，打开"设置绘图区格式"窗格。

④ 单击"填充与线条"按钮，展开"填充"选项，然后选中"图片或纹理填充"单选按钮，如图 3.147 所示。

⑤ 单击"纹理"下拉按钮，打开图 3.148 所示的"纹理"下拉列表，选择"白色大理石"。

（2）设置图表区的格式。

① 使用与前述相同的方法，选择"图表区"，设置其填充纹理为"蓝色面巾纸"。

② 适当调整图表的大小。

（3）设置图表标题及坐标轴标题的格式。

① 设置图表标题的格式为"黑体、18"。

② 将横、纵坐标轴标题的格式均设置为"宋体、11、加粗"。

（4）设置主要网格线的格式。

① 选中图表。

② 单击"图表工具"→"格式"→"当前所选内容"→"图表元素"下拉按钮，在下拉列表中选择"垂直（值）轴 主要网格线"。

③ 单击"图表工具"→"格式"→"当前所选内容"→"设置所选内容格式"按钮，打开"设置主要网格线格式"窗格。

④ 单击"填充与线条"按钮，设置线条类型为"实线"，线条颜色为默认的"蓝色，个性色 1"。

⑤ 适当调整图表的宽度，并移动图表至分类汇总表的数据区域的下方。

设置好的"各地区销售统计图"如图 3.149 所示。

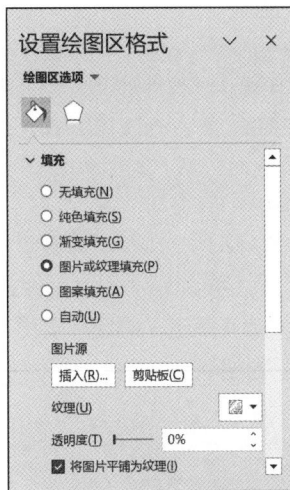

图 3.147 "设置绘图区格式"窗格

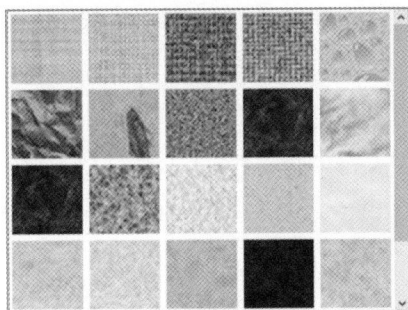

图 3.148 "纹理"下拉列表

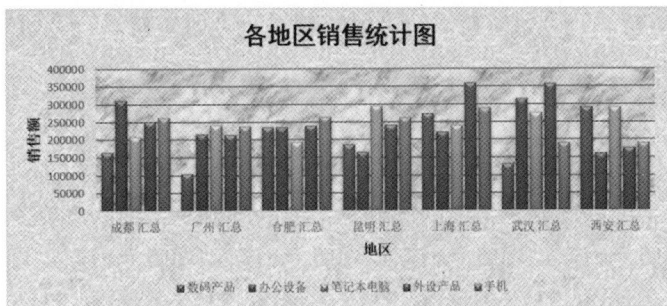

图 3.149 设置好的"各地区销售统计图"

任务 13-7 制作"数据透视表"

（1）选中"销售原始数据"工作表。

（2）选中数据区域的任意单元格。

（3）单击"插入"→"表格"→"数据透视表"按钮，打开图 3.150 所示的

微课 3-11 制作销售数据透视表

"创建数据透视表"对话框。

（4）在"选择一个表或区域"选项中，创建数据透视表的数据区域为"销售原始数据!$A$2:$K$34"。

> **活力小贴士** 一般情况下，如果用鼠标选中数据区域中的任意单元格，在创建数据透视表时 Excel 2016 将自动搜索并选定其数据区域，如果选定的区域与实际区域不同，可重新选择。

（5）在"选择放置数据透视表的位置"栏中选中"现有工作表"单选按钮，并选择"数据透视表"工作表的 A1 单元格作为数据透视表的起始位置。

（6）单击"确定"按钮，产生图 3.151 所示的默认数据透视表，并在右侧显示"数据透视表字段"窗格。

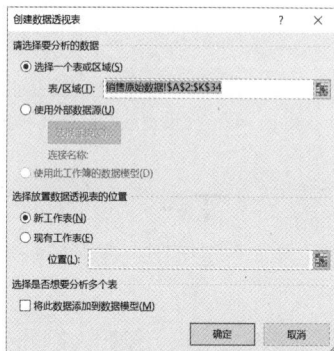

图 3.150　"创建数据透视表"对话框

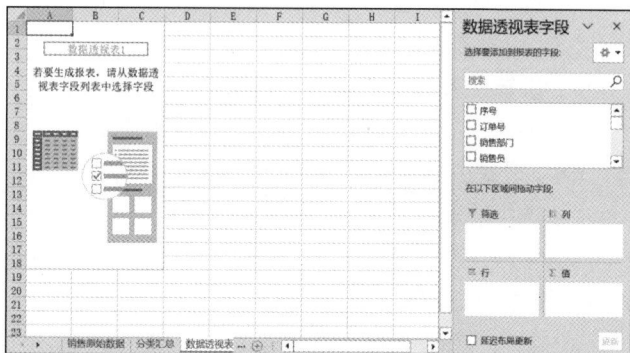

图 3.151　创建的默认数据透视表

（7）在"数据透视表字段"窗格中将"销售员"字段拖曳至"筛选"区域中，使其成为筛选标题；将"月份"字段拖曳至"列"区域中，使其成为列标题；将"销售地区"字段拖曳至"行"区域中，使其成为行标题；依次拖曳"数码产品""办公设备""笔记本电脑""外设产品""手机"字段至"值"区域中，再将默认产生在"列"中的"Σ数值"字段拖曳至"行"区域中的"销售地区"字段下方，如图 3.152 所示。

图 3.152　设置好的数据透视表字段

（8）将数据透视表中的"行标签"修改为"地区"，"列标签"修改为"月份"。

（9）根据图 3.152，单击"行标签"或"列标签"对应的下拉按钮，可以选择需要的数据进行查看，达到数据透视的目的。

（10）插入切片器。

除了使用"行标签"或"列标签"对应的下拉按钮进行数据筛选外，切片器也是一种可视化筛选工具，可轻松筛选数据透视表中的数据。

① 将光标置于"数据透视表"工作表的任意有数据的单元格中。

② 单击"数据透视表工具"→"分析"→"筛选"→"插入切片器"按钮，打开图 3.153 所示的"插入切片器"对话框。

③ 选中"销售部门""销售员"，单击"确定"按钮，在数据透视表中插入图 3.154 所示的"销售部门""销售员"切片器。

图 3.153　"插入切片器"对话框

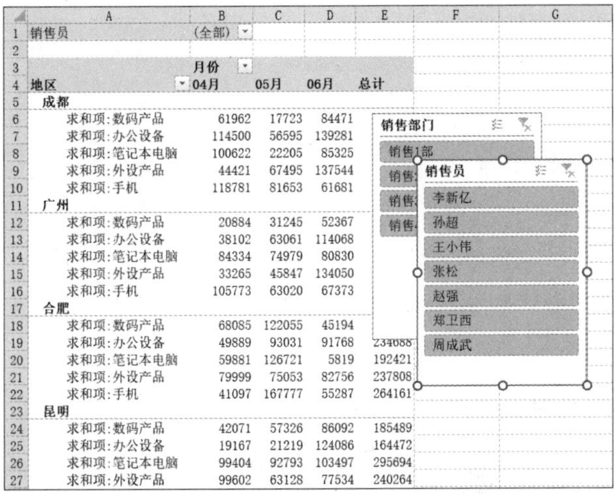

图 3.154　在数据透视表中插入切片器

④ 单击切片器中的数据项，可在数据透视表中筛选显示相应的数据，如图 3.155 所示，通过"销售部门"切片器筛选显示"销售3部"的数据。

活力小贴士 使用切片器进行数据筛选时，单击切片器上的"多选"按钮，可同时对多个数据项进行筛选；单击"清除筛选器"按钮，可对已做的筛选进行清除；若不想再使用切片器，可使用鼠标右键单击切片器，从快捷菜单中选择"删除'字段名称'"命令，如删除"销售部门"。

（11）按"销售员"显示报表筛选页，使每个销售员的销售报表以一张独立工作表的形式分别进行显示。

① 将光标置于"数据透视表"工作表的任意有数据的单元格中。

② 单击"数据透视表工具"→"分析"→"数据透视表"→"选项"下拉按钮，在下拉菜单中选择"显示报表筛选页"命令，如图 3.156 所示。

③ 在打开的"显示报表筛选页"对话框中，选定"销售员"作为筛选页字段，如图 3.157 所示。

④ 单击"确定"按钮，生成图 3.158 所示的按"销售员"显示的筛选页。

图 3.155　使用切片器筛选数据透视表

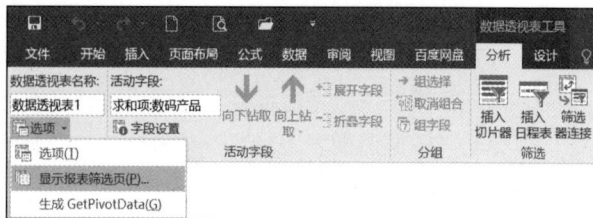

图 3.156　选择"显示报表筛选页"命令

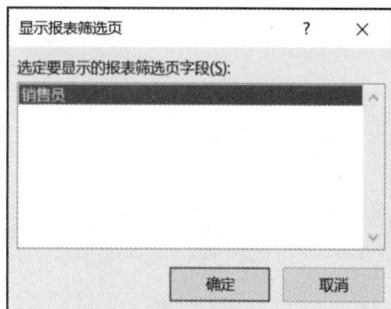

图 3.157　"显示报表筛选页"对话框

图 3.158　按"销售员"显示的筛选页

【项目拓展】

（1）利用图 3.159 所示的"产品销售情况表"中的数据，制作"各类产品销售汇总表"，效果如图 3.160 所示。

订单编号	产品编号	产品类型	产品型号	销售日期	业务员	销售量	销售金额
			产品销售情况表				
24-04001	ZJ1001	装机配件	i7-13700F 13代	2024-4-2	杨立	1	¥3,099.00
24-04002	ZJ1002	装机配件	WDBEPK0020BBK	2024-4-5	白瑞林	3	¥1,380.00
24-04003	WL1002	网络产品	普联TL-WN823N免驱版	2024-4-5	杨立	7	¥413.00
24-04004	SM1001	数码产品	7 NFC版	2024-4-8	夏蓝	4	¥996.00
24-04005	DN1002	笔记本电脑	SF314-512 14英寸	2024-4-8	方艳芸	2	¥10,374.00
24-04006	SX1001	摄影摄像	EOS 200D Ⅱ	2024-4-12	夏蓝	3	¥15,600.00
24-04007	BG1001	办公设备	HP OfficeJet 100	2024-4-26	张勇	3	¥21,995.00
24-04008	ZJ1003	装机配件	金士顿DDR4 3200 32GB	2024-4-29	方艳芸	14	¥8,246.00
24-05001	ZJ1002	装机配件	WDBEPK0020BBK	2024-5-5	白瑞林	6	¥2,760.00
24-05002	ZJ1001	装机配件	i7-13700F 13代	2024-5-12	李陵	2	¥6,198.00
24-05003	ZJ1003	装机配件	金士顿DDR4 3200 32GB	2024-5-16	夏蓝	8	¥4,712.00
24-05004	WL1002	网络产品	普联TL-WN823N免驱版	2024-5-16	李陵	3	¥177.00
24-05005	SM1003	数码产品	SanDisk CZ73	2024-5-16	张勇	20	¥3,000.00
24-05006	SM1001	数码产品	7 NFC版	2024-5-25	李陵	28	¥6,972.00
24-05007	SM1002	数码产品	SanDisk 256GB TF	2024-5-25	杨立	8	¥1,240.00
24-06001	WL1001	网络产品	华为 B311B-853	2024-6-3	方艳芸	6	¥1,980.00
24-06002	DN1003	笔记本电脑	YOGA Pro14s	2024-6-3	张勇	1	¥8,265.00
24-06003	DN1001	笔记本电脑	Ins 15-3520-R1828S	2024-6-4	李陵	2	¥11,780.00

图 3.159　"产品销售情况表"中的数据

图 3.160 　 "各类产品销售汇总表" 效果

（2）利用图 3.159 所示的 "产品销售情况表" 中的数据，制作 "业务员销售业绩数据透视表"，效果如图 3.161 所示。

图 3.161 　 "业务员销售业绩数据透视表" 效果

【项目训练】

消费者的购买行为通常直接反映出产品或者服务的市场表现。对消费者的行为习惯和购买力进行分析，可以为企业市场定位提供准确的依据。接下来，将制作图 3.162 和图 3.163 所示的消费者购买行为分析图表。

操作步骤如下。

（1）启动 Excel 2016，新建一个空白工作簿，将工作簿重命名为 "消费者购买行为分析"，并将其保存在 "D:\公司文档\市场部" 文件夹中。

（2）将 "Sheet1" 工作表重命名为 "不同收入消费者群体购买力特征分析"，再插入一张新工作表，并重命名为 "消费行为习惯分析"。

（3）在 "不同收入消费者群体购买力特征分析" 工作表中输入原始数据并设置单元格格式。

① 选中 "不同收入消费者群体购买力特征分析" 工作表，输入图 3.164 所示的原始数据。

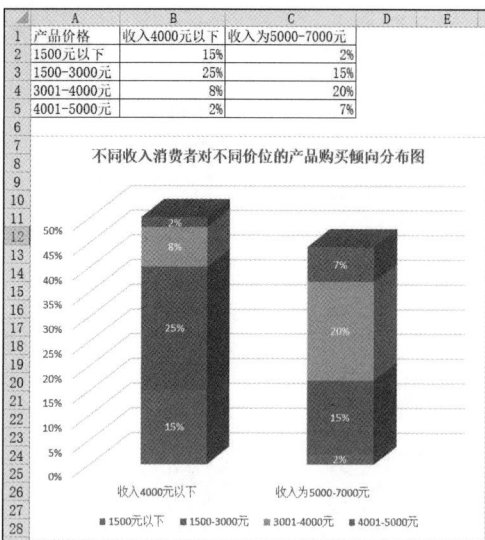

图 3.162 "不同收入消费者群体购买力特征分析"效果

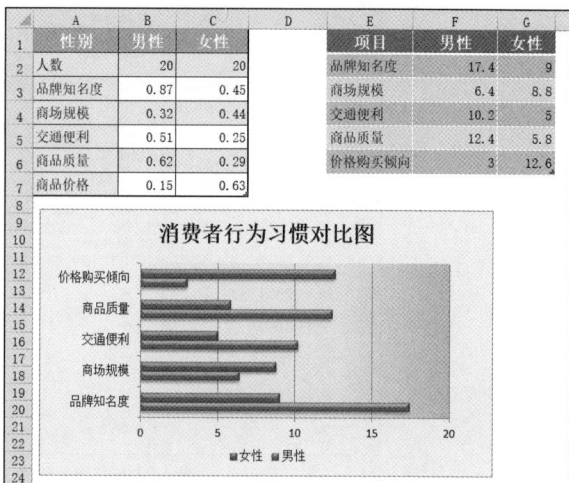

图 3.163 "消费行为习惯分析"效果

② 选中 A1:C5 单元格区域，为该单元格区域添加边框。

（4）创建"不同收入消费者对不同价位的产品购买倾向分布图"。

① 选中 A1:C5 单元格区域。

② 单击"插入"→"图表"→"插入柱形图或条形图"按钮，打开"柱形图或条形图"下拉菜单，选择"三维柱形图"栏中的"三维堆积柱形图"，生成图 3.165 所示的图表。

图 3.164 "不同收入消费者群体购买力特征分析"的原始数据

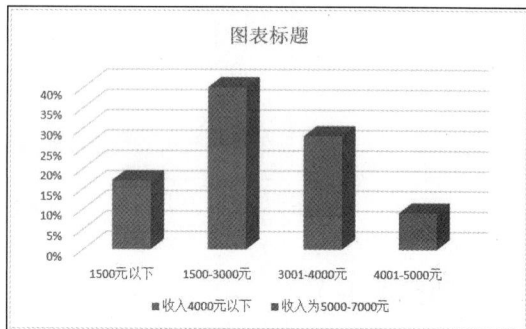

图 3.165 三维堆积柱形图

③ 选中图表，单击"图表工具"→"设计"→"数据"→"切换行/列"按钮，将图表数据系列的行、列互换，如图 3.166 所示。

④ 为图表添加图 3.167 所示的图表标题和数据标签。

（5）输入"消费行为习惯分析"的原始数据，如图 3.168 所示。

（6）计算男性、女性消费者不同消费行为的人数。

① 选中 F2 单元格，输入公式"= $B$2*B3"并按【Enter】键，拖曳填充柄将公式填充至 F3:F6 单元格区域。

② 选中 G2 单元格，输入公式"= $C$2*C3"并按【Enter】键，拖曳填充柄将公式填充至 G3:G6 单元格区域。

（7）按图 3.169 所示设置工作表的数据区格式。

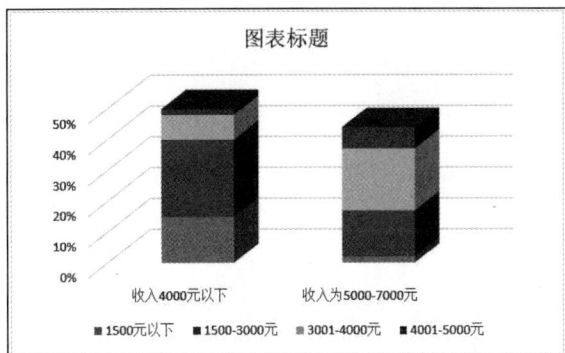

图 3.166　互换图表数据系列的行、列

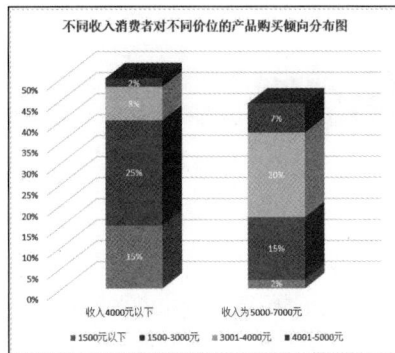

图 3.167　添加图表标题和数据标签

图 3.168　"消费行为习惯分析"的原始数据

图 3.169　设置工作表的数据区格式

（8）创建"消费者行为习惯对比图"。

① 选中 E1:G6 单元格区域。

② 单击"插入"→"图表"→"插入柱形图或条形图"按钮，打开"柱形图或条形图"下拉菜单，选择"二维条形图"栏中的"簇状条形图"，生成图 3.170 所示的图表。

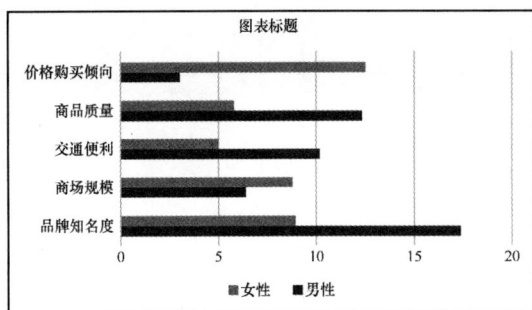

③ 按照图 3.171 所示修改图表。

图 3.170　簇状条形图

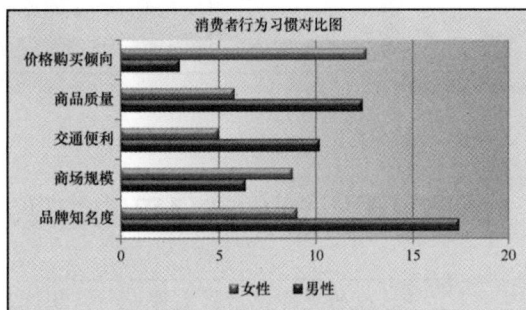

图 3.171　修改后的簇状条形图

【项目小结】

本项目通过制作"销售统计分析表""各类产品销售汇总表""业务员销售业绩数据透视表""消费者购买行为分析图表"，主要介绍了 Excel 2016 数据的输入，运用 MID 函数提取文本等基本操作。此外，本项目还介绍了运用分类汇总、图表、数据透视表等对销售数据进行多角度、全方位分析的操作方法，为市场部对产品销售的有效预测和推广提供保障和支持。

第4篇
物流篇

04

　　随着全球经济一体化进程日益加快，企业面临更加激烈的竞争环境，资源在全球范围内的流动越来越广、配置效率越来越高，企业物流构成了企业价值链的基础活动。因此，为消费者提供高质量的服务，降低物流成本，加快企业资金周转，减少库存积压，提高利润率，从而提高企业的经济效益，成为企业关注的重点。本篇以物流部在工作中经常使用的几种表格及数据处理操作为例，介绍 Excel 2016 在商品采购、库存、进销存管理以及物流成本核算等物流管理方面的应用。

学习目标

📖 知识点
- Excel 2016 工作表的基本操作
- 定义名称和数据验证
- VLOOKUP 函数
- 自动筛选和高级筛选
- 分类汇总和合并计算
- 条件格式
- 组合图表的创建和编辑

📖 技能点
- 利用 Excel 2016 创建数据表，灵活设置格式
- 定义名称、自定义数据格式进行数据处理
- 通过数据验证设置输入符合规定的数据
- 学会合并多表数据，得到汇总结果
- 利用 VLOOKUP 函数查找需要的数据
- 熟练使用 Excel 2016 的自动筛选和高级筛选功能
- 利用分类汇总、数据透视表汇总数据
- 能灵活地构造和使用图表展示数据
- 能灵活使用条件格式实现数据可视化

📖 素养点
- 具有一定的管理能力
- 熟悉相关工作规程
- 培养严、慎、细、实的职业素养和工匠精神

项目 14　　制作商品采购管理表

示例文件	原始文件：示例文件\素材\物流篇\项目 14\商品采购管理表.xlsx
	效果文件：示例文件\效果\物流篇\项目 14\商品采购管理表.xlsx

【项目背景】

　　采购是企业经营的一个核心环节，是企业获取利润的重要来源，在企业的产品开发、质量保证、供应链管理及经营管理中起着极其重要的作用，采购成功与否在一定程度上影响着企业竞争力的高低。本项目以制作"商品采购管理表"为例，介绍 Excel 2016 在商品采购管理中的应用，效果如图 4.1 和图 4.2 所示。

商品采购明细表

序号	采购日期	商品编码	商品名称	规格型号	单位	数量	单价	金额	支付方式	供应商	已付货款	应付货款余额
001	2024-3-2	J1002	华为笔记本电脑	MateBook D16 16英寸	台	16	¥6,320	¥101,120	银行转帐	威尔达科技		¥101,120
002	2024-3-5	J1004	戴尔笔记本电脑	DELL灵越14PLUS 14英寸	台	8	¥5,580	¥44,640	支票	拓达科技		¥44,640
003	2024-3-5	J1005	联想轻薄笔记本电脑	小新Pro16 ARP8 16英寸	台	5	¥4,600	¥23,000	本票	拓达科技		¥23,000
004	2024-3-8	YY1001	西部数据移动硬盘	WDBEPK0020BBK 2TB	个	18	¥435	¥7,830	移动支付	威尔达科技	¥7,830	¥0
005	2024-3-10	XJ1002	佳能相机	EOS R50	部	8	¥3,800	¥30,400	支票	义美数码		¥30,400
006	2024-3-12	SXJ1001	索尼数码摄像机	FDR-AX45A	台	6	¥6,150	¥36,900	支票	天宇数码		¥36,900
007	2024-3-16	SJ1001	华为手机	Mate 60 Pro+	部	25	¥8,380	¥209,500	银行转帐	顺成通讯		¥209,500
008	2024-3-17	J1001	联想ThinkPad 轻薄本	X1 Nano 13英寸	台	28	¥7,200	¥201,600	银行转帐	长城科技		¥201,600
009	2024-3-19	J1006	荣耀笔记本电脑	X16 Plus 16英寸	台	15	¥4,899	¥73,485	本票	力锦科技		¥73,485
010	2024-3-19	YY1002	西部数据移动固态硬盘	WDBAYN0020BBK 2TB	个	12	¥770	¥9,240	移动支付	天科电子	¥5,500	¥3,740
011	2024-3-22	SJ1003	vivo手机	iQ00 Neo9	部	18	¥1,820	¥32,760	支票	顺成通讯		¥32,760
012	2024-3-24	J1003	华硕轻薄笔记本电脑	灵耀14 14英寸	台	6	¥6,400	¥38,400	汇款	涵合科技		¥38,400
013	2024-3-25	J1005	联想轻薄笔记本电脑	小新Pro16 ARP8 16英寸	台	16	¥4,600	¥73,600	银行转帐	长城科技		¥73,600
014	2024-3-29	J1007	惠普笔记本电脑	HP 战66 六代 14英寸轻薄笔记本	台	10	¥5,600	¥56,000	支票	百达信息		¥56,000
015	2024-3-31	XJ1002	佳能相机	EOS R50	部	15	¥3,800	¥57,000	汇款	义美数码		¥57,000
016	2024-3-31	SXJ1002	佳能数码摄像机	LEGRIA HF G70	台	5	¥6,980	¥34,900	移动支付	天宇数码	¥15,000	¥19,900
017	2024-3-31	SJ1001	华为手机	Mate 60 Pro+	部	15	¥8,380	¥125,700	银行转帐	顺成通讯		¥125,700

图 4.1 “商品采购单”效果

商品采购明细表

序号	采购日期	商品编码	商品名称	规格型号	单位	数量	单价	金额	支付方式	供应商	已付货款	应付货款余额
									本票 汇总			¥96,485
									汇款 汇总			¥95,400
									移动支付 汇总			¥23,640
									银行转帐 汇总			¥711,520
									支票 汇总			¥200,700
									总计			¥1,127,745

图 4.2 “汇总统计应付货款余额”效果

【项目实施】

任务 14-1 新建工作簿和重命名工作表

（1）启动 Excel 2016，新建一个空白工作簿。

（2）将新建的工作簿重命名为“商品采购管理表”，并将其保存在“D:\公司文档\物流部”文件夹中。

（3）将“Sheet1”工作表重命名为“商品基础资料”，再插入一张新工作表，并重命名为“商品采购单”。

任务 14-2 输入“商品基础资料”工作表的内容

（1）选中“商品基础资料”工作表。

（2）在 A1:D1 单元格区域中输入图 4.3 所示的列标题。

（3）输入表格内容，并适当调整表格列宽，如图 4.4 所示。

商品编码	商品名称	规格	单位

图 4.3 “商品基础资料”工作表的列标题

商品编码	商品名称	规格	单位
J1001	联想ThinkPad 轻薄本	X1 Nano 13英寸	台
J1002	华为笔记本电脑	MateBook D16 16英寸	台
J1003	华硕轻薄笔记本电脑	灵耀14 14英寸	台
J1004	戴尔笔记本电脑	DELL灵越14PLUS 14英寸	台
J1005	联想轻薄笔记本电脑	小新Pro16 ARP8 16英寸	台
J1006	荣耀笔记本电脑	X16 Plus 16英寸	台
J1007	惠普笔记本电脑	HP 战66 六代 14英寸轻薄笔记本	台
YY1001	西部数据移动硬盘	WDBEPK0020BBK 2TB	个
YY1002	西部数据移动固态硬盘	WDBAYN0020BBK 2TB	个
XJ1001	尼康数码相机	Z5	部
XJ1002	佳能相机	EOS R50	部
SXJ1001	索尼数码摄像机	FDR-AX45A	台
SXJ1002	佳能数码摄像机	LEGRIA HF G70	台
SJ1001	华为手机	Mate 60 Pro+	部
SJ1002	小米手机	14Ultra	部
SJ1003	vivo手机	iQ00 Neo9	部

图 4.4 “商品基础资料”工作表的内容

任务 14-3　定义名称

活力小贴士

在 Excel 2016 中可以使用一些工具来管理复杂的工程，有一个特别好用的工具就是"定义名称"。它可以用名称来明确单元格或单元格区域，这样在以后编写公式时，就可以很方便地用所定义的名称替代公式中的单元格地址，使用名称可使公式更加容易理解和更新。

名称是单元格或单元格区域的别名，可以代表单元格、单元格区域、公式或常量。如果用"单价"来定义单元格区域"Sheet1!B2:B9"，则在公式或函数中就可以使用名称代替单元格区域的地址，如公式"=AVERAGE(Sheet1!B2:B9)"可用"=AVERAGE(单价)"代替，这样更容易记忆和书写。默认情况下，名称使用的是单元格的绝对地址。

创建和编辑名称时需要注意的语法规则如下。

① 不能使用大写和小写字母"C"、"c"、"R"或"r"定义名称，因为它们在 Excel 2016 中已有他用。

② 名称不能与单元格地址相同，如"A5"。

③ 名称中不能包含空格，可以使用下画线"_"和英文句点"."，如 Sales_Tax 或 First.Quarter。

④ 名称长度不能超过 255 个字符，建议尽量简短、易记。

⑤ 名称可以包含大写和小写字母（第①点涉及的除外），但 Excel 2016 不区分名称中的大写和小写字母。

（1）选中要命名的 A2:D17 单元格区域。

（2）单击"公式"→"定义的名称"→"定义名称"按钮，打开"新建名称"窗口。

（3）在"名称"文本框中输入"商品信息"，如图 4.5 所示。

（4）单击"确定"按钮。

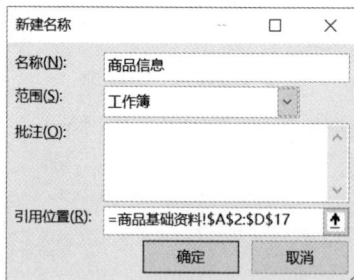

图 4.5　"新建名称"窗口

活力小贴士

定义好名称后，选中 A2:D17 单元格区域时，定义的名称会显示在 Excel 2016 窗口的"名称框"中，如图 4.6 所示。

如果只选中定义区域的一个或部分单元格，则名称框中不会显示定义的名称。

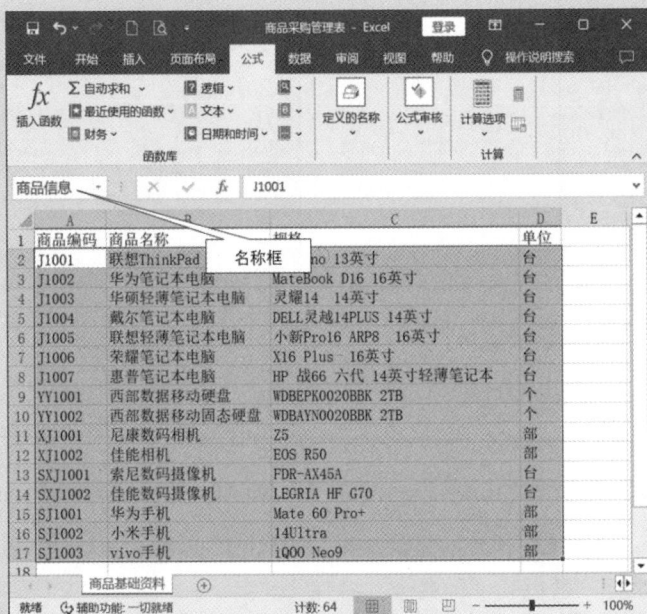

图 4.6 名称框中显示定义的名称"商品信息"

任务 14-4 创建"商品采购单"的框架

（1）选中"商品采购单"工作表。

（2）在 A1 单元格中输入表格标题"商品采购明细表"。

（3）在 A2:M2 单元格区域中输入图 4.7 所示的列标题。

	A	B	C	D	E	F	G	H	I	J	K	L	M
1	商品采购明细表												
2	序号	采购日期	商品编码	商品名称	规格型号	单位	数量	单价	金额	支付方式	供应商	已付货款	应付货款余额
3													
4													

图 4.7 "商品采购单"的框架

任务 14-5 输入商品采购记录

（1）输入"序号"和"采购日期"的数据。

① 定义"序号"列的数据为"文本"类型。选中 A 列，单击"开始"→"数字"→"数字格式"下拉按钮，从下拉列表中选择"文本"，如图 4.8 所示。

② 选中 A3 单元格，输入"001"，拖曳填充柄至 A19 单元格，在 A3:A19 单元格区域中输入序号"001"～"017"。

③ 参照图 4.9 输入"采购日期"列的数据。

（2）利用"数据验证"功能制作"商品编码"下拉列表。

① 选中 C3:C19 单元格区域。

微课 4-1 利用"数据验证"制定"商品编码"下拉列表框

图 4.8　"数字格式"下拉列表

图 4.9　输入"采购日期"列的数据

② 单击"数据"→"数据工具"→"数据验证"下拉按钮，从下拉菜单中选择"数据验证"命令，打开"数据验证"对话框。

③ 在"设置"选项卡的"允许"下拉列表中选择"序列"，如图 4.10 所示。

④ 单击"来源"右侧的"折叠"按钮，选取"商品基础资料"工作表的 A2:A17 单元格区域，如图 4.11 所示。

⑤ 单击工具栏右侧的"返回"按钮，返回"数据验证"对话框，此时"来源"文本框中已经显示了序列来源，如图 4.12 所示。

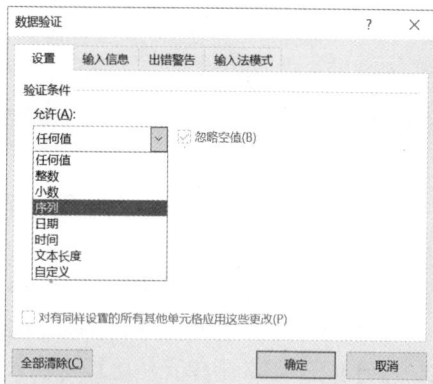

图 4.10　"数据验证"对话框

图 4.11　选取"序列"来源

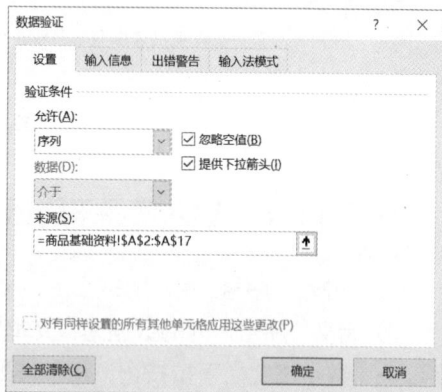

图 4.12　设置数据序列"来源"

⑥ 单击"确定"按钮，返回"商品采购单"工作表，选中设置了数据验证的任意单元格，单击其右侧的下拉按钮，可以显示图 4.13 所示的"商品编码"下拉列表。

（3）参照图 4.14，利用下拉列表输入"商品编码"的数据。

（4）使用 VLOOKUP 函数引用"商品名称""规格型号""单位"的数据。

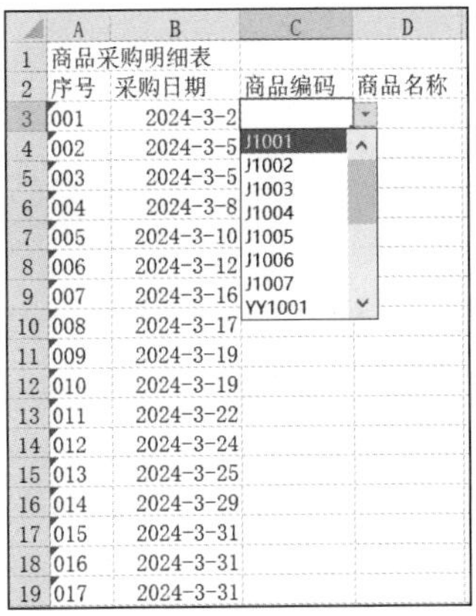

图 4.13 "商品编码"下拉列表

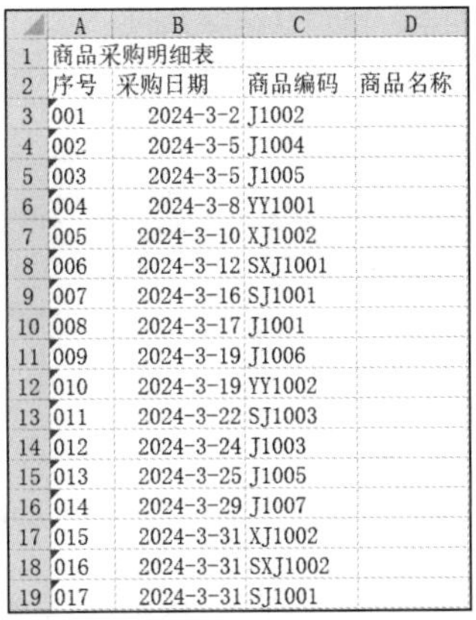

图 4.14 利用下拉列表输入"商品编码"的数据

活力小贴士

VLOOKUP 函数是 Excel 中的一个纵向查找函数，与 LOOKUP 函数和 HLOOKUP 函数属于一类函数，广泛应用于工作中。VLOOKUP 函数是按列查找的，最终返回该列所需查询列对应的值；与之对应的 HLOOKUP 函数则是按行查找的。

语法：VLOOKUP(lookup_value,table_array,col_index_num,range_lookup)。

参数说明如下。

① lookup_value 为需要在数据表第 1 列中查找的数值。lookup_value 可以为数值、引用或文本字符串。如果查询区域第 1 列中包含多个符合条件的查找值，则 VLOOKUP 函数只能返回第 1 个查找值对应的结果。如果没有符合条件的查找值，将返回错误值#N/A。

② table_array 为需要在其中查找数据的数据表。

③ col_index_num 为在 table_array 中查找数据的数据列序号。col_index_num 为 1 时，返回 table_array 第 1 列的数值；col_index_num 为 2 时，返回 table_array 第 2 列的数值，以此类推。如果 col_index_num 小于 1，则 VLOOKUP 函数返回错误值"#VALUE!"；如果 col_index_num 大于 table_array 的列数，则 VLOOKUP 函数返回错误值"#REF!"。

④ range_lookup 为逻辑值，指明 VLOOKUP 函数查找时是精确匹配还是近似匹配。如果 range_lookup 为"FALSE"或"0"，则 VLOOKUP 函数将查找精确匹配值，找不到时则返回错误值"#N/A"；如果 range_lookup 为"TRUE"或"1"，则 VLOOKUP 函数将查找近似匹配值，也就是说，如果找不到精确匹配值，则返回小于 lookup_value 的最大数值；如果 range_lookup 省略，则默认为近似匹配。

① 选中 D3 单元格。

② 单击"公式"→"函数库"→"插入函数"按钮，打开"插入函数"对话框，从"或选择类别"下拉列表中选择"全部"，在"选择函数"列表框中选择"VLOOKUP"后单击"确定"按钮，打开"函数参数"对话框，设置图 4.15 所示的参数。

③ 单击"确定"按钮，引用相应的"商品名称"数据。

④ 选中 D3 单元格，拖曳填充柄至 D19 单元格，将公式复制到 D4:D19 单元格区域中，可引用所有商品的"商品名称"。

⑤ 用同样的操作方法，分别引用"规格型号"和"单位"的数据。

微课 4-2 使用 VLOOKUP 函数引用"商品名称、规格型号和单位"数据

177

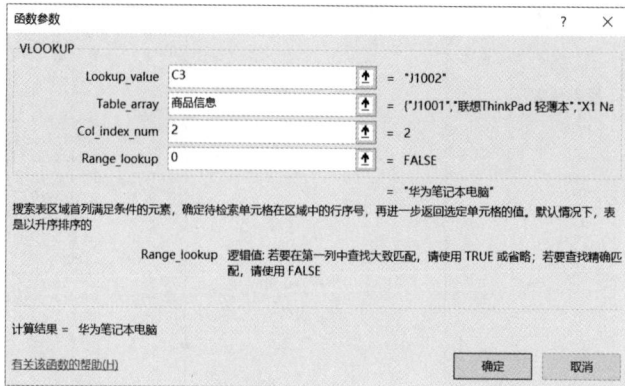

图 4.15　引用"商品名称"的 VLOOKUP 函数的参数

⑥ 适当调整列宽，如图 4.16 所示。

	A	B	C	D	E	F
1	商品采购明细表					
2	序号	采购日期	商品编码	商品名称	规格型号	单位
3	001	2024-3-2	J1002	华为笔记本电脑	MateBook D16 16英寸	台
4	002	2024-3-5	J1004	戴尔笔记本电脑	DELL灵越14PLUS 14英寸	台
5	003	2024-3-5	J1005	联想轻薄笔记本电脑	小新Pro16 ARP8　16英寸	台
6	004	2024-3-8	YY1001	西部数据移动硬盘	WDBEPK0020BBK 2TB	个
7	005	2024-3-10	XJ1002	佳能相机	EOS R50	部
8	006	2024-3-12	SXJ1001	索尼数码摄像机	FDR-AX45A	台
9	007	2024-3-16	SJ1001	华为手机	Mate 60 Pro+	部
10	008	2024-3-17	J1001	联想ThinkPad 轻薄本	X1 Nano 13英寸	台
11	009	2024-3-19	J1006	荣耀笔记本电脑	X16 Plus　16英寸	台
12	010	2024-3-19	YY1002	西部数据移动固态硬盘	WDBAYN0020BBK 2TB	个
13	011	2024-3-22	SJ1003	vivo手机	iQOO Neo9	部
14	012	2024-3-24	J1003	华硕轻薄笔记本电脑	灵耀14　14英寸	台
15	013	2024-3-25	J1005	联想轻薄笔记本电脑	小新Pro16 ARP8　16英寸	台
16	014	2024-3-29	J1007	惠普笔记本电脑	HP 战66 六代 14英寸轻薄笔记本	台
17	015	2024-3-31	XJ1002	佳能相机	EOS R50	部
18	016	2024-3-31	SXJ1002	佳能数码摄像机	LEGRIA HF G70	台
19	017	2024-3-31	SJ1001	华为手机	Mate 60 Pro+	部

图 4.16　用 VLOOKUP 函数引用"商品名称""规格型号""单位"的数据

活力小贴士　这里，在设置 VLOOKUP 函数的第 2 个参数 table_array 时，其引用区域为"商品基础资料!\$A\$2:\$D\$17"，但由于前文为 A2:D17 单元格区域定义了名称"商品信息"，且定义名称默认为引用绝对地址\$A\$2:\$D\$17，因此，当这里选择"商品基础资料!\$A\$2:\$D\$17"单元格区域时，将自动显示为定义的名称"商品信息"。

（5）参照图 4.17，输入"数量"和"单价"的数据。

	A	B	C	D	E	F	G	H
1	商品采购明细表							
2	序号	采购日期	商品编码	商品名称	规格型号	单位	数量	单价
3	001	2024-3-2	J1002	华为笔记本电脑	MateBook D16 16英寸	台	16	6320
4	002	2024-3-5	J1004	戴尔笔记本电脑	DELL灵越14PLUS 14英寸	台	8	5580
5	003	2024-3-5	J1005	联想轻薄笔记本电脑	小新Pro16 ARP8　16英寸	台	5	4600
6	004	2024-3-8	YY1001	西部数据移动硬盘	WDBEPK0020BBK 2TB	个	18	435
7	005	2024-3-10	XJ1002	佳能相机	EOS R50	部	8	3800
8	006	2024-3-12	SXJ1001	索尼数码摄像机	FDR-AX45A	台	6	6150
9	007	2024-3-16	SJ1001	华为手机	Mate 60 Pro+	部	25	8380
10	008	2024-3-17	J1001	联想ThinkPad 轻薄本	X1 Nano 13英寸	台	28	7200
11	009	2024-3-19	J1006	荣耀笔记本电脑	X16 Plus　16英寸	台	15	4899
12	010	2024-3-19	YY1002	西部数据移动固态硬盘	WDBAYN0020BBK 2TB	个	12	770
13	011	2024-3-22	SJ1003	vivo手机	iQOO Neo9	部	18	1820
14	012	2024-3-24	J1003	华硕轻薄笔记本电脑	灵耀14　14英寸	台	6	6400
15	013	2024-3-25	J1005	联想轻薄笔记本电脑	小新Pro16 ARP8　16英寸	台	16	4600
16	014	2024-3-29	J1007	惠普笔记本电脑	HP 战66 六代 14英寸轻薄笔记本	台	10	5600
17	015	2024-3-31	XJ1002	佳能相机	EOS R50	部	15	3800
18	016	2024-3-31	SXJ1002	佳能数码摄像机	LEGRIA HF G70	台	5	6980
19	017	2024-3-31	SJ1001	华为手机	Mate 60 Pro+	部	15	8380

图 4.17　输入"数量"和"单价"的数据

（6）利用"数据验证"功能制作"支付方式"下拉列表。

① 选中 J3:J19 单元格区域。

② 单击"数据"→"数据工具"→"数据验证"下拉按钮，从下拉菜单中选择"数据验证"命令，打开"数据验证"对话框。

③ 在"设置"选项卡的"允许"下拉列表中选择"序列"。

④ 在"来源"文本框中输入待选的"支付方式"列表项"银行转账,移动支付,汇款,支票,本票"（各列表项之间以英文状态下的逗号分隔），如图 4.18 所示。

⑤ 单击"确定"按钮，完成"支付方式"下拉列表的设置。

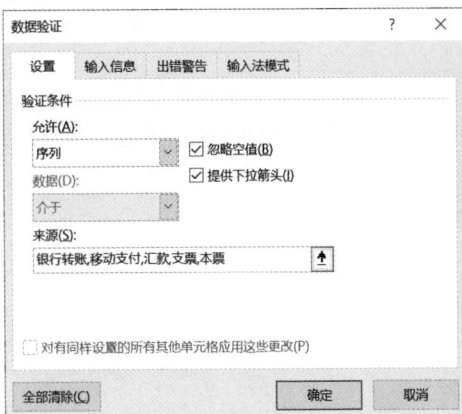

图 4.18　"支付方式"数据验证的设置

（7）参照图 4.19，输入"支付方式""供应商""已付货款"的数据。

图 4.19　输入"支付方式""供应商""已付货款"的数据

（8）计算"金额"和"应付货款余额"。

① 计算"金额"。选中 I3 单元格，输入公式"=G3*H3"并按【Enter】键。再次选中 I3 单元格，拖曳填充柄至 I19 单元格，将公式复制到 I4:I19 单元格区域中，计算出所有商品的"金额"。

② 计算"应付货款余额"。选中 M3 单元格，输入公式"=I3-L3"并按【Enter】键。再次选中 M3 单元格，拖曳填充柄至 M19 单元格，将公式复制到 M4:M19 单元格区域中，计算出所有商品的"应付货款余额"，如图 4.20 所示。

图 4.20　计算"金额"和"应付货款余额"

任务 14-6　美化“商品采购单”

（1）将 A1:M1 单元格区域设置为“合并后居中”，并设置标题的格式为“华文行楷、18”。

（2）设置 A2:M2 单元格区域的标题文本为“加粗、居中”。

（3）设置“单价”“金额”“已付货款”“应付货款余额”列的数据格式为“货币”，保留 0 位小数，如图 4.21 所示。

商品采购明细表

序号	采购日期	商品编码	商品名称	规格型号	单位	数量	单价	金额	支付方式	供应商	已付货款	应付货款余额
001	2024-3-2	J1002	华为笔记本电脑	MateBook D16 16英寸	台	16	¥6,320	¥101,120	银行转帐	威尔达科技		¥101,120
002	2024-3-5	J1004	戴尔笔记本电脑	DELL灵越14PLUS 14英寸	台	8	¥5,580	¥44,640	支票	拓达科技		¥44,640
003	2024-3-5	J1005	联想轻薄笔记本电脑	小新Pro16 ARP8 16英寸	台	5	¥4,600	¥23,000	本票	拓达科技		¥23,000
004	2024-3-8	YY1001	西部数据移动硬盘	WDBEPK0020BBK 2TB	个	18	¥435	¥7,830	移动支付	威尔达科技	¥7,830	¥0
005	2024-3-10	XJ1002	佳能相机	EOS R50	部	8	¥3,800	¥30,400	支票	义美数码		¥30,400
006	2024-3-12	SXJ1001	索尼数码摄像机	FDR-AX45A	台	6	¥6,150	¥36,900	支票	天宇数码		¥36,900
007	2024-3-16	SJ1001	华为手机	Mate 60 Pro+	部	25	¥8,380	¥209,500	银行转帐	顺成通讯		¥209,500
008	2024-3-17	J1001	联想ThinkPad 轻薄本	X1 Nano 13英寸	台	28	¥7,200	¥201,600	银行转帐	长城科技		¥201,600
009	2024-3-19	J1006	荣耀笔记本电脑	X16 Plus 16英寸	台	15	¥4,899	¥73,485	本票	力锦科技		¥73,485
010	2024-3-19	YY1002	西部数据移动固态硬盘	WDBAYN0020BBK 2TB	个	12	¥770	¥9,240	移动支付	天科电子	¥5,500	¥3,740
011	2024-3-22	SJ1003	vivo手机	iQOO Neo9	部	18	¥1,820	¥32,760	支票	顺成通讯		¥32,760
012	2024-3-24	J1003	华硕轻薄笔记本电脑	灵耀14 14英寸	台	6	¥6,400	¥38,400	汇款	涵合科技		¥38,400
013	2024-3-25	J1005	联想轻薄笔记本电脑	小新Pro16 ARP8 16英寸	台	16	¥4,600	¥73,600	银行转帐	长城科技		¥73,600
014	2024-3-29	J1007	惠普笔记本电脑	HP 战66 六代 14英寸轻薄笔记本	台	10	¥5,600	¥56,000	支票	百达信息		¥56,000
015	2024-3-31	XJ1002	佳能相机	EOS R50	部	15	¥3,800	¥57,000	汇款	义美数码		¥57,000
016	2024-3-31	SXJ1002	佳能数码摄像机	LEGRIA HF G70	台	5	¥6,980	¥34,900	移动支付	天宇数码	¥15,000	¥19,900
017	2024-3-31	SJ1001	华为手机	Mate 60 Pro+	部	15	¥8,380	¥125,700	银行转帐	顺成通讯		¥125,700

图 4.21　设置数据格式为“货币”

（4）将“序号”“单位”“支付方式”列的数据的对齐方式设置为“居中”。

（5）为 A2:M19 单元格区域添加“所有框线”类型的边框。

（6）适当调整各列的宽度。

任务 14-7　分析采购业务数据

（1）复制工作表。将“商品采购单”工作表复制 5 份，分别重命名为“金额超过 5 万元的采购记录”“手机采购记录”“3 月中旬的采购记录”“3 月下旬银行转账的采购记录”“单价高于 5000 元或金额超过 6 万元的采购记录”。

（2）筛选金额超过 5 万元的采购记录。

① 切换到“金额超过 5 万元的采购记录”工作表。

② 选中数据区域的任意单元格，单击“数据”→“排序和筛选”→“筛选”按钮，构建自动筛选。系统将在每个标题字段上添加一个下拉按钮，如图 4.22 所示。

商品采购明细表

序	采购日其	商品编	商品名称	规格型号	单	数	单价	金额	支付方	供应商	已付货	应付货款余
001	2024-3-2	J1002	华为笔记本电脑	MateBook D16 16英寸	台	16	¥6,320	¥101,120	银行转帐	威尔达科技		¥101,120
002	2024-3-5	J1004	戴尔笔记本电脑	DELL灵越14PLUS 14英寸	台	8	¥5,580	¥44,640	支票	拓达科技		¥44,640
003	2024-3-5	J1005	联想轻薄笔记本电脑	小新Pro16 ARP8 16英寸	台	5	¥4,600	¥23,000	本票	拓达科技		¥23,000
004	2024-3-8	YY1001	西部数据移动硬盘	WDBEPK0020BBK 2TB	个	18	¥435	¥7,830	移动支付	威尔达科技	¥7,830	¥0
005	2024-3-10	XJ1002	佳能相机	EOS R50	部	8	¥3,800	¥30,400	支票	义美数码		¥30,400
006	2024-3-12	SXJ1001	索尼数码摄像机	FDR-AX45A	台	6	¥6,150	¥36,900	支票	天宇数码		¥36,900
007	2024-3-16	SJ1001	华为手机	Mate 60 Pro+	部	25	¥8,380	¥209,500	银行转帐	顺成通讯		¥209,500
008	2024-3-17	J1001	联想ThinkPad 轻薄本	X1 Nano 13英寸	台	28	¥7,200	¥201,600	银行转帐	长城科技		¥201,600
009	2024-3-19	J1006	荣耀笔记本电脑	X16 Plus 16英寸	台	15	¥4,899	¥73,485	本票	力锦科技		¥73,485
010	2024-3-19	YY1002	西部数据移动固态硬盘	WDBAYN0020BBK 2TB	个	12	¥770	¥9,240	移动支付	天科电子	¥5,500	¥3,740
011	2024-3-22	SJ1003	vivo手机	iQOO Neo9	部	18	¥1,820	¥32,760	支票	顺成通讯		¥32,760
012	2024-3-24	J1003	华硕轻薄笔记本电脑	灵耀14 14英寸	台	6	¥6,400	¥38,400	汇款	涵合科技		¥38,400
013	2024-3-25	J1005	联想轻薄笔记本电脑	小新Pro16 ARP8 16英寸	台	16	¥4,600	¥73,600	银行转帐	长城科技		¥73,600
014	2024-3-29	J1007	惠普笔记本电脑	HP 战66 六代 14英寸轻薄笔记本	台	10	¥5,600	¥56,000	支票	百达信息		¥56,000
015	2024-3-31	XJ1002	佳能相机	EOS R50	部	15	¥3,800	¥57,000	汇款	义美数码		¥57,000
016	2024-3-31	SXJ1002	佳能数码摄像机	LEGRIA HF G70	台	5	¥6,980	¥34,900	移动支付	天宇数码	¥15,000	¥19,900
017	2024-3-31	SJ1001	华为手机	Mate 60 Pro+	部	15	¥8,380	¥125,700	银行转帐	顺成通讯		¥125,700

图 4.22　自动筛选工作表

③ 设置筛选条件。单击"金额"右侧的下拉按钮，打开筛选菜单，选择图 4.23 所示的"数字筛选"子菜单中的"大于"命令，打开"自定义自动筛选"对话框。

④ 将"金额"中的"大于"的值设置为"50000"，如图 4.24 所示。

图 4.23 "金额"的筛选菜单

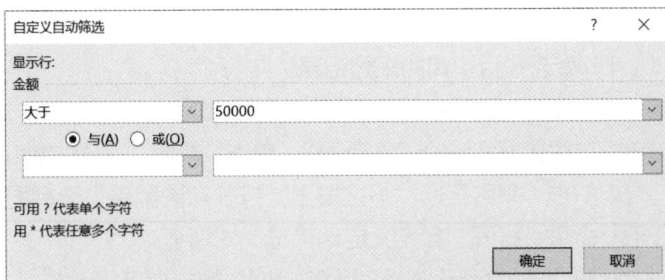

图 4.24 "自定义自动筛选"对话框

⑤ 单击"确定"按钮后，筛选出金额超过 5 万元的采购记录，筛选结果如图 4.25 所示。

图 4.25 筛选金额超过 5 万元的采购记录

（3）筛选手机采购记录。

① 切换到"手机采购记录"工作表。

② 选中数据区域的任意单元格，单击"数据"→"排序和筛选"→"筛选"按钮，构建自动筛选。

③ 单击"商品名称"右侧的下拉按钮，打开筛选菜单，选择图 4.26 所示的"文本筛选"子菜单中的"包含"命令，打开"自定义自动筛选"对话框。

④ 将"商品名称"中的"包含"的值设置为"手机"，如图 4.27 所示。

图 4.26 "商品名称"的筛选菜单

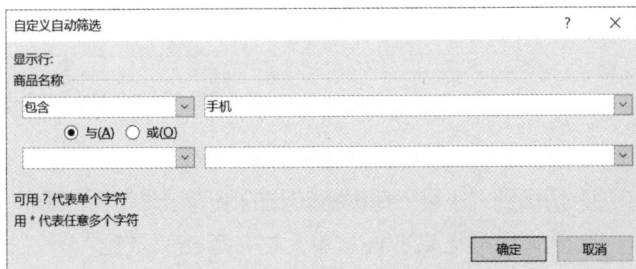

图 4.27 自定义"商品名称"的筛选方式

⑤ 单击"确定"按钮后，筛选出商品名称中含有"手机"字符的手机采购记录，筛选结果如图 4.28 所示。

	A	B	C	D	E	F	G	H	I	J	K	L	M
1					*商品采购明细表*								
2	序	采购日其	商品编	商品名称	规格型号	单	数	单价	金额	支付方	供应商	已付货	应付货款余
9	007	2024-3-16	SJ1001	华为手机	Mate 60 Pro+	部	25	¥8,380	¥209,500	银行转帐	顺成通讯		¥209,500
13	011	2024-3-22	SJ1003	vivo手机	iQOO Neo9	部	18	¥1,820	¥32,760	支票	顺成通讯		¥32,760
19	017	2024-3-31	SJ1001	华为手机	Mate 60 Pro+	部	15	¥8,380	¥125,700	银行转帐	顺成通讯		¥125,700

图 4.28　筛选手机采购记录

（4）筛选 3 月中旬的采购记录。

① 切换到"3 月中旬的采购记录"工作表。

② 选中数据区域的任意单元格，单击"数据"→"排序和筛选"→"筛选"按钮，构建自动筛选。

③ 单击"采购日期"下拉按钮，打开筛选菜单，选择图 4.29 所示的"日期筛选"子菜单中的"介于"命令，打开"自定义自动筛选"对话框。

④ 按图 4.30 所示设置"采购日期"的日期范围。

图 4.29　"采购日期"的筛选菜单

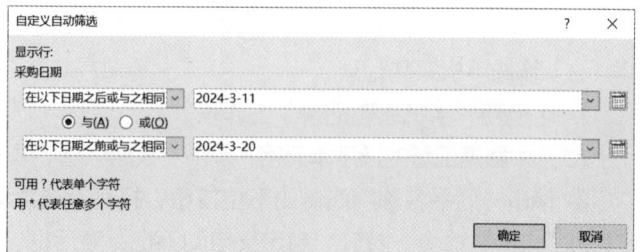

图 4.30　自定义"采购日期"的筛选方式

⑤ 单击"确定"按钮后，筛选出 3 月中旬的采购记录，筛选结果如图 4.31 所示。

	A	B	C	D	E	F	G	H	I	J	K	L	M
1					*商品采购明细表*								
2	序	采购日其	商品编	商品名称	规格型号	单	数	单价	金额	支付方	供应商	已付货	应付货款余
8	006	2024-3-12	SXJ1001	索尼数码摄像机	FDR-AX45A	台	6	¥6,150	¥36,900	支票	天宇数码		¥36,900
9	007	2024-3-16	SJ1001	华为手机	Mate 60 Pro+	部	25	¥8,380	¥209,500	银行转帐	顺成通讯		¥209,500
10	008	2024-3-17	J1001	联想ThinkPad 轻薄本	X1 Nano 13英寸	台	28	¥7,200	¥201,600	银行转帐	长城科技		¥201,600
11	009	2024-3-19	J1006	荣耀笔记本电脑	X16 Plus 16英寸	台	15	¥4,899	¥73,485	本票	力锦科技		¥73,485
12	010	2024-3-19	YY1002	西部数据移动固态硬盘	WDBAYN0020BBK 2TB	个	12	¥770	¥9,240	移动支付	天科电子	¥5,500	¥3,740

图 4.31　筛选 3 月中旬的采购记录

（5）筛选 3 月下旬银行转账的采购记录。

① 切换到"3 月下旬银行转账的采购记录"工作表。

② 选中数据区域的任意单元格，单击"数据"→"排序和筛选"→"筛选"按钮，构建自动筛选。

③ 单击"采购日期"下拉按钮，打开筛选菜单，选择"日期筛选"子菜单中的"之后"命令，打开"自定义自动筛选"对话框，按图 4.32 所示设置"采购日期"的日期，单击"确定"按钮，筛选出 3 月下旬的采购记录。

④ 单击"支付方式"下拉按钮，打开筛选菜单，在"支付方式"的值列表中勾选"银行转账"复选框，如图 4.33 所示。

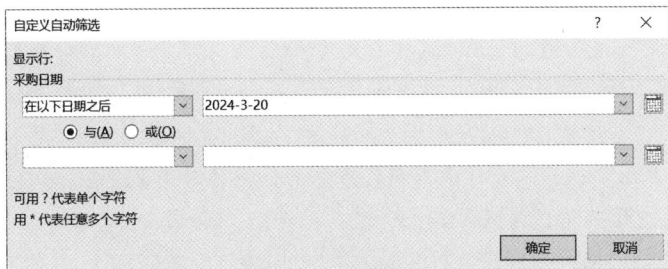

图 4.32　自定义"采购日期"的筛选方式

图 4.33　"支付方式"的筛选菜单

⑤ 单击"确定"按钮，可得到图 4.34 所示的筛选结果。

	A	B	C	D	E	F	G	H	I	J	K	L	M
1						商品采购明细表							
2	序	采购日期	商品编码	商品名称	规格型号	单位	数量	单价	金额	支付方式	供应商	已付货款	应付货款余额
15	013	2024-3-25	J1005	联想轻薄笔记本电脑	小新Pro16 ARPS　16英寸	台	16	¥4,600	¥73,600	银行转帐	长城科技		¥73,600
19	017	2024-3-31	SJ1001	华为手机	Mate 60 Pro+	部	15	¥8,380	¥125,700	银行转帐	顺成通讯		¥125,700

图 4.34　筛选 3 月下旬银行转账的采购记录

（6）筛选单价高于 5000 元或金额超过 6 万元的采购记录。

① 输入筛选条件。切换到"单价高于 5000 元或金额超过 6 万元的采购记录"工作表，在 D21:E23 单元格区域中输入筛选条件，如图 4.35 所示。

② 选中数据区域的任意单元格，单击"数据"→"排序和筛选"→"高级"按钮，弹出"高级筛选"对话框。

③ 选中"方式"栏中的"在原有区域显示筛选结果"单选按钮，设置列表区域和条件区域，如图 4.36 所示。

微课 4-3　筛选单价高于 5000 元或金额超过 6 万元的记录

	单价	金额
	>5000	
		>60000

图 4.35　高级筛选的条件区域

图 4.36　"高级筛选"对话框

④ 单击"确定"按钮，得到图 4.37 所示的筛选结果。

	A	B	C	D	E	F	G	H	I	J	K	L	M
1					商品采购明细表								
2	序号	采购日期	商品编码	商品名称	规格型号	单位	数量	单价	金额	支付方式	供应商	已付货款	应付货款余额
3	001	2024-3-2	J1002	华为笔记本电脑	MateBook D16 16英寸	台	16	¥6,320	¥101,120	银行转帐	威尔达科技		¥101,120
4	002	2024-3-5	J1004	戴尔笔记本电脑	DELL灵越14PLUS 14英寸	台	8	¥5,580	¥44,640	支票	拓达科技		¥44,640
6	006	2024-3-12	SXJ1001	索尼数码摄像机	FDR-AX45A	台	6	¥6,150	¥36,900	支票	天宇数码		¥36,900
9	007	2024-3-16	SJ1001	华为手机	Mate 60 Pro+	部	25	¥8,380	¥209,500	银行转账	顺成通讯		¥209,500
10	008	2024-3-17	J1001	联想ThinkPad 轻薄本	X1 Nano 13英寸	台	28	¥7,200	¥201,600	银行转账	长城科技		¥201,600
11	009	2024-3-19	J1006	荣耀笔记本电脑	X16 Plus 16英寸	台	15	¥4,899	¥73,485	本票	力铭科技		¥73,485
14	012	2024-3-24	J1003	华硕轻薄笔记本电脑	灵耀14 14英寸	台	6	¥6,400	¥38,400	汇款	涵台科技		¥38,400
15	013	2024-3-25	J1005	联想轻薄笔记本电脑	小新Pro16 ARP8 16英寸	台	16	¥4,600	¥73,600	银行转账	长城科技		¥73,600
16	014	2024-3-29	J1007	惠普笔记本电脑	HP 战66 六代 14英寸轻薄笔记本	台	10	¥5,600	¥56,000	支票	百达信息		¥56,000
18	016	2024-3-31	SXJ1002	佳能数码摄像机	LEGRIA HF G70	台	5	¥6,980	¥34,900	移动支付	天宇数码	¥15,000	¥19,900
19	017	2024-3-31	SJ1001	华为手机	Mate 60 Pro+	部	15	¥8,380	¥125,700	银行转账	顺成通讯		¥125,700

图 4.37　筛选单价高于 5000 元或金额超过 6 万元的采购记录

活力小贴士 Excel 提供的筛选操作可将满足筛选条件的行保留，并将其余行隐藏，以便用户查看满足条件的数据。筛选完成后，保留的数据行的行号会变成蓝色。筛选可以分为自动筛选和高级筛选两种。

① 自动筛选是适用于简单条件的筛选，筛选时将不满足条件的数据暂时隐藏起来，只显示符合条件的数据。筛选该列中的某值或按自定义条件进行筛选时，Excel 会根据应用筛选的列中的数据类型，自动变为"数字筛选""文本筛选""日期筛选"等。

② 高级筛选是适用于复杂条件的筛选，其筛选结果可显示在原数据表中，不符合条件的数据会被隐藏，也可以在新的位置显示筛选结果，不符合条件的数据同时保留在数据表中而不会被隐藏，这样更加便于进行数据对比。

任务 14-8　按"支付方式"汇总"应付货款余额"

（1）复制"商品采购单"工作表，将复制的工作表置于工作簿的最右侧，并将其重命名为"按支付方式汇总应付货款余额"。

（2）按"支付方式"对数据排序。选中数据区域的任意单元格，单击"数据"→"排序和筛选"→"排序"按钮，打开图 4.38 所示的"排序"对话框。设置排序依据为"支付方式"，排序次序为"升序"，如图 4.39 所示，单击"确定"按钮。

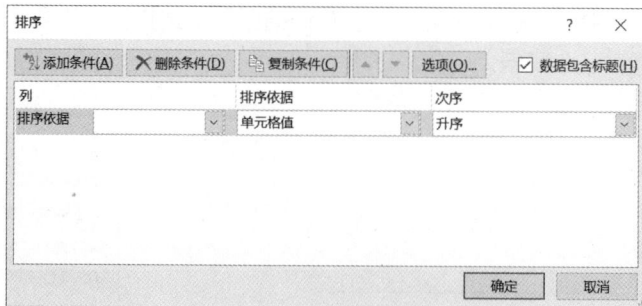

图 4.38　"排序"对话框

（3）按"支付方式"对"应付货款余额"进行汇总。
① 单击"数据"→"分级显示"→"分类汇总"按钮，打开"分类汇总"对话框。

② 在"分类汇总"对话框的"分类字段"下拉列表中选择"支付方式",在"汇总方式"下拉列表中选择"求和",在"选定汇总项"列表框中勾选"应付货款余额",如图 4.40 所示。

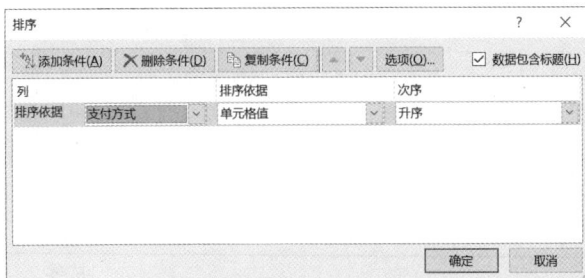

图 4.39　设置排序依据和次序

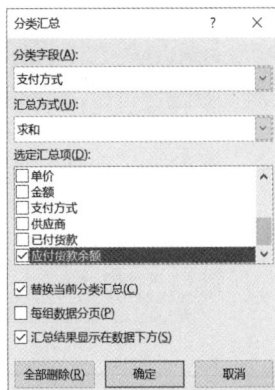

图 4.40　"分类汇总"对话框

③ 单击"确定"按钮,生成各种支付方式的应付货款余额的汇总数据,如图 4.41 所示。

图 4.41　"按支付方式汇总应付货款余额"效果

④ 在汇总数据表中,选择显示第 2 级汇总数据,将得到图 4.2 所示的效果。

【项目拓展】

（1）统计各种商品的采购数量和金额,效果如图 4.42 所示。

图 4.42　统计各种商品的采购数量和金额

（2）统计各个供应商的每种商品的销售金额，效果如图 4.43 所示。

求和项:金额	供应商										
商品名称	百达信息	涌合科技	力锦科技	顺成通讯	拓达科技	天科电子	天宇数码	威尔达科技	义美数码	长城科技	总计
vivo手机				32760							32760
戴尔笔记本电脑					44640						44640
华硕轻薄笔记本电脑		38400									38400
华为笔记本电脑								101120			101120
华为手机			335200								335200
惠普笔记本电脑	56000										56000
佳能数码摄像机							34900				34900
佳能相机									87400		87400
联想ThinkPad 轻薄本										201600	201600
联想轻薄笔记本电脑					23000					73600	96600
荣耀笔记本电脑			73485								73485
索尼数码摄像机							36900				36900
西部数据移动固态硬盘						9240					9240
西部数据移动硬盘									7830		7830
总计	56000	38400	73485	367960	67640	9240	71800	108950	87400	275200	1156075

图 4.43　统计各个供应商的每种商品的销售金额

【项目训练】

设计并制作"材料采购分析表"。

操作步骤如下。

（1）启动 Excel 2016，新建一个空白工作簿，将工作簿重命名为"材料采购分析表"，并将其保存在"D:\公司文档\物流部"文件夹中。

（2）将"Sheet1"工作表重命名为"材料清单"。

（3）设计工作表并格式化表格，填充数据，效果如图 4.44 所示。

	材料采购分析表								
请购日期	请购单编号	材料名称	采购数量	供应商编号	单价	金额	定购日期	验收日期	品质描述
2024-3-2	2024030201	主板	20	0001	¥420.00		2024-3-2	2024-3-3	优
2024-3-3	2024030301	内存	18	0002	¥280.00		2024-3-3	2024-3-4	优
2024-3-3	2024030302	内存	12	0002	¥280.00		2024-3-3	2024-3-7	优
2024-3-9	2024030901	打印机	3	0001	¥900.00		2024-3-9	2024-3-10	优
2024-3-15	2024031501	打印机	2	0001	¥900.00		2024-3-15	2024-3-16	优
2024-3-16	2024031601	固态硬盘	14	0003	¥560.00		2024-3-16	2024-3-17	优
2024-3-20	2024032001	固态硬盘	15	0003	¥560.00		2024-3-20	2024-3-21	优
2024-3-22	2024032201	主板	8	0001	¥420.00		2024-3-22	2024-3-23	优
2024-3-28	2024032801	主板	4	0001	¥420.00		2024-3-28	2024-3-29	优

图 4.44　"材料清单"工作表

（4）计算"金额"。选中 G3 单元格，输入公式"= D3*F3"并按【Enter】键，得出 2024 年 3 月 2 日购买主板的金额，然后拖曳填充柄将此单元格的公式复制至 G4:G11 单元格区域中，结果如图 4.45 所示。

	材料采购分析表								
请购日期	请购单编号	材料名称	采购数量	供应商编号	单价	金额	定购日期	验收日期	品质描述
2024-3-2	2024030201	主板	20	0001	¥420.00	¥8,400.00	2024-3-2	2024-3-3	优
2024-3-3	2024030301	内存	18	0002	¥280.00	¥5,040.00	2024-3-3	2024-3-4	优
2024-3-3	2024030302	内存	12	0002	¥280.00	¥3,360.00	2024-3-3	2024-3-7	优
2024-3-9	2024030901	打印机	3	0001	¥900.00	¥2,700.00	2024-3-9	2024-3-10	优
2024-3-15	2024031501	打印机	2	0001	¥900.00	¥1,800.00	2024-3-15	2024-3-16	优
2024-3-16	2024031601	固态硬盘	14	0003	¥560.00	¥7,840.00	2024-3-16	2024-3-17	优
2024-3-20	2024032001	固态硬盘	15	0003	¥560.00	¥8,400.00	2024-3-20	2024-3-21	优
2024-3-22	2024032201	主板	8	0001	¥420.00	¥3,360.00	2024-3-22	2024-3-23	优
2024-3-28	2024032801	主板	4	0001	¥420.00	¥1,680.00	2024-3-28	2024-3-29	优

图 4.45　计算"金额"

（5）将"材料清单"工作表复制 1 份，并重命名为"材料汇总统计表"。

（6）按"材料名称"对表中的数据进行排序。

① 选中"材料汇总统计表"工作表，将光标置于数据区域的任意单元格中。

② 单击"数据"→"排序和筛选"→"排序"按钮，打开"排序"对话框。

③ 以"材料名称"作为主要关键字进行升序排列，如图 4.46 所示。

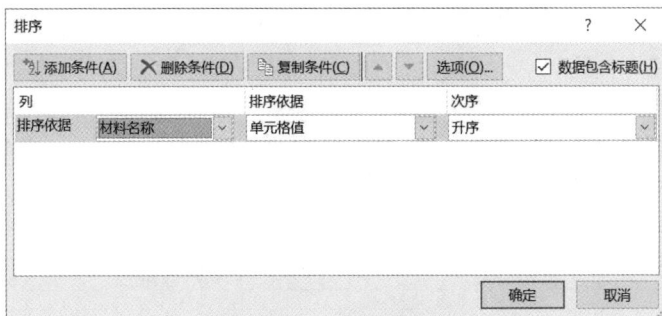

图 4.46　设置排序条件

④ 单击"确定"按钮，返回工作表，此时表中的数据按照"材料名称"升序排列，如图 4.47 所示。

材料采购分析表

	A	B	C	D	E	F	G	H	I	J
2	请购日期	请购单编号	材料名称	采购数量	供应商编号	单价	金额	定购日期	验收日期	品质描述
3	2024-3-9	2024030901	打印机	3	0001	¥900.00	¥2,700.00	2024-3-9	2024-3-10	优
4	2024-3-15	2024031501	打印机	2	0001	¥900.00	¥1,800.00	2024-3-15	2024-3-16	优
5	2024-3-16	2024031601	固态硬盘	14	0003	¥560.00	¥7,840.00	2024-3-16	2024-3-17	优
6	2024-3-20	2024032001	固态硬盘	15	0003	¥560.00	¥8,400.00	2024-3-20	2024-3-21	优
7	2024-3-3	2024030301	内存	18	0002	¥280.00	¥5,040.00	2024-3-3	2024-3-4	优
8	2024-3-3	2024030302	内存	12	0002	¥280.00	¥3,360.00	2024-3-3	2024-3-7	优
9	2024-3-2	2024030201	主板	20	0001	¥420.00	¥8,400.00	2024-3-2	2024-3-3	优
10	2024-3-22	2024032201	主板	8	0001	¥420.00	¥3,360.00	2024-3-22	2024-3-23	优
11	2024-3-28	2024032801	主板	4	0001	¥420.00	¥1,680.00	2024-3-28	2024-3-29	优

图 4.47　按"材料名称"升序排列后的效果

（7）汇总统计各种材料的总采购数量及总金额。

① 选中数据区域的任意单元格。

② 单击"数据"→"分级显示"→"分类汇总"按钮，打开"分类汇总"对话框。

③ 在"分类字段"下拉列表中选择"材料名称"，在"汇总方式"下拉列表中选择"求和"，在"选定汇总项"列表框中勾选"采购数量"和"金额"，如图 4.48 所示。

④ 单击"确定"按钮，生成图 4.49 所示的分类汇总表。

⑤ 单击工作表左上方的按钮 ②，显示第 2 级分类汇总数据，如图 4.50 所示。

（8）创建"材料采购余额分析图"工作表。

① 在"材料汇总统计表"工作表中，按住【Ctrl】键的同时选中 C2、C5、C8、C11、C15、G2、G5、G8、G11、G15 单元格。

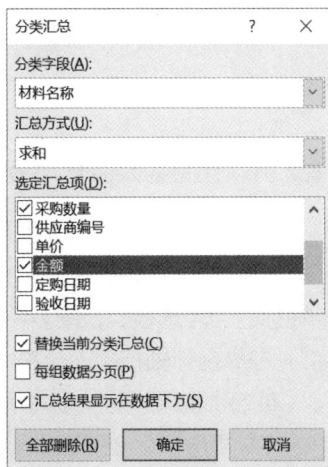

图 4.48　"分类汇总"对话框

	A	B	C	D	E	F	G	H	I	J
1					材料采购分析表					
2	请购日期	请购单编号	材料名称	采购数量	供应商编号	单价	金额	定购日期	验收日期	品质描述
3	2024-3-9	2024030901	打印机	3	0001	¥900.00	¥2,700.00	2024-3-9	2024-3-10	优
4	2024-3-15	2024031501	打印机	2	0001	¥900.00	¥1,800.00	2024-3-15	2024-3-16	优
5			打印机 汇总	5			¥4,500.00			
6	2024-3-16	2024031601	固态硬盘	14	0003	¥560.00	¥7,840.00	2024-3-16	2024-3-17	优
7	2024-3-20	2024032001	固态硬盘	15	0003	¥560.00	¥8,400.00	2024-3-20	2024-3-21	优
8			固态硬盘 汇总	29			¥16,240.00			
9	2024-3-3	2024030301	内存	18	0002	¥280.00	¥5,040.00	2024-3-3	2024-3-4	优
10	2024-3-3	2024030302	内存	12	0002	¥280.00	¥3,360.00	2024-3-3	2024-3-7	优
11			内存 汇总	30			¥8,400.00			
12	2024-3-2	2024030201	主板	20	0001	¥420.00	¥8,400.00	2024-3-2	2024-3-3	优
13	2024-3-22	2024032201	主板	8	0001	¥420.00	¥3,360.00	2024-3-22	2024-3-23	优
14	2024-3-28	2024032801	主板	4	0001	¥420.00	¥1,680.00	2024-3-28	2024-3-29	优
15			主板 汇总	32			¥13,440.00			
16			总计	96			¥42,580.00			

图 4.49　按"材料名称"进行分类汇总

	A	B	C	D	E	F	G	H	I	J
1					材料采购分析表					
2	请购日期	请购单编号	材料名称	采购数量	供应商编号	单价	金额	定购日期	验收日期	品质描述
5			打印机 汇总	5			¥4,500.00			
8			固态硬盘 汇总	29			¥16,240.00			
11			内存 汇总	30			¥8,400.00			
15			主板 汇总	32			¥13,440.00			
16			总计	96			¥42,580.00			

图 4.50　显示第 2 级分类汇总数据

② 单击"插入"→"图表"→"插入柱形图或条形图"按钮，打开图 4.51 所示的"柱形图或条形图"下拉菜单。

③ 在"三维柱形图"栏中选择"三维簇状柱形图"，生成图 4.52 所示的三维簇状柱形图。

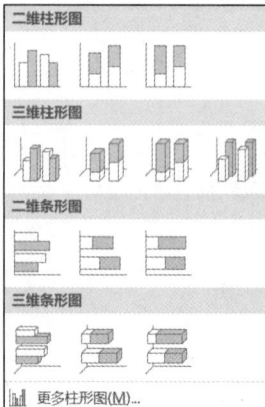

图 4.51　"柱形图或条形图"下拉菜单

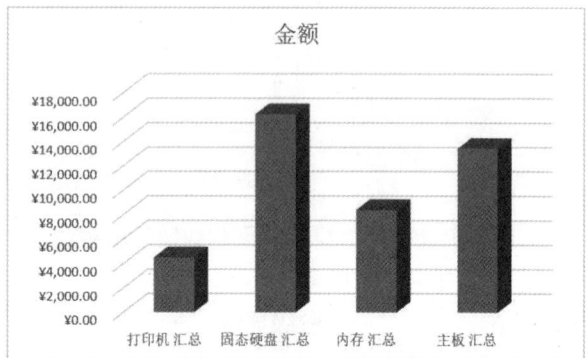

图 4.52　三维簇状柱形图

④ 修改图表标题。选中图表标题，将图表标题修改为"材料金额汇总图"。

⑤ 添加坐标轴标题。选中图表，单击图表右侧的"图表元素"按钮 ，从打开的列表中勾选"坐标轴标题"复选框，在图表中显示坐标轴标题占位符。分别在横坐标轴标题占位符中输入"材料名称"，在纵坐标轴标题占位符中输入"金额"，如图 4.53 所示。

⑥ 添加数据标签。选中图表，单击图表右侧的"图表元素"按钮 ，从打开的列表中勾选"数据标签"复选框，在图表中显示数据值，添加数据标签后的效果如图 4.54 所示。

⑦ 改变图表位置。选中图表，单击"图表工具"→"设计"→"位置"→"移动图表"按钮，打开"移动图表"对话框。选择图表位置为"新工作表"，并输入新工作表名称"材料采购金额分析

图", 如图 4.55 所示。单击"确定"按钮, 生成图 4.56 所示的图表工作表。

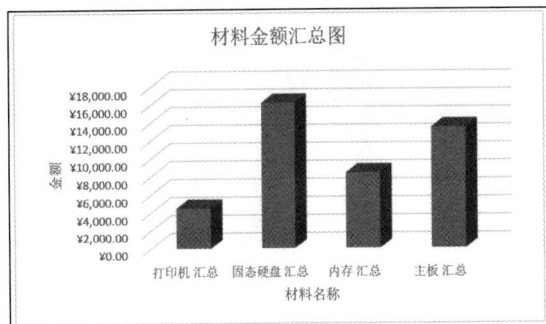

图 4.53 添加坐标轴标题

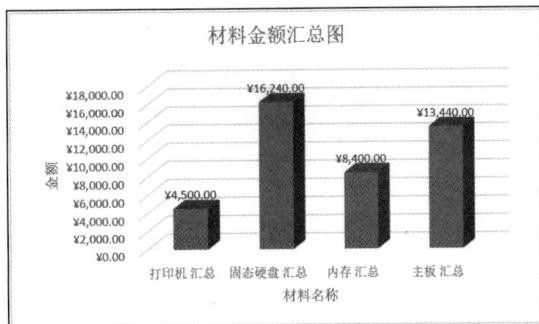

图 4.54 添加数据标签

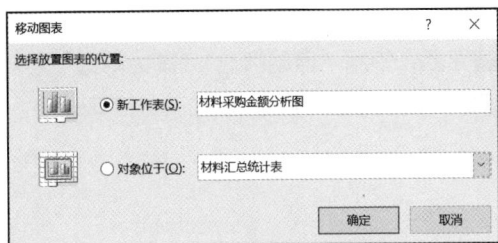

图 4.55 "移动图表"对话框

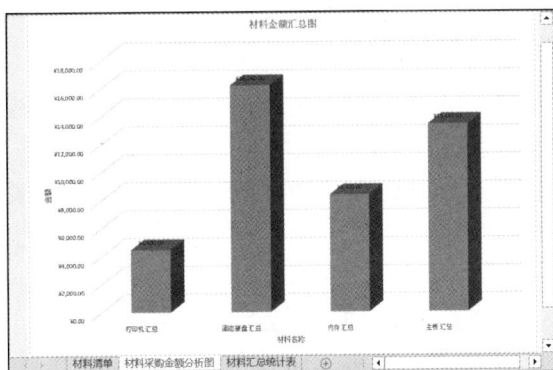

图 4.56 "材料采购金额分析图"工作表

⑧ 修改图表背景格式。选中图表, 单击"图表工具"→"格式"→"形状样式"→"形状填充"按钮, 在打开的下拉菜单中选择"纹理"列表中的"新闻纸", 对图表背景进行设置, 如图 4.57 所示。

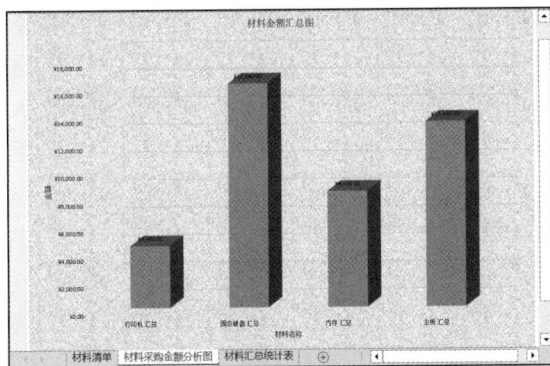

图 4.57 图表背景的填充效果

⑨ 修改数据系列格式。选中图表, 在图表中任意柱形上单击鼠标右键, 在弹出的快捷菜单中选择"设置数据系列格式"命令, 打开"设置数据系列格式"窗格, 展开"系列选项", 在"柱体形状"栏中选中"圆柱图"单选按钮, 如图 4.58 所示。适当调整图表标题、坐标轴标题等元素的字体大小, 并将数据标签适当上移, 修改后的图表如图 4.59 所示。

图 4.58　"设置数据系列格式"窗格

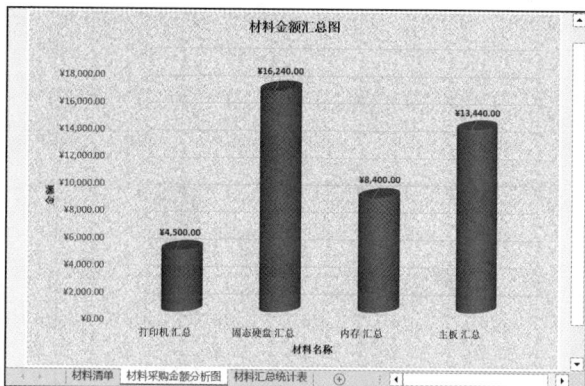

图 4.59　修改后的图表

【项目小结】

本项目通过制作"商品采购管理表""材料采购分析表"等，主要介绍了创建工作簿，重命名工作表，复制工作表，定义名称，利用数据验证设置下拉列表和利用 VLOOKUP 函数实现数据输入等的操作方法。此外，本项目还介绍了在编辑好的表格的基础上，使用"自动筛选""高级筛选"等对数据进行分析，以及通过"分类汇总"对各支付方式的应付货款余额进行汇总统计的操作方法。

项目 15　制作公司库存管理表

示例文件	原始文件：示例文件\素材\物流篇\项目 15\公司库存管理表.xlsx
	效果文件：示例文件\效果\物流篇\项目 15\公司库存管理表.xlsx

【项目背景】

对于一个公司来说，库存管理是物流体系中不可缺少的一环，库存管理的规范化将为物流体系带来切实的便利。不管是销售型公司还是生产型公司，其商品或产品的进货入库、库存、销售出货等，都是物流部工作人员每日工作的重要内容。通过各种方式对仓库出入库数据做出合理的统计，也是物流部应该做好的工作。本项目通过制作"公司库存管理表"来介绍 Excel 2016 在库存管理方面的应用，效果如图 4.60～图 4.65 所示。

图 4.60　"第一仓库入库"效果

图 4.61　"第二仓库入库"效果

科源有限公司第一仓库出库明细表

	统计日期	2024年4月		仓库主管	李莫斋
编号	日期	商品编码	商品名称	规格	数量
NO-1-0001	2024-4-3	J1002	华为笔记本电脑	MateBook D16 16英寸	5
NO-1-0002	2024-4-5	J1004	戴尔笔记本电脑	DELL灵越14PLUS 14英寸	10
NO-1-0003	2024-4-8	SJ1003	vivo手机	iQOO Neo9	8
NO-1-0004	2024-4-10	J1001	联想ThinkPad 轻薄本	X1 Nano 13英寸	4
NO-1-0005	2024-4-10	YY1002	西部数据移动固态硬盘	WDBAYN0020BBK 2TB	18
NO-1-0006	2024-4-13	SXJ1001	索尼数码摄像机	FDR-AX45A	3
NO-1-0007	2024-4-15	J1001	联想ThinkPad 轻薄本	X1 Nano 13英寸	2
NO-1-0008	2024-4-17	J1006	荣耀笔记本电脑	X16 Plus 16英寸	6
NO-1-0009	2024-4-18	XJ1002	佳能相机	EOS R50	8
NO-1-0010	2024-4-20	XJ1001	尼康数码相机	Z5	5
NO-1-0011	2024-4-21	YY1001	西部数据移动硬盘	WDBEPK0020BBK 2TB	10
NO-1-0012	2024-4-23	J1005	联想轻薄笔记本电脑	小新Pro16 ARP8 16英寸	8
NO-1-0013	2024-4-25	J1007	惠普笔记本电脑	HP 战66 六代 14英寸轻薄笔记本	9
NO-1-0014	2024-4-26	J1003	华硕轻薄笔记本电脑	灵耀14 14英寸	2
NO-1-0015	2024-4-27	SJ1002	小米手机	14Ultra	1
NO-1-0016	2024-4-28	SXJ1002	佳能数码摄像机	LEGRIA HF G70	1
NO-1-0017	2024-4-30	SJ1001	华为手机	Mate 60 Pro+	10

图 4.62 “第一仓库出库”效果

科源有限公司第二仓库出库明细表

	统计日期	2024年4月		仓库主管	周谦
编号	日期	商品编码	商品名称	规格	数量
NO-2-0001	2024-4-1	XJ1001	尼康数码相机	Z5	6
NO-2-0002	2024-4-5	J1003	华硕轻薄笔记本电脑	灵耀14 14英寸	9
NO-2-0003	2024-4-8	SJ1001	华为手机	Mate 60 Pro+	12
NO-2-0004	2024-4-9	SJ1002	小米手机	14Ultra	16
NO-2-0005	2024-4-10	XJ1001	尼康数码相机	Z5	15
NO-2-0006	2024-4-10	XJ1002	佳能相机	EOS R50	8
NO-2-0007	2024-4-10	YY1001	西部数据移动硬盘	WDBEPK0020BBK 2TB	20
NO-2-0008	2024-4-12	J1004	戴尔笔记本电脑	DELL灵越14PLUS 14英寸	5
NO-2-0009	2024-4-12	J1006	荣耀笔记本电脑	X16 Plus 16英寸	2
NO-2-0010	2024-4-15	YY1002	西部数据移动固态硬盘	WDBAYN0020BBK 2TB	13
NO-2-0011	2024-4-16	SJ1003	vivo手机	iQOO Neo9	8
NO-2-0012	2024-4-18	J1005	联想轻薄笔记本电脑	小新Pro16 ARP8 16英寸	7
NO-2-0013	2024-4-21	SXJ1001	索尼数码摄像机	FDR-AX45A	5
NO-2-0014	2024-4-25	SXJ1002	佳能数码摄像机	LEGRIA HF G70	3
NO-2-0015	2024-4-29	J1002	华为笔记本电脑	MateBook D16 16英寸	8

图 4.63 “第二仓库出库”效果

商品编码	数量
J1006	5
YY1002	32
J1001	26
J1004	32
SJ1003	27
J1003	25
SJ1002	17
SXJ1001	11
SJ1001	14
XJ1001	20
J1005	8
J1007	18
XJ1002	8
YY1001	23
J1002	13
SXJ1002	15

图 4.64 “入库汇总表”效果

商品编码	数量
XJ1001	26
J1007	9
J1003	11
SJ1001	22
SJ1002	17
XJ1002	16
YY1001	30
J1004	15
J1006	8
J1001	6
YY1002	31
SJ1003	16
J1005	15
SXJ1001	8
SXJ1002	4
J1002	13

图 4.65 “出库汇总表”效果

【项目实施】

任务 15-1 新建并保存工作簿

（1）启动 Excel 2016，新建一个空白工作簿。

（2）将新建的工作簿重命名为“公司库存管理表”，并将其保存在“D:\公司文档\物流部”文件夹中。

任务 15-2 复制“商品基础资料”工作表

（1）打开项目 14 制作完成的“商品采购管理表”工作簿。

（2）选中“商品基础资料”工作表。

（3）单击“开始”→“单元格”→“格式”按钮，打开图 4.66 所示的“格式”下拉菜单，在“组织工作表”栏中选择“移动或复制工作表”命令，打开图 4.67 所示的“移动或复制工作表”对话框。

（4）在“工作簿”下拉列表中选择“公司库存管理表”工作簿，在“下列选定工作表之前”列表框中选择“Sheet1”工作表，再勾选“建立副本”复选框，如图 4.68 所示。

（5）单击“确定”按钮，将选定的“商品基础资料”工作表复制到“公司库存管理表”工作簿中。

（6）关闭“商品采购管理表”工作簿。

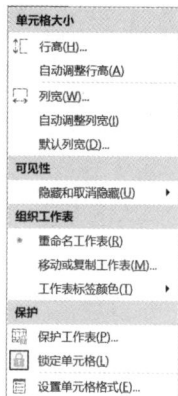

图 4.66 "格式"下拉菜单

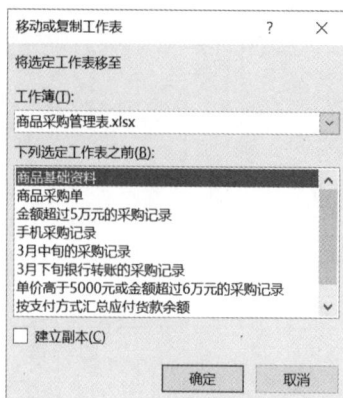

图 4.67 "移动或复制工作表"对话框

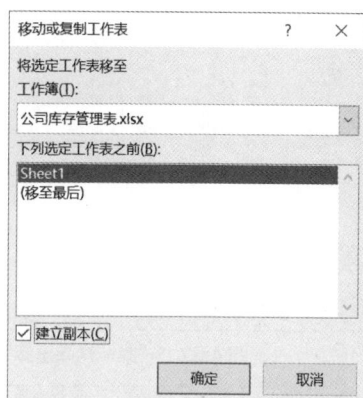

图 4.68 在工作簿之间复制工作表

任务 15-3 创建"第一仓库入库"工作表

（1）将"Sheet1"工作表重命名为"第一仓库入库"。

（2）在"第一仓库入库"工作表中创建框架，如图 4.69 所示。

（3）输入"编号"的数据。

① 选中"编号"所在的 A 列，单击"开始"→"单元格"→"格式"按钮，打开"单元格格式"下拉菜单，选择"设置单元格格式"命令，打开"设置单元格格式"对话框。

② 在"数字"选项卡中，在左侧的"分类"列表框中选择"自定义"，在右侧的"类型"文本框中输入自定义格式，如图 4.70 所示，单击"确定"按钮。

图 4.69 "第一仓库入库"的框架

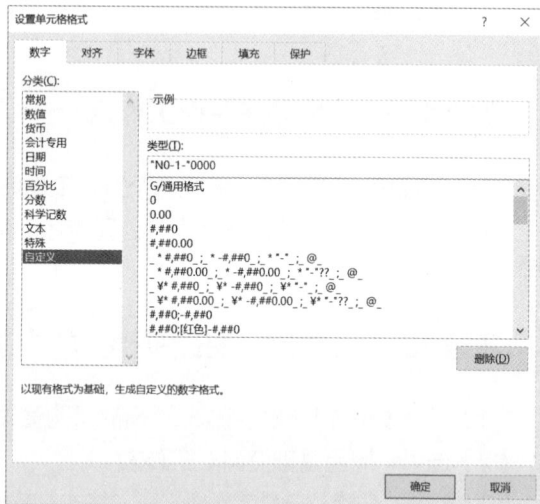

图 4.70 自定义"编号"格式

> **活力小贴士** 这里自定义的格式是由双引号引起来的字符及后面输入的数字所组成的一个字符串，双引号引起来的字符将会原样显示，并连接后面由 4 位数字组成的数字串。数字部分用 4 个"0"表示，如果输入的数字不够 4 位，则在左侧添"0"占位。

③ 选中 A4 单元格，输入"1"，按【Enter】键后，单元格中显示的是"NO-1-0001"，如图 4.71 所示。

④ 使用填充柄自动填充其余的编号。

（4）参照图 4.72 输入"日期"和"商品编码"的数据。

	A	B	C	D	E	F
1		科源有限公司第一仓库入库明细表				
2		统计日期	2024年4月		仓库主管	李莫蕾
3	编号	日期	商品编码	商品名称	规格	数量
4	1	2024-4-2	J1002			
5	2	2024-4-3	SXJ1002			
6	3	2024-4-7	J1001			
7	4	2024-4-8	SJ1003			
8	5	2024-4-8	SJ1001			
9	6	2024-4-8	XJ1001			
10	7	2024-4-12	XJ1002			
11	8	2024-4-15	J1001			
12	9	2024-4-18	YY1002			
13	10	2024-4-20	J1004			
14	11	2024-4-21	J1005			
15	12	2024-4-21	J1007			
16	13	2024-4-22	SXJ1001			
17	14	2024-4-25	J1003			
18	15	2024-4-25	SJ1001			

A4		:	×	✓	fx	1

	A	B	C	D	E	F
1		科源有限公司第一仓库入库明细表				
2		统计日期	2024年4月		仓库主管	李莫蕾
3	编号	日期	商品编码	商品名称	规格	数量
4	NO-1-0001					
5						
6						

图 4.71　输入"1"后的编号显示形式　　　　　图 4.72　输入"日期"和"商品编码"的数据

（5）输入"商品名称"的数据。

① 选中 D4 单元格。

② 单击"公式"→"函数库"→"插入函数"命令，打开图 4.73 所示的"插入函数"对话框。

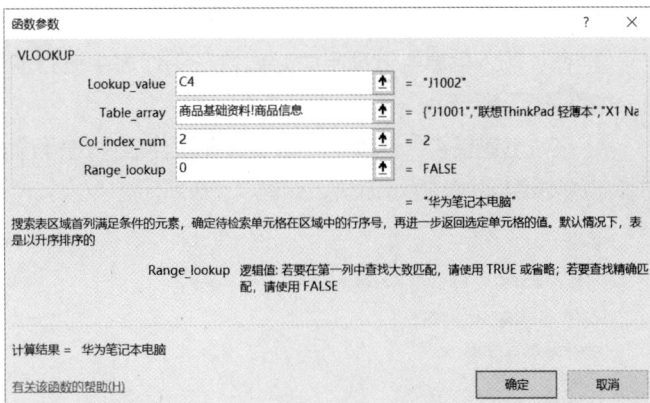

③ 在"插入函数"对话框的"选择函数"列表框中选择"VLOOKUP"，单击"确定"按钮，然后在弹出的"函数参数"对话框中设置图 4.74 所示的参数。

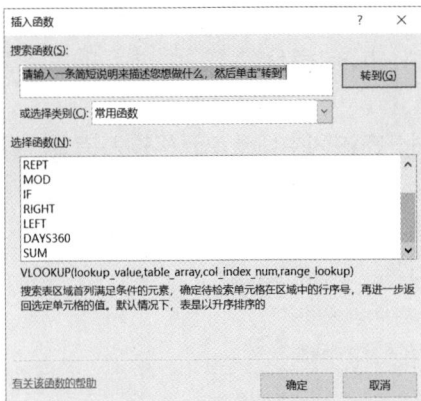

图 4.73　"插入函数"对话框　　　　　图 4.74　"商品名称"的 VLOOKUP 函数参数

活力小贴士　这里，第二个参数"Table_array"引用的是"商品基础资料"工作表中的 A2:D17 单元格区域，因为项目 14 中已经为该区域定义了名称"商品信息"，所以当引用"商品基础资料"工作表中的 A2:D17 单元格区域时，将显示为"商品基础资料!商品信息"。工作表之间引用的格式为"工作表名称!单元格区域"，如"Sheet1!A1"表示引用 Sheet1 工作表的 A1 单元格。

④ 单击"确定"按钮，得到相应的"商品名称"的数据。

　　⑤ 选中 D4 单元格，拖曳填充柄至 D19 单元格，将公式复制到 D5:D19 单元格区域中，可得到所有的"商品名称"的数据。

　　（6）用同样的方式，参照图 4.75 设置参数，输入"规格"的数据。

　　（7）通过引用输入"商品名称"和"规格"的数据后，适当调整列宽，使其数据内容能完整显示。

　　（8）输入"数量"的数据。为保证输入的数据均为正整数且不会出现其他数据，需要对此列数据进行数据验证设置。

　　① 选中 F4:F19 单元格区域，单击"数据"→"数据工具"→"数据验证"下拉按钮，从下拉菜单中选择"数据验证"命令，打开"数据验证"对话框。

　　② 在"设置"选项卡中，设置该列中的数据所允许的数值，如图 4.76 所示。

微课 4-4　对入库"数量"进行数据验证

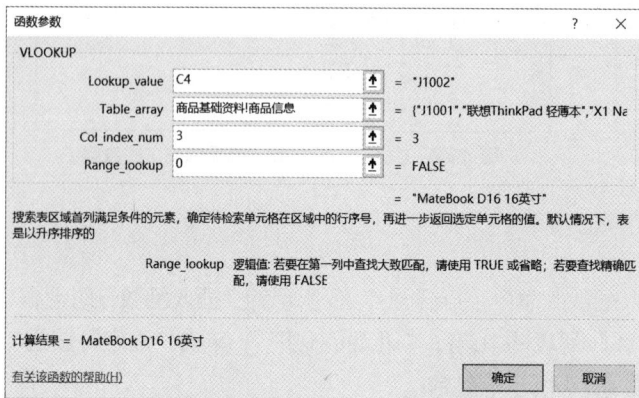

图 4.75　"规格"的 VLOOKUP 函数参数

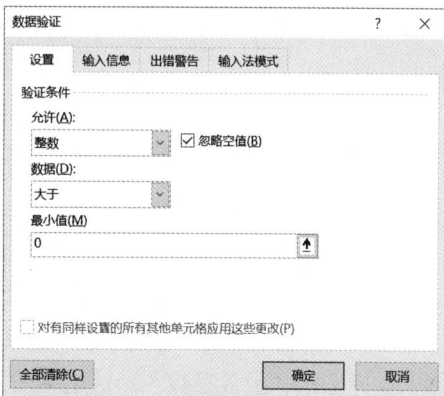

图 4.76　设置数据验证条件

　　③ 在"输入信息"选项卡中，设置在工作表中进行输入时，鼠标指针移到该列时显示的提示信息，如图 4.77 所示。

　　④ 在"出错警告"选项卡中，设置在工作表中进行输入时，在该列中任意单元格输入错误数据时弹出的对话框中的提示信息，如图 4.78 所示。

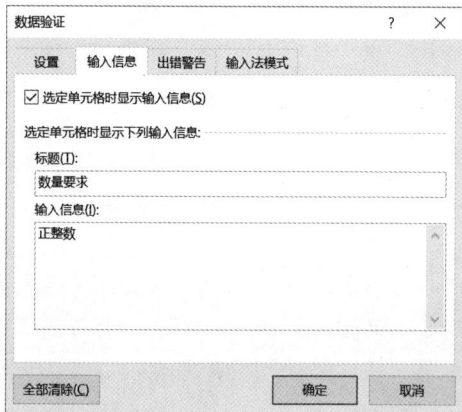

图 4.77　设置数据输入时的提示信息

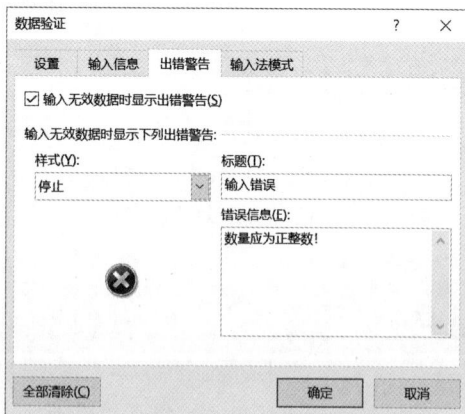

图 4.78　设置数据输入错误时的提示信息

　　（9）设置完成后，单击"确定"按钮。参照图 4.60 所示，在工作表中进行"数量"列数据的输入，完成"第一仓库入库"工作表的创建。

活力
小贴士　当选中设置了数据验证的单元格区域时，将会出现图 4.79 所示的提示信息。当输入违反定义规则的数据时，会弹出图 4.80 所示的对话框。

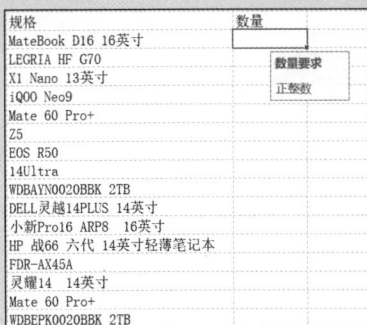

规格	数量
MateBook D16 16英寸	
LEGRIA HF G70	
X1 Nano 13英寸	数量要求
iQOO Neo9	正整数
Mate 60 Pro+	
Z5	
EOS R50	
14Ultra	
WDBAYN0020BBK 2TB	
DELL灵越14PLUS 14英寸	
小新Pro16 ARP8 16英寸	
HP 战66 六代 14英寸轻薄笔记本	
FDR-AX45A	
灵耀14 14英寸	
Mate 60 Pro+	
WDBEPK0020BBK 2TB	

输入错误 ×

❌ 数量应为正整数!

重试(R)　取消　帮助(H)

图 4.79　数据输入时的提示信息　　图 4.80　输入违反定义规则的数据时弹出的提示对话框

任务 15-4　创建"第二仓库入库"工作表

（1）插入一张新工作表，并重命名为"第二仓库入库"。
（2）参照创建"第一仓库入库"工作表的方法，创建图 4.61 所示的"第二仓库入库"工作表。

任务 15-5　创建"第一仓库出库"工作表

（1）插入一张新工作表，并重命名为"第一仓库出库"。
（2）参照创建"第一仓库入库"工作表的方法，创建图 4.62 所示的"第一仓库出库"工作表。

任务 15-6　创建"第二仓库出库"工作表

（1）在"第一仓库出库"工作表右侧插入一张新工作表，并将新工作表重命名为"第二仓库出库"。
（2）参照创建"第一仓库入库"工作表的方法，创建图 4.63 所示的"第二仓库出库"工作表。

任务 15-7　创建"入库汇总表"工作表

这里将采用"合并计算"来汇总所有仓库中各种产品的入库数据。
（1）在"第二仓库入库"工作表右侧插入一张新工作表，并将新工作表重命名为"入库汇总表"。

微课 4-5　创建
"入库汇总表"

（2）选中 A1 单元格，合并计算的结果将从这个单元格开始填写。
（3）单击"数据"→"数据工具"→"合并计算"按钮，打开图 4.81 所示的"合并计算"对话框。
（4）在"函数"下拉列表中选择"求和"。
（5）添加第 1 个"引用位置"的区域。
① 单击"合并计算"对话框中"引用位置"右侧的"折叠"按钮，切换到"第一仓库入库"工作表中，选中 C3:F19 单元格区域，如图 4.82 所示。
② 单击"返回"按钮，返回"合并计算"对话框，得到第 1 个"引用位置"。

③ 单击"添加"按钮，将选定区域添加到下方"所有引用位置"列表框中，如图 4.83 所示。

活力小贴士 如果要合并的数据是另外一个工作簿中的数据，则需要先单击"浏览"按钮 浏览(B)... 打开其他工作簿，再进行区域的选择。

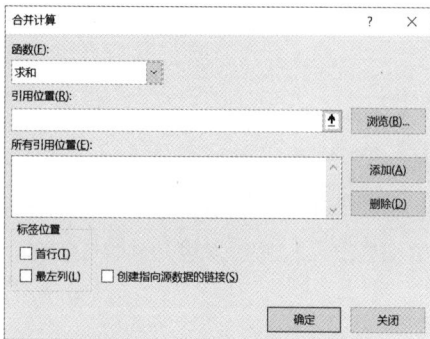

图 4.81　"合并计算"对话框

图 4.82　选择第 1 个"引用位置"的区域

（6）添加第 2 个"引用位置"的区域。按照前面的方法，选择"第二仓库入库"工作表中的 C3:F21 单元格区域，并将其添加到"所有引用位置"列表框中，如图 4.84 所示。

（7）勾选"标签位置"栏中的"首行"和"最左列"复选框，单击"确定"按钮，完成合并计算，得到图 4.85 所示的效果。

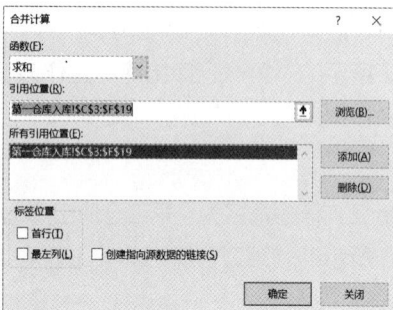

图 4.83　添加第 1 个"引用位置"的区域

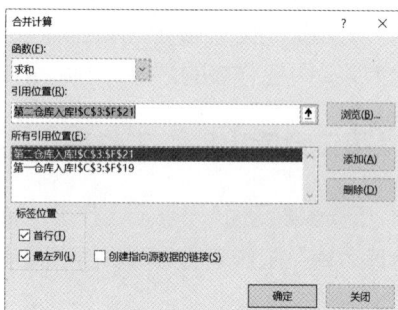

图 4.84　添加第 2 个"引用位置"的区域

图 4.85　合并计算后的入库汇总数据

活力小贴士 由于在进行合并计算前并未创建合并数据的标题行，所以这里需要选中"首行"和"最左列"作为行、列标题，让合并结果以所引用位置的数据首行和最左列作为汇总后数据的行标题和列标题。相反，如果事先创建了合并结果的标题行和标题列，则不需要勾选该复选框。

（8）调整表格。将合并后不需要的"商品名称"和"规格"列删除，在 A1 单元格中添加标题"商品编码"，再适当调整列宽，得到的最终效果如图 4.64 所示。

任务 15-8　创建"出库汇总表"工作表

（1）采用创建"入库汇总表"工作表的方法，在"第二仓库出库"工作表右侧插入一张新工作表。

（2）将新工作表重命名为"出库汇总表"，参照入库汇总的操作方法汇总出所有仓库中各种产品的出库数据。参照"入库汇总表"调整表格，删除"商品名称"和"规格"列，并添加标题"商品编码"，得到的最终效果如图 4.65 所示。

【项目拓展】

（1）制作"商品出入库数量比较图"，效果如图 4.86 所示。

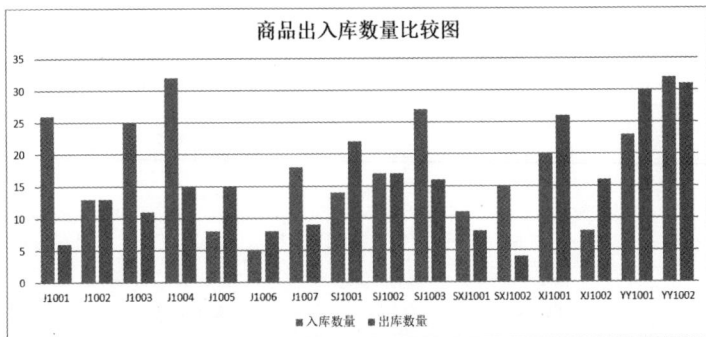

图 4.86　"商品出入库数量比较图"效果

（2）制作"商品出货明细单"，效果如图 4.87 所示。

图 4.87　"商品出货明细单"效果

【项目训练】

制作"出货统计表"，效果如图 4.88 所示。

图 4.88　"出货统计表"效果

操作步骤如下。

（1）按图 4.89 所示创建"商品出货登记表"，输入各项数据，并适当设置格式。

（2）为"出货地点"设置下拉列表。

① 选中 B3:B14 单元格区域。

② 单击"数据"→"数据工具"→"数据验证"下拉按钮，从下拉菜单中选择"数据验证"命令，打开"数据验证"对话框。

③ 在"设置"选项卡中单击"允许"下拉按钮，在打开的下拉列表中选择"序列"，在"来源"文本框中输入"1 号仓库,2 号仓库,3 号仓库"，如图 4.90 所示。

	A	B	C	D	E
1	商品出货登记表				
2	经手人	出货地点	笔记本电脑	硬盘	手机
3	李平		25	15	69
4	麦孜		51	18	73
5	张江		36	21	25
6	王硕		42	58	34
7	刘梅		72	50	39
8	江海		70	35	15
9	李朝		20	55	34
10	许如润		45	33	70
11	张玲铃		59	47	60
12	赵丽娟		38	47	28
13	高峰		29	45	37
14	刘小丽		39	57	60

图 4.89　创建"商品出货登记表"

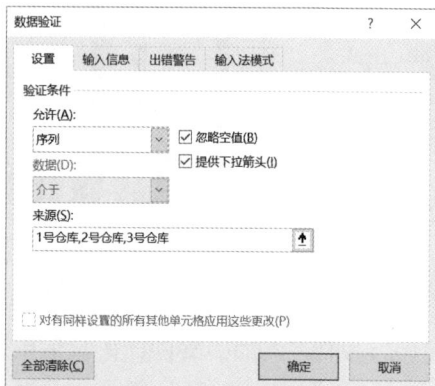

图 4.90　设置数据验证条件

④ 在"输入信息"选项卡中，设置在工作表中进行输入时，鼠标指针移到该列时显示的提示信息，如图 4.91 所示。

⑤ 在"出错警告"选项卡中，设置在工作表中进行输入时，在该列中任意单元格输入错误数据时弹出的对话框中的提示信息，如图 4.92 所示。

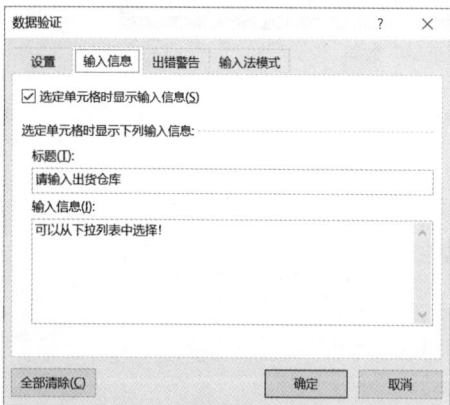

图 4.91　设置数据输入时的提示信息

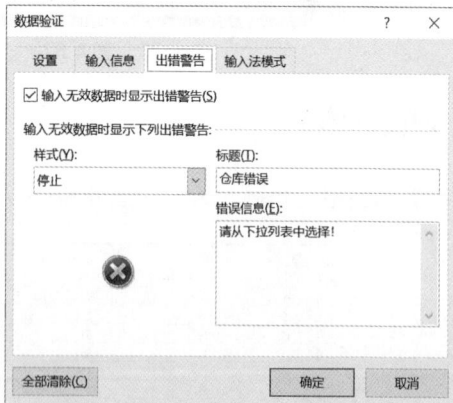

图 4.92　设置数据输入错误时的提示信息

⑥ 单击"确定"按钮，回到"商品出货登记表"中，选中 B3 单元格，则会在此单元格的右侧显示下拉按钮以及提示信息，如图 4.93 所示。单击下拉按钮，在弹出的下拉列表中选择正确的出

货地点，如图 4.94 所示。

	A	B	C	D	E
1	商品出货登记表				
2	经手人	出货地点	笔记本电脑	硬盘	手机
3	李平		25	15	69
4	麦孜		51	18	73
5	张江		36	21	25
6	王硕		42	58	34
7	刘梅		72	50	39
8	江海		70	35	15
9	李朝		20	55	34
10	许如润		45	33	70
11	张玲铃		59	47	60
12	赵丽娟		38	47	28
13	高峰		29	45	37
14	刘小丽		39	57	60

请输入出货仓库

可以从下拉列表中选择!

图 4.93　设置数据验证后的效果

	A	B	C	D	E
1	商品出货登记表				
2	经手人	出货地点	笔记本电脑	硬盘	手机
3	李平		25	15	69
4	麦孜	1号仓库	51	18	73
5	张江	2号仓库	36	21	25
6	王硕	3号仓库	42	58	34
7	刘梅		72	50	39
8	江海		70	35	15
9	李朝		20	55	34
10	许如润		45	33	70
11	张玲铃		59	47	60
12	赵丽娟		38	47	28
13	高峰		29	45	37
14	刘小丽		39	57	60

图 4.94　“出货地点”下拉列表

（3）参照图 4.95 输入“出货地点”的数据。

	A	B	C	D	E
1	商品出货登记表				
2	经手人	出货地点	笔记本电脑	硬盘	手机
3	李平	1号仓库	25	15	69
4	麦孜	2号仓库	51	18	73
5	张江	1号仓库	36	21	25
6	王硕	3号仓库	42	58	34
7	刘梅	3号仓库	72	50	39
8	江海	1号仓库	70	35	15
9	李朝	3号仓库	20	55	34
10	许如润	1号仓库	45	33	70
11	张玲铃	3号仓库	59	47	60
12	赵丽娟	2号仓库	38	47	28
13	高峰	2号仓库	29	45	37
14	刘小丽	3号仓库	39	57	60

图 4.95　输入“出货地点”的数据

（4）统计各出货点各商品“总出货量”和“最大出货量”。

① 在“商品出货登记表”右侧建立图 4.96 所示的表格框架。

	A	B	C	D	E	F	G	H	I	J	K
1	商品出货登记表							各出货点各商品总出货量统计表			
2	经手人	出货地点	笔记本电脑	硬盘	手机			出货地点	笔记本电脑	硬盘	手机
3	李平	1号仓库	25	15	69						
4	麦孜	2号仓库	51	18	73						
5	张江	1号仓库	36	21	25						
6	王硕	3号仓库	42	58	34						
7	刘梅	3号仓库	72	50	39						
8	江海	1号仓库	70	35	15						
9	李朝	3号仓库	20	55	34						
10	许如润	1号仓库	45	33	70			各出货点各商品最大出货量统计表			
11	张玲铃	3号仓库	59	47	60			出货地点	笔记本电脑	硬盘	手机
12	赵丽娟	2号仓库	38	47	28						
13	高峰	2号仓库	29	45	37						
14	刘小丽	3号仓库	39	57	60						

图 4.96　各出货点各商品“总出货量”和“最大出货量”统计表

② 统计各出货点各商品“总出货量”。选中 H3 单元格，单击“数据”→“数据工具”→“合并计算”按钮，打开“合并计算”对话框，在“函数”下拉列表中选择“求和”，将光标置于“引用位置”文本框中，选中 B3:E14 单元格区域，单击“添加”按钮，将选中的区域添加到“所有引用

位置"列表框中，勾选"标签位置"栏中的"最左列"复选框，如图 4.97 所示。单击"确定"按钮，完成"总出货量"的统计，效果如图 4.98 所示。

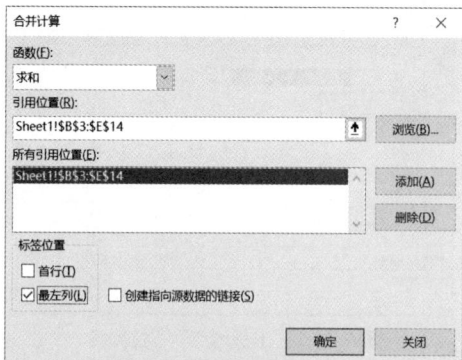

图 4.97 设置统计各出货点各商品"总出货量"参数

各出货点各商品总出货量统计表			
出货地点	笔记本电脑	硬盘	手机
1号仓库	176	104	179
2号仓库	118	110	138
3号仓库	232	267	227

图 4.98 "各出货点各商品总出货量统计表"效果

③ 统计各出货点各商品"最大出货量"。选中 H12 单元格，参照"总出货量"的统计操作方法，在"函数"下拉列表中选择"最大值"，其余参数设置如图 4.99 所示。单击"确定"按钮，完成"最大出货量"的统计，效果如图 4.100 所示。

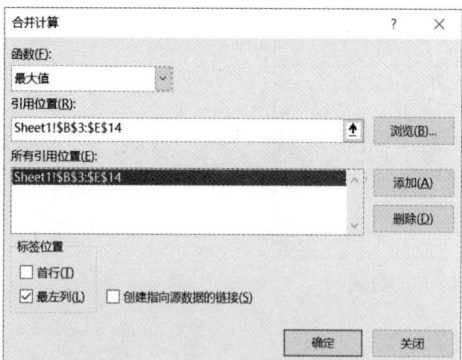

图 4.99 设置统计各出货点各商品"最大出货量"参数

各出货点各商品最大出货量统计表			
出货地点	笔记本电脑	硬盘	手机
1号仓库	70	35	70
2号仓库	51	47	73
3号仓库	72	58	60

图 4.100 "各出货点各商品最大出货量统计表"效果

【项目小结】

本项目通过制作"公司库存管理表""商品出入库数量比较图""商品出货明细单""出货统计表"等，主要介绍工作簿的创建，工作表的重命名，自动填充，设置数据验证，使用 VLOOKUP 函数导入数据等操作方法。此外，本项目还介绍了使用"合并计算"对多个仓库的出、入库数据进行汇总统计的操作方法，并进一步巩固了图表制作等操作。

项目 16 制作商品进销存管理表

示例文件	原始文件：示例文件\素材\物流篇\项目 16\商品进销存管理表.xlsx
	效果文件：示例文件\效果\物流篇\项目 16\商品进销存管理表.xlsx

【项目背景】

在一家经营性企业中，物流部的基本业务流程就是商品的进销存管理过程，商品的进货、销售和库存的各个环节会直接影响到企业的发展。

对企业的进销存实行信息化管理，不仅可以实现数据之间的共享、保证数据的正确性，还可以实现对数据的全面汇总和分析，从而促进企业的快速发展。本项目将通过制作"商品进销存管理表"和"期末库存量分析图"来介绍 Excel 2016 在进销存管理方面的应用。"商品进销存管理表"和"期末库存量分析图"效果分别如图 4.101 和图 4.102 所示。

商品编码	商品名称	规格	单位	期初库存量	期初库存额	本月入库量	本月入库额	本月销售量	本月销售额	期末库存量	期末库存额
J1001	联想ThinkPad 轻薄本	X1 Nano 13英寸	台	0	–	26	187,200	6	46,794	20	144,000
J1002	华为笔记本电脑	MateBook D16 16英寸	台	4	25,280	13	82,160	13	87,477	4	25,280
J1003	华硕轻薄笔记本电脑	灵耀14 14英寸	台	0	–	25	160,000	11	76,989	14	89,600
J1004	戴尔笔记本电脑	DELL灵越14PLUS 14英寸	台	0	–	32	178,560	15	89,700	17	94,860
J1005	联想轻薄笔记本电脑	小新Pro16 ARP8 16英寸	台	7	32,200	8	36,800	15	77,700	0	
J1006	荣耀笔记本电脑	X16 Plus 16英寸	台	4	19,596	5	24,495	8	43,120	1	4,899
J1007	惠普笔记本电脑	HP 战66 六代 14英寸轻薄笔记本	台	6	33,600	18	100,800	9	55,701	15	84,000
YY1001	西部数据移动硬盘	WDBEPK0020BBK 2TB	个	12	5,220	23	10,005	30	15,270	5	2,175
YY1002	西部数据移动固态硬盘	WDBAYN0020BBK 2TB	个	5	3,850	32	24,640	31	28,799	6	4,620
XJ1001	尼康数码相机	Z5	部	7	51,450	20	147,000	26	246,974	1	7,350
XJ1002	佳能相机	EOS R50	部	8	30,400	8	30,400	16	79,984	0	
SXJ1001	索尼数码摄像机	FDR-AX45A	台	1	6,150	11	67,650	8	58,392	4	24,600
SXJ1002	佳能数码摄像机	LEGRIA HF G70	台	2	13,960	15	104,700	4	35,552	13	90,740
SJ1001	华为手机	Mate 60 Pro+	部	9	75,420	14	117,320	22	197,978	1	8,380
SJ1002	小米手机	14Ultra	部	3	18,900	17	107,100	17	118,983	3	18,900
SJ1003	vivo手机	iQOO Neo9	部	2	3,640	27	49,140	16	36,784	13	23,660

图 4.101 "商品进销存管理表"效果

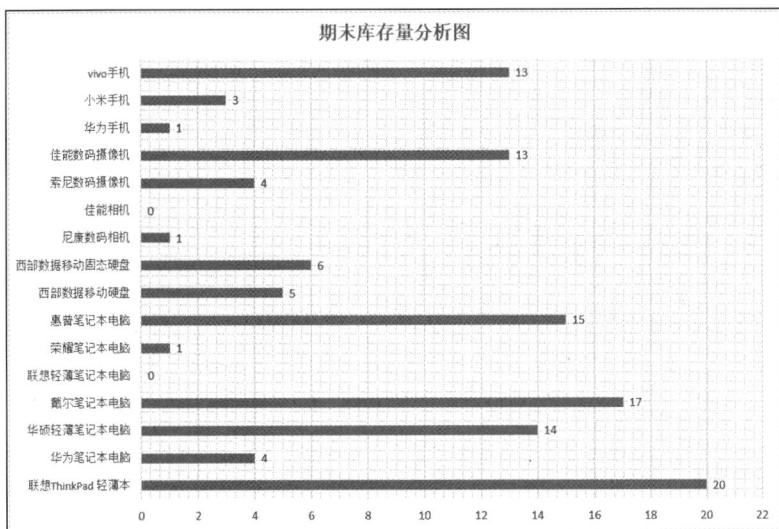

图 4.102 "期末库存量分析图"效果

【项目实施】

任务 16-1 新建并保存工作簿

（1）启动 Excel 2016，新建一个空白工作簿。

（2）将新建的工作簿重命名为"商品进销存管理表"，并将其保存在"D:\公司文档\物流部"文件夹中。

任务 16-2　复制工作表

（1）打开项目 15 制作完成的"公司库存管理表"工作簿。

（2）按住【Ctrl】键，分别选中"商品基础资料""入库汇总表""出库汇总表"工作表。

（3）单击"开始"→"单元格"→"格式"按钮，打开"格式"下拉菜单，在"组织工作表"栏中选择"移动或复制工作表"命令，打开图 4.103 所示的"移动或复制工作表"对话框。

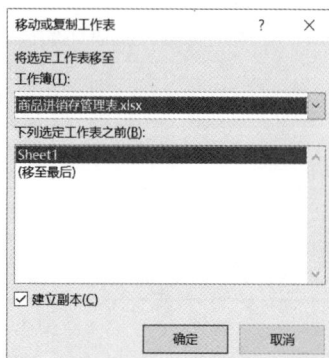

（4）在"工作簿"下拉列表中选择"商品进销存管理表"工作簿，在"下列选定工作表之前"列表框中选择"Sheet1"工作表，再勾选"建立副本"复选框，如图 4.104 所示。

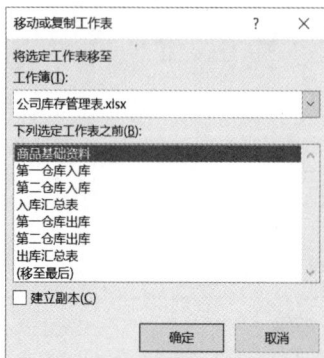

图 4.103　"移动或复制工作表"对话框　　　　图 4.104　在工作簿之间复制工作表

（5）单击"确定"按钮，将选定的"商品基础资料""入库汇总表""出库汇总表"工作表复制到"商品进销存管理表"工作簿中。

（6）关闭"公司库存管理表"工作簿。

任务 16-3　编辑"商品基础资料"工作表

（1）选中"商品基础资料"工作表。

（2）参照图 4.105 在"商品基础资料"工作表中添加"进货价"和"销售价"的数据。

商品编码	商品名称	规格	单位	进货价	销售价
J1001	联想ThinkPad 轻薄本	X1 Nano 13英寸	台	7200	7799
J1002	华为笔记本电脑	MateBook D16 16英寸	台	6320	6729
J1003	华硕轻薄笔记本电脑	灵耀14　14英寸	台	6400	6999
J1004	戴尔笔记本电脑	DELL灵越14PLUS 14英寸	台	5580	5980
J1005	联想轻薄笔记本电脑	小新Pro16 ARP8　16英寸	台	4600	5180
J1006	荣耀笔记本电脑	X16 Plus　16英寸	台	4899	5390
J1007	惠普笔记本电脑	HP 战66 六代 14英寸轻薄笔记本	台	5600	6189
YY1001	西部数据移动硬盘	WDBEPK0020BBK 2TB	个	435	509
YY1002	西部数据移动固态硬盘	WDBAYN0020BBK 2TB	个	770	929
XJ1001	尼康数码相机	Z5	部	7350	9499
XJ1002	佳能相机	EOS R50	部	3800	4999
SXJ1001	索尼数码摄像机	FDR-AX45A	台	6150	7299
SXJ1002	佳能数码摄像机	LEGRIA HF G70	台	6980	8888
SJ1001	华为手机	Mate 60 Pro+	部	8380	8999
SJ1002	小米手机	14Ultra	部	6300	6999
SJ1003	vivo手机	iQOO Neo9	部	1820	2299

图 4.105　添加"进货价"和"销售价"的数据

任务 16-4　创建"进销存汇总表"工作表

（1）将"Sheet1"工作表重命名为"进销存汇总表"。

（2）创建图 4.106 所示的"进销存汇总表"的框架。

	A	B	C	D	E	F	G	H	I	J	K	L
1	商品进销存汇总表											
2	商品编码	商品名称	规格	单位	期初库存量	期初库存额	本月入库量	本月入库额	本月销售量	本月销售额	期末库存量	期末库存额
3												
4												

图 4.106　"进销存汇总表"的框架

（3）从"商品基础资料"工作表中复制"商品编码""商品名称""规格""单位"的数据。

① 选中"商品基础资料"工作表中的 A2:D17 单元格区域，单击"开始"→"剪贴板"→"复制"按钮。

② 切换到"进销存汇总表"工作表，选中 A3 单元格，按【Ctrl】+【V】组合键，将选定的单元格区域的数据粘贴过来。

③ 适当调整表格的列宽。

（4）参照图 4.107 输入"期初库存量"的数据。

	A	B	C	D	E	F
1	商品进销存汇总表					
2	商品编码	商品名称	规格	单位	期初库存量	期初库存额
3	J1001	联想ThinkPad 轻薄本	X1 Nano 13英寸	台	0	
4	J1002	华为笔记本电脑	MateBook D16 16英寸	台	4	
5	J1003	华硕轻薄笔记本电脑	灵耀14　14英寸	台	5	
6	J1004	戴尔笔记本电脑	DELL灵越14PLUS 14英寸	台	0	
7	J1005	联想轻薄笔记本电脑	小新Pro16 ARP8　16英寸	台	7	
8	J1006	荣耀笔记本电脑	X16 Plus　16英寸	台	4	
9	J1007	惠普笔记本电脑	HP 战66 六代 14英寸轻薄笔记本	台	6	
10	YY1001	西部数据移动硬盘	WDBEPK0020BBK 2TB	个	12	
11	YY1002	西部数据移动固态硬盘	WDBAYN0020BBK 2TB	个	5	
12	XJ1001	尼康数码相机	Z5	部	7	
13	XJ1002	佳能相机	EOS R50	部	8	
14	SXJ1001	索尼数码摄像机	FDR-AX45A	台	1	
15	SXJ1002	佳能数码摄像机	LEGRIA HF G70	台	2	
16	SJ1001	华为手机	Mate 60 Pro+	部	9	
17	SJ1002	小米手机	14Ultra	部	3	
18	SJ1003	vivo手机	iQOO Neo9	部	2	

图 4.107　输入"期初库存量"的数据

任务 16-5　输入和计算"进销存汇总表"的数据

（1）计算"期初库存额"。计算公式为"期初库存额＝期初库存量×进货价"。

① 选中 F3 单元格。

② 输入公式"＝E3*商品基础资料!E2"。

③ 按【Enter】键，计算出相应的期初库存额。

④ 选中 F3 单元格，拖曳填充柄至 F18 单元格，将公式复制到 F4:F18 单元格区域中，可得到所有产品的期初库存额。

活力小贴士 这里，F3 单元格代表的是商品编码为"J1001"的商品的期初库存额，之所以直接使用公式"=E3*商品基础资料!E2"，是因为"进销存汇总表"工作表中"商品编码""商品名称"等的数据是从"商品基础资料"工作表中复制过来的，两张工作表的商品编码等的数据是一一对应的。假设两张工作表中的商品编码等的数据顺序不一致，引用"进货价"的数据时，需要使用 VLOOKUP 函数在"商品基础资料"工作表中精确查找商品编码为"J1001"的商品的进货价，公式为"=E3*VLOOKUP(A3,商品基础资料!$A$2:$F$17,5,0)"。引用"进货价"和"销售价"的方法是相同的。

（2）导入"本月入库量"的数据。这里的"本月入库量"引用了"入库汇总表"工作表中"数量"列的数据。

① 选中 G3 单元格。

② 插入 VLOOKUP 函数，设置图 4.108 所示的函数参数。

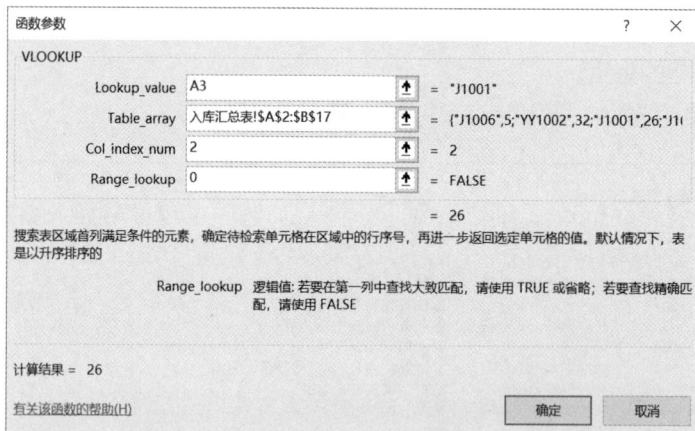

图 4.108　本月入库量的 VLOOKUP 函数参数

活力小贴士 VLOOKUP 函数参数的设置如下。

① Lookup_value 为"A3"。

② Table_array 为"入库汇总表!$A$2:$B$17"，即这里的"本月入库量"引用了"入库汇总表"工作表中"$A$2:$B$17"单元格区域的"数量"列的数据。

③ Col_index_num 为"2"，即引用的数据区域中"数量"列的数据所在的列序号。

④ Range_lookup 为"0"，即 VLOOKUP 函数将返回精确匹配值。

③ 单击"确定"按钮，导入相应的本月入库量。

④ 选中 G3 单元格，拖曳填充柄至 G18 单元格，将公式复制到 G4:G18 单元格区域中，可得到所有商品的本月入库量。

（3）计算"本月入库额"。计算公式为"本月入库额 = 本月入库量×进货价"。

① 选中 H3 单元格。

② 输入公式" = G3*商品基础资料!E2"。

③ 按【Enter】键，计算出相应的本月入库额。

④ 选中 H3 单元格，拖曳填充柄至 H18 单元格，将公式复制到 H4:H18 单元格区域中，可得到所有商品的本月入库额。

（4）导入"本月销售量"的数据。这里的"本月销售量"引用了"出库汇总表"工作表中"数量"列的数据。

① 选中 I3 单元格。

② 插入 VLOOKUP 函数，设置图 4.109 所示的函数参数。

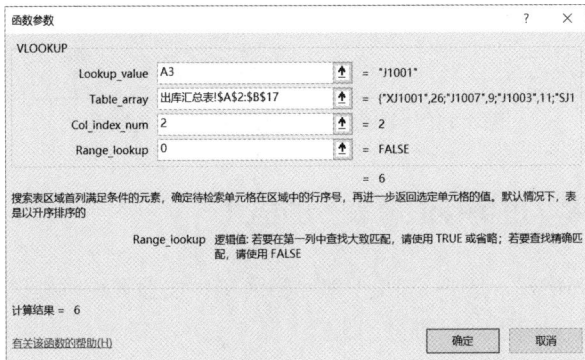

图 4.109　本月销售量的 VLOOKUP 函数参数

③ 单击"确定"按钮，导入相应的本月销售量。

④ 选中 I3 单元格，拖曳填充柄至 I18 单元格，将公式复制到 I4:I18 单元格区域中，可得到所有商品的本月销售量。

（5）计算"本月销售额"。计算公式为"本月销售额 = 本月销售量×销售价"。

① 选中 J3 单元格。

② 输入公式"= I3*商品基础资料!F2"。

③ 按【Enter】键，计算出相应的本月销售额。

④ 选中 J3 单元格，拖曳填充柄至 J18 单元格，将公式复制到 J4:J18 单元格区域中，可得到所有商品的本月销售额。

（6）计算"期末库存量"。计算公式为"期末库存量 = 期初库存量+本月入库量−本月销售量"。

① 选中 K3 单元格。

② 输入公式"= E3+G3−I3"。

③ 按【Enter】键，计算出相应的期末库存量。

④ 选中 K3 单元格，拖曳填充柄至 K18 单元格，将公式复制到 K4:K18 单元格区域中，可得到所有商品的期末库存量。

（7）计算"期末库存额"。计算公式为"期末库存额 = 期末库存量×进货价"。

① 选中 L3 单元格。

② 输入公式"= K3*商品基础资料!E2"。

③ 按【Enter】键，计算出相应的期末库存额。

④ 选中 L3 单元格，拖曳填充柄至 L18 单元格，将公式复制到 L4:L18 单元格区域中，可得到所有商品的期末库存额。

编辑后的“进销存汇总表”的数据如图 4.110 所示。

	A	B	C	D	E	F	G	H	I	J	K	L
1	商品进销存汇总表											
2	商品编码	商品名称	规格	单位	期初库存量	期初库存额	本月入库量	本月入库额	本月销售量	本月销售额	期末库存量	期末库存额
3	J1001	联想ThinkPad 轻薄本	X1 Nano 13英寸	台	0	0	26	187200	6	46794	20	144000
4	J1002	华为笔记本电脑	MateBook D16 16英寸	台	4	25280	13	82160	13	87477	4	25280
5	J1003	华硕轻薄笔记本电脑	灵耀14 14英寸	台	0	0	25	160000	11	76989	14	89600
6	J1004	戴尔笔记本电脑	DELL灵越14PLUS 14英寸	台	0	0	32	178560	15	89700	17	94860
7	J1005	联想轻薄笔记本电脑	小新Pro16 ARP8 16英寸	台	7	32200	8	36800	15	77700	0	0
8	J1006	荣耀笔记本电脑	X16 Plus 16英寸	台	4	19596	5	24495	8	43120	1	4899
9	J1007	惠普笔记本电脑	HP 战66 六代 14英寸轻薄笔记本	台	6	33600	18	100800	9	55701	15	84000
10	YY1001	西部数据移动硬盘	WDBEPK0020BBK 2TB	个	12	5220	23	10005	30	15270	5	2175
11	YY1002	西部数据移动固态硬盘	WDBAYN0020BBK 2TB	个	5	3850	32	24640	31	28799	6	4620
12	XJ1001	尼康数码相机	Z5	部	7	51450	20	147000	26	246974	1	7350
13	XJ1002	佳能相机	EOS R50	部	8	30400	8	30400	16	79984	0	0
14	SXJ1001	索尼数码摄像机	FDR-AX45A	台	1	6150	11	67650	8	58392	4	24600
15	SXJ1002	佳能数码摄像机	LEGRIA HF G70	台	2	13960	15	104700	4	35552	13	90740
16	SJ1001	华为手机	Mate 60 Pro+	部	9	75420	14	117320	22	197978	1	8380
17	SJ1002	小米手机	14Ultra	部	3	18900	17	107100	17	118983	3	18900
18	SJ1003	vivo手机	iQ00 Neo9	部	2	3640	27	49140	16	36784	13	23660

图 4.110　编辑后的“进销存汇总表”的数据

任务 16-6　设置“进销存汇总表”的格式

（1）设置表格标题的格式。选中 A1:L1 单元格区域，设置表格标题的对齐方式为“合并后居中”，格式为“宋体、18、加粗”，行高为“30”。

（2）将各列标题的格式设置为“加粗、居中”，并将字体颜色设置为“白色，背景 1”，添加“橄榄色，个性色 3，深色 25%”的底纹。

（3）为 A2:L18 单元格区域先添加“所有框线”边框，再添加粗外侧框线。

（4）将“单位”“期初库存量”“本月入库量”“本月销售量”“期末库存量”的数据的对齐方式设置为“居中”。

（5）将“期初库存额”“本月入库额”“本月销售额”“期末库存额”的数据设置为“会计专用”格式，且无货币符号、小数位数为“0”。

格式化后的“进销存汇总表”如图 4.111 所示。

	A	B	C	D	E	F	G	H	I	J	K	L
1	商品进销存汇总表											
2	商品编码	商品名称	规格	单位	期初库存量	期初库存额	本月入库量	本月入库额	本月销售量	本月销售额	期末库存量	期末库存额
3	J1001	联想ThinkPad 轻薄本	X1 Nano 13英寸	台	0	-	26	187,200	6	46,794	20	144,000
4	J1002	华为笔记本电脑	MateBook D16 16英寸	台	4	25,280	13	82,160	13	87,477	4	25,280
5	J1003	华硕轻薄笔记本电脑	灵耀14 14英寸	台	0	-	25	160,000	11	76,989	14	89,600
6	J1004	戴尔笔记本电脑	DELL灵越14PLUS 14英寸	台	0	-	32	178,560	15	89,700	17	94,860
7	J1005	联想轻薄笔记本电脑	小新Pro16 ARP8 16英寸	台	7	32,200	8	36,800	15	77,700	0	-
8	J1006	荣耀笔记本电脑	X16 Plus 16英寸	台	4	19,596	5	24,495	8	43,120	1	4,899
9	J1007	惠普笔记本电脑	HP 战66 六代 14英寸轻薄笔记本	台	6	33,600	18	100,800	9	55,701	15	84,000
10	YY1001	西部数据移动硬盘	WDBEPK0020BBK 2TB	个	12	5,220	23	10,005	30	15,270	5	2,175
11	YY1002	西部数据移动固态硬盘	WDBAYN0020BBK 2TB	个	5	3,850	32	24,640	31	28,799	6	4,620
12	XJ1001	尼康数码相机	Z5	部	7	51,450	20	147,000	26	246,974	1	7,350
13	XJ1002	佳能相机	EOS R50	部	8	30,400	8	30,400	16	79,984	0	-
14	SXJ1001	索尼数码摄像机	FDR-AX45A	台	1	6,150	11	67,650	8	58,392	4	24,600
15	SXJ1002	佳能数码摄像机	LEGRIA HF G70	台	2	13,960	15	104,700	4	35,552	13	90,740
16	SJ1001	华为手机	Mate 60 Pro+	部	9	75,420	14	117,320	22	197,978	1	8,380
17	SJ1002	小米手机	14Ultra	部	3	18,900	17	107,100	17	118,983	3	18,900
18	SJ1003	vivo手机	iQ00 Neo9	部	2	3,640	27	49,140	16	36,784	13	23,660

图 4.111　格式化后的“进销存汇总表”

任务 16-7　突出显示“期末库存量”和“期末库存额”

为了更方便地了解库存信息，可以为相应的期末库存量和库存额设置条件格式，根据不同库存量和库存额的等级设置不同的标识，如使用三色交通灯图标集标记期末库存量，使用浅蓝色渐变数据条标记期末库存额。

（1）设置期末库存量的条件格式。

① 选中 K3:K18 单元格区域。

② 单击"开始"→"样式"→"条件格式"按钮，打开"条件格式"下拉菜单。

③ 单击图 4.112 所示的"图标集"→"形状"→"三色交通灯（无边框）"。

（2）设置期末库存额的条件格式。

① 选中 L3:L18 单元格区域。

② 单击"开始"→"样式"→"条件格式"按钮，打开"条件格式"下拉菜单。

③ 单击图 4.113 所示的"数据条"→"渐变填充"→"浅蓝色数据条"。

微课 4-6　突出显示"期末库存量"和"期末库存额"

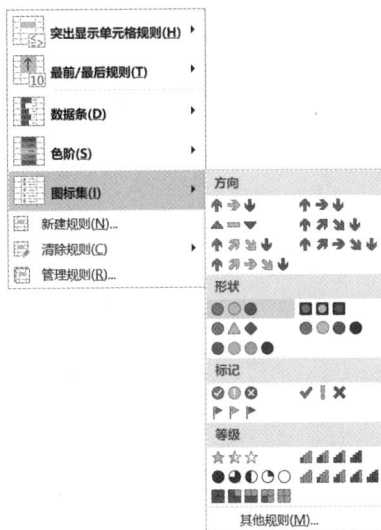

图 4.112　"图标集"子菜单

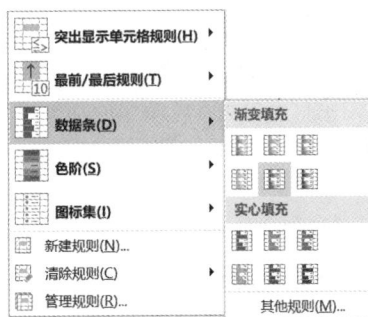

图 4.113　"数据条"子菜单

完成条件格式设置后的"进销存汇总表"的效果如图 4.114 所示。

商品编码	商品名称	规格	单位	期初库存量	期初库存额	本月入库量	本月入库额	本月销售量	本月销售额	期末库存量	期末库存额
J1001	联想ThinkPad 轻薄本	X1 Nano 13英寸	台	0	—	26	187,200	6	46,794	20	144,000
J1002	华为笔记本电脑	MateBook D16 16英寸	台	4	25,280	13	82,160	13	87,477	4	25,280
J1003	华硕轻薄笔记本电脑	灵耀14　14英寸	台	0	—	25	160,000	11	76,989	14	89,600
J1004	戴尔笔记本电脑	DELL灵越14PLUS 14英寸	台	0	—	32	178,560	15	89,700	17	94,860
J1005	联想轻薄笔记本电脑	小新Pro16 ARP8　16英寸	台	7	32,200	8	36,800	15	77,700	0	—
J1006	荣耀笔记本电脑	X16 Plus　16英寸	台	4	19,596	5	24,495	8	43,120	1	4,899
J1007	惠普笔记本电脑	HP 战66 六代 14英寸轻薄笔记本	台	6	33,600	18	100,800	9	55,701	15	84,000
YY1001	西部数据移动硬盘	WDBEPK0020BBK 2TB	个	12	5,220	23	10,005	30	15,270	5	2,175
YY1002	西部数据移动固态硬盘	WDBAYN0020BBK 2TB	个	5	3,850	32	24,640	31	28,799	6	4,620
XJ1001	尼康数码相机	Z5	部	7	51,450	20	147,000	26	246,974	1	7,350
XJ1002	佳能相机	EOS R50	部	8	30,400	8	30,400	16	79,984	0	—
SXJ1001	索尼数码摄像机	FDR-AX45A	台	1	6,150	11	67,650	8	58,392	4	24,600
SXJ1002	佳能数码摄像机	LEGRIA HF G70	台	2	13,960	15	104,700	4	35,552	13	90,740
SJ1001	华为手机	Mate 60 Pro+	部	9	75,420	14	117,320	22	197,978	1	8,380
SJ1002	小米手机	14Ultra	部	3	18,900	17	107,100	17	118,983	3	18,900
SJ1003	vivo手机	iQOO Neo9	部	2	3,640	27	49,140	16	36,784	13	23,660

商品进销存汇总表

图 4.114　完成条件格式设置后的"进销存汇总表"的效果

活力小贴士　设置条件格式后，选中应用了条件格式的数据区域，可选择"条件格式"下拉菜单中的"管理规则"命令，打开"条件格式规则管理器"对话框，查看和管理设置的规则。图 4.115 所示为期末库存量和期末库存额的"条件格式规则管理器"对话框。

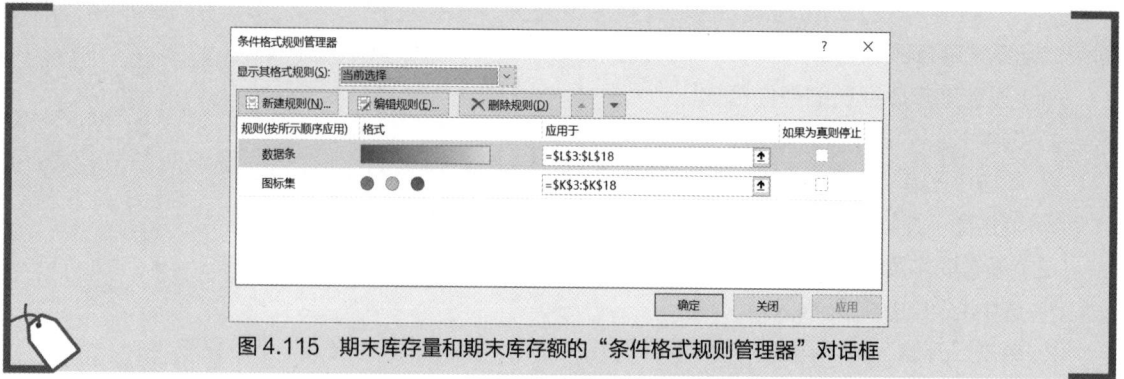

图 4.115　期末库存量和期末库存额的"条件格式规则管理器"对话框

（3）修改期末库存量的条件格式。

从图 4.114 可知，添加的三色交通灯的颜色是由系统按数据范围自动分配的，这里可以自行定义不同数据范围的颜色，如期末库存量大于 10 为红色，期末库存量为 5～10 为黄色，期末库存量小于 5 为绿色。

① 选中 K3:K18 单元格区域。

② 单击"开始"→"样式"→"条件格式"按钮，打开"条件格式"下拉菜单。

③ 从"条件格式"下拉菜单中选择"管理规则"命令，打开图 4.116 所示的期末库存量的"条件格式规则管理器"对话框。

④ 单击"编辑规则"按钮，打开图 4.117 所示的"编辑格式规则"对话框。

⑤ 按图 4.118 所示设置图标颜色、值和类型，即期末库存量大于 10 为红色，期末库存量为 5～10 为黄色，期末库存量小于 5 为绿色。

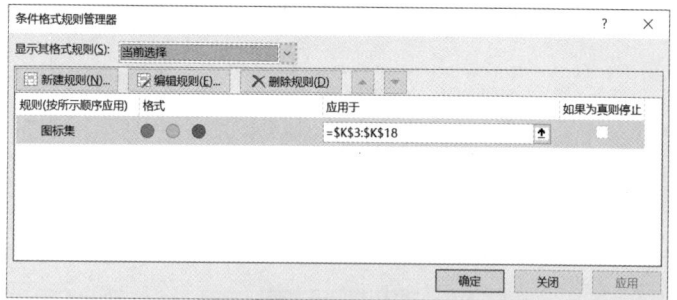

图 4.116　期末库存量的"条件格式规则管理器"对话框

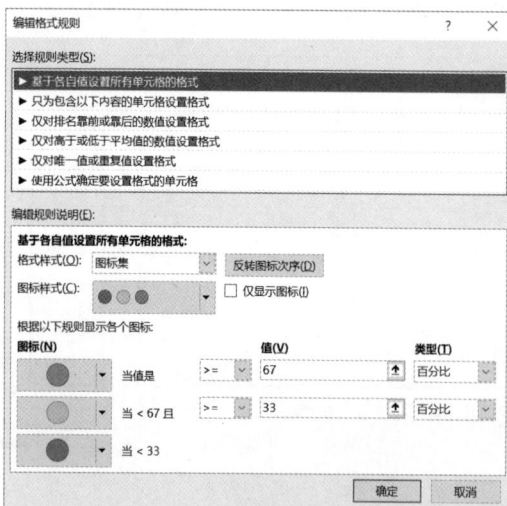

图 4.117　"编辑格式规则"对话框

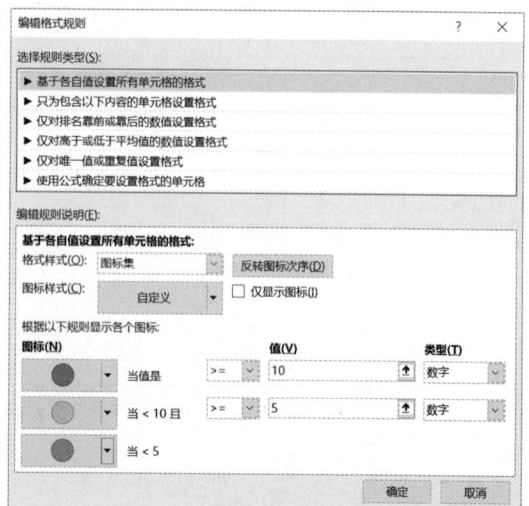

图 4.118　设置图标颜色、值和类型

⑥ 单击"确定"按钮，返回"条件格式规则管理器"对话框，再单击"确定"按钮，完成对条

件格式的修改。

任务 16-8　制作 "期末库存量分析图"

（1）按住【Ctrl】键，同时选中 "进销存汇总表" 中的 B2:B18 和 K2:K18 单元格区域。

（2）单击 "插入" → "图表" → "插入柱形图或条形图" 按钮，打开 "柱形图或条形图" 下拉菜单，选择 "二维条形图" 栏中的 "簇状条形图"，生成图 4.119 所示的图表。

（3）添加数据标签。选中图表，单击 "图表工具" → "设计" → "图表布局" → "添加图表元素" 按钮，打开 "图表元素" 下拉菜单，选择图 4.120 所示的 "数据标签" 子菜单中的 "数据标签外" 命令，添加数据标签后的图表如图 4.121 所示。

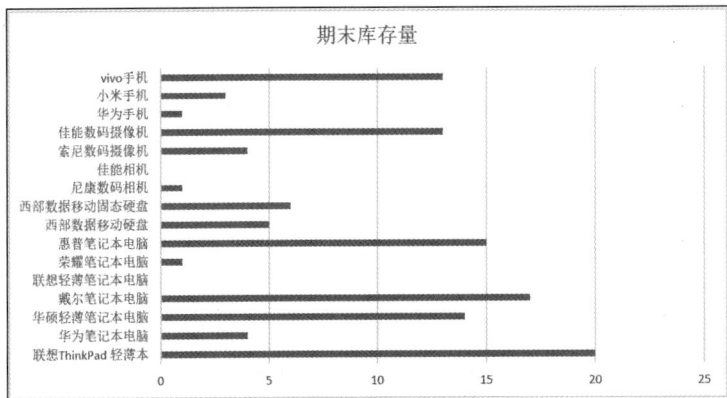

图 4.119　簇状条形图

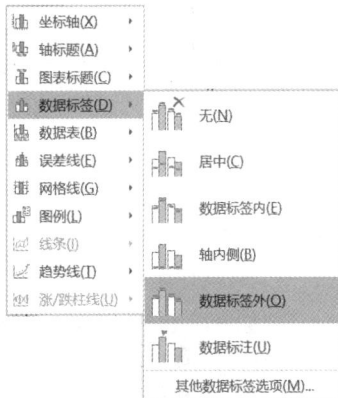

图 4.120　"数据标签" 子菜单

（4）调整水平轴刻度单位。在水平轴上单击鼠标右键，从弹出的快捷菜单中选择 "设置坐标轴格式" 命令，打开 "设置坐标轴格式" 窗格，设置 "单位" 最大值为 2.0，如图 4.122 所示。

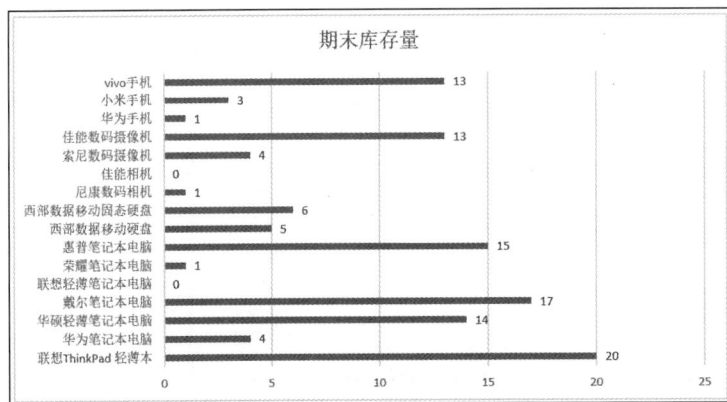

图 4.121　添加数据标签后的图表

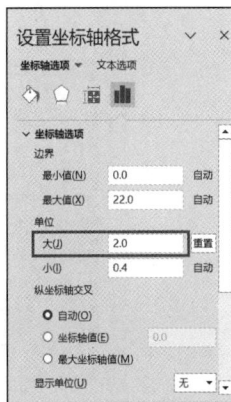

图 4.122　"设置坐标轴格式" 窗格

（5）修改图表标题为"期末库存量分析图"，并适当调整图表宽度，效果如图 4.123 所示。

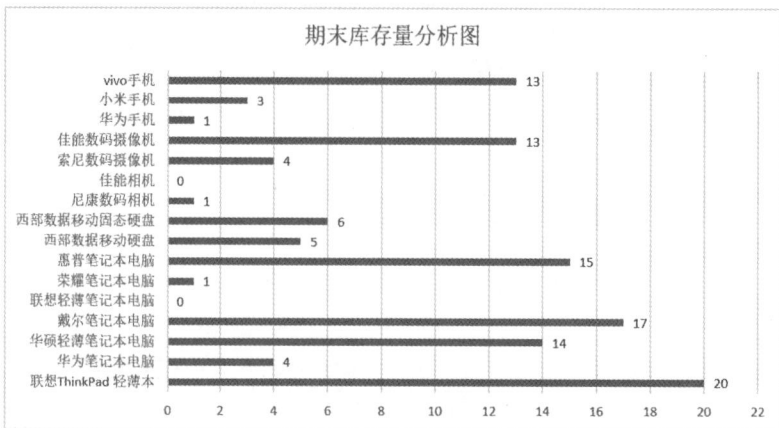

图 4.123　修改后的图表效果

（6）移动图表位置。

① 选中图表。

② 单击"图表工具"→"设计"→"位置"→"移动图表"按钮，打开"移动图表"对话框。

③ 选中"新工作表"单选按钮，在右侧的文本框中将默认的"Chart1"工作表的名称修改为"期末库存量分析图"。

④ 单击"确定"按钮，将图表移动到新工作表"期末库存量分析图"中，将生成的图表工作表移至工作簿的最右侧。

（7）修饰图表。

① 为图表绘图区添加"虚线网格"图案，图案前景色为"白色，背景 1，深色 15%"。

② 适当设置图表标题、坐标轴及数据标签的字体格式。

【项目拓展】

制作"公司产品生产成本预算表"，效果如图 4.124 和图 4.125 所示。

图 4.124　"主要产品单位成本表"效果

总体产品单位成本表

编制	张林	时间	2024-4-23
项目	上年实际	本月实际	本年累计实际
生产费用			
直接材料	¥800,000.00	¥70,000.00	¥890,000.00
其中原材料	¥800,000.00	¥70,000.00	¥890,000.00
燃料及动力	¥20,000.00	¥2,000.00	¥21,000.00
直接人工	¥240,000.00	¥20,000.00	¥200,000.00
制造费用	¥200,000.00	¥1,800.00	¥210,000.00
生产费用合计	¥1,260,000.00	¥93,800.00	¥1,321,000.00
加：在产品、自制半成品期初余额	¥24,000.00	¥2,000.00	¥24,500.00
减：在产品、自制半成品期末余额	¥22,000.00	¥2,000.00	¥22,500.00
产品生产成本合计	¥1,262,000.00	¥93,800.00	¥1,323,000.00
减：自制设备	¥2,000.00	¥120.00	¥2,100.00
减：其他不包括在商品产品成本中的生产费用	¥5,000.00	¥200.00	¥5,450.00
商品产品总成本	¥1,255,000.00	¥93,480.00	¥1,315,450.00

主要产品单位成本表　总体产品单位成本表

图 4.125　“总体产品单位成本表”效果

【项目训练】

设计并制作“公司生产预算表”，效果如图 4.126 所示。

操作步骤如下。

（1）新建并保存工作簿。

① 启动 Excel 2016，新建一个空白工作簿。

② 将新建的工作簿重命名为“公司生产预算表”，并将其保存在“D:\公司文档\物流部”文件夹中。

（2）插入工作表并重命名。插入两张新工作表，分别将“Sheet1”“Sheet2”“Sheet3”工作表重命名为“预计销量表”“定额成本资料表”“生产预算分析表”。

（3）制作“预计销量表”和“定额成本资料表”。

① 选中“预计销量表”工作表。

② 创建图 4.127 所示的“预计销量表”，并设置相应的格式。

生产预算分析表

项目	第一季度	第二季度	第三季度	第四季度
预计销售量（件）	1900	2700	3500	2500
预计期末存货量	405	525	375	250
预计需求量	2305	3225	3875	2750
期初存货量	320	405	525	375
预计产量	1985	2820	3350	2375
直接材料消耗（Kg）	3573	5076	6030	4275
直接人工消耗（小时）	10917.5	15510	18425	13062.5

预计销量表　定额成本资料表　生产预算分析表

图 4.126　“公司生产预算表”效果

预计销量表

时间	销售量（件）	销售单价（元）
第一季度	1900	¥105.00
第二季度	2700	¥105.00
第三季度	3500	¥105.00
第四季度	2500	¥105.00

预计销量表　定额成本资料 ...

图 4.127　“预计销量表”效果

③ 单击“定额成本资料表”工作表标签，切换至“定额成本资料表”工作表，在其中创建图 4.128 所示的“定额成本资料表”，并设置相应的格式。

（4）制作“生产预算分析表”的框架。

① 单击“生产预算分析表”工作表标签，切换至“生产预算分析表”工作表。

② 创建图 4.129 所示的"生产预算分析表"的框架。

图 4.128 "定额成本资料表"效果

图 4.129 "生产预算分析表"的框架

（5）输入"预计销售量（件）"行的数据。

> **活力小贴士** 这里，"预计销售量（件）"的值等于"预计销量表"工作表中"销售量（件）"的值。因此，可通过 VLOOKUP 函数进行查找。

① 选中 B3 单元格，插入 VLOOKUP 函数，设置图 4.130 所示的函数参数，单击"确定"按钮，在 B3 单元格中显示出所引用的"预计销量表"工作表中的数据，如图 4.131 所示。

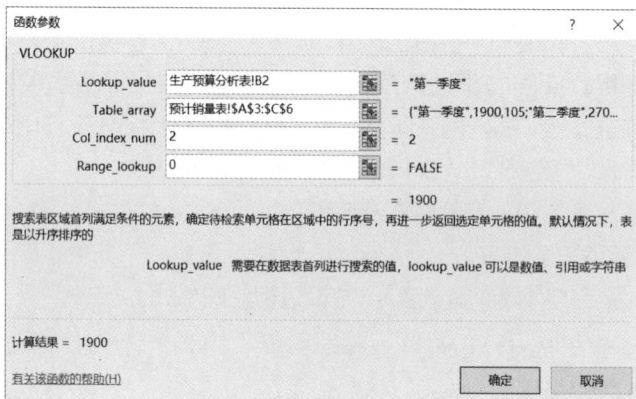

图 4.130 "函数参数"对话框

② 利用填充柄将 B3 单元格中的公式填充至"预计销售量（件）"行的其余 3 个季度的单元格中，如图 4.132 所示。

图 4.131 B3 单元格中引用"预计销量表"工作表中的数据

图 4.132 填充其余 3 个季度的预计销售量

（6）计算“预计期末存货量”。

预计期末存货量应根据公司往年的数据得出，这里假设公司各季度的期末存货量等于下一季度的预计销售量的 15%，并且第四季度的预计期末存货量为 250 件。

① 选中 B4 单元格，输入公式“ = C3*15%”并按【Enter】键，将在 B4 单元格中显示出第一季度的预计期末存货量，如图 4.133 所示。

② 利用填充柄将 B4 单元格中的公式填充至“预计期末存货量”行的第二季度和第三季度的单元格中，计算结果如图 4.134 所示。

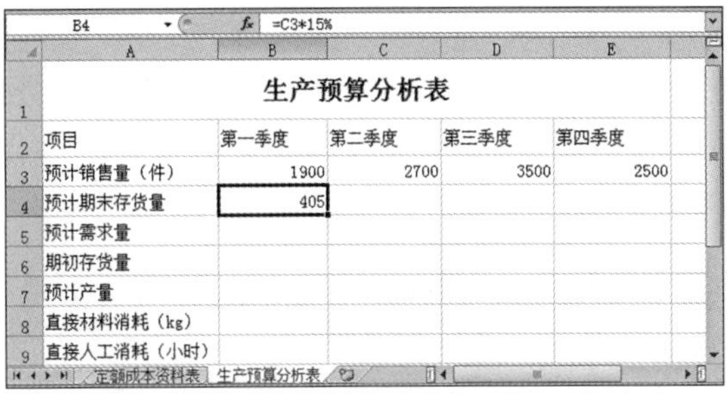

	A	B	C	D	E
1	生产预算分析表				
2	项目	第一季度	第二季度	第三季度	第四季度
3	预计销售量（件）	1900	2700	3500	2500
4	预计期末存货量	405			
5	预计需求量				
6	期初存货量				
7	预计产量				
8	直接材料消耗（kg）				
9	直接人工消耗（小时）				

图 4.133　计算第一季度的预计期末存货量

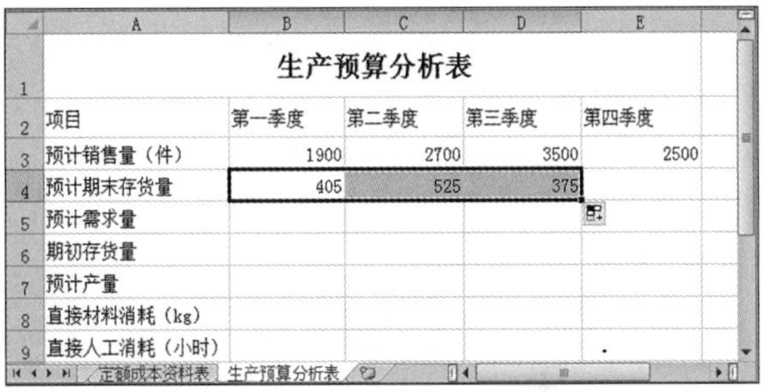

	A	B	C	D	E
1	生产预算分析表				
2	项目	第一季度	第二季度	第三季度	第四季度
3	预计销售量（件）	1900	2700	3500	2500
4	预计期末存货量	405	525	375	
5	预计需求量				
6	期初存货量				
7	预计产量				
8	直接材料消耗（kg）				
9	直接人工消耗（小时）				

图 4.134　自动填充第二季度和第三季度的预计期末存货量

（7）计算各个季度的“预计需求量”。这里假设预计需求量等于预计销售量与预计期末存货量之和。

① 选中 B5 单元格，输入公式“ = B3+B4”并按【Enter】键。

② 利用填充柄将 B5 单元格中的公式填充至“预计需求量”行的其余 3 个季度的单元格中，计算结果如图 4.135 所示。

（8）计算“期初存货量”。第一季度的期初存货量应该等于去年年末存货量，这里假定第一季度的期初存货量为 320 件，其余 3 个季度的期初存货量等于上一季度的预计期末存货量。

① 选中 C6 单元格，输入公式“ = B4”并按【Enter】键，第二季度的期初存货量的计算结果如图 4.136 所示。

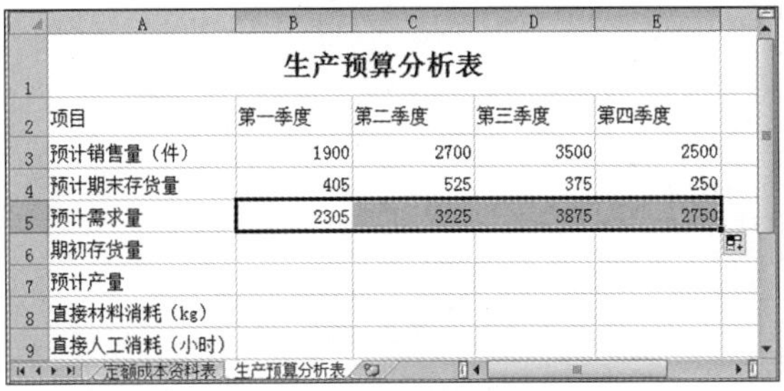

	A	B	C	D	E
1	生产预算分析表				
2	项目	第一季度	第二季度	第三季度	第四季度
3	预计销售量（件）	1900	2700	3500	2500
4	预计期末存货量	405	525	375	250
5	预计需求量	2305	3225	3875	2750
6	期初存货量				
7	预计产量				
8	直接材料消耗（kg）				
9	直接人工消耗（小时）				

图 4.135　计算各个季度的预计需求量

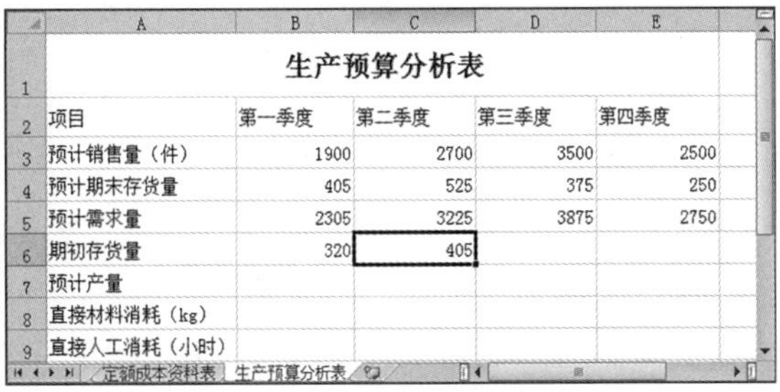

	A	B	C	D	E
1	生产预算分析表				
2	项目	第一季度	第二季度	第三季度	第四季度
3	预计销售量（件）	1900	2700	3500	2500
4	预计期末存货量	405	525	375	250
5	预计需求量	2305	3225	3875	2750
6	期初存货量	320	405		
7	预计产量				
8	直接材料消耗（kg）				
9	直接人工消耗（小时）				

图 4.136　计算第二季度的期初存货量

② 利用填充柄将 C6 单元格中的公式填充至 D6 和 E6 单元格中，第三、四季度的期初存货量如图 4.137 所示。

（9）计算各个季度的“预计产量”。计算公式为“预计产量=预计需求量-期初存货量”。选中 B7 单元格，输入公式“ = B5-B6”并按【Enter】键。利用填充柄将此单元格中的公式填充到“预计产量”行的其余 3 个季度的单元格中，计算结果如图 4.138 所示。

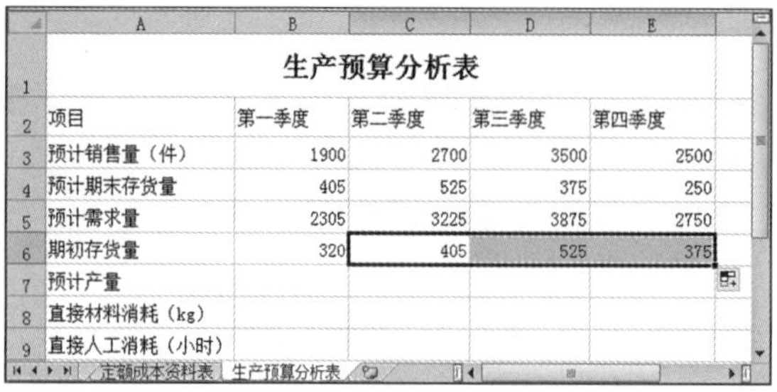

	A	B	C	D	E
1	生产预算分析表				
2	项目	第一季度	第二季度	第三季度	第四季度
3	预计销售量（件）	1900	2700	3500	2500
4	预计期末存货量	405	525	375	250
5	预计需求量	2305	3225	3875	2750
6	期初存货量	320	405	525	375
7	预计产量				
8	直接材料消耗（kg）				
9	直接人工消耗（小时）				

图 4.137　自动填充第三、四季度的期初存货量

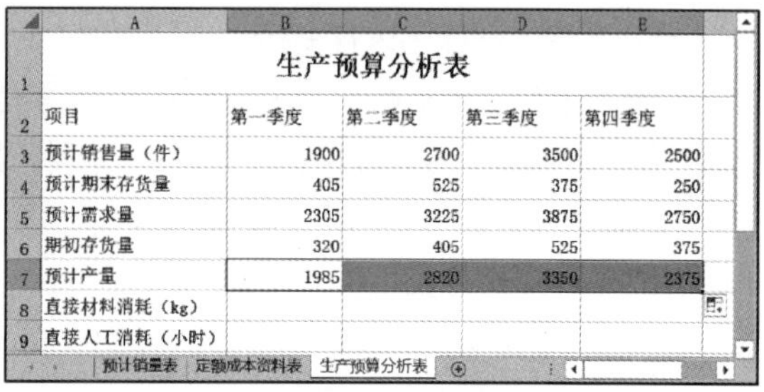

	A	B	C	D	E
1	生产预算分析表				
2	项目	第一季度	第二季度	第三季度	第四季度
3	预计销售量（件）	1900	2700	3500	2500
4	预计期末存货量	405	525	375	250
5	预计需求量	2305	3225	3875	2750
6	期初存货量	320	405	525	375
7	预计产量	1985	2820	3350	2375
8	直接材料消耗（kg）				
9	直接人工消耗（小时）				

图 4.138　计算各个季度的预计产量

（10）计算各个季度的“直接材料消耗（kg）”。计算公式为“直接材料消耗=预计产量×‘定额成本资料表’中的单位产品材料消耗定额”。选中 B8 单元格，输入公式“ = B7*定额成本资料表!$B$3”并按【Enter】键，则第一季度的直接材料消耗如图 4.139 所示。利用填充柄将此单元格中的公式填充到“直接材料消耗（kg）”行的其余 3 个季度的单元格中，计算结果如图 4.140 所示。

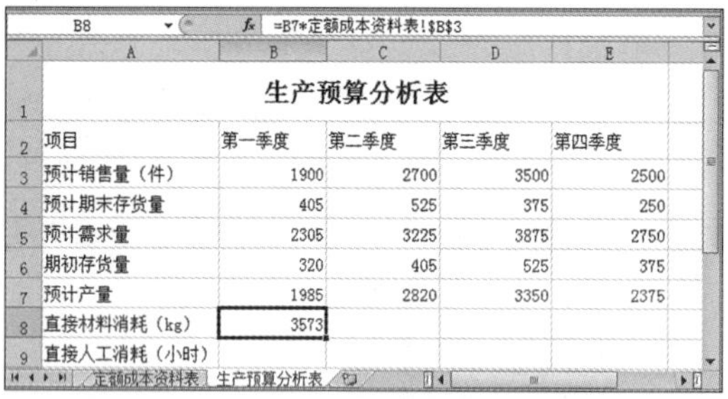

B8　=B7*定额成本资料表!$B$3

	A	B	C	D	E
1	生产预算分析表				
2	项目	第一季度	第二季度	第三季度	第四季度
3	预计销售量（件）	1900	2700	3500	2500
4	预计期末存货量	405	525	375	250
5	预计需求量	2305	3225	3875	2750
6	期初存货量	320	405	525	375
7	预计产量	1985	2820	3350	2375
8	直接材料消耗（kg）	3573			
9	直接人工消耗（小时）				

图 4.139　计算第一季度的直接材料消耗

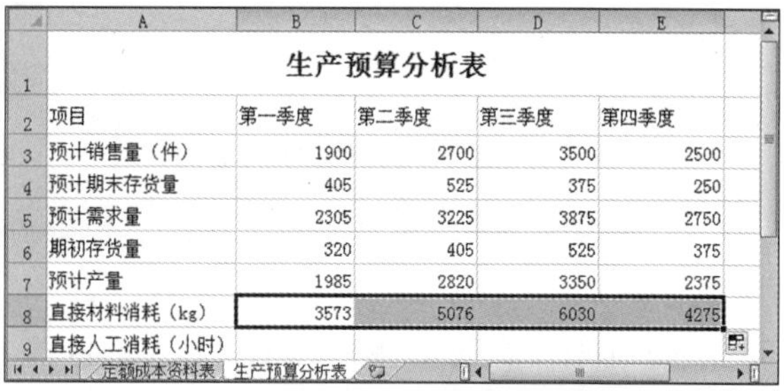

	A	B	C	D	E
1	生产预算分析表				
2	项目	第一季度	第二季度	第三季度	第四季度
3	预计销售量（件）	1900	2700	3500	2500
4	预计期末存货量	405	525	375	250
5	预计需求量	2305	3225	3875	2750
6	期初存货量	320	405	525	375
7	预计产量	1985	2820	3350	2375
8	直接材料消耗（kg）	3573	5076	6030	4275
9	直接人工消耗（小时）				

图 4.140　自动填充其余 3 个季度的直接材料消耗

（11）计算“直接人工消耗（小时）”。计算公式为“直接人工消耗=预计产量×‘定额成本资料表’中的单位产品定时定额”。选中 B9 单元格，输入公式“ = B7*定额成本资料表!$B$4”并按【Enter】键，则第一季度的直接人工消耗如图 4.141 所示。利用填充柄将此单元格中的公式填充到“直接人工消耗（小时）”行的其余 3 个季度的单元格中，计算结果如图 4.142 所示。

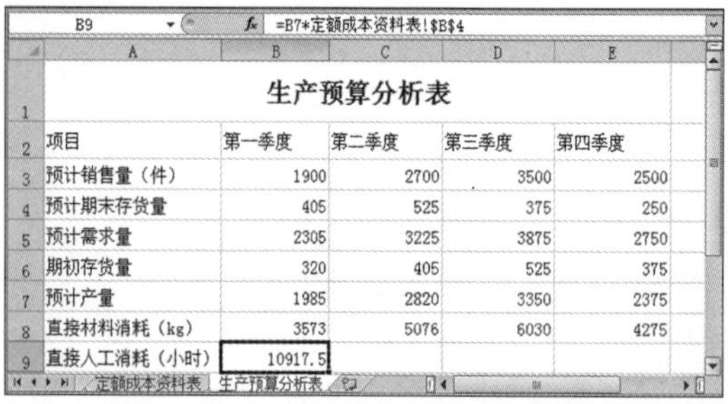

B9　=B7*定额成本资料表!$B$4

	A	B	C	D	E
1	生产预算分析表				
2	项目	第一季度	第二季度	第三季度	第四季度
3	预计销售量（件）	1900	2700	3500	2500
4	预计期末存货量	405	525	375	250
5	预计需求量	2305	3225	3875	2750
6	期初存货量	320	405	525	375
7	预计产量	1985	2820	3350	2375
8	直接材料消耗（kg）	3573	5076	6030	4275
9	直接人工消耗（小时）	10917.5			

图 4.141　计算第一季度的直接人工消耗

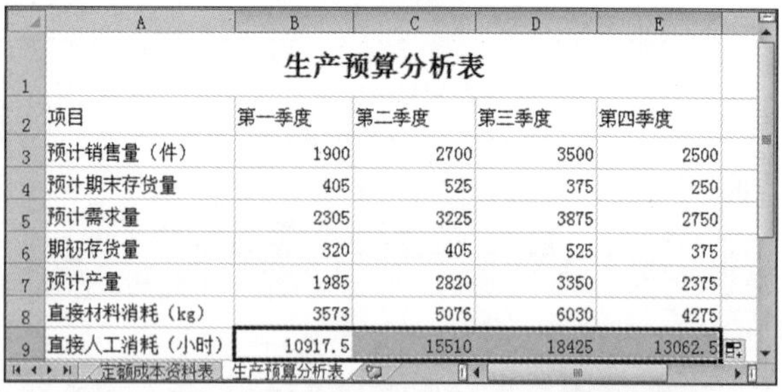

	A	B	C	D	E
1	生产预算分析表				
2	项目	第一季度	第二季度	第三季度	第四季度
3	预计销售量（件）	1900	2700	3500	2500
4	预计期末存货量	405	525	375	250
5	预计需求量	2305	3225	3875	2750
6	期初存货量	320	405	525	375
7	预计产量	1985	2820	3350	2375
8	直接材料消耗（kg）	3573	5076	6030	4275
9	直接人工消耗（小时）	10917.5	15510	18425	13062.5

图 4.142　自动填充其余 3 个季度的直接人工消耗

（12）格式化“生产预算分析表”。参照图 4.126 对“生产预算分析表”进行格式设置。

【项目小结】

本项目通过制作“商品进销存管理表”“公司产品生产成本预算表”“公司生产预算表”，主要介绍了工作簿的创建，在工作簿之间复制工作表，工作表的重命名，使用 VLOOKUP 函数导入数据，工作表间数据的引用以及公式的使用等。此外，本项目还介绍了利用条件格式对表中的数据进行突出显示，并通过制作图表对期末库存量进行分析的操作方法，以便物流部工作人员进行后续的入库管理工作。

项目 17　制作物流成本核算表

示例文件	原始文件：示例文件\素材\物流篇\项目 17\物流成本核算表.xlsx
	效果文件：示例文件\效果\物流篇\项目 17\物流成本核算表.xlsx

【项目背景】

随着公司的发展和物流业务的增加，公司各环节成本的核算显得尤为重要。物流成本核算主要用于对物流各环节的成本进行统计和分析，物流成本核算一般可对月度、季度或半年度等期间的物流成本进行核算。本项目通过制作公司第一季度的"物流成本核算表"，讲解 Excel 2016 在物流成本核算方面的应用，效果如图 4.143 所示。

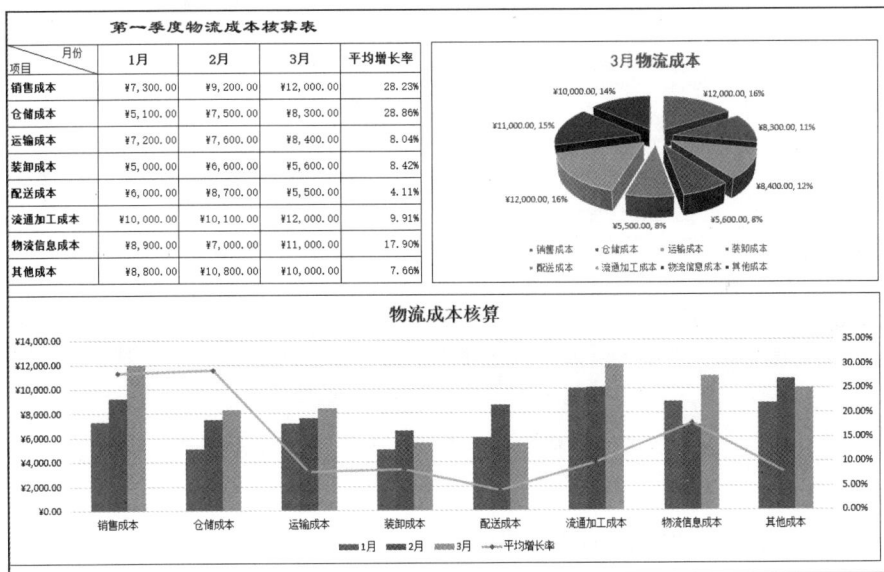

图 4.143　"物流成本核算表"效果

【项目实施】

任务 17-1　新建并保存工作簿

（1）启动 Excel 2016，新建一个空白工作簿。

（2）将新建的工作簿重命名为"物流成本核算表"，并将其保存在"D:\公司文档\物流部"文件夹中。

任务 17-2　创建"物流成本核算表"

（1）选中"Sheet1"工作表的 A1:E1 单元格区域，设置"合并后居中"，并输入标题"第一季度物流成本核算表"。

（2）制作表格框架。

① 先在 A2 单元格中输入"月份"，然后按【Alt】+【Enter】组合键，再输入"项目"。

② 按图 4.144 所示输入表格的基础数据，并适当调整表格的列宽。

任务 17-3　计算成本的平均增长率

（1）选中 E3 单元格。

（2）输入公式"=((C3-B3)/B3+(D3-C3)/C3)/2"，并按【Enter】键。

（3）选中 E3 单元格，拖曳填充柄至 E10 单元格，将公式复制到 E4:E10 单元格区域中。计算结果如图 4.145 所示。

	A	B	C	D	E
1			第一季度物流成本核算表		
2	月份 项目	1月	2月	3月	平均增长率
3	销售成本	7300	9200	12000	
4	仓储成本	5100	7500	8300	
5	运输成本	7200	7600	8400	
6	装卸成本	5000	6600	5600	
7	配送成本	6000	8700	5500	
8	流通加工成本	10000	10100	12000	
9	物流信息成本	8900	7000	11000	
10	其他成本	8800	10800	10000	

图 4.144　"物流成本核算表"的框架

	A	B	C	D	E
1			第一季度物流成本核算表		
2	月份 项目	1月	2月	3月	平均增长率
3	销售成本	7300	9200	12000	0.2823109
4	仓储成本	5100	7500	8300	0.28862745
5	运输成本	7200	7600	8400	0.08040936
6	装卸成本	5000	6600	5600	0.08424242
7	配送成本	6000	8700	5500	0.04109195
8	流通加工成本	10000	10100	12000	0.09905941
9	物流信息成本	8900	7000	11000	0.17897271
10	其他成本	8800	10800	10000	0.07659933

图 4.145　计算成本的平均增长率

活力小贴士　公式"=((C3-B3)/B3+(D3-C3)/C3)/2"说明如下。

① "(C3-B3)/B3"表示 2 月在 1 月基础上的增长率。

② "(D3-C3)/C3"表示 3 月在 2 月基础上的增长率。

③ "((C3-B3)/B3+(D3-C3)/C3)/2"表示 2 月、3 月的平均增长率。

任务 17-4　美化"物流成本核算表"

（1）设置表格标题的格式为"隶书、18"。

（2）设置 B2:E2 单元格区域的标题字段的格式为"宋体、12、加粗、居中"。

（3）设置 A3:A10 单元格区域的标题字段的格式为"宋体、11、加粗"。

（4）选中 B3:D10 单元格区域，设置数据格式为"货币"，保留货币符号，保留 2 位小数。

（5）设置"平均增长率"的数据格式为"百分比"，保留 2 位小数。

① 选中 E3:E10 单元格区域。

② 单击"开始"→"数字"→"数字格式"对话框启动器按钮，打开"设置单元格格式"对话框。

③ 在左侧的"分类"列表框中选择"百分比"，在右侧设置小数位数为"2"，如图 4.146 所示。

④ 单击"确定"按钮。

（6）设置表格边框。

① 选中 A2:E10 单元格区域，单击"开始"→"字体"→"框线"下拉按钮，在打开的下拉菜单中选择"所有框线"。

② 选中 A2 单元格，单击"开始"→"数字"→"数字格式"对话框启动器按钮，打开"设置单元格格式"对话框。切换到"边框"选项卡，在"边框"栏中单击◪按钮，如图 4.147 所示，单击"确定"按钮。

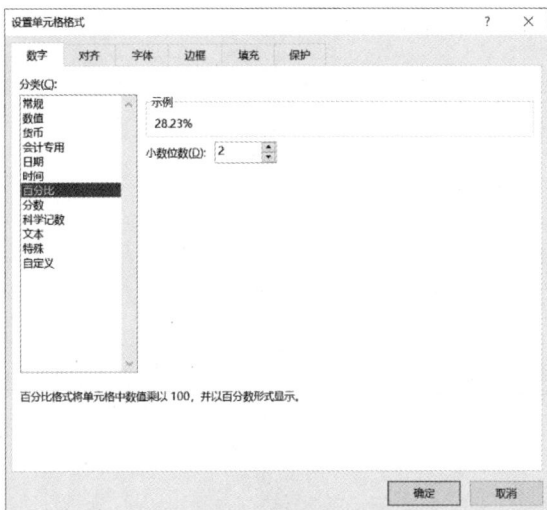

图 4.146　设置"平均增长率"的数据格式

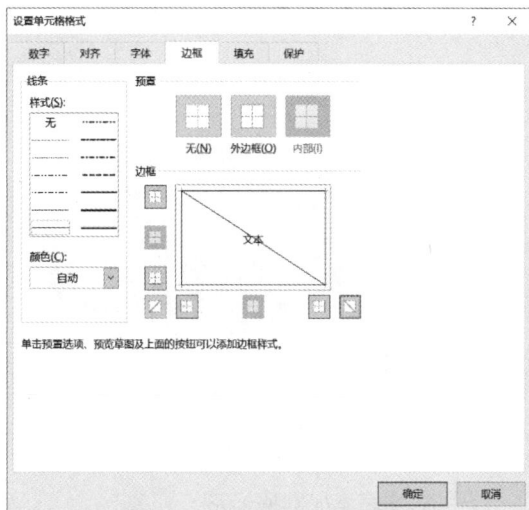

图 4.147　设置表格边框

（7）调整表格的行高和列宽。

① 设置表格第 1 行的高度为"35"。

② 设置表格第 3～10 行的高度为"25"。

③ 适当增加表格各列的宽度。

（8）调整斜线表头的格式。双击 A2 单元格，将光标移至"月份"之前，适当增加空格，使"月份"靠右显示。

美化后的"物流成本预算表"如图 4.148所示。

项目 月份	1月	2月	3月	平均增长率
销售成本	¥7,300.00	¥9,200.00	¥12,000.00	28.23%
仓储成本	¥5,100.00	¥7,500.00	¥8,300.00	28.86%
运输成本	¥7,200.00	¥7,600.00	¥8,400.00	8.04%
装卸成本	¥5,000.00	¥6,600.00	¥5,600.00	8.42%
配送成本	¥6,000.00	¥8,700.00	¥5,500.00	4.11%
流通加工成本	¥10,000.00	¥10,100.00	¥12,000.00	9.91%
物流信息成本	¥8,900.00	¥7,000.00	¥11,000.00	17.90%
其他成本	¥8,800.00	¥10,800.00	¥10,000.00	7.66%

第一季度物流成本核算表

图 4.148　美化后的"物流成本预算表"

任务 17-5　制作 3 月物流成本饼图

（1）按住【Ctrl】键，同时选中 A2:A10 及 D2:D10 单元格区域。

（2）单击"插入"→"图表"→"插入饼图或圆环图"按钮，打开"饼图或圆环图"下拉菜单，选择"三维饼图"命令，生成图 4.149 所示的图表。

（3）修改图表标题为"3 月物流成本"，并设置标题的格式为"黑体、16"。

（4）将图表修改为"分离型三维饼图"。

微课 4-7　制作 12 月物流成本饼图

① 选中生成的图表。

② 单击"图表工具"→"格式"→"当前所选内容"→"图表元素"下拉按钮，在打开的下拉列表中选择"系列'3月'"。

③ 单击"设置所选内容格式"按钮，打开"设置数据系列格式"窗格。

④ 在"系列选项"栏中，将"饼图分离"值设置为"20%"，如图4.150所示。

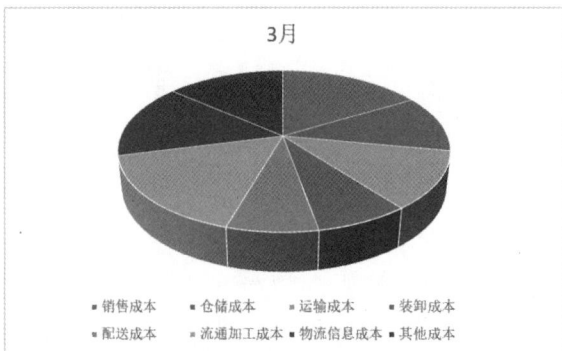

图4.149　三维饼图

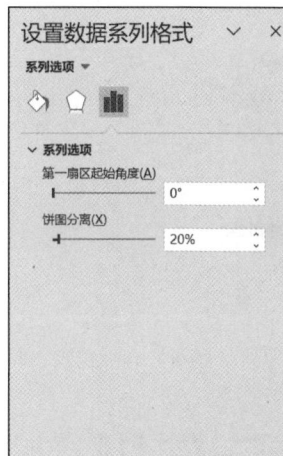

图4.150　"设置数据系列格式"窗格

（5）为图表添加数据标签。

① 选中图表。

② 单击"图表工具"→"设计"→"图表布局"→"添加图表元素"按钮，打开"图表元素"下拉菜单，选择"数据标签"子菜单中的"其他数据标签选项"命令，打开"设置数据标签格式"窗格。

③ 在"标签选项"栏中，勾选"值""百分比""显示引导线"复选框，再设置标签位置为"数据标签外"，如图4.151所示。

④ 单击"关闭"按钮，为图表添加数据标签，完成后的图表如图4.152所示。

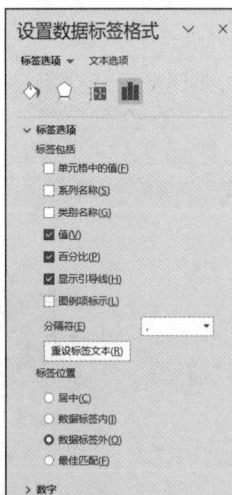

图4.151　"设置数据标签格式"窗格

图4.152　完成后的3月物流成本饼图

⑤ 适当调整图表大小，然后将图表移至数据表右侧。

任务 17-6　制作第一季度物流成本组合图表

在 Excel 2016 中，组合图表并不是默认的图表类型，而是通过操作设置后创建的一种图表类型。其将两种或两种以上的图表类型组合在一起，以便在两个数据间产生对比效果，方便工作人员对数据进行分析。例如，想要比较交易量的分配价格、销售量的税，或者失业率和消费指数等时，组合图表可快速且清晰地显示不同类型的数据，绘制一些在不同坐标轴上带有不同图表类型的数据系列。

（1）选中 A2:E10 单元格区域。

（2）单击"插入"→"图表"→"插入柱形图或条形图"按钮，打开"柱形图或条形图"下拉菜单，选择"二维柱形图"栏中的"簇状柱形图"，生成图 4.153 所示的图表。

（3）将图表标题修改为"物流成本核算"，并设置标题的格式为"宋体、18、加粗、深蓝"。

微课 4-8　制作第四季度物流成本组合图表

（4）调整图表位置和大小。

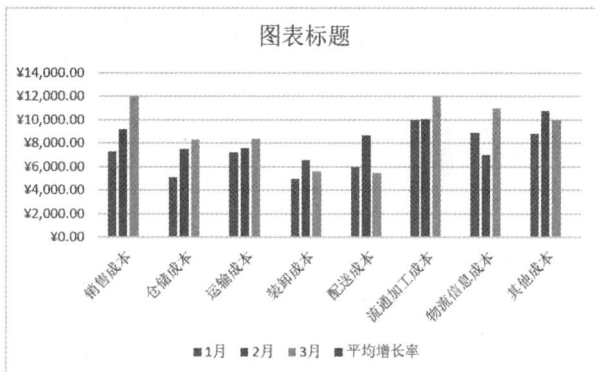

图 4.153　簇状柱形图

① 选中图表。

② 将鼠标指针移至图表的图表区，在鼠标指针呈"✛"形状时，拖动鼠标将图表移至数据表的下方。

③ 适当调整图表大小，效果如图 4.154 所示。

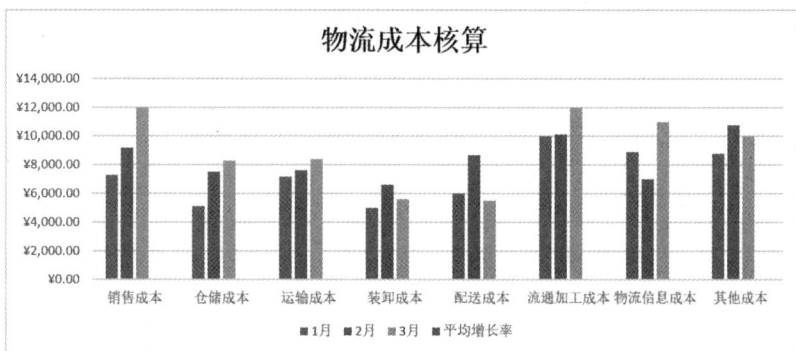

图 4.154　调整后的图表

从图 4.154 可见，由于图表中的数据系列"1月""2月""3月"表示的数据为各项物流成本，而"平均增长率"表示的数据为各项物流成本的增长率，一种数据是货币型，另一种数据是百分比型，不同类型的数据在同一坐标轴上，使得"平均增长率"几乎贴近 0 刻度线，无法直观展示出来。此时需要创建两轴线组合图来显示该数据系列。

（5）创建两轴线组合图。

① 选中图表。

② 单击"图表工具"→"格式"→"当前所选内容"→"图表元素"下拉按钮，在打开的下拉列表中选择"系列'平均增长率'"。

③ 单击"设置所选内容格式"按钮，打开"设置数据系列格式"窗格。

④ 在"系列选项"栏中，选中"系列绘制在"中的"次坐标轴"单选按钮，如图 4.155 所示。

⑤ 单击"关闭"按钮，返回工作表，此时"平均增长率"数据将覆盖在"2 月"数据的上方，其图表类型为"柱形"，如图 4.156 所示。

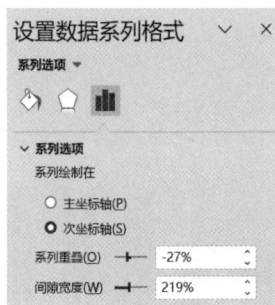

图 4.155　"设置数据系列格式"窗格　　　　　　图 4.156　设置次要坐标轴

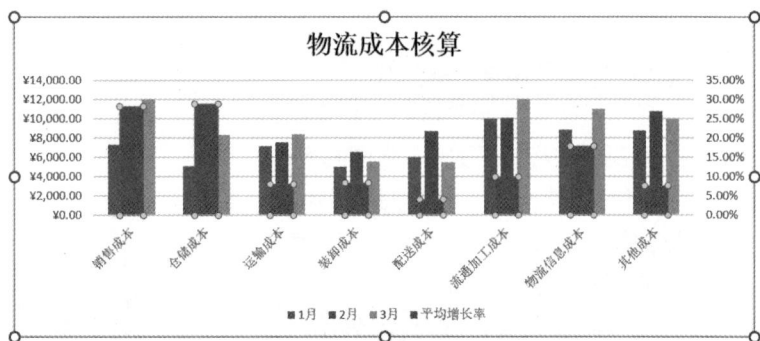

⑥ 选中图表，单击"图表工具"→"设计"→"类型"→"更改图表类型"按钮，打开"更改图表类型"对话框，如图 4.157 所示。

⑦ 从"组合图"中选择"簇状柱形图-次坐标轴上的折线图"，再在下方的"为您的数据系列选择图表类型和轴"栏中设置"1 月""2 月""3 月"的图表类型均为"簇状柱形图"，选择"平均增长率"的图表类型为"折线图"，并勾选"平均增长率"后的"次坐标轴"复选框，如图 4.158 所示。

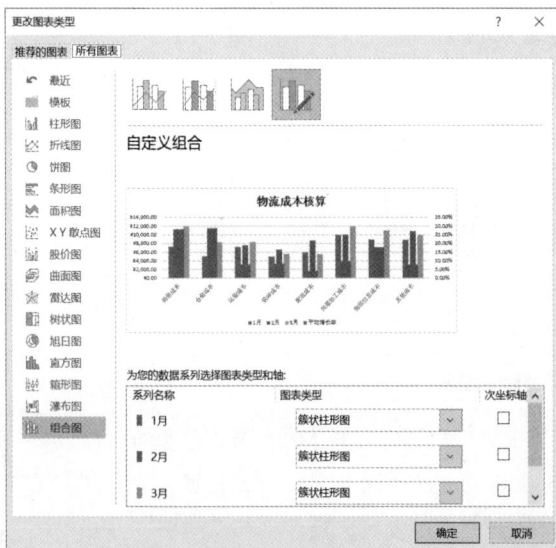

图 4.157　"更改图表类型"对话框　　　　　　图 4.158　自定义组合图的图表类型和轴

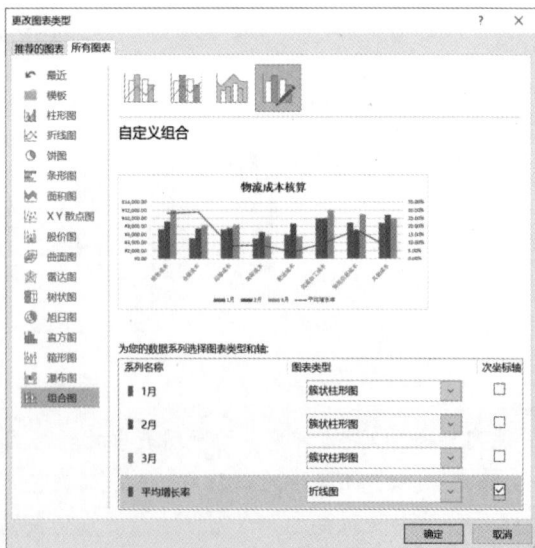

⑧ 单击"确定"按钮，将"平均增长率"数据系列的类型修改为"带数据点标记的折线图"，如图 4.159 所示。

⑨ 修改折线图格式。在折线图系列上双击，打开"设置数据点格式"窗格，选择"填充与线条"，再选择"标记"，选中"标记选项"栏中的"内置"单选按钮，再从"类型"下拉列表中选择菱形标记"◆"，如图 4.160 所示；切换到"线条"选项，在"线条"栏中选中"实线"单选按钮，再从"颜色"面板中选择标准色"橙色"，如图 4.161 所示。单击"关闭"按钮，完成修改，效果如图 4.162 所示。

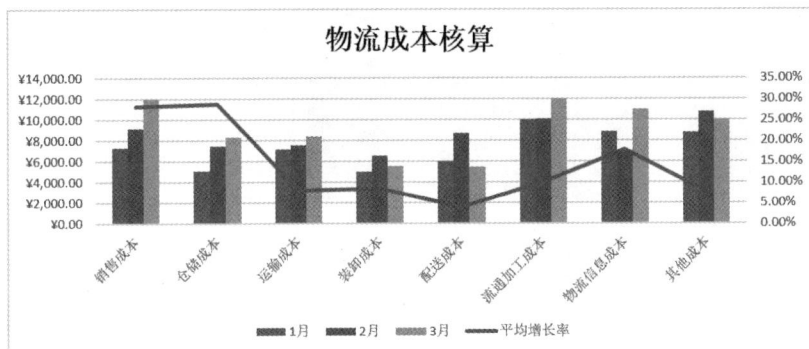

图 4.159 将"平均增长率"数据系列的类型修改为"带数据点标记的折线图"

图 4.160 设置"标记选项"

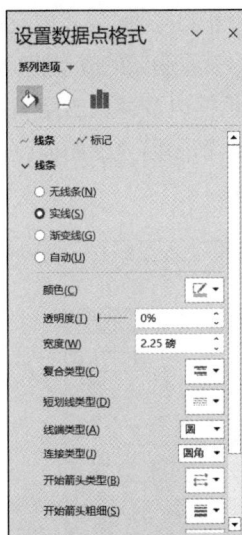

图 4.161 设置"线条"格式

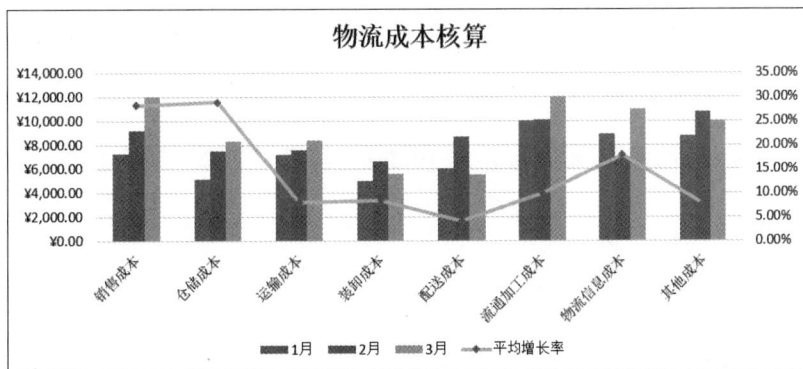

图 4.162 第一季度物流成本组合图表

（6）取消显示编辑栏和网格线。

【项目拓展】

制作"成本费用预算表"，效果如图 4.163 所示。

成本费用预算表

	上年实际	本年预算	增减额	增减率
主营业务成本	¥5,000,000	¥5,400,000	¥400,000	8.0%
销售费用	¥5,000,000	¥5,450,000	¥450,000	9.0%
管理费用	¥7,000,000	¥7,250,000	¥250,000	3.6%
财务费用	¥11,000,000	¥12,500,000	¥1,500,000	13.6%

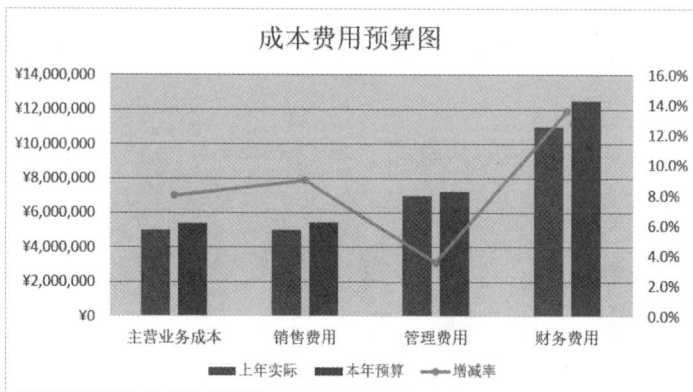

图 4.163　"成本费用预算表"效果

【项目训练】

在企业经营管理的过程中，成本的管理和控制是企业关注的焦点。科学分析企业的各项成本构成及影响利润的关键要素，了解成本构架和盈利情况，有利于企业把握正确的决策方向，实现有效的成本控制。

物流部在商品进销存的管理过程中，通过分析产品的存货量、平均采购价格以及存货占用资金等，可对产品的销售和成本进行分析，从而为产品的库存管理提供决策支持。本项目介绍如何设计并制作商品销售与成本分析表，效果如图 4.164 和图 4.165 所示。

	A	B	C	D	E	F	G	H	I	J
1				**销售与成本分析**						
2	商品编号	商品类别	商品型号	存货数量	加权平均采购价格	存货占用资金	销售成本	销售收入	销售毛利	销售成本率
3	J1001	计算机	联想ThinkPad 轻薄本	20	7,200	144,000	43,200	46,794	3,594	92.3%
4	J1002	计算机	华为笔记本电脑	0	6,320	–	82,160	87,477	5,317	93.9%
5	J1003	计算机	华硕轻薄笔记本电脑	14	6,400	89,600	70,400	76,989	6,589	91.4%
6	J1004	计算机	戴尔笔记本电脑	17	5,580	94,860	83,700	89,700	6,000	93.3%
7	J1005	计算机	联想轻薄笔记本电脑	-7	4,600	-32,200	69,000	77,700	8,700	88.8%
8	J1006	计算机	荣耀笔记本电脑	-3	4,899	-14,697	39,192	43,120	3,928	90.9%
9	J1007	计算机	惠普笔记本电脑	9	5,600	50,400	50,400	55,701	5,301	90.5%
10	YY1001	移动硬盘	西部数据移动硬盘	-7	435	-3,045	13,050	15,270	2,220	85.5%
11	YY1002	移动硬盘	西部数据移动固态硬盘	1	770	770	23,870	28,799	4,929	82.9%
12	XJ1001	数码相机	尼康数码相机	-6	7,350	-44,100	191,100	246,974	55,874	77.4%
13	XJ1002	数码相机	佳能相机	-8	3,800	-30,400	60,800	79,984	19,184	76.0%
14	SXJ1001	数码摄像机	索尼数码摄像机	3	6,150	18,450	49,200	58,392	9,192	84.3%
15	SXJ1002	数码摄像机	佳能数码摄像机	11	6,980	76,780	27,920	35,552	7,632	78.5%
16	SJ1001	手机	华为手机	-8	8,380	-67,040	184,360	197,978	13,618	93.1%
17	SJ1002	手机	小米手机	0	6,300	–	107,100	118,983	11,883	90.0%
18	SJ1003	手机	vivo手机	11	1,820	20,020	29,120	36,784	7,664	79.2%

图 4.164　"销售与成本分析"工作表效果

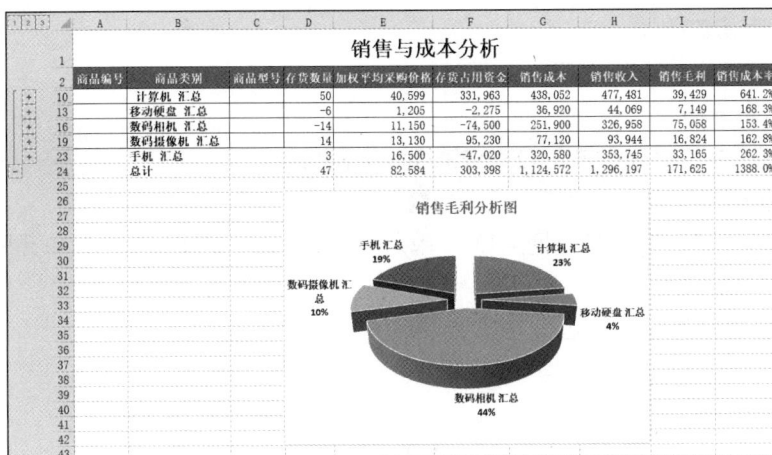

图 4.165　"销售毛利分析图"效果

操作步骤如下。

（1）新建并保存工作簿。

① 启动 Excel 2016，新建一个空白工作簿。

② 将新建的工作簿重命名为"商品销售与成本分析"，并将其保存在"D:\公司文档\物流部"文件夹中。

（2）复制工作表。

① 打开项目 16 制作完成的"商品进销存管理表"工作簿。

② 选中"进销存汇总表"工作表。

③ 单击"开始"→"单元格"→"格式"按钮，打开"格式"下拉菜单，在"组织工作表"栏中选择"移动或复制工作表"命令，打开"移动或复制工作表"对话框。

④ 在"工作簿"下拉列表中选择"商品销售与成本分析"工作簿，在"下列选定工作表之前"列表框中选择"Sheet1"工作表，再勾选"建立副本"复选框。

⑤ 单击"确定"按钮，将选定的"进销存汇总表"工作表复制到"商品销售与成本分析"工作簿中。

⑥ 关闭"商品进销存管理表"工作簿。

（3）创建"销售与成本分析"工作表的框架。

① 将"Sheet1"工作表重命名为"销售与成本分析"。

② 创建图 4.166 所示的"销售与成本分析"工作表的框架。

图 4.166　"销售与成本分析"工作表的框架

（4）计算"存货数量"。

计算公式为"存货数量 = 入库数量−销售数量"。

① 选中 D3 单元格。

② 输入公式"= 进销存汇总表!G3−进销存汇总表!I3"。

③ 按【Enter】键，计算出相应的存货数量。

④ 选中 D3 单元格，拖曳填充柄至 D18 单元格，将公式复制到 D4:D18 单元格区域中，可得到所有商品的存货数量。

（5）计算"加权平均采购价格"。

计算公式为"加权平均采购价格 = 入库金额/入库数量"。

① 选中 E3 单元格。

② 输入公式"= 进销存汇总表!H3/进销存汇总表!G3"。

③ 按【Enter】键，计算出相应的加权平均采购价格。

④ 选中 E3 单元格，拖曳填充柄至 E18 单元格，将公式复制到 E4:E18 单元格区域中，可得到所有商品的加权平均采购价格。

（6）计算"存货占用资金"。

计算公式为"存货占用资金 = 存货数量×加权平均采购价格"。

① 选中 F3 单元格。

② 输入公式"= D3*E3"。

③ 按【Enter】键，计算出相应的存货占用资金。

④ 选中 F3 单元格，拖曳填充柄至 F18 单元格，将公式复制到 F4:F18 单元格区域中，可得到所有商品的存货占用资金。

（7）计算"销售成本"。

计算公式为"销售成本 = 销售数量×加权平均采购价格"。

① 选中 G3 单元格。

② 输入公式"= 进销存汇总表!I3*E3"。

③ 按【Enter】键，计算出相应的销售成本。

④ 选中 G3 单元格，拖曳填充柄至 G18 单元格，将公式复制到 G4:G18 单元格区域中，可得到所有商品的销售成本。

（8）导入"销售收入"。

这里，"销售收入 = 销售金额"。

① 选中 H3 单元格。

② 插入 VLOOKUP 函数，设置图 4.167 所示的函数参数。

③ 单击"确定"按钮，导入相应的销售收入。

④ 选中 H3 单元格，拖曳填充柄至 H18 单元格，将公式复制到 H4:H18 单元格区域中，可得到所有商品的销售收入。

（9）计算"销售毛利"。

计算公式为"销售毛利 = 销售收入−销售成本"。

① 选中 I3 单元格。

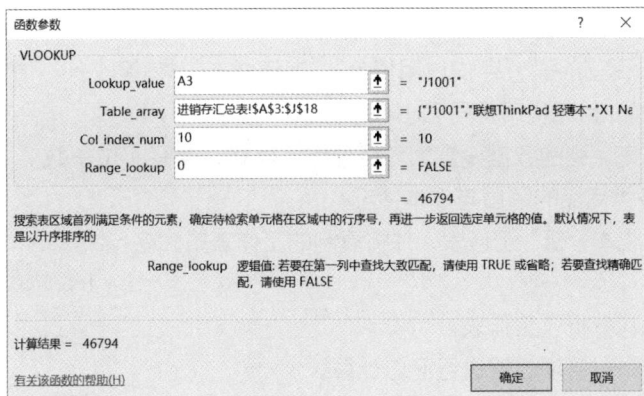

图 4.167 "销售收入"的 VLOOKUP 函数参数

② 输入公式"= H3-G3"。

③ 按【Enter】键，计算出相应的销售毛利。

④ 选中 I3 单元格，拖曳填充柄至 I18 单元格，将公式复制到 I4:I18 单元格区域中，可得到所有商品的销售毛利。

（10）计算"销售成本率"。

计算公式为"销售成本率 = 销售成本/销售收入"。

① 选中 J3 单元格。

② 输入公式"= G3/H3"。

③ 按【Enter】键，计算出相应的销售成本率。

④ 选中 J3 单元格，拖曳填充柄至 J18 单元格，将公式复制到 J4:J18 单元格区域中，可得到所有商品的销售成本率。

计算完成后的"销售与成本分析"工作表的数据如图 4.168 所示。

	A	B	C	D	E	F	G	H	I	J
1	销售与成本分析									
2	商品编号	商品类别	商品型号	存货数量	加权平均采购价格	存货占用资金	销售成本	销售收入	销售毛利	销售成本率
3	J1001	计算机	X1 Nano 13英寸	20	7200	144000	43200	46794	3594	0.92319528
4	J1002	计算机	MateBook D16 16英寸	0	6320	0	82160	87477	5317	0.93921831
5	J1003	计算机	灵耀14 14英寸	14	6400	89600	70400	76989	6589	0.91441635
6	J1004	计算机	DELL灵越14PLUS 14英寸	17	5580	94860	83700	89700	6000	0.93311037
7	J1005	计算机	小新Pro16 ARP8 16英寸	-7	4600	-32200	69000	77700	8700	0.88803089
8	J1006	计算机	X16 Plus 16英寸	-3	4899	-14697	39192	43120	3928	0.90890538
9	J1007	计算机	HP 战66 六代 14英寸轻薄笔记本	9	5600	50400	50400	55701	5301	0.90483115
10	YY1001	移动硬盘	WDBEPK0020BBK 2TB	-7	435	-3045	13050	15270	2220	0.8546169
11	YY1002	移动硬盘	WDBAYN0020BBK 2TB	1	770	770	23870	28799	4929	0.82884822
12	XJ1001	数码相机	Z5	-6	7350	-44100	191100	246974	55874	0.77376566
13	XJ1002	数码相机	EOS R50	-8	3800	-30400	60800	79984	19184	0.76015203
14	SXJ1001	数码摄像机	FDR-AX45A	3	6150	18450	49200	58392	9192	0.84258118
15	SXJ1002	数码摄像机	LEGRIA HF G70	11	6980	76780	27920	35552	7632	0.78532853
16	SJ1001	手机	Mate 60 Pro+	-8	8380	-67040	184360	197978	13618	0.93121458
17	SJ1002	手机	14Ultra	0	6300	0	107100	118983	11883	0.90012859
18	SJ1003	手机	iQOO Neo9	11	1820	20020	29120	36784	7664	0.79164854

图 4.168 计算完成后的"销售与成本分析"工作表的数据

（11）设置"销售与成本分析"工作表的格式。

① 设置表格标题的格式。将表格标题 "合并后居中"，并将标题的格式设置为"宋体、20、加粗"，行高为"35"。

② 将表格标题字段的格式设置为"加粗、居中"，添加"蓝色，个性色 1，深色 25%"的底纹，将字体颜色设置为"白色，背景 1"，并设置行高为"20"。

③ 为 A2:J18 单元格区域添加内细外粗的边框。

④ 将"加权平均采购价格""存货占用资金""销售成本""销售收入""销售毛利"列的数据设置为"会计专用"格式，且无货币符号和小数位数。

⑤ 将"销售成本率"列的数据设置为"百分比"格式，保留 1 位小数。

（12）汇总分析各类商品的销售与成本情况。

① 复制"销售与成本分析"工作表，并将复制的工作表重命名为"销售毛利分析"。

② 选中"销售毛利分析"工作表。

③ 按"商品类别"对各项数据进行汇总计算。

a. 选中数据区域的任意单元格。

b. 单击"数据"→"分级显示"→"分类汇总"按钮，打开"分类汇总"对话框。

c. 在"分类字段"下拉列表中选择"商品类别"，在"汇总方式"下拉列表中选择"求和"，在"选定汇总项"列表框中勾选除"商品编号""商品类别""商品型号"外的复选框，如图 4.169 所示。

d. 单击"确定"按钮，生成图 4.170 所示的分类汇总表。

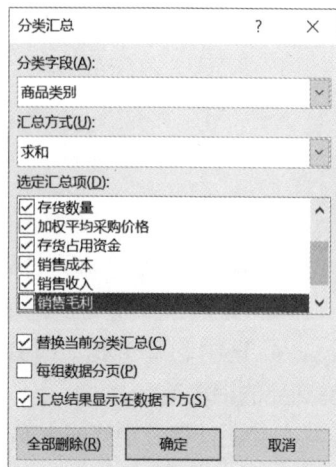

图 4.169　"分类汇总"对话框

图 4.170　分类汇总表

④ 单击按钮 2 ，仅显示第 2 级汇总数据，如图 4.171 所示。

	A 商品编号	B 商品类别	C 商品型号	D 存货数量	E 加权平均采购价格	F 存货占用资金	G 销售成本	H 销售收入	I 销售毛利	J 销售成本率
1	销售与成本分析									
10		计算机 汇总		50	40,599	331,963	438,052	477,481	39,429	641.2%
13		移动硬盘 汇总		-6	1,205	-2,275	36,920	44,069	7,149	168.3%
16		数码相机 汇总		-14	11,150	-74,500	251,900	326,958	75,058	153.4%
19		数码摄像机 汇总		14	13,130	95,230	77,120	93,944	16,824	162.8%
23		手机 汇总		3	16,500	-47,020	320,580	353,745	33,165	262.3%
24		总计		47	82,584	303,398	1,124,572	1,296,197	171,625	1388.0%

图 4.171　显示第 2 级汇总数据

进行分类汇总时，一般需要先按分类字段排序。这里，由于表中的数据正好是按"商品
类别"的顺序出现的，在进行分类汇总之前不需要排序。反之，则需要先按"商品类别"
排序后再进行分类汇总。

在分类汇总表中，通过展开和折叠各个级别，可以自由选择查看各汇总数据及各明细数
据。

（13）将"销售成本率"大于 90% 的数据字体用红色、加粗显示。

① 选中 J3:J18 单元格区域。

② 单击"开始"→"样式"→"条件格式"按钮，打开"条件格式"下拉菜单。

③ 从下拉菜单中选择图 4.172 所示的"突出显示单元格规则"→"大于"命令，弹出图 4.173
所示的"大于"对话框。

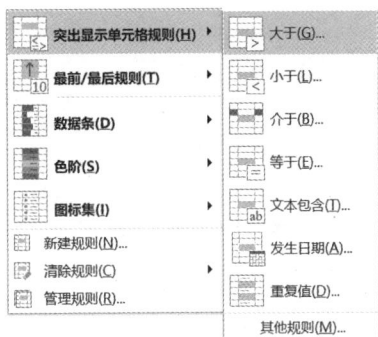

图 4.172　"突出显示单元格规则"子菜单

图 4.173　"大于"对话框

④ 在"大于"对话框中设置数值"90%"作为条件，然后单击"设置为"右侧的下拉按钮，
从下拉列表中选择图 4.174 所示的"自定义格式"，打开"设置单元格格式"对话框。

⑤ 在"字体"选项卡中，设置"字形"为"加粗"，"颜色"为标准色"红色"，如图 4.175
所示。

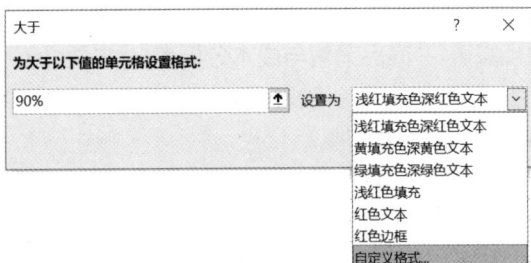

图 4.174　"设置为"下拉列表

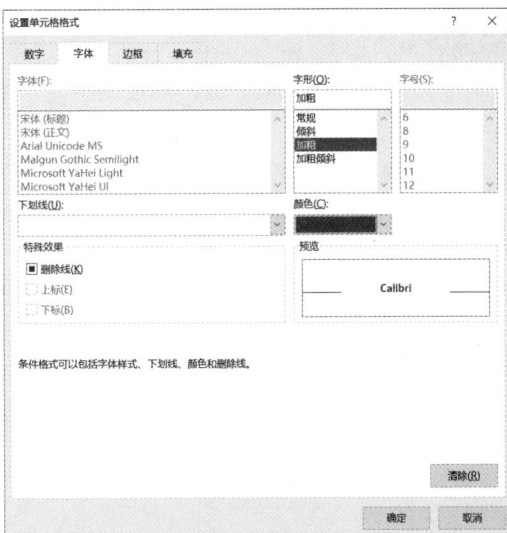

图 4.175　"设置单元格格式"对话框

⑥ 单击"确定"按钮，返回"大于"对话框，再单击"确定"按钮，完成条件格式设置。

（14）将"销售毛利"高于平均值的单元格用"浅红填充色深红色文本"显示。

① 选中 I3:I18 单元格区域。

② 单击"开始"→"样式"→"条件格式"按钮，打开"条件格式"下拉菜单。

③ 从下拉菜单中选择图 4.176 所示的"最前/最后规则"→"高于平均值"命令，弹出图 4.177 所示的"高于平均值"对话框。

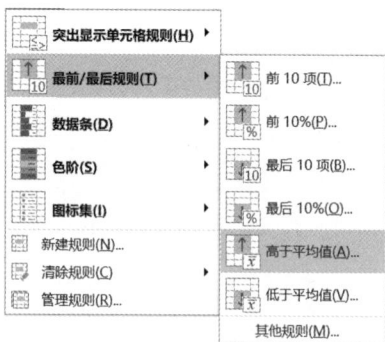

图 4.176　"最前/最后规则"子菜单

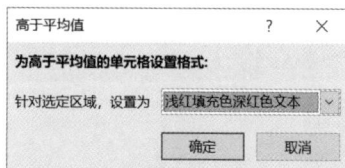

图 4.177　"高于平均值"对话框

④ 在"针对选定区域，设置为"下拉列表中选择"浅红填充色深红色文本"。

⑤ 单击"确定"按钮，完成条件格式设置。

（15）制作各类产品的销售毛利分析图。

① 选中"销售毛利分析"工作表中的"商品类别"和"销售毛利"列的数据区域（不包括总计行的数据）。

② 利用选定的数据区域生成三维饼图，图表标题为"销售毛利分析图"，并将图表置于数据区域下方。

③ 将图表修改为"分离型三维饼图"，饼图分离值为"18%"。

④ 为图表添加数据标签，标签显示为"类别名称"和"百分比"，数据标签置于饼图外，删除图例，生成图 4.178 所示的图表。

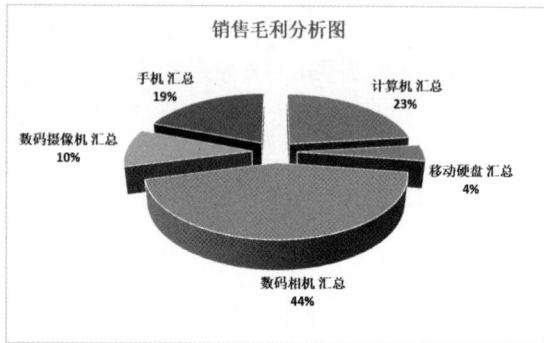

图 4.178　销售毛利分析图

【项目小结】

本项目通过制作"物流成本核算表""成本费用预算表""商品销售与成本分析表"，主要介绍了工作簿的创建，使用公式和函数，设置数据格式，分类汇总和绘制斜线表头等基本操作。此外，本项目还介绍了通过制作组合图表，对表中的数据进行分析的操作方法。

第5篇
财务篇

05

　　企业无论规模大小都会涉及对财务相关数据的处理。财务管理是企业管理的一个重要的组成部分，财务部需要根据财经法规制度，按照财务管理的原则，组织财务活动，认真、细致地处理财务关系。在处理财务数据的过程中，企业财务部可以使用专用的财务软件进行日常管理，也可以借助 Office 办公软件来完成相应的工作。本篇将财务部工作中经常使用的表格及数据处理方法提炼出来，指导读者运用合适的方法解决工作中遇到的财务数据处理问题。

学习目标

知识点	技能点	素养点
• 导入和导出数据 • ROUND、VLOOKUP、IF、PMT 函数 • 模拟运算表 • 方案管理器 • 数组公式 • 单元格名称的使用 • 图表的创建和编辑	• 学会使用 Excel 2016 导入/导出外部数据 • 熟练利用公式自动计算数据 • 掌握使用 Excel 2016 常用函数进行计算 • 理解函数嵌套的意义和用法 • 掌握对 Excel 2016 表格进行页面设置 • 掌握模拟运算表、方案管理器等工具的使用 • 熟练使用数据透视表（图）进行统计、分析 • 理解 PMT 等财务函数的应用 • 理解并学会数组公式的构造	• 树立风控意识，加强成本管理理念 • 培养诚信、守法、细致的品质 • 具备实事求是的科学精神 • 树立财务安全意识和大局意识

项目 18　制作员工工资管理表

示例文件	原始文件：示例文件\素材\财务篇\项目 18\员工工资管理表.xlsx 效果文件：示例文件\效果\财务篇\项目 18\员工工资管理表.xlsx

【项目背景】

　　员工工资管理是每个企业财务部的基础工作，财务人员要清晰明了地列出员工的工资明细，统计员工的扣款项目，核算员工的工资收入等。制作工资表通常需要综合大量的数据，如基本工资、绩效工资、补贴、扣款项等。本项目通过制作"员工工资管理表"来介绍 Excel 2016 在员工工资管理方面的应用，效果如图 5.1 和图 5.2 所示。

员工工资明细表

编号	姓名	部门	基本工资	绩效工资	工龄工资	加班费	应发工资	养老保险	医疗保险	失业保险	考勤扣款	应税工资	个人所得税	实发工资
KY001	方成建	市场部	8,800.00	2,640.00	800.00	-	12,240.00	915.20	228.80	114.40	293.00	5,981.60	179.45	10,509.00
KY002	桑南	人力资源部	4,000.00	1,200.00	800.00	382.50	6,382.50	416.00	104.00	52.00	-	810.50	24.32	5,786.00
KY003	何宇	市场部	8,800.00	2,640.00	800.00	666.00	12,906.00	915.20	228.80	114.40	732.50	6,647.60	199.43	10,716.00
KY004	刘光利	行政部	3,800.00	1,140.00	800.00	240.00	5,980.00	395.20	98.80	49.40	-	436.60	13.10	5,424.00
KY005	钱新	财务部	8,800.00	2,640.00	800.00	360.75	12,600.75	915.20	228.80	114.40	-	6,342.35	190.27	11,152.00
KY006	曾科	财务部	5,000.00	1,500.00	650.00	-	7,150.00	520.00	130.00	65.00	125.25	1,435.00	43.05	6,267.00
KY007	李莫薷	物流部	4,000.00	1,200.00	800.00	76.50	6,076.50	416.00	104.00	52.00	66.50	504.50	15.14	5,423.00
KY008	周苏嘉	行政部	5,500.00	1,650.00	800.00	-	7,950.00	572.00	143.00	71.50	50.00	2,163.50	64.91	7,049.00
KY009	黄雅玲	市场部	5,800.00	1,740.00	800.00	576.00	8,916.00	603.20	150.80	75.40	96.50	3,086.60	92.60	7,898.00
KY010	林菱	市场部	5,000.00	1,500.00	800.00	-	7,300.00	520.00	130.00	65.00	41.75	1,585.00	47.55	6,496.00
KY011	司马意	行政部	4,000.00	1,200.00	800.00	191.25	6,191.25	416.00	104.00	52.00	100.00	619.25	18.58	5,501.00
KY012	令狐珊	物流部	3,800.00	1,140.00	800.00	-	5,740.00	395.20	98.80	49.40	50.00	196.60	5.90	5,141.00
KY013	慕容勤	财务部	4,000.00	1,200.00	800.00	-	6,000.00	416.00	104.00	52.00	-	428.00	12.84	5,415.00
KY014	柏国力	人力资源部	8,800.00	2,640.00	800.00	166.50	12,406.50	915.20	228.80	114.40	-	6,148.10	184.44	10,964.00
KY015	周谦	物流部	5,500.00	1,650.00	550.00	414.00	8,114.00	572.00	143.00	71.50	-	2,327.50	69.83	7,258.00
KY016	刘民	市场部	8,000.00	2,400.00	800.00	-	11,200.00	832.00	208.00	104.00	317.00	5,056.00	151.68	9,587.00
KY017	尔阿	物流部	5,800.00	1,740.00	800.00	342.00	8,682.00	603.20	150.80	75.40	-	2,852.60	85.58	7,767.00
KY018	夏蓝	人力资源部	5,500.00	1,650.00	650.00	-	7,800.00	572.00	143.00	71.50	45.75	2,013.50	60.41	6,907.00
KY019	皮桂华	行政部	4,000.00	1,200.00	800.00	127.50	6,127.50	416.00	104.00	52.00	133.00	555.50	16.67	5,406.00
KY020	段齐	人力资源部	5,500.00	1,650.00	800.00	-	7,950.00	572.00	143.00	71.50	-	2,163.50	64.91	7,099.00
KY021	费乐	财务部	5,800.00	1,740.00	800.00	108.00	8,448.00	603.20	150.80	75.40	150.00	2,618.60	78.56	7,390.00
KY022	高亚玲	行政部	5,500.00	1,650.00	800.00	293.25	8,243.25	572.00	143.00	71.50	274.50	2,456.75	73.70	7,109.00
KY023	苏洁	市场部	4,000.00	1,200.00	800.00	382.50	6,382.50	416.00	104.00	52.00	66.50	810.50	24.32	5,720.00
KY024	江宽	人力资源部	8,800.00	2,640.00	800.00	277.50	12,517.50	915.20	228.80	114.40	73.25	6,259.10	187.77	10,998.00
KY025	王利伟	市场部	5,800.00	1,740.00	800.00	648.00	8,988.00	603.20	150.80	75.40	-	3,158.60	94.76	8,064.00

图 5.1 “员工工资明细表”效果

工资查询表

员工号	KY001	姓名	方成建	部门	市场部
基本工资	8800	养老保险	915.2	应发工资	12240
绩效工资	2640	医疗保险	228.8	应税工资	5981.6
工龄工资	800	失业保险	114.4	个人所得税	179.448
加班费	0	考勤扣款	293	实发工资	10509

图 5.2 “工资查询表”效果

【项目实施】

任务 18-1 新建工作簿和重命名工作表

（1）启动 Excel 2016，新建一份空白工作簿。

（2）将新建的工作簿重命名为“员工工资管理表”，并将其保存在“D:\公司文档\财务部”文件夹中。

（3）将工作簿中的“Sheet1”工作表重命名为“工资基础信息”。

任务 18-2 导入“员工信息”

微课 5-1 导入“员工信息”

将人力资源部制作“员工人事档案表”时使用的“员工信息”数据导入当前工作表中，作为“工资基础信息”工作表的数据。

（1）选中“工资基础信息”工作表。

（2）单击“数据”→“获取外部数据”→“自文本”按钮，打开“导入文本文件”对话框，找到位于“D:\公司文档\人力资源部”文件夹中的“员工信息”文件，如图 5.3 所示。

（3）单击“导入”按钮，弹出图 5.4 所示的“文件导入向导-第 1 步，共 3 步”对话框，在“原始数据类型”栏中选中“固定宽度”单选按钮，在“导入起始行”文本框中保持默认值“1”不变，

在"文件原始格式"下拉列表中选择"936：简体中文(GB2312)"，如图 5.5 所示。

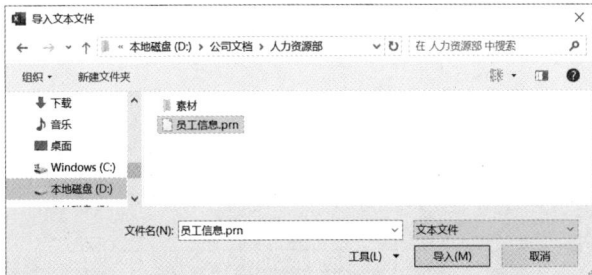

图 5.3 "导入文本文件"对话框

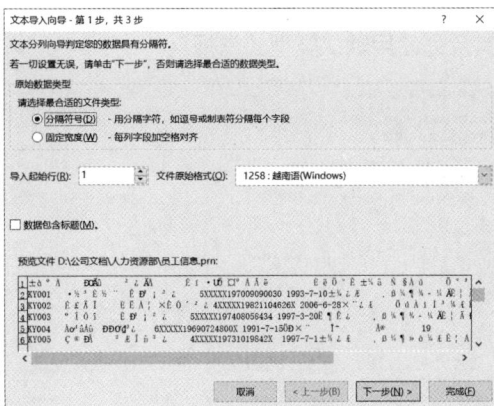

图 5.4 "文本导入向导-第 1 步，共 3 步"对话框

活力小贴士 因为一般文本文件中的列是按【Tab】键或用逗号以及空格来分隔的，在前文从"员工人事档案表"中导出"员工信息"时，是以"带格式文本文件(空格分隔)"类型保存的，所以这里也可以选择"分隔符号"。

（4）单击"下一步"按钮，设置字段宽度（列间隔），如图 5.6 所示。从图 5.6 中可见，部分列间缺少分列线，如"部门"和"身份证号码"，"入职时间"和"学历"，"职称"和"性别"，需要在相应位置单击以建立分列线。拖曳水平和垂直滚动条，将所有需要导入的数据检查一遍，使数据分别处于对应的分列线之间，如图 5.7 所示。

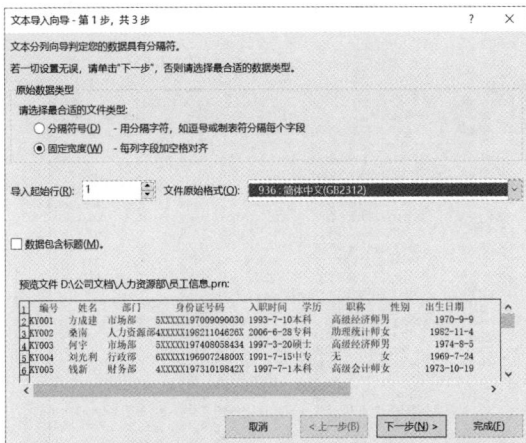

图 5.5 设置原始数据类型、导入起始行和文件原始格式

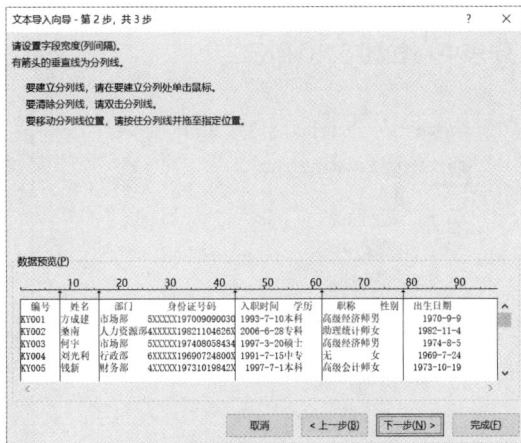

图 5.6 设置字段宽度（列间隔）

活力小贴士 设置字段宽度时，在"数据预览"区内，有箭头的垂直线便是分列线。如果要建立分列线，可在要建立分列线处单击；如果要清除分列线，可双击分列线；如果要移动分列线位置，可在分列线上按住鼠标左键并将其拖曳至指定位置。

（5）单击"下一步"按钮，设置每列的数据类型，如图 5.8 所示。默认设置"列数据格式"为"常规"。这里将"身份证号码"设置为"文本"，将"入职时间"和"出生日期"设置为"日期"，其余列使用默认类型"常规"。

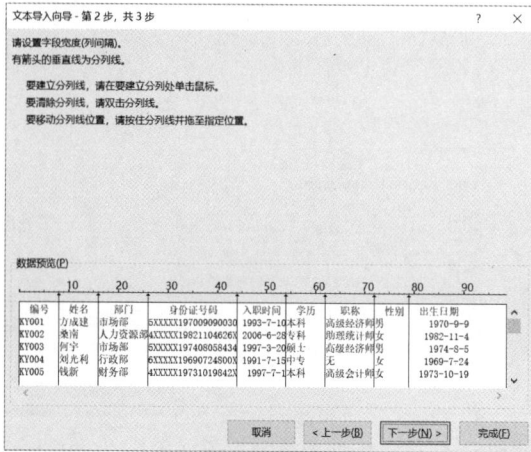

图 5.7　添加分列线

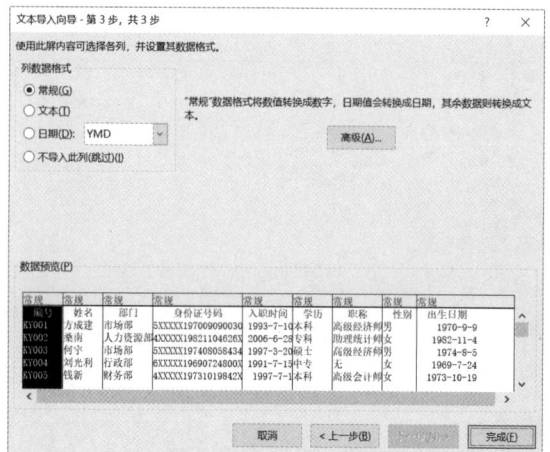

图 5.8　设置每列的数据类型

（6）单击"完成"按钮，打开图 5.9 所示的"导入数据"对话框，设置数据的放置位置为"现有工作表"的"=$A$1"单元格。

> **活力小贴士** 要在某工作表中放置数据处理的结果，可以只选择放置位置开始的单元格，Excel 2016 会自动根据来源数据区域的形状排列结果，无须把结果区域全部选中，因为可能操作者也不知道结果会放置在哪些具体的单元格中。

（7）单击"确定"按钮，返回"工资基础信息"工作表，"员工信息"文本文件的数据被导入工作表中，如图 5.10 所示。

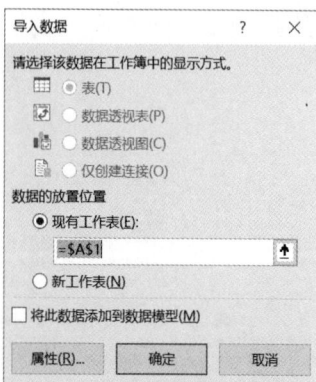

图 5.9　"导入数据"对话框

图 5.10　导入的"员工信息"数据

> **活力小贴士** 除了可以导入"文本文件"类型的数据之外，还可以导入其他格式的数据文件到 Excel 2016 中，如 Access 数据库文件、网页文件、SQL Server 文件、XML 文件等，如图 5.11 所示。

图 5.11 获取数据源

任务 18-3 编辑"工资基础信息"工作表

（1）选中"工资基础信息"工作表。

（2）删除"身份证号码""学历""职称""性别""出生日期"列。

① 按住【Ctrl】键，分别选中"身份证号码""学历""职称""性别""出生日期"列。

② 单击"开始"→"单元格"→"删除"下拉按钮，从下拉菜单中选择"删除工作表列"命令。删除数据后的工作表如图 5.12 所示。

（3）分别在 E1、F1、G1 单元格中输入标题"基本工资""绩效工资""工龄工资"。

（4）参照图 5.13 输入"基本工资"的数据。

图 5.12 删除数据后的工作表

图 5.13 输入"基本工资"的数据

（5）计算"绩效工资"。

计算公式为"绩效工资=基本工资×30%"。

① 选中 F2 单元格。

② 输入公式"=E2*0.3"，并按【Enter】键。

③ 选中 F2 单元格，拖曳填充柄至 F26 单元格，将公式复制到 F3:F26 单元格区域中，可得到所有员工的绩效工资。

（6）计算"工龄工资"。

假设"工龄"超过 15 年的员工的工龄工资为 800 元，否则，工龄工资按每年 50 元计算（本项目截止日期为 2024 年 4 月 25 日）。

① 选中 G2 单元格。

② 单击"公式"→"函数库"→"插入函数"按钮，打开"插入函数"对话框，在"选择函数"列表框中选择"IF"，打开"函数参数"对话框，按图 5.14 所示设置 IF 函数的参数。

③ 选中 G2 单元格，拖曳填充柄至 G26 单元格，将公式复制到 G3:G26 单元格区域中，可得到所有员工的工龄工资。

创建好的"工资基础信息"工作表如图 5.15 所示。

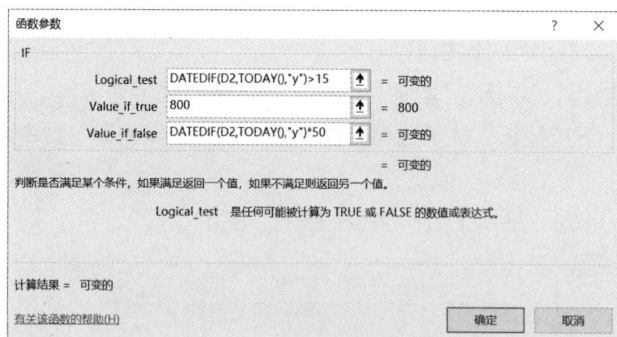

编号	姓名	部门	入职时间	基本工资	绩效工资	工龄工资
KY001	方成建	市场部	1993-7-10	8800	2640	800
KY002	桑南	人力资源部	2006-6-28	4000	1200	800
KY003	何宇	市场部	1997-3-20	8800	2640	800
KY004	刘光利	行政部	1991-7-15	3800	1140	800
KY005	钱新	财务部	1997-7-1	8800	2640	800
KY006	曾科	财务部	2010-7-20	5000	1500	650
KY007	李莫薷	物流部	2003-7-10	4000	1200	800
KY008	周苏嘉	行政部	2001-6-30	5500	1650	800
KY009	黄雅玲	市场部	2005-7-5	5800	1740	800
KY010	林菱	市场部	2005-6-28	5000	1500	800
KY011	司马意	行政部	1996-7-2	4000	1200	800
KY012	令狐珊	物流部	1993-5-10	3800	1140	800
KY013	慕容勤	财务部	2006-6-25	4000	1200	800
KY014	柏国力	人力资源部	1993-7-5	8800	2640	800
KY015	周谦	物流部	2012-8-1	5500	1650	550
KY016	刘民	市场部	1993-7-10	8000	2400	800
KY017	尔阿	物流部	2006-7-20	5800	1740	800
KY018	夏蓝	人力资源部	2010-7-3	5500	1650	650
KY019	皮桂华	行政部	1989-6-29	4000	1200	800
KY020	段齐	人力资源部	1993-7-18	5500	1650	800
KY021	费乐	财务部	2007-6-30	5800	1740	800
KY022	高亚玲	行政部	2001-7-15	5500	1650	800
KY023	苏洁	市场部	1999-4-15	4000	1200	800
KY024	江宽	人力资源部	2001-7-6	8800	2640	800
KY025	王利伟	市场部	2001-8-15	5800	1740	800

图 5.14 设置 IF 函数的参数

图 5.15 创建好的"工资基础信息"工作表

任务 18-4 创建"加班费结算表"

（1）复制"工资基础信息"工作表，将复制的工作表重命名为"加班费结算表"。

（2）删除"入职时间""绩效工资""工龄工资"列。

（3）在 E1、F1 单元格中分别输入标题"加班时间"和"加班费"。

（4）输入加班时间。按图 5.16 所示输入员工的加班时间。

（5）计算加班费。

计算公式为"加班费=(基本工资/30/8) ×1.5×加班时间"。

微课 5-2 计算加班费

① 选中 F2 单元格。

② 输入公式"=ROUND(D2/30/8,0)*1.5*E2"，并按【Enter】键，计算出相应的加班费。

③ 选中 F2 单元格，拖曳填充柄至 F26 单元格，将公式复制到 F3:F26 单元格区域中，可得到所有员工的加班费。

创建好的"加班费结算表"如图 5.17 所示。

	A	B	C	D	E
1	编号	姓名	部门	基本工资	加班时间
2	KY001	方成建	市场部	8800	0
3	KY002	桑南	人力资源部	4000	15
4	KY003	何宇	市场部	8800	12
5	KY004	刘光利	行政部	3800	10
6	KY005	钱新	财务部	8800	6.5
7	KY006	曾科	财务部	5000	0
8	KY007	李莫薷	物流部	4000	3
9	KY008	周苏嘉	行政部	5500	0
10	KY009	黄雅玲	市场部	5800	16
11	KY010	林菱	市场部	5000	0
12	KY011	司马意	行政部	4000	7.5
13	KY012	令狐珊	物流部	3800	0
14	KY013	慕容勤	财务部	4000	0
15	KY014	柏国力	人力资源部	8800	3
16	KY015	周谦	物流部	5500	12
17	KY016	刘民	市场部	8000	0
18	KY017	尔阿	物流部	5800	9.5
19	KY018	夏蓝	人力资源部	5500	0
20	KY019	皮桂华	行政部	4000	5
21	KY020	段齐	人力资源部	5500	0
22	KY021	费乐	财务部	5800	3
23	KY022	高亚玲	行政部	5500	8.5
24	KY023	苏洁	市场部	4000	15
25	KY024	江宽	人力资源部	8800	5
26	KY025	王利伟	市场部	5800	18

图 5.16 输入加班时间

	A	B	C	D	E	F
1	编号	姓名	部门	基本工资	加班时间	加班费
2	KY001	方成建	市场部	8800	0	0
3	KY002	桑南	人力资源部	4000	15	382.5
4	KY003	何宇	市场部	8800	12	666
5	KY004	刘光利	行政部	3800	10	240
6	KY005	钱新	财务部	8800	6.5	360.75
7	KY006	曾科	财务部	5000	0	0
8	KY007	李莫薷	物流部	4000	3	76.5
9	KY008	周苏嘉	行政部	5500	0	0
10	KY009	黄雅玲	市场部	5800	16	576
11	KY010	林菱	市场部	5000	0	0
12	KY011	司马意	行政部	4000	7.5	191.25
13	KY012	令狐珊	物流部	3800	0	0
14	KY013	慕容勤	财务部	4000	0	0
15	KY014	柏国力	人力资源部	8800	3	166.5
16	KY015	周谦	物流部	5500	12	414
17	KY016	刘民	市场部	8000	0	0
18	KY017	尔阿	物流部	5800	9.5	342
19	KY018	夏蓝	人力资源部	5500	0	0
20	KY019	皮桂华	行政部	4000	5	127.5
21	KY020	段齐	人力资源部	5500	0	0
22	KY021	费乐	财务部	5800	3	108
23	KY022	高亚玲	行政部	5500	8.5	293.25
24	KY023	苏洁	市场部	4000	15	382.5
25	KY024	江宽	人力资源部	8800	5	277.5
26	KY025	王利伟	市场部	5800	18	648

图 5.17 创建好的"加班费结算表"

> **活力小贴士**
> 这里的函数"ROUND(D2/30/8,0)"用于求取员工单位时间内工资的四舍五入的整数。ROUND 函数说明如下。
> ① 功能：将数字四舍五入到指定的位数。
> ② 语法：ROUND(number,num_digits)，其中 number 表示要四舍五入的数字，num_digits 表示要进行四舍五入运算的位数。

任务 18-5　创建"考勤扣款结算表"

（1）复制"工资基础信息"工作表，将复制的工作表重命名为"考勤扣款结算表"。

（2）删除"入职时间""绩效工资""工龄工资"列。

（3）在 E1:K1 单元格区域中分别输入标题"迟到""迟到扣款""病假""病假扣款""事假""事假扣款""扣款合计"。

（4）参照图 5.18 输入"迟到""病假""事假"列的数据。

（5）计算"迟到扣款"。

假设每迟到一次扣款 50 元。

① 选中 F2 单元格。

② 输入公式"=E2*50"，并按【Enter】键，计算出相应的迟到扣款。

③ 选中 F2 单元格，拖曳填充柄至 F26 单元格，将公式复制到 F3:F26 单元格区域中，可得到所有员工的迟到扣款。

（6）计算"病假扣款"。

假设每请病假一天扣款为当日工资收入的 50%，即"病假扣款=基本工资/30×0.5×病假天数"。

① 选中 H2 单元格。

② 输入公式"=ROUND(D2/30,0)*0.5*G2"，并按【Enter】键，计算出相应的病假扣款。

图 5.18　输入"迟到""病假""事假"列的数据

③ 选中 H2 单元格，拖曳填充柄至 H26 单元格，将公式复制到 H3:H26 单元格区域中，可得到所有员工的病假扣款。

（7）计算"事假扣款"。

假设每请事假一天扣款为当日的全部工资收入，即"事假扣款=基本工资/30*事假天数"。

① 选中 J2 单元格。

② 输入公式"=ROUND(D2/30,0)*I2"，并按【Enter】键，计算出相应的事假扣款。

③ 选中 J2 单元格，拖曳填充柄至 J26 单元格，将公式复制到 J3:J26 单元格区域中，可得到所有员工的事假扣款。

（8）计算"扣款合计"。

① 选中 K2 单元格。

② 输入公式"=SUM(F2,H2,J2)"，并按【Enter】键，计算出相应的扣款合计。

③ 选中 K2 单元格，拖曳填充柄至 K26 单元格，将公式复制到 K3:K26 单元格区域中，可得到所有员工的扣款合计。

创建好的"考勤扣款结算表"如图 5.19 所示。

图 5.19　创建好的"考勤扣款结算表"

任务 18-6　创建"员工工资明细表"

（1）插入一张新工作表，将新工作表重命名为"员工工资明细表"。

（2）参见图 5.20 创建"员工工资明细表"的框架。

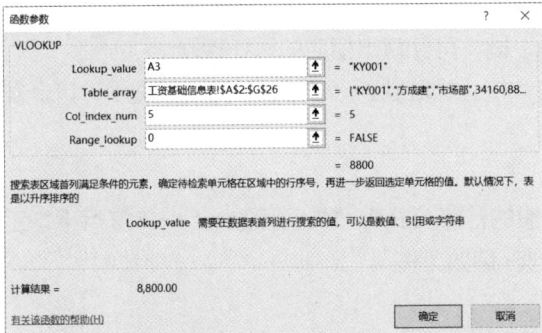

图 5.20　"员工工资明细表"的框架

（3）填充"编号""姓名""部门"列的数据。

① 选中"工资基础信息"工作表的 A2:C26 单元格区域，单击"开始"→"剪贴板"→"复制"按钮。

② 选中"员工工资明细表"的 A3 单元格，单击"开始"→"剪贴板"→"粘贴"按钮，将"工资基础信息"工作表选定区域的数据粘贴到"员工工资明细表"中。

（4）导入"基本工资"的数据。

① 选中 D3 单元格。

② 单击"公式"→"函数库"→"插入函数"按钮，打开"插入函数"对话框，在"选择函数"列表框中选择"VLOOKUP"，单击"确定"按钮，打开"函数参数"对话框，设置图 5.21 所示的参数。

③ 单击"确定"按钮，导入相应的"基本工资"的数据。

④ 选中 D3 单元格，拖曳填充柄至 D27 单元格，将公式复制到 D4:D27 单元格区域中，可导入所有员工的基本工资。

（5）使用同样的方式，分别导入"绩效工资"和"工龄工资"的数据。

（6）导入"加班费"的数据。

① 选中 G3 单元格。

② 插入 VLOOKUP 函数，设置图 5.22 所示的参数。

 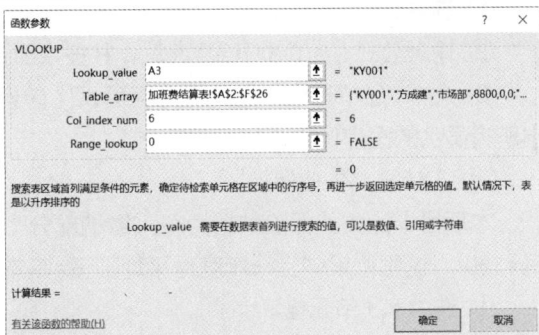

图 5.21　设置"基本工资"的 VLOOKUP 函数参数　　图 5.22　设置"加班费"的 VLOOKUP 函数参数

③ 单击"确定"按钮，导入相应的"加班费"的数据。

④ 选中 G3 单元格，拖曳填充柄至 G27 单元格，将公式复制到 G4:G27 单元格区域中，可导入所有员工的加班费。

（7）计算"应发工资"。

① 选中 H3 单元格。

② 单击"开始"→"编辑"→"Σ自动求和"按钮，出现公式"=SUM(D3:G3)"，按【Enter】键，可计算出相应的应发工资。

③ 选中 H3 单元格，拖曳填充柄至 H27 单元格，将公式复制到 H4:H27 单元格区域中，可计算出所有员工的应发工资。

活力 小贴士　按国家相关法律法规规定，企业针对职工工资的税前扣除项目中包含社会保险，主要有养老保险、失业保险、医疗保险、工伤保险、生育保险。

例如，某企业执行图 5.23 所示的计提标准。

单位必须按规定比例向社会保险机构缴纳社会保险，计算时的基数一般是职工个人上一年度月平均工资。

个人只需按规定比例缴纳其中的养老保险、失业保险、医疗保险，个人应缴纳的费用由单位每月在发放个人工资前代扣代缴。

项目	单位	个人
养老保险	20%	8%
失业保险	2%	1%
医疗保险	12%	2%
工伤保险	1%	0
生育保险	1%	0

图 5.23　某企业社会保险的计提标准

（8）计算"养老保险"。

本项目中的养老保险数据为个人缴纳部分，一般的计算公式为"养老保险=上一年度月平均工资×8%"，这里假设"上一年度月平均工资=基本工资+绩效工资"。

① 选中 I3 单元格。

② 输入公式"=(D3+E3)*8%"，并按【Enter】键，可计算出相应的养老保险。

③ 选中 I3 单元格，拖曳填充柄至 I27 单元格，将公式复制到 I4:I27 单元格区域中，可计算出所有员工的养老保险。

（9）计算"医疗保险"。

本项目中的医疗保险数据为个人缴纳部分，一般的计算公式为"医疗保险=上一年度月平均工资×2%"，这里假设"上一年度月平均工资=基本工资+绩效工资"。

① 选中 J3 单元格。

② 输入公式"=(D3+E3)*2%"，并按【Enter】键，可计算出相应的医疗保险。

③ 选中 J3 单元格，拖曳填充柄至 J27 单元格，将公式复制到 J4:J27 单元格区域中，可计算出所有员工的医疗保险。

（10）计算"失业保险"。

本项目中的失业保险数据为个人缴纳部分，一般的计算公式为"失业保险=上一年度月平均工资×1%"，这里假设"上一年度月平均工资=基本工资+绩效工资"。

① 选中 K3 单元格。

② 输入公式"=(D3+E3)*1%"，并按【Enter】键，可计算出相应的失业保险。

③ 选中 K3 单元格，拖曳填充柄至 K27 单元格，将公式复制到 K4:K27 单元格区域中，可计算出所有员工的失业保险。

（11）导入"考勤扣款"的数据。

① 选中 L3 单元格。

② 插入 VLOOKUP 函数，设置图 5.24 所示的参数。

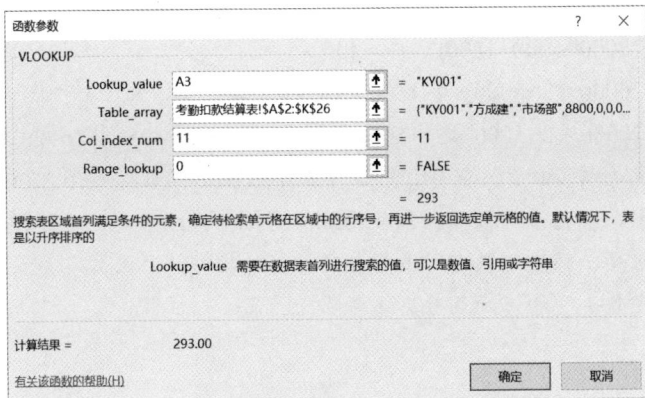

图 5.24 设置"考勤扣款"的 VLOOKUP 函数参数

③ 单击"确定"按钮,导入相应的"考勤扣款"的数据。

④ 选中 L3 单元格,拖曳填充柄至 L27 单元格,将公式复制到 L4:L27 单元格区域中,可导入所有员工的考勤扣款。

(12)计算"应税工资"。

活力小贴士

计算工资时,需要使用的相关公式如下。

① 计算应税工资:应税工资=应发工资-(养老保险+医疗保险+失业保险)-5000。(目前,5000 元为我国在 2018 年调整后规定的个人所得税起征点。)

② 计算个人所得税时,应税工资不应有小于 0 元而返税的情况,故分两种情况调整:若应税工资大于 0 元,则按实际应税工资计算个人所得税;若应税工资小于或等于 0 元,则个人所得税为 0 元。

③ 计算个人所得税:针对居民个人工资、薪资所得预扣预缴标准,按图 5.25 所示的综合所得年度税率后速算扣除数进行计算。相关税法规定,个人所得税是采用超额累进税率进行计算的,将应纳税所得额分成不同级别,分别按相应的税率来计算。本

级数	全年应纳税所得额	预扣率(%)	速算扣除数
1	不超过 36,000 元的	3	0
2	超过 36,000 元至 144,000 元的部分	10	2,520
3	超过 144,000 元至 300,000 元的部分	20	16,920
4	超过 300,000 元至 420,000 元的部分	25	31,920
5	超过 420,000 元至 660,000 元的部分	30	52,920
6	超过 660,000 元至 960,000 元的部分	35	85,920
7	超过 960,000 元的部分	45	181,920

图 5.25 个人所得税速算公式

期应预扣预缴税额=(累计预扣预缴应纳税所得额×预扣率-速算扣除数)-累计减免税额-累计已预扣预缴税额。

会计上约定,个人所得税的计算可以采用速算扣除法,将应纳税所得额直接按对应的税率来速算,但要扣除速算扣除数,否则会多计算税款。例如,某人工资减去 60000 元后的余额是 37000 元,37000 元对应的税率是 10%,则税款速算方法为 37000×10%-2520=1180 元。这里的 2520 就是速算扣除数,因为 37000 元中有 36000 元多计算了 7% 的税款,需要减去。

举例说明:小王每月工资为 20000 元,每月减除费用 5000 元,每月固定扣款为 1500 元(三险一金等),假设没有减免收入及减免税额等情况。对应预扣率表可以得出,小王前 3 个月应当按照以下方法计算预扣预缴税额。

第 1 个月：(20000−5000−1500)×3%=405 元。

第 2 个月：(20000×2−5000×2−1500×2)×3%−405=405 元。

第 3 个月：(20000×3−5000×3−1500×3)×10%−2520−405−405=720 元。

上述计算结果表明，由于第 2 个月累计预扣预缴应纳税所得额为 27000 元，依旧采用 3% 的预扣率，第 3 个月累计预扣预缴应纳税所得额为 40500 元，已适用 10%的预扣率，因 此第 3 个月应预扣预缴税款有所增加，后续月份按照计算公式相应计算。

本项目中假定为 1 月的工资表数据。

① 选中 M3 单元格。

② 输入公式"=H3−SUM(I3:K3)−5000"，并按【Enter】键，可计算出相应的应税工资。

③ 选中 M3 单元格，拖曳填充柄至 M27 单元格，将公式复制到 M4:M27 单元格区域中，可 计算出所有员工的应税工资。

（13）计算"个人所得税"。

① 选中 N3 单元格。

② 单击"公式"→"函数库"→"插入函数"按钮，打开"插入函数"对话框，在"选择函数" 列表框中选择"IF"，开始构造第 1 层的 IF 函数参数，函数的前两个参数如图 5.26 所示。

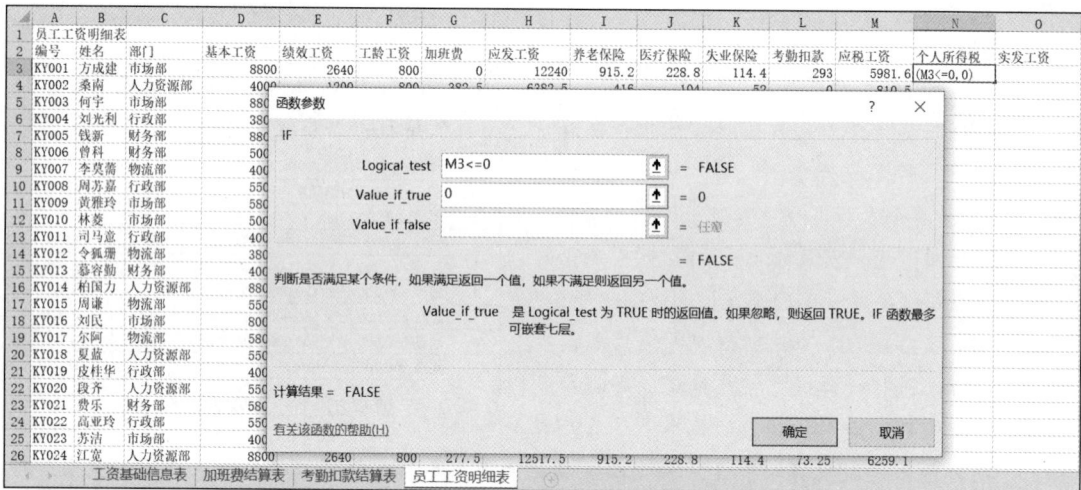

图 5.26　第 1 层 IF 函数的前两个参数

③ 将光标置于第 3 个参数"Value_if_false"处，单击编辑栏最左侧的"IF 函数"按钮 ，即选择第 3 个参数为一个嵌套在本函数内的 IF 函数。这时会弹出一个新的 IF 函 数的"函数参数"对话框，如图 5.27 所示，用于构造第 2 层 IF 函数。

④ 在其中输入前两个参数，如图 5.28 所示。这时就完成了第 2 层 IF 函数前两个参数的构造。

⑤ 将光标置于第 2 层 IF 函数的第 3 个参数"Value_if_false"处，再次单击编辑栏最左侧的 "IF 函数"按钮 ，即选择第 3 个参数为一个嵌套在本函数内的 IF 函数。再弹出一个 新的 IF 函数的"函数参数"对话框，用于构造第 3 层 IF 函数。

⑥ 在其中输入 3 个参数，如图 5.29 所示。这时就完成了第 3 层 IF 函数的构造。

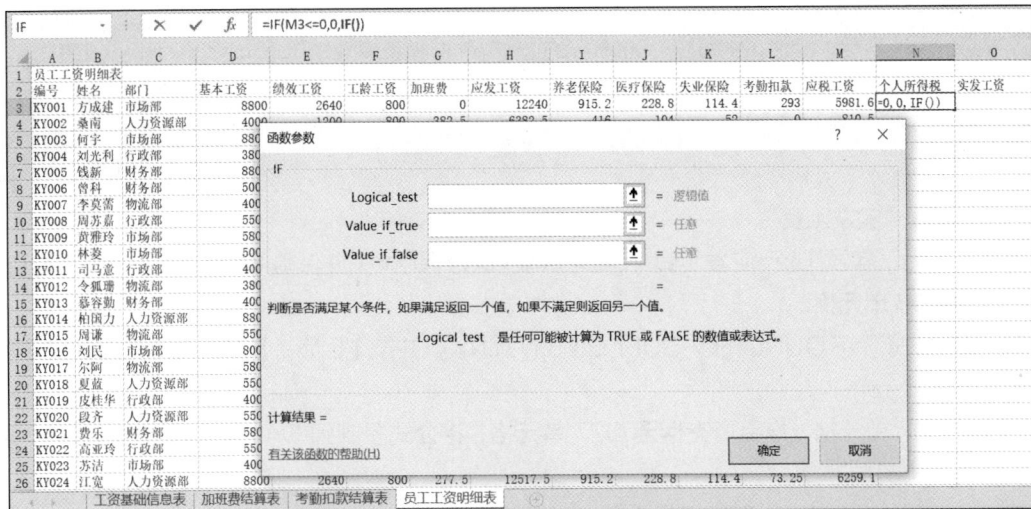

图 5.27　第 2 层 IF 函数的"函数参数"对话框

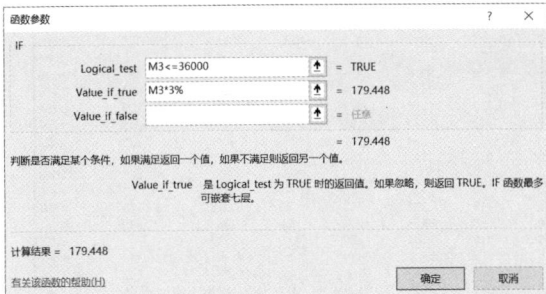

图 5.28　第 2 层 IF 函数的前两个参数

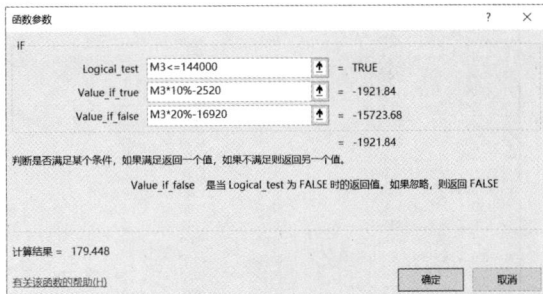

图 5.29　第 3 层 IF 函数的参数

⑦ 单击"函数参数"对话框中的"确定"按钮，就得到了 N3 单元格的结果，如图 5.30 所示。

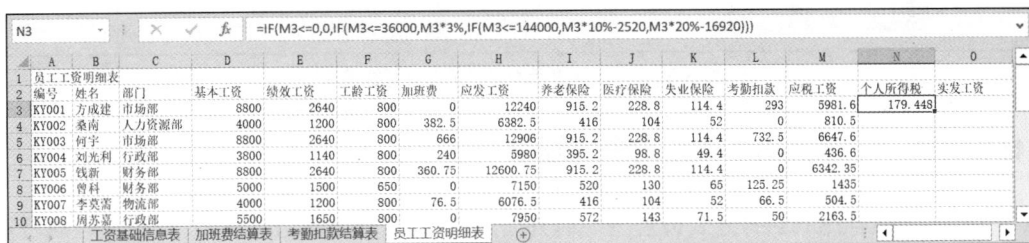

图 5.30　利用 3 层 IF 函数计算出的个人所得税

⑧ 选中 N3 单元格，拖曳填充柄至 N27 单元格，将公式复制到 N4:N27 单元格区域中，可计算出所有员工的个人所得税。

活力小贴士　本项目在这一步只讨论应纳税所得额低于 300000 元的情况，故只需要分 3 层 IF 函数实现 4 种情况的计算。应纳税所得额的计算公式分别如下。

① 累计应税工资小于或等于 0 元的个人所得税税额为 0 元。

② 累计应税工资在 36000 元以内的个人所得税税额为"应税工资×3%"。

③ 累计应税工资为 36001～144000 元的个人所得税税额为"应税工资×10%–2520"。

④ 累计应税工资为 144001～300000 元的个人所得税税额为"应税工资×20%-16920"。

函数嵌套时，要先构造外层函数，再构造内层函数，要先明确公式的含义，并注意灵活运用鼠标及观察清楚正在操作第几层函数。

（14）计算"实发工资"。

计算公式为"实发工资=应发工资－（养老保险+医疗保险+失业保险+考勤扣款+个人所得税）"。

① 选中 O3 单元格。

② 输入公式"=ROUND(H3-SUM(I3:L3,N3),0)"，并按【Enter】键，可计算出相应的实发工资。

③ 选中 O3 单元格，拖曳填充柄至 O27 单元格，将公式复制到 O4:O27 单元格区域中，可计算出所有员工的实发工资。

完成计算后的"员工工资明细表"如图 5.31 所示。

编号	姓名	部门	基本工资	绩效工资	工龄工资	加班费	应发工资	养老保险	医疗保险	失业保险	考勤扣款	应税工资	个人所得税	实发工资
							员工工资明细表							
KY001	方成建	市场部	8800	2640	800	0	12240	915.2	228.8	114.4	293	5981.6	179.448	10509
KY002	桑南	人力资源部	4000	1200	800	382.5	6382.5	416	104	52	0	810.5	24.315	5786
KY003	何宇	市场部	8800	2640	800	666	12906	915.2	228.8	114.4	732.5	6647.6	199.428	10716
KY004	刘光利	行政部	3800	1140	800	240	5980	395.2	98.8	49.4	0	436.6	13.098	5424
KY005	钱新	财务部	8800	2640	800	360.75	12600.75	915.2	228.8	114.4	0	6342.35	190.2705	11152
KY006	曾科	财务部	5000	1500	650	0	7150	520	130	65	125.25	1435	43.05	6267
KY007	李莫蕾	物流部	4000	1200	800	76.5	6076.5	416	104	52	66.5	504.5	15.135	5423
KY008	周苏嘉	行政部	5500	1650	800	0	7950	572	143	71.5	50	2163.5	64.905	7049
KY009	黄雅玲	市场部	5800	1740	800	576	8916	603.2	150.8	75.4	96.5	3086.6	92.598	7898
KY010	林菱	市场部	5000	1500	800	0	7300	520	130	65	41.75	1585	47.55	6496
KY011	司马意	行政部	4000	1200	800	191.25	6191.25	416	104	52	100	619.25	18.5775	5501
KY012	令狐珊	物流部	3800	1140	800	0	5740	395.2	98.8	49.4	50	196.6	5.898	5141
KY013	慕容勤	财务部	4000	1200	800	0	6000	416	104	52	0	428	12.84	5415
KY014	柏国力	人力资源部	8800	2640	800	166.5	12406.5	915.2	228.8	114.4	0	6148.1	184.443	10964
KY015	周谦	物流部	5500	1650	550	414	8114	572	143	71.5	0	2327.5	69.825	7258
KY016	刘民	市场部	8000	2400	800	0	11200	832	208	104	317	5056	151.68	9587
KY017	尔阿	物流部	5800	1740	800	342	8682	603.2	150.8	75.4	0	2852.6	85.578	7767
KY018	夏蓝	人力资源部	5500	1650	650	0	7800	572	143	71.5	45.75	2013.5	60.405	6907
KY019	皮桂华	行政部	4000	1200	800	127.5	6127.5	416	104	52	133	555.5	16.665	5406
KY020	段齐	人力资源部	5500	1650	800	0	7950	572	143	71.5	0	2163.5	64.905	7099
KY021	费乐	财务部	5800	1740	800	108	8448	603.2	150.8	75.4	150	2618.6	78.558	7390
KY022	高亚玲	行政部	5500	1650	800	293.25	8243.25	572	143	71.5	274.5	2456.75	73.7025	7109
KY023	苏洁	人力资源部	4000	1200	800	382.5	6382.5	416	104	52	66.5	810.5	24.315	5720
KY024	江宽	人力资源部	8800	2640	800	277.5	12517.5	915.2	228.8	114.4	73.25	6259.1	187.773	10998
KY025	王利伟	市场部	5800	1740	800	648	8988	603.2	150.8	75.4	0	3158.6	94.758	8064

图 5.31　完成计算后的"员工工资明细表"

任务 18-7　格式化"员工工资明细表"

（1）将工作表标题的对齐方式设置为"合并后居中"，格式设置为"黑体、22"，行高设置为"50"。

（2）将列标题的格式设置为"加粗、居中"，行高设置为"30"。

（3）将表中所有的数据项的格式设置为"会计专用"格式，保留 2 位小数，无货币符号。

（4）为表格添加内细外粗的蓝色边框。

（5）为"应发工资""应税工资""实发工资"列的数据添加"蓝色，个性色 1，淡色 80%"的底纹。

任务 18-8　制作"工资查询表"

在"员工工资明细表"的基础上，制作"工资查询表"，利用 VLOOKUP 函

微课 5-4　制作工资查询表

数可以实现每个员工查询工资的需求。当输入员工的"员工号"时，可以在"工资查询表"中显示出该员工的各项工资信息。

（1）插入一张新工作表，将新工作表重命名为"工资查询表"。

（2）创建图 5.32 所示的"工资查询表"的框架。

（3）显示员工"姓名"。

① 选中 D2 单元格。

② 插入 VLOOKUP 函数，设置图 5.33 所示的参数。

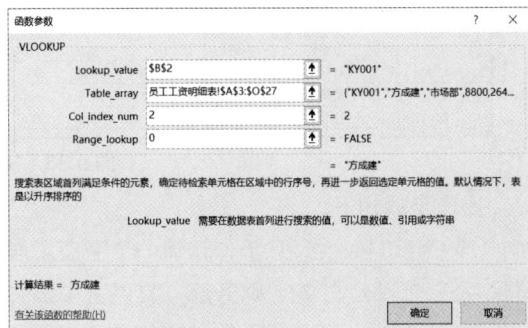

图 5.32　"工资查询表"的框架　　图 5.33　设置显示员工"姓名"的 VLOOKUP 函数参数

③ 按【Enter】键。

> **活力小贴士**　这里，由于 B2 单元格中未输入"员工号"的查询数据，在 D2 单元格中将显示"#N/A"字符。待输入需查询的"员工号"后，则可显示对应的数据。

（4）采用类似的方法，使用 VLOOKUP 函数构建查询其他数据项的公式。

（5）取消显示网格线。单击"视图"选项卡，在"显示"组中，取消勾选"网格线"复选框。

【项目拓展】

（1）制作"各部门工资汇总表"，效果如图 5.34 所示。

（2）制作各部门的平均工资收入的数据透视表和数据透视图，效果如图 5.35 所示。

图 5.34　"各部门工资汇总表"效果　　图 5.35　各部门的平均工资收入的数据透视表和数据透视图

【项目训练】

设计并制作"差旅核算表"。其中出差补助的标准根据职称级别的不同而不同，技工、初级、中级和高级职称的补助标准分别为 40 元、60 元、85 元和 120 元。制作完成后的效果如图 5.36 所示。

差旅核算表											出差补贴标准表	
员工编号	姓名	部门	职称级别	出差借支	交通费	住宿费	会务费	出差天数	出差补助	费用结算	职称级别	费用标准（元/天）
KY001	方成建	市场部	高级	1000	430	480	600	2	240	750	技工	40
KY007	李莫蕾	物流部	初级	800	468	360		2	120	148	初级	60
KY020	段齐	人力资源部	中级		1250	240		1	85	1575	中级	85
KY010	林菱	市场部	中级		890	720		3	255	1865	高级	120
KY005	钱新	财务部	高级	2000	2750	900	400	3	360	2410		
KY023	苏洁	市场部	技工	3000	1076	1420		6	240	-264		
KY011	司马意	行政部	初级		830	600	200	2	120	1750		

图 5.36 "差旅核算表"效果

操作步骤如下。

（1）启动 Excel 2016，新建一个空白工作簿，将新建的工作簿重命名为"差旅核算表"，并将其保存在"D:\公司文档\财务部"文件夹中。

（2）创建图 5.37 所示的"差旅核算表"和"出差补贴标准表"。

（3）计算出差补助。

① 选中 J3 单元格。

差旅核算表											出差补贴标准表	
员工编号	姓名	部门	职称级别	出差借支	交通费	住宿费	会务费	出差天数	出差补助	费用结算	职称级别	费用标准（元/天）
KY001	方成建	市场部	高级	1000	430	480	600	2			技工	40
KY007	李莫蕾	物流部	初级	800	468	360		2			初级	60
KY020	段齐	人力资源部	中级		1250	240		1			中级	85
KY010	林菱	市场部	中级		890	720		3			高级	120
KY005	钱新	财务部	高级	2000	2750	900	400	3				
KY023	苏洁	市场部	技工	3000	1076	1420		6				
KY011	司马意	行政部	初级		830	600	200	2				

图 5.37 "差旅核算表"和"出差补贴标准表"

② 使用 IF 函数，计算第 1 位员工的出差补助。其公式为"= IF(D3 = $M$3,I3*$N$3,IF(D3 = $M$4,I3*$N$4,IF(D3 = $M$5,I3*$N$5,I3*$N$6)))"。

> **活力小贴士** 当员工的职称级别"D3 = M3"（技工）时，其出差补助为"I3*N3"，否则，判断"D3 = M4"（初级）时，其出差补助为"I3*N4"。依此进行判断。
>
> 这里建议进行绝对引用，以便可以通过拖曳填充柄的方式快速计算其他员工的数据。

③ 选中 J3 单元格，拖曳填充柄至 J9 单元格，填充 J4:J9 单元格区域，得到所有员工的出差补助，如图 5.38 所示。

（4）计算费用结算。

① 选中 K3 单元格，单击"开始"→"编辑"→"Σ自动求和"按钮，选择默认的"求和"方式，配合使用鼠标和键盘以实现公式的构造，如图 5.39 所示。

② 选中 K3 单元格，拖曳填充柄至 K9 单元格，填充 K4:K9 单元格区域，得到所有员工的费

用结算，如图 5.40 所示。

	A	B	C	D	E	F	G	H	I	J	K
1						差旅核算表					
2	员工编号	姓名	部门	职称级别	出差借支	交通费	住宿费	会务费	出差天数	出差补助	费用结算
3	KY001	方成建	市场部	高级	1000	430	480	600	2	240	
4	KY007	李英蕾	物流部	初级	800	468	360		2	120	
5	KY020	段齐	人力资源部	中级		1250	240		1	85	
6	KY010	林菱	市场部	中级		890	720		3	255	
7	KY005	钱新	财务部	高级	2000	2750	900	400	3	360	
8	KY023	苏洁	市场部	技工	3000	1076	1420		6	240	
9	KY011	司马意	行政部	初级		830	600	200	2	120	

图 5.38　计算出差补助的结果

	A	B	C	D	E	F	G	H	I	J	K	L
1						差旅核算表						
2	员工编号	姓名	部门	职称级别	出差借支	交通费	住宿费	会务费	出差天数	出差补助	费用结算	
3	KY001	方成建	市场部	高级	1000	430	480	600	2	240	=SUM(F3:H3,J3)-E3	
4	KY007	李英蕾	物流部	初级	800	468	360		2	120		
5	KY020	段齐	人力资源部	中级		1250	240		1	85		
6	KY010	林菱	市场部	中级		890	720		3	255		
7	KY005	钱新	财务部	高级	2000	2750	900	400	3	360		
8	KY023	苏洁	市场部	技工	3000	1076	1420		6	240		
9	KY011	司马意	行政部	初级		830	600	200	2	120		

图 5.39　构造费用结算的计算公式

	A	B	C	D	E	F	G	H	I	J	K
1						差旅核算表					
2	员工编号	姓名	部门	职称级别	出差借支	交通费	住宿费	会务费	出差天数	出差补助	费用结算
3	KY001	方成建	市场部	高级	1000	430	480	600	2	240	750
4	KY007	李英蕾	物流部	初级	800	468	360		2	120	148
5	KY020	段齐	人力资源部	中级		1250	240		1	85	1575
6	KY010	林菱	市场部	中级		890	720		3	255	1865
7	KY005	钱新	财务部	高级	2000	2750	900	400	3	360	2410
8	KY023	苏洁	市场部	技工	3000	1076	1420		6	240	-264
9	KY011	司马意	行政部	初级		830	600	200	2	120	1750

图 5.40　计算费用结算的结果

（5）参照图 5.36 美化表格。

（6）单击"视图"选项卡，在"显示"组中取消勾选"网格线"复选框，将工作表设置为无网格线状态。

（7）进行合理的页面设置，如将纸张设置为"横向""A4"，表格的预览效果如图 5.41 所示。完成后关闭工作簿。

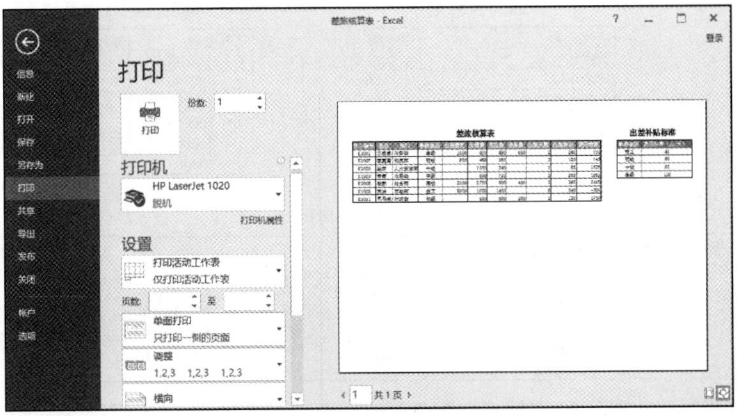

图 5.41　表格的预览效果

【项目小结】

本项目通过制作“员工工资管理表”，主要介绍了工作簿的创建，工作表的重命名，外部数据的导入，以及使用 ROUND、SUM 函数等构建“工资基础信息”“加班费结算表”“考勤扣款结算表”工作表的操作方法。同时，本项目介绍了使用公式和 VLOOKUP 函数，以及 IF 函数的嵌套创建“员工工资明细表”工作表，并使用 VLOOKUP 函数制作“工资查询表”工作表的操作方法，实现了对员工工资的轻松、高效管理。此外，通过制作“各部门工资汇总表”和“差旅核算表”，进一步巩固了数据透视表、数据透视图以及 IF 函数的使用。

项目 19　制作投资决策分析表

示例文件	原始文件：示例文件\素材\财务篇\项目 19\投资决策分析表.xlsx 效果文件：示例文件\效果\财务篇\项目 19\投资决策分析表.xlsx

【项目背景】

企业在项目投资过程中，通常需要贷款来加大资金的周转量。进行投资项目的贷款分析，可使项目的决策者更直观地了解企业的贷款和经营情况，以分析项目的可行性。

利用长期贷款基本模型，财务部在分析投资项目的贷款时，可以根据不同的贷款金额、贷款年利率、贷款年限、每年还款期数中任意一个或几个的变化，分析每期偿还金额的变化，从而为企业管理层决策提供相应依据。本项目通过制作“投资决策分析表”来介绍 Excel 2016 中的财务函数及模拟运算表在财务预算和分析方面的应用。

本项目假设公司计划购进一批设备，需要资金 120 万元，要向银行借贷部分资金，年利率假设为 4.9%，采取每月等额还款的方式。现需要分析不同贷款数额（100 万元、90 万元、80 万元、70 万元、60 万元以及 50 万元）、不同还款期限（5 年、8 年、10 年和 15 年）下对应的每月应还贷款金额。“投资决策分析表”效果如图 5.42 所示。

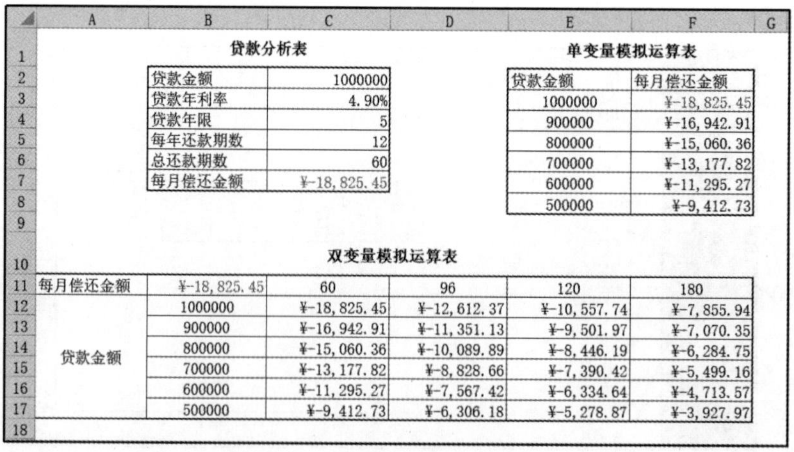

	A	B	C	D	E	F	G
1		贷款分析表			单变量模拟运算表		
2		贷款金额	1000000		贷款金额	每月偿还金额	
3		贷款年利率	4.90%		1000000	¥-18,825.45	
4		贷款年限	5		900000	¥-16,942.91	
5		每年还款期数	12		800000	¥-15,060.36	
6		总还款期数	60		700000	¥-13,177.82	
7		每月偿还金额	¥-18,825.45		600000	¥-11,295.27	
8					500000	¥-9,412.73	
9							
10			双变量模拟运算表				
11	每月偿还金额	¥-18,825.45	60	96	120	180	
12	贷款金额	1000000	¥-18,825.45	¥-12,612.37	¥-10,557.74	¥-7,855.94	
13		900000	¥-16,942.91	¥-11,351.13	¥-9,501.97	¥-7,070.35	
14		800000	¥-15,060.36	¥-10,089.89	¥-8,446.19	¥-6,284.75	
15		700000	¥-13,177.82	¥-8,828.66	¥-7,390.42	¥-5,499.16	
16		600000	¥-11,295.27	¥-7,567.42	¥-6,334.64	¥-4,713.57	
17		500000	¥-9,412.73	¥-6,306.18	¥-5,278.87	¥-3,927.97	
18							

图 5.42　“投资决策分析表”效果

【项目实施】

任务 19-1 新建工作簿和重命名工作表

（1）启动 Excel 2016，新建一个空白工作簿。

（2）将新建的工作簿重命名为"投资决策分析表"，并将其保存在"D:\公司文档\财务部"文件夹中。

（3）将"投资决策分析表"工作簿中的"Sheet1"工作表重命名为"贷款分析表"。

任务 19-2 创建"贷款分析表"

（1）按图 5.43 所示输入"贷款分析表"的基本数据。

（2）计算"总还款期数"。

① 选中 C6 单元格。

② 输入公式"＝C4*C5"。

③ 按【Enter】键，计算出"总还款期数"。

	A	B	C	D
1				
2		贷款金额	1000000	
3		贷款年利率	4.90%	
4		贷款年限	5	
5		每年还款期数	12	
6		总还款期数		
7		每月偿还金额		
8				

图 5.43 "贷款分析表"的基本数据

任务 19-3 计算"每月偿还金额"

（1）选中 C7 单元格。

（2）单击"公式"→"函数库"→"插入函数"按钮，打开"插入函数"对话框。

（3）在"选择函数"列表框中选择"PMT"，打开"函数参数"对话框。

（4）在"函数参数"对话框中输入图 5.44 所示的 PMT 函数参数。

（5）单击"确定"按钮，计算出给定条件下的"每月偿还金额"，如图 5.45 所示。

微课 5-5 计算"每月偿还额"

图 5.44 PMT 函数参数

	A	B	C	D
1				
2		贷款金额	1000000	
3		贷款年利率	4.90%	
4		贷款年限	5	
5		每年还款期数	12	
6		总还款期数	60	
7		每月偿还金额	¥-18,825.45	
8				

图 5.45 计算"每月偿还金额"

> **活力小贴士** PMT 函数基于固定利率及等额分期付款的方式，返回贷款的每期付款额。
>
> Excel 中的财务分析函数可以解决很多专业的财务问题，如投资函数可以解决投资分析方面的相关计算问题，包含 PMT、PPMT、PV、FV、XNPV、NPV、IPMT、NPER 等函数；折旧函数可以解决累计折旧的相关计算问题，包含 DB、DDB、SLN、SYD、VDB 等函数；

计算偿还率的函数可计算投资的偿还类数据，包含 RATE、IRR、MIRR 等函数；债券分析函数可进行各种类型的债券分析，包含 DOLLAR/RMB、DOLLARDE、DOLLARFR 等函数。

语法：PMT(rate,nper,pv,fv,type)。

参数说明如下。

① rate 为各期利率。例如，如果按 10%的年利率贷款，并按月偿还贷款，则月利率为"10%/12"（约 0.83%）。

② nper 为总投资期或贷款期。

③ pv 为现值，或一系列未来付款的当前值的累计和，也称为本金。

④ fv 为未来值，或在最后一次付款后希望得到的现金余额。如果省略 fv，则假设其值为 0，也就是一笔贷款的未来值为 0。

⑤ type 为数字"0"或"1"，用以指定各期的付款时间是期初还是期末。

应注意 rate 和 nper 单位的一致性。例如，同样是四年期年利率为 12%的贷款，如果按月支付，rate 应为"12%/12"，nper 应为"4*12"；如果按年支付，rate 应为"12%"，nper 应为"4"。

任务 19-4　计算不同"贷款金额"的"每月偿还金额"

这里设定贷款金额分别为 100 万元、90 万元、80 万元、70 万元、60 万元及 50 万元，还款期限为 5 年，贷款利率为 4.9%，可以使用单变量模拟运算表来分析适合公司的每月偿还金额。

微课 5-6　计算不同贷款金额下"每月偿还额"

活力小贴士　Excel 中的模拟运算表是一种只需一步操作就能计算出所有变化值的模拟分析工具，用以显示一个或多个公式中一个或多个（两个）影响因素取不同值时的结果。它可以显示公式中某些值的变化对计算结果的影响，为同时求解某一运算中所有可能的变化值的组合提供了捷径。并且，模拟运算表还可以将所有不同的计算结果同时显示在工作表中，便于查看和比较。

Excel 有两种类型的模拟运算表：单变量模拟运算表和双变量模拟运算表。

① 单变量模拟运算表为用户提供查看单个变化因素取不同值时对一个或多个公式的结果的影响；双变量模拟运算表为用户提供查看两个变化因素取不同值时对一个或多个公式的结果的影响。

② Excel 的"模拟运算表"对话框中有两个文本框，一个是"输入引用行的单元格"，另一个是"输入引用列的单元格"。若影响因素只有一个，即单变量模拟运算表，则只需要填其中的一个，如果模拟运算表是以行方式建立的，则填写"输入引用行的单元格"；如果模拟运算表是以列方式建立的，则填写"输入引用列的单元格"。

（1）创建贷款分析的单变量模拟运算数据模型。

在 E1:F8 单元格区域中，创建图 5.46 所示的单变量模拟运算数据模型。

（2）计算"每月偿还金额"。

① 选中 F3 单元格。

图 5.46　单变量模拟运算数据模型

② 插入 PMT 函数，设置图 5.47 所示的函数参数，单击"确定"按钮，在 F3 单元格中计算出"每月偿还金额"，如图 5.48 所示。

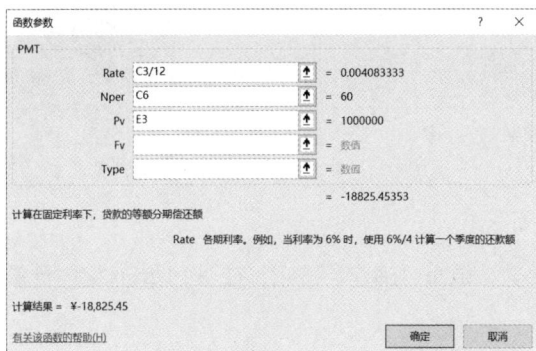

图 5.47　贷款金额为 1000000 时的 PMT 函数参数

图 5.48　贷款金额为 1000000 时的每月偿还金额

③ 选中 E3:F8 单元格区域。

④ 单击"数据"→"预测"→"模拟分析"按钮，在下拉菜单中选择"模拟运算表"命令，打开"模拟运算表"对话框，并将"输入引用列的单元格"设置为"$E$3"，如图 5.49 所示。

⑤ 单击"确定"按钮，计算出图 5.50 所示的不同"贷款金额"的"每月偿还金额"。

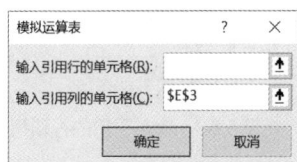

图 5.49　"模拟运算表"对话框

图 5.50　单变量下的"每月偿还金额"

> **活力小贴士**
>
> 单变量模拟运算表的工作原理是，F3 单元格的公式为"=PMT(C3/12,C6,E3)"，即每期支付的贷款利率是"C3/12"，因为是按月支付的，所以用年利率除以 12；支付贷款的总期数是 C6；贷款金额是 E3。
>
> 这里年利率 C3 的值和总期数 C6 的值固定不变。当计算 F4 单元格时，Excel 将会把 E4 单元格中的值输入公式中的 E3 单元格；当计算 F5 单元格时，Excel 将会把 E5 单元格中的值输入公式中的 E3 单元格……如此下去，直到将模拟运算表中的所有值都计算出来。这里使用的是单变量模拟运算表，而且变化的值是按列排列的，因此只需要填写"输入引用列的单元格"即可。

任务 19-5　计算不同"贷款金额"和不同"总还款期数"的"每月偿还金额"

这里设定贷款金额分别为 100 万元、90 万元、80 万元、70 万元、60 万元及 50 万元，还款期限分别为 5 年、8 年、10 年及 15 年，即设计双变量决策模型。

（1）创建贷款分析的双变量模拟运算数据模型。

在 A10:F17 单元格区域中创建双变量模拟运算数据模型，如图 5.51 所示。这里采取每月等额还款的方式。

图 5.51　双变量模拟运算数据模型

微课 5-7　计算
不同贷款金额和
总还款期数下
"每月偿还额"

（2）计算"每月偿还金额"。

① 选中 B11 单元格。

② 插入 PMT 函数，设置图 5.44 所示的函数参数，单击"确定"按钮，在 B11 单元格中计算出"每月偿还金额"，如图 5.52 所示。

③ 选中 B11:F17 单元格区域。

④ 单击"数据"→"预测"→"模拟分析"按钮，在下拉菜单中选择"模拟运算表"命令，打开"模拟运算表"对话框，并将"输入引用行的单元格"设置为"$C$6"，"输入引用列的单元格"设置为"$C$2"，如图 5.53 所示。

图 5.52　计算某一固定期数和固定利率下的每月偿还金额

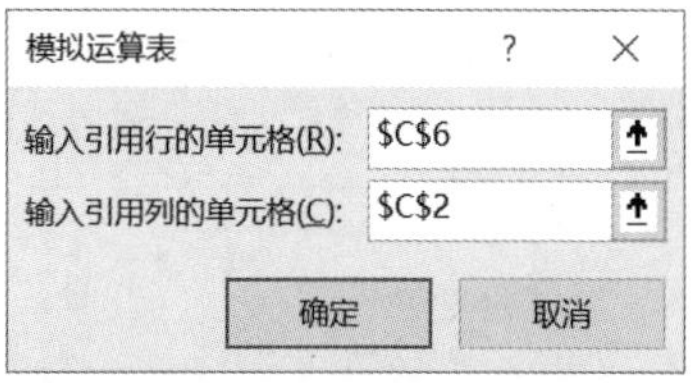

图 5.53　输入引用的行和列

活力
小贴士
这里使用的是双变量模拟运算表，因此需输入引用的行和列。
双变量模拟运算表的工作原理是，B11 单元格的公式为"= PMT(C3/12,C6,C2)"，即每期支付的贷款利率是"C3/12"，因为是按月支付的，所以用年利率除以"12"；支付贷款的总期数是 C6；贷款金额是 C2。
年利率 C3 的值固定不变，当计算 C12 单元格时，Excel 会把 C11 单元格中的值输入公式中的 C6 单元格，把 B12 单元格中的值输入公式中的 C2 单元格；当计算 D12 单元格时，Excel 2016 会把 D11 单元格中的值输入公式中的 C6 单元格，把 B12 单元格中的值输入公式中的 C2 单元格……如此下去，直到将模拟运算表中的所有值都计算出来。
在公式中输入单元格是任取的，可以是工作表中的任意空白单元格。事实上，它只是一种形式，因为它的取值来源于输入行或输入列。

⑤ 单击"确定"按钮，计算出图 5.54 所示的不同"贷款金额"和不同"总还款期数"的"每月偿还金额"。

活力
小贴士
由于在工作表中，每期偿还金额、贷款金额（C2 单元格）、贷款年利率（C3 单元格）、贷款年限（C4 单元格）、每年还款期数（C5 单元格）以及各因素的可能组合（B12:B17 和 C11:F11 单元格区域）之间建立了动态链接，因此，财务人员改变 C2、C3、C4 或 C5

单元格中的数据，或调整 B12:B17 和 C11:F11 单元格区域中的各因素的可能组合，Excel 将会自动计算各分析值。这样，决策者可以一目了然地观察到不同期限、不同贷款金额下每期应偿还金额的变化，从而可以根据企业的经营状况，选择一种合适的贷款方案。

双变量模拟运算表					
每月偿还金额	¥-18,825.45	60	96	120	180
贷款金额	1000000	¥-18,825.45	¥-12,612.37	¥-10,557.74	¥-7,855.94
	900000	¥-16,942.91	¥-11,351.13	¥-9,501.97	¥-7,070.35
	800000	¥-15,060.36	¥-10,089.89	¥-8,446.19	¥-6,284.75
	700000	¥-13,177.82	¥-8,828.66	¥-7,390.42	¥-5,499.16
	600000	¥-11,295.27	¥-7,567.42	¥-6,334.64	¥-4,713.57
	500000	¥-9,412.73	¥-6,306.18	¥-5,278.87	¥-3,927.97

图 5.54 不同“贷款金额”和不同“总还款期数”的“每月偿还金额”

任务 19-6 格式化“贷款分析表”

（1）按住【Ctrl】键，同时选中 E3:E8、C11:F11 及 B12:B17 单元格区域，将对齐方式设置为“居中”。

（2）分别为 B2:C7、E2:F8 及 A11:F17 单元格区域设置内细外粗的表格边框。

（3）单击“视图”，在“显示”组中取消勾选“网格线”复选框，隐藏工作表网格线。

【项目拓展】

（1）制作“不同贷款利率下每月偿还金额贷款分析表”（单变量模拟运算表），效果如图 5.55 所示。

（2）制作“不同贷款利率、不同还款期限下每月偿还金额贷款分析表”（双变量模拟运算表），效果如图 5.56 所示。

贷款金额	900000
贷款年利率	4.9%
贷款年限	5
每年还款期数	12
总还款期数	60
每月偿还金额	¥-16,942.91

贷款年利率	每月偿还金额
	¥-16,942.91
4.75%	¥-16,881.22
5.00%	¥-16,984.11
5.21%	¥-17,070.84
5.30%	¥-17,108.09
5.50%	¥-17,191.05

图 5.55 “不同贷款利率下每月偿还金额贷款分析表”效果

贷款金额	900000
贷款年利率	4.9%
贷款年限	5
每年还款期数	12
总还款期数	60
每月偿还金额	¥-16,942.91

每月偿还金额	¥-16,942.91	60	120	180	240
贷款年利率	4.75%	¥-16,881.22	¥-9,436.30	¥-7,000.49	¥-5,816.01
	5.00%	¥-16,984.11	¥-9,545.90	¥-7,117.14	¥-5,939.60
	5.21%	¥-17,070.84	¥-9,638.55	¥-7,215.98	¥-6,044.50
	5.30%	¥-17,108.09	¥-9,678.42	¥-7,258.58	¥-6,089.76
	5.50%	¥-17,191.05	¥-9,767.37	¥-7,353.75	¥-6,190.99

图 5.56 “不同贷款利率、不同还款期限下每月偿还金额贷款分析表”效果

【项目训练】

本量利分析在财务分析中占有举足轻重的作用，通过设定固定成本、售价、数量等指标，财务人员

可计算出相应的利润。利用 Excel 提供的方案管理器可以进行更复杂的分析，模拟为达到预算目标选择不同方式的大致结果。每种方式的结果都被称为一个方案，通过对比分析多个方案，公司可以了解不同方案的优势，从中选择最适合公司目标的方案。本项目假设公司要生产和销售一批产品，需要制订一个本量利分析方案，为决策提供依据。“本量利分析”方案摘要的效果如图 5.57 所示。

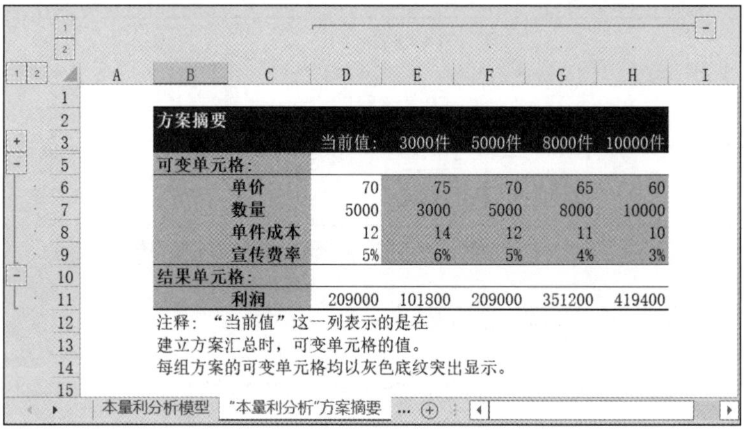

		当前值：	3000件	5000件	8000件	10000件
方案摘要						
可变单元格：						
	单价	70	75	70	65	60
	数量	5000	3000	5000	8000	10000
	单件成本	12	14	12	11	10
	宣传费率	5%	6%	5%	4%	3%
结果单元格：						
	利润	209000	101800	209000	351200	419400

注释：“当前值”这一列表示的是在
建立方案汇总时，可变单元格的值。
每组方案的可变单元格均以灰色底纹突出显示。

图 5.57 “本量利分析”方案摘要的效果

操作步骤如下。

（1）新建工作簿和重命名工作表。

① 启动 Excel 2016，新建一个空白工作簿。

② 将新建的工作簿重命名为“本量利分析”，并将其保存在“D:\公司文档\财务部”文件夹中。

③ 将“本量利分析”工作簿中的“Sheet1”工作表重命名为“本量利分析模型”。

（2）创建“本量利分析模型”。

这里首先创建一个简单的模型。该模型可以分析生产不同数量的某产品对利润的影响。该模型中有 4 个变量：单价、数量、单件成本和宣传费率。

① 参照图 5.58 创建模型的基本结构。

② 按图 5.59 所示输入模型的基础数据。

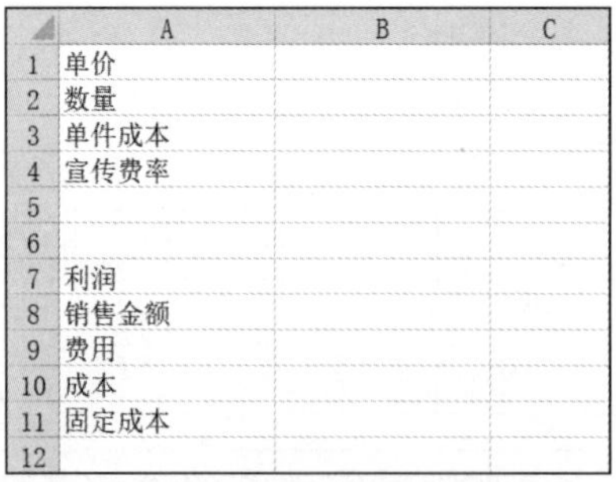

	A	B	C
1	单价		
2	数量		
3	单件成本		
4	宣传费率		
5			
6			
7	利润		
8	销售金额		
9	费用		
10	成本		
11	固定成本		
12			

图 5.58 “本量利分析模型”的基本结构

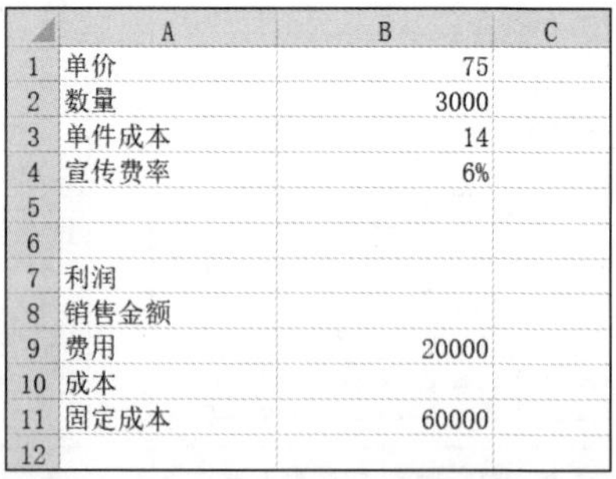

	A	B	C
1	单价	75	
2	数量	3000	
3	单件成本	14	
4	宣传费率	6%	
5			
6			
7	利润		
8	销售金额		
9	费用	20000	
10	成本		
11	固定成本	60000	
12			

图 5.59 输入“本量利分析模型”的基础数据

③ 计算“销售金额”。

计算公式为“销售金额 = 单价×数量”。

a. 选中 B8 单元格。

b. 输入公式“ = B1*B2”。

c. 按【Enter】键。

④ 计算"成本"。

计算公式为"成本 = 固定成本+数量×单件成本"。

a. 选中 B10 单元格。

b. 输入公式"= B11+B2*B3"。

c. 按【Enter】键。

⑤ 计算"利润"。

计算公式为"利润=销售金额-成本-费用×(1+宣传费率)"。

a. 选中 B7 单元格。

b. 输入公式"= B8-B10-B9*(1+B4)"。

c. 按【Enter】键。

计算完成后的"本量利分析模型"如图 5.60 所示。

图 5.60　计算完成后的"本量利分析模型"

（3）定义单元格名称。

① 选中 B1 单元格。

② 单击"公式"→"定义的名称"→"定义名称"按钮，打开"新建名称"对话框。

③ 在"名称"文本框中输入"单价"，如图 5.61 所示。

④ 单击"确定"按钮。

⑤ 采用同样的方法，分别将 B2、B3、B4 和 B7 单元格的名称重命名为"数量""单件成本""宣传费率""利润"。

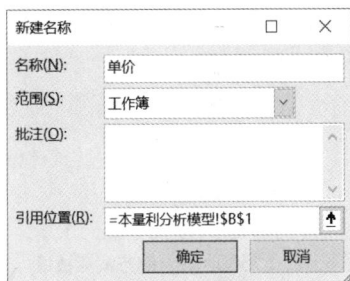

图 5.61　定义名称

> **活力小贴士**　进行定义单元格名称的操作时，也可先选中要定义名称的单元格或单元格区域，然后在 Excel 编辑栏左侧的名称框中输入新的名称，最后按【Enter】键。

（4）创建"本量利分析"方案。

① 单击"数据"→"预测"→"模拟分析"按钮，在下拉菜单中选择"方案管理器"命令，打开图 5.62 所示的"方案管理器"对话框。

② 单击"方案管理器"对话框中的"添加"按钮，打开"编辑方案"对话框。

③ 如图 5.63 所示，在"方案名"文本框中输入"3000 件"，在"可变单元格"文本框中设置区域为"$B$1:$B$4"。

④ 单击"确定"按钮，打开"方案变量值"对话框，按图 5.64 所示分别设定"单价""数量""单件成本""宣传费率"的值。

⑤ 单击"确定"按钮，完成"3000 件"方案的设定。

> **活力小贴士**　由于在第（3）步中已经定义了 B1、B2、B3、B4 单元格的名称分别为"单价""数量""单件成本""宣传费率"，所以在这里输入方案变量值时，可以很直观地看到每个数据项的名称。

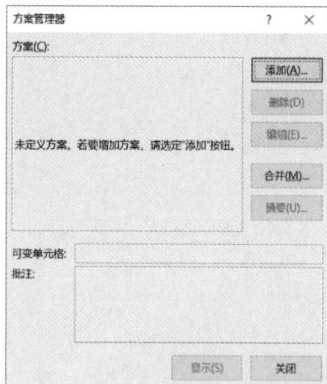

图 5.62　"方案管理器"对话框　　图 5.63　"编辑方案"对话框　　图 5.64　"方案变量值"对话框

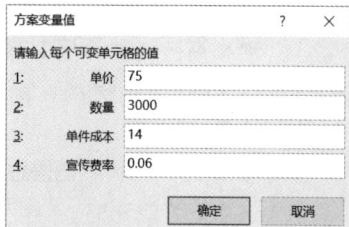

⑥ 分别按图 5.65、图 5.66 和图 5.67 所示，设置"5000 件""8000 件""10000 件"的方案变量值。

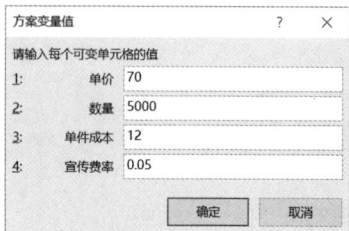

图 5.65　"5000 件"的方案变量值　　图 5.66　"8000 件"的方案变量值　　图 5.67　"10000 件"的方案变量值

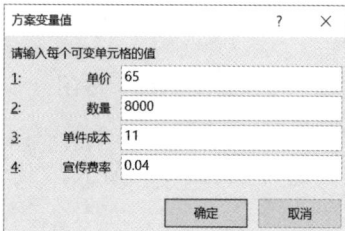

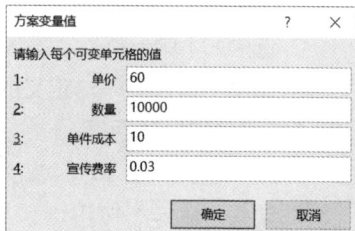

设置后的"方案管理器"对话框如图 5.68 所示。

活力小贴士　方案编辑完成后，如果需要修改方案，可在图 5.68 所示的"方案管理器"对话框中进行相应的修改操作。

① 单击"添加"按钮，可继续添加新的方案。

② 选中某方案，单击"删除"按钮，可删除选中的方案。

③ 选中某方案，单击"编辑"按钮，可修改其方案名、方案变量值等。

（5）显示"本量利分析"方案。

设定了各种模拟方案后，就可以随时查看模拟的结果。

① 在"方案"列表框中，选中要显示的方案，例如选中"5000 件"方案。

② 单击"显示"按钮，选中的方案中可变单元格的值将出现在工作表的可变单元格中，同时工作表会重新计算数据，以反映模拟的结果，如图 5.69 所示。

（6）创建"本量利分析"方案摘要。

① 单击"方案管理器"对话框中的"摘要"按钮，打开图 5.70 所示的"方案摘要"对话框。

② 在"方案摘要"对话框中，选中"方案摘要"单选按

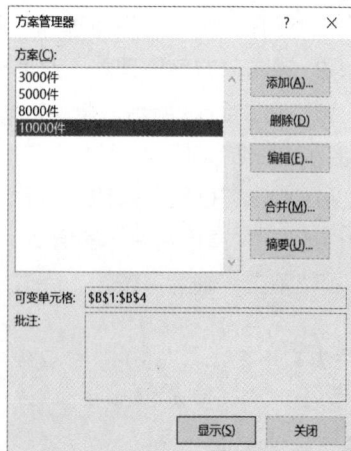

图 5.68　设置后的"方案管理器"对话框

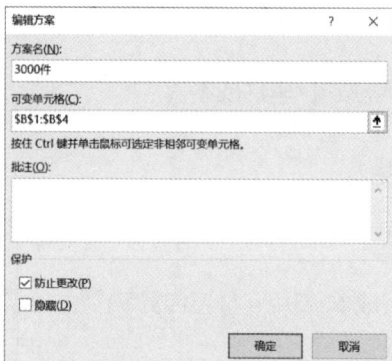

钮，设置报表类型为"方案摘要"；在"结果单元格"中，通过选中单元格或输入单元格引用来指定每个方案的结果单元格。

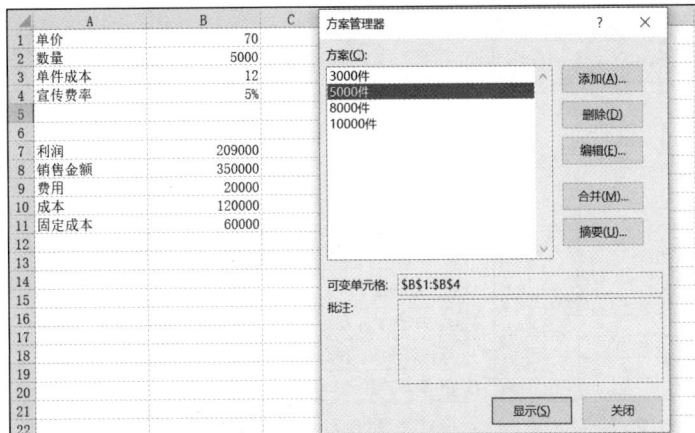

图 5.69　显示"5000 件"的方案时工作表中的数据

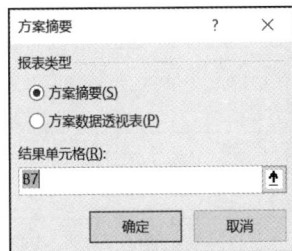

图 5.70　"方案摘要"对话框

③ 单击"确定"按钮，生成图 5.57 所示的"'本量利分析'方案摘要"。

④ 将新生成的"方案摘要"工作表重命名为"'本量利分析'方案摘要"。

> **活力小贴士**　Excel 2016 为数据分析提供了更为高级的分析方法，即通过使用方案来分析多个变化因素对结果的影响。方案是指产生不同结果的可变单元格的多次输入值的集合。每个方案中可以使用多种变量进行数据分析。

【项目小结】

本项目通过制作"投资决策分析表""'本量利分析'方案摘要"，介绍了 Excel 中的 PMT 函数、模拟运算表和方案管理器等。这些函数和方法都可以用来分析当变量不是唯一的一个值而是一组值时的结果，或变量为多个，即存在多组值甚至多个变化因素时的结果。财务人员可以直接利用 Excel 中的这些函数和方法进行数据分析，为企业管理提供准确、详细的数据。

项目 20　制作往来账务管理表

示例文件	原始文件：示例文件\素材\财务篇\项目 20\往来账务管理.xlsx
	效果文件：示例文件\效果\财务篇\项目 20\往来账务管理.xlsx

【项目背景】

往来账是指企业在生产经营过程中发生业务往来而产生的应收和应付款项。在企业的财务管理中，往来账务管理是一项很重要的工作。往来账作为企业总资产的一个重要组成部分，直接影响到企业的资金使用、财务状况结构、财务指标分析等方面。本项目通过制作"往来账务管理"工作簿介绍 Excel 2016 在往来账务管理方面的应用，效果如图 5.71 和图 5.72 所示。

日期	客户代码	客户名称	应收金额	应收账款期限	是否到期	未到期金额
			应收账款明细表			
2024-1-1	D0002	迈风实业	36,900.00	2024-3-31	是	0.00
2024-1-11	A0002	美环科技	65,000.00	2024-4-10	是	0.00
2024-1-21	B0004	联同实业	600,000.00	2024-4-20	是	0.00
2024-2-4	A0003	全亚集团	610,000.00	2024-5-4	是	0.00
2024-2-9	B0004	联同实业	37,600.00	2024-5-9	是	0.00
2024-2-22	C0002	科达集团	320,000.00	2024-5-22	否	320,000.00
2024-2-29	A0003	全亚集团	30,000.00	2024-5-29	否	30,000.00
2024-3-6	A0004	联华实业	40,000.00	2024-6-4	否	40,000.00
2024-3-9	D0004	朗讯公司	70,000.00	2024-6-7	否	70,000.00
2024-3-14	A0003	全亚集团	26,000.00	2024-6-12	否	26,000.00
2024-3-26	A0002	美环科技	78,000.00	2024-6-24	否	78,000.00
2024-4-1	B0001	兴盛数码	68,000.00	2024-6-30	否	68,000.00
2024-4-2	C0002	科达集团	26,000.00	2024-7-1	否	26,000.00
2024-4-6	C0003	安跃科技	45,600.00	2024-7-5	否	45,600.00
2024-5-5	D0003	腾恒公司	3,700.00	2024-8-3	否	3,700.00
2024-5-5	D0002	迈风实业	58,000.00	2024-8-3	否	58,000.00
2024-5-18	D0004	朗讯公司	59,000.00	2024-8-16	否	59,000.00

图 5.71　"应收账款明细表"效果

应收账款账龄	客户数量	金额	比例
		账款账龄分析	
		当前日期：	2024-5-16
信用期内	12	824300	37.92%
超过信用期	5	1349500	62.08%
超过期限1-30天	3	1247600	57.39%
超过期限31-60天	2	101900	4.69%
超过期限61-90天	0	0	0.00%
超过期限90天以上	0	0	0.00%

图 5.72　"账款账龄分析"效果

【项目实施】

任务 20-1　新建工作簿和重命名工作表

（1）启动 Excel 2016，新建一个空白工作簿。

（2）将新建的工作簿重命名为"往来账务管理"，并将其保存在"D:\公司文档\财务部"文件夹中。

（3）将"Sheet1"工作表重命名为"应收账款明细表"。

任务 20-2　创建"应收账款明细表"

（1）选中"应收账款明细表"工作表。

（2）设置 A1:G1 单元格区域为"合并后居中"，输入表格标题"应收账款明细表"，设置字体为"华文中宋"，字号为"18"。

（3）按照图 5.73 输入表格的基础数据。

任务 20-3　计算"应收账款期限"

本项目设定收款期为 90 天。

（1）选中 E3 单元格。

（2）输入公式"=A3+90"，并按【Enter】键。

（3）选中 E3 单元格，拖曳填充柄至 E19 单元格，将公式复制到 E4:E19 单元格区域，计算出每笔账务的"应收账款期限"，如图 5.74 所示。

图 5.73 "应收账款明细表"的框架

图 5.74 计算"应收账款期限"

任务 20-4 判断应收账款"是否到期"

活力小贴士 可利用 IF 函数判断应收账款是否到期，用系统当前日期与"应收账款期限"进行比较，如果"应收账款期限"早于系统当前日期，则说明已经到期，否则为未到期。系统当前日期使用 TODAY 函数获取。本项目的系统当前日期为"2024-5-16"。

（1）选中 F3 单元格。

（2）单击"公式"→"函数库"→"插入函数"按钮，打开图 5.75 所示的"插入函数"对话框。

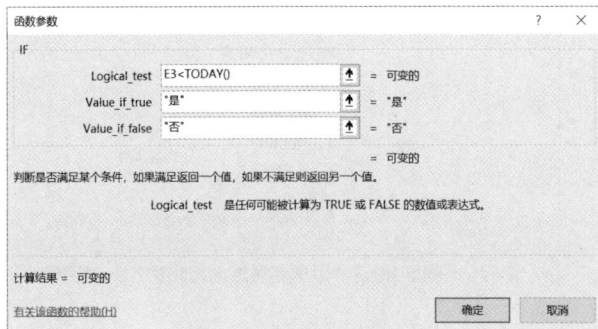

（3）在"选择函数"列表框中选择"IF"，单击"确定"按钮，打开"函数参数"对话框。

（4）设置图 5.76 所示的参数。

（5）单击"确定"按钮。

（6）选中 F3 单元格，拖曳填充柄至 F19 单元格，将公式复制到 F4:F19 单元格区域中，判断出每笔应收账款是否到期，如图 5.77 所示。

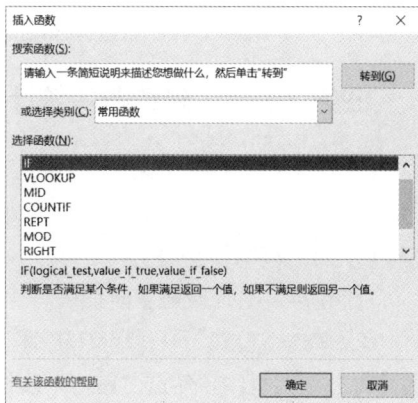

微课 5-8 判断应收账款是否到期

图 5.75 "插入函数"对话框

图 5.76 设置 IF 函数参数

图 5.77 判断每笔应收账款是否到期

任务 20-5　计算"未到期金额"

（1）选中 G3 单元格。

（2）输入公式"=IF(TODAY()>E3,0,D3)"，并按【Enter】键。

（3）选中 G3 单元格，拖曳填充柄至 G19 单元格，将公式复制到 G4:G19 单元格区域中，计算出每笔账务的"未到期金额"，如图 5.78 所示。

微课 5-9　统计"未到期金额"

	日期	客户代码	客户名称	应收金额	应收账款期限	是否到期	未到期金额
			应收账款明细表				
3	2024-1-1	D0002	迈风实业	36900	2024-3-31	是	0
4	2024-1-11	A0002	美环科技	65000	2024-4-10	是	0
5	2024-1-21	B0004	联同实业	600000	2024-4-20	是	0
6	2024-2-4	A0003	全亚集团	610000	2024-5-4	是	0
7	2024-2-9	B0004	联同实业	37600	2024-5-9	是	0
8	2024-2-22	C0002	科达集团	320000	2024-5-22	否	320000
9	2024-2-29	A0003	全亚集团	30000	2024-5-29	否	30000
10	2024-3-6	A0004	联华实业	40000	2024-6-4	否	40000
11	2024-3-9	D0004	朗讯公司	70000	2024-6-7	否	70000
12	2024-3-14	A0003	全亚集团	26000	2024-6-12	否	26000
13	2024-3-26	A0002	美环科技	78000	2024-6-24	否	78000
14	2024-4-1	B0001	兴盛数码	68000	2024-6-30	否	68000
15	2024-4-2	C0002	科达集团	26000	2024-7-1	否	26000
16	2024-4-6	C0003	安联科技	45600	2024-7-5	否	45600
17	2024-5-5	D0003	腾恒公司	3700	2024-8-3	否	3700
18	2024-5-5	D0002	迈风实业	58000	2024-8-3	否	58000
19	2024-5-18	D0004	朗讯公司	59000	2024-8-16	否	59000

图 5.78　计算"未到期金额"

任务 20-6　设置"应收账款明细表"的格式

（1）设置"应收金额"和"未到期金额"两列的数据为"货币"格式，且无货币符号。其余列的数据的对齐方式为"居中"。

（2）设置第 2 行的标题字段的格式为"加粗、居中"，并为其添加"蓝色，强调文字颜色 1，淡色 80%"的底纹。

（3）设置第 1 行的高度为"30"，第 2 行的高度为"22"，其余各行的高度为"18"。

（4）为 A2:G19 单元格区域添加"所有框线"的边框。

任务 20-7　账款账龄统计分析

（1）插入一张新工作表，并重命名为"账款账龄分析"。

（2）创建图 5.79 所示的"账款账龄分析"工作表的框架。

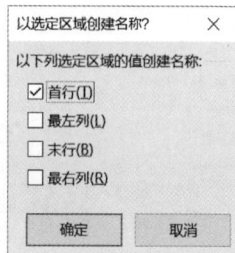

（3）定义单元格名称。

① 切换到"应收账款明细表"工作表，选中 E2:E19 单元格区域。

② 单击"公式"→"定义的名称"→"根据所选内容创建"按钮，在弹出的"以选定区域创建名称？"对话框中，勾选"首行"复选框，如图 5.80 所示。

图 5.79　"账款账龄分析"工作表的框架

图 5.80　"以选定区域创建名称？"对话框

③ 单击"确定"按钮，返回工作表。

④ 选中 D3:D19 单元格区域，在编辑栏左侧的名称框中输入"应收金额"，并按【Enter】键。

（4）切换到"账款账龄分析"工作表，在 D2 单元格中输入公式"=TODAY()"并按【Enter】键，获取系统当前日期。

（5）计算信用期内的客户数量。在 B4 单元格中输入公式"=SUM(IF(应收账款期限>=D2,1,0))"，然后按【Ctrl】+【Shift】+【Enter】组合键计算数组公式的结果，如图 5.82 所示。

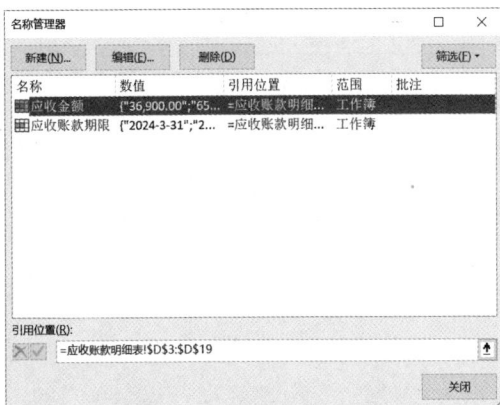

图 5.81　"名称管理器"对话框

图 5.82　计算信用期内的客户数量

（6）计算信用期内的应收金额。在 C4 单元格中输入公式"=SUM(IF(应收账款期限>=D2,应收金额,0))"，然后按【Ctrl】+【Shift】+【Enter】组合键计算数组公式的结果，如图 5.83 所示。

（7）计算超过期限 1-30 天的客户数量。在 B6 单元格中输入公式"=SUM(IF(((D2-应收账款期限)>=1)*((D2-应收账款期限)<=30),1,0))"，然后按【Ctrl】+【Shift】+【Enter】组合键计算数组公式的结果，如图 5.84 所示。

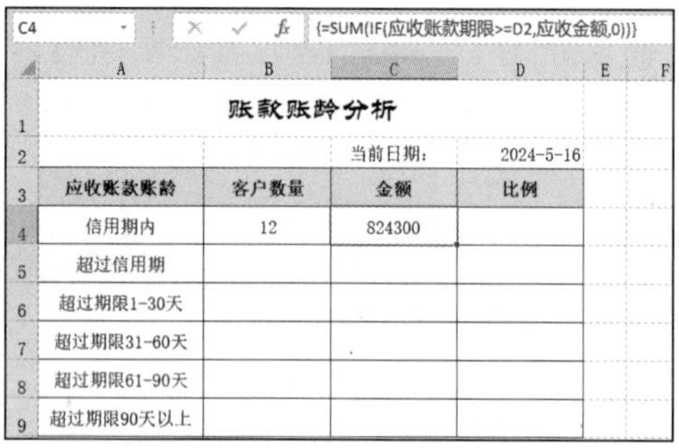

图 5.83　计算信用期内的应收金额

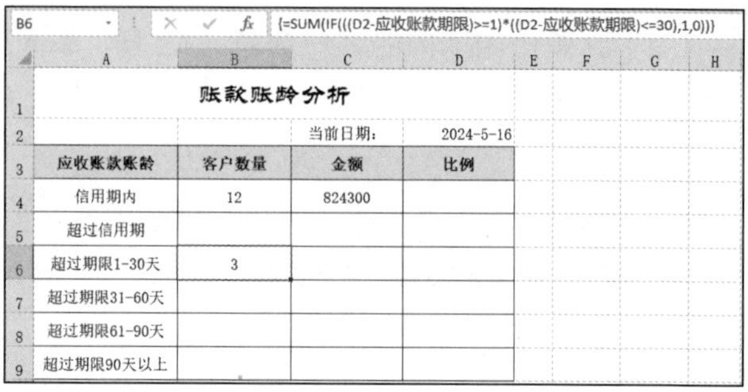

图 5.84　计算超过期限 1~30 天的客户数量

活力小贴士　函数公式里"*"的含义。

"*"是算术运算符，是数学里的符号，但除了用作算术运算符，它还可以替代逻辑函数，如 AND 函数、OR 函数以及 IF 函数等。例如，假设 A 列中为分数，如果分数为 60~100 分，则为合格，否则为不合格，使用"=IF(AND(A1>=60,A1<=100),"合格","不合格")"与"=IF((A1>=60)*(A1<=100),"合格","不合格")"是等价的。

（8）计算超过期限 1-30 天的应收金额。在 C6 单元格中输入公式"=SUM(IF(((D2-应收账款期限)>=1)*((D2-应收账款期限)<=30),应收金额,0))"，然后按【Ctrl】+【Shift】+【Enter】组合键计算数组公式的结果，如图 5.85 所示。

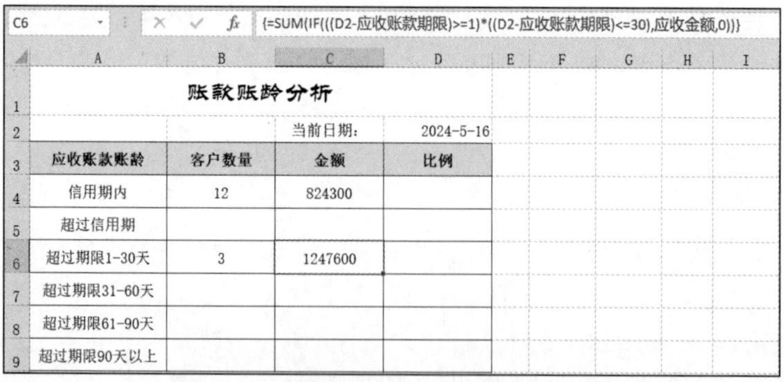

图 5.85　计算超过期限 1~30 天的应收金额

（9）使用相同的方法计算出其他期限段的客户数量和应收金额，如图 5.86 所示。

（10）计算超过信用期的客户数量。选中 B5 单元格，输入公式"=SUM(B6:B9)"并按【Enter】键。

（11）选中 B5 单元格，拖曳填充柄至 C5 单元格，可统计出超过信用期的客户数量和应收金额，如图 5.87 所示。

	A	B	C	D
1	账款账龄分析			
2			当前日期：	2024-5-16
3	应收账款账龄	客户数量	金额	比例
4	信用期内	12	824300	
5	超过信用期			
6	超过期限1-30天	3	1247600	
7	超过期限31-60天	2	101900	
8	超过期限61-90天	0	0	
9	超过期限90天以上	0	0	

图 5.86　显示计算结果

	A	B	C	D
1	账款账龄分析			
2			当前日期：	2024-5-16
3	应收账款账龄	客户数量	金额	比例
4	信用期内	12	824300	
5	超过信用期	5	1349500	
6	超过期限1-30天	3	1247600	
7	超过期限31-60天	2	101900	
8	超过期限61-90天	0	0	
9	超过期限90天以上	0	0	

图 5.87　计算超过信用期的客户数量和应收金额

（12）统计各个信用期的金额占比。

① 选中 D4 单元格。

② 输入公式"=C4/($C$4+$C$5)"，并按【Enter】键。

③ 选中 D4 单元格，拖曳填充柄至 D9 单元格，将公式复制到 D5:D9 单元格区域中。

（13）设置单元格格式。

① 将 D4:D9 单元格区域的数据格式设置为"百分比"，保留 2 位小数。

② 将"客户数量""金额""比例"列的数据的对齐方式设置为"居中"，效果如图 5.72 所示。

【项目拓展】

（1）设置应收账款到期前一周自动提醒，效果如图 5.88 所示。

	A	B	C	D	E	F	G
1	应收账款明细表						
2	日期	客户代码	客户名称	应收金额	应收账款期限	是否到期	未到期金额
3	2024-1-1	D0002	迈风实业	36,900.00	2024-3-31	是	0.00
4	2024-1-11	A0002	美环科技	65,000.00	2024-4-10	是	0.00
5	2024-1-21	B0004	联同实业	600,000.00	2024-4-20	是	0.00
6	2024-2-4	A0003	全亚集团	610,000.00	2024-5-4	是	0.00
7	2024-2-9	B0004	联同实业	37,600.00	2024-5-9	是	0.00
8	2024-2-22	C0002	科达集团	320,000.00	2024-5-22	否	320,000.00
9	2024-2-29	A0003	全亚集团	30,000.00	2024-5-29	否	30,000.00
10	2024-3-6	A0004	联华实业	40,000.00	2024-6-4	否	40,000.00
11	2024-3-9	D0004	朗讯公司	70,000.00	2024-6-7	否	70,000.00
12	2024-3-14	A0003	全亚集团	26,000.00	2024-6-12	否	26,000.00
13	2024-3-26	A0002	美环科技	78,000.00	2024-6-24	否	78,000.00
14	2024-4-1	B0001	兴盛数码	68,000.00	2024-6-30	否	68,000.00
15	2024-4-2	C0002	科达集团	26,000.00	2024-7-1	否	26,000.00
16	2024-4-6	C0003	安跃科技	45,600.00	2024-7-5	否	45,600.00
17	2024-5-5	D0003	腾恒公司	3,700.00	2024-8-3	否	3,700.00
18	2024-5-5	D0002	迈风实业	58,000.00	2024-8-3	否	58,000.00
19	2024-5-18	D0004	朗讯公司	59,000.00	2024-8-16	否	59,000.00

图 5.88　设置应收账款到期前一周自动提醒

（2）汇总统计各客户的"未到期金额"，效果如图 5.89 所示。

图 5.89　汇总统计各客户的"未到期金额"

【项目训练】

根据"账款账龄分析"工作表，制作"应收账款账龄结构分析图"，效果如图 5.90 所示。

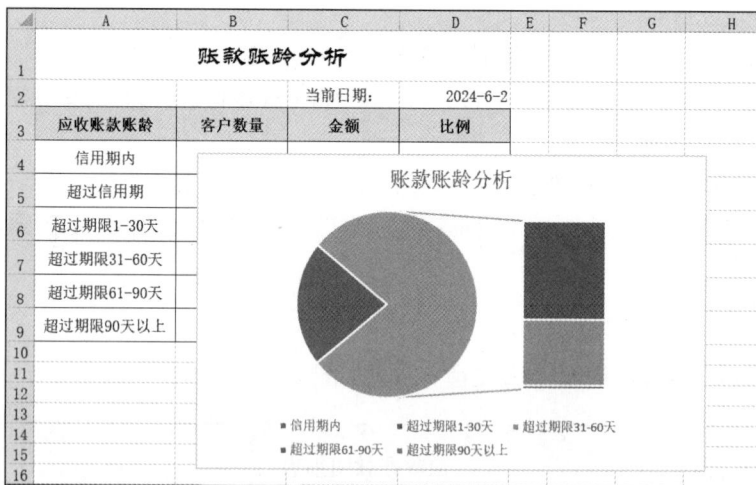

图 5.90　"应收账款账龄结构分析图"效果

操作步骤如下。

（1）打开"D:\公司文档\财务部"文件夹中的"往来账务管理"工作簿，并将其另存为"应收账款账龄结构分析图"。

（2）选择"账款账龄分析"工作表，将光标置于"账款账龄分析"工作表的数据区域的任意单元格中，单击"插入"→"图表"→"插入饼图或圆环图"按钮，打开"饼图或圆环图"下拉菜单，选择"二维饼图"栏中的"复合条饼图"命令，生成图 5.91 所示的图表。

（3）修改图表的数据区域。

① 选中插入的图表，单击"图表工具"→"设计"→"数据"→"选择数据"按钮，打开图5.92 所示的"选择数据源"对话框。

② 单击"图表数据区域"右侧的"折叠"按钮⬆，返回工作表，选择 A4 单元格、A6:A9 单元格区域、C4 单元格、C6:C9 单元格区域，再单击"返回"按钮⬇，返回"选择数据源"对话框，可看到图 5.93 所示的更改后的数据区域。

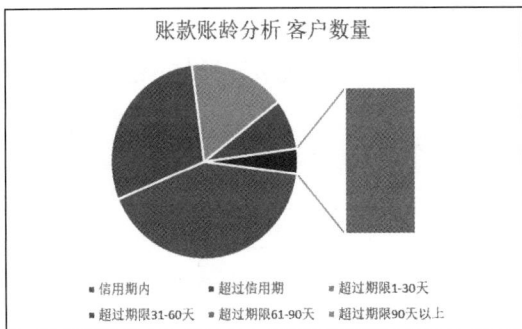

图 5.91　复合条饼图

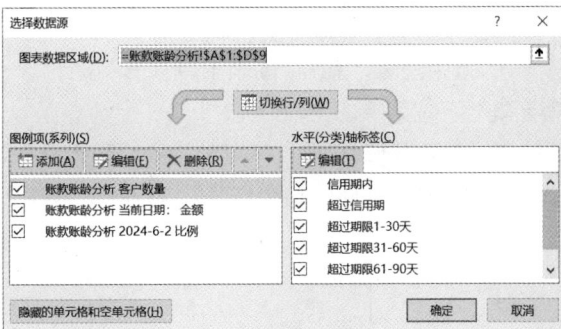

图 5.92　"选择数据源"对话框

③ 单击"确定"按钮，返回工作表，可看到更改数据区域后的图表效果，如图 5.94 所示。

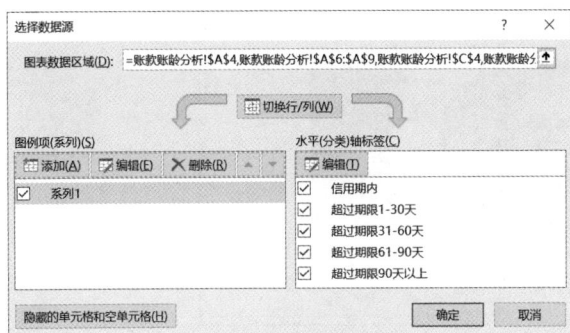

图 5.93　更改后的数据区域

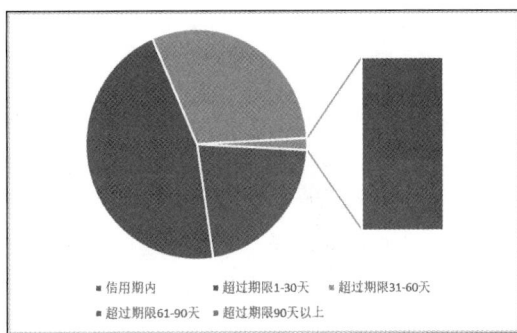

图 5.94　更改数据区域后的图表效果

（4）设置数据系列的格式。

① 在图表的数据系列上单击鼠标右键，在弹出的快捷菜单中选择"设置数据系列格式"命令，打开"设置数据系列格式"窗格。

② 在"设置数据系列格式"窗格中，将"系列选项"栏中的"第二绘图区中的值"设置为"4"，然后调整"第二绘图区大小"为"90%"，如图 5.95 所示。

③ 返回工作表，可查看设置数据系列格式后的图表效果，如图 5.96 所示。

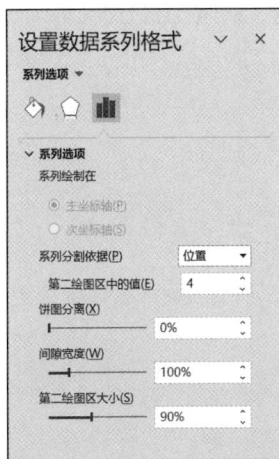

图 5.95　"设置数据系列格式"窗格

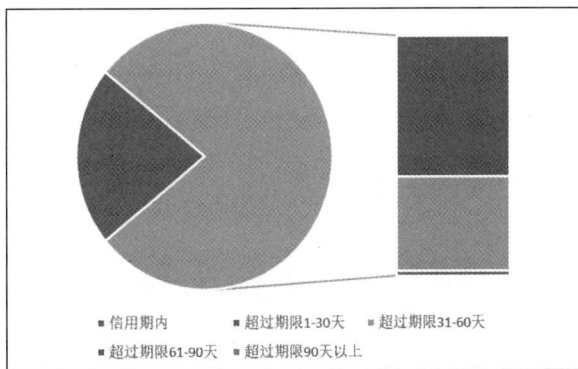

图 5.96　设置数据系列格式后的图表效果

（5）添加图表标题。

① 选中图表，单击"图表工具"→"设计"→"图表布局"→"添加图表元素"按钮，打开"图表元素"下拉菜单。

② 选择"图表标题"子菜单中的"图表上方"命令，在图表上方出现默认的"图表标题"。

③ 选中图表中的"图表标题"，在编辑栏中输入公式"=账款账龄分析!$A$1"，如图 5.97 所示。

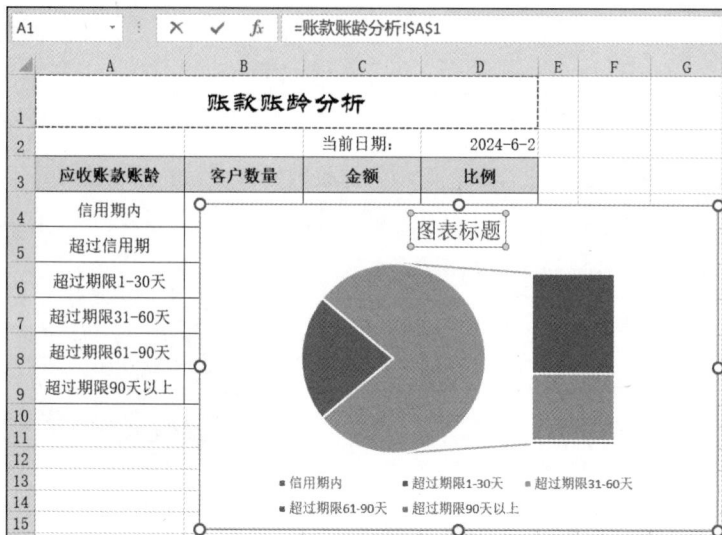

图 5.97　设置图表标题

④ 按【Enter】键，使"图表标题"链接到 A1 单元格，"图表标题"将显示为 A1 单元格的内容。

（6）保存并关闭工作簿。

【项目小结】

本项目通过制作"往来账务管理"工作簿，主要介绍了工作簿的新建，工作表的重命名，使用公式和函数进行计算，定义单元格名称等内容。此外，本项目还介绍了利用 TODAY、IF、SUM 函数以及数组公式等进行账务统计和分析的方法。